润滑脂波谱解析

主　编：李　勇　程书田
副主编：白　斌　陈光文　张　欣　杨洪滨　薛万安

中国石化出版社
·北京·

内 容 提 要

本书较系统地解析了128种润滑脂关键物质三谱图，这些数据库为润滑脂领域研发人员提供了全面、准确的数据支持，助力润滑脂研究的深入开展。

本书适用于石油炼制、工业分析、精细化工、应用化学等领域相关专业本科生、研究生课程学习教材，也可作为润滑脂相关企业技术、业务、管理等人员的学习参考书。

图书在版编目(CIP)数据

润滑脂波谱解析 / 李勇，程书田主编. -- 北京 ：中国石化出版社，2025. 8. -- ISBN 978-7-5114-8087-3

Ⅰ. TE626. 4

中国国家版本馆CIP数据核字第20256F61V3号

中国石化出版社出版发行

地址：北京市东城区安定门外大街58号

邮编：100011　电话：(010)57512500

发行部电话：(010)57512575

http://www.sinopec-press.com

E-mail：press@sinopec.com

宝蕾元仁浩(天津)印刷有限公司印刷

全国各地新华书店经销

*

710毫米×1000毫米16开本27印张605千字

2025年8月第1版　2025年8月第1次印刷

定价：108.00元

前言 PREFACE

在润滑脂这一学科中，谱图数据库是产品研发人员不可或缺的工具。这些数据库如同化学信息的宝库，储存了成千上万种化合物的光谱数据，包括红外光谱(IR)、质谱(MS)、核磁共振(NMR)等多种光谱技术所获得的信息。这些光谱数据对于润滑脂研发人员来说，就像是化合物的“指纹”，每一种化合物都有其独特的光谱特征，通过分析这些特征，研发人员能够准确地识别和鉴定化合物的结构，这对于润滑脂研究的重要性不言而喻。

为了使从事油品应用工程专业的人员系统深入了解润滑脂的相关知识，实现正确选用和使用各类润滑脂及其原料，特编写了《润滑脂波谱解析》一书。本书第一章简单介绍了红外光谱、质谱、核磁共振的基础知识和分析原理。第二章到第七章介绍了七种润滑脂产品红外光谱和128种润滑脂稠化剂、基础油、添加剂等关键原料物理化学性质、原料来源工艺、三谱图解析等。不同的波谱方法提供的有机物结构信息各有侧重。质谱在结构解析中提供的最重要信息是相对分子质量和分子式；红外光谱主要提供官能团的信息，特别是含氢基团、双键和三键基团；核磁共振氢谱可以提供分子中氢原子数目、含氢基团类型及连接顺序等；核磁共振碳谱则可提供碳原子数目、类型及碳骨架等。但上述每一种方法又各有其局限，因此在许多情况下，仅根据一种谱学方法提供的信息确定未知物结构是较为困难的，甚至是不可能的。如果将几种谱学方法合理结合，综合运用它们提供的信息相互补充和印证，既可以帮助解决有机物结构问题，还可以降低仅依靠一种谱学方法解析有机物结构的难度。

本书力求内容翔实准确，兼顾发展；讨论分析深入浅出，注重理论与实际相结合；章节配置合理，便于学习。既可作为高等院校石油炼制、工业分析、精细化工、应用化学、工业工程以及机械制造等专业本科生、研究生的课程学习教材，又可供企业、科研机构等相关专业技术人员参考或自学之用。

由于作者编写水平有限，经验不多，疏漏和不妥之处在所难免，敬请广大专家和读者批评指正。

最后，感谢中国石化润滑油有限公司相关领导和同事大力支持和帮助！感谢北京化工大学院士团队的各位老师大力支持和帮助！

编者
2025 年 5 月

目录 CONTENTS

第一章　光谱仪器简介

摩擦消耗了世界 1/3 以上的一次能源，磨损导致了约 60%的机械材料损耗，润滑是减小摩擦、降低或避免磨损的最有效途径。研究润滑的目的就是降低摩擦，减少磨损，提高设备的使用寿命。润滑油脂是由基础油脂加入极压抗磨剂、抗氧剂、分散剂、防锈防腐剂等多种添加剂调制而成，并根据设备类型、工作条件和环境等因素选择合适的润滑油脂。不同的润滑油脂配方体系不同，若选用不当，也可能造成设备的损坏或人身事故等严重后果，因此识别和选用润滑油脂是一项重要的工作。

润滑油脂应用范围广、品种牌号多，如液压油、齿轮油、工艺油、润滑脂等，几乎涵盖了制造、交通运输等行业。不同的润滑油脂用处不同，它们无法通过肉眼区分，常规检验方法主观性强，一致性差。理化分析结果客观可信，但步骤复杂，费时费力，且准确度不高，并由于分析方法复杂，导致成本居高不下。

分子光谱检测技术是基于物质吸收、发射或散射光的特定波长或频率范围的特性来进行定性或定量分析的技术，在润滑油脂检测中，常见的光谱检测技术有紫外/可见光谱(UV/Vis)、红外光谱(IR)和拉曼光谱等。在常规的润滑油脂检测方法中，分子光谱技术十分常见，其利用分子对特定电磁辐射的吸收来进行定性定量分析。通过分子光谱检测技术可以检测出各类润滑油脂的浓度。红外光谱分析主要用于化合物官能团的定性和结构分析。该方法的主要特点是能直接分析气体、液体和固体样品，分析速度快，样品用量少，且不破坏样品，在润滑油脂产品的开发和生产中，红外光谱分析一直发挥着重要的作用。

液相色谱-质谱联用技术(LC-MS)是结合高效液相色谱(HPLC)分离技术和质谱(MS)分析技术的先进分析方法，能够提供样品的定性和定量信息，特别适合于复杂样品中微量和痕量成分的分析。气相色谱-质谱联用技术(GC-MS)是结合了气相色谱(GC)和质谱(MS)的分析技术，在润滑油脂领域中具有重要作用。GC-MS 特别适合于挥发性和半挥发性有机化合物的分析，在润滑油脂检测中，样品通常被挥发化注入 GC 系统中，在 GC 系统中，样品随载气(通常为氦气或氮气)通过填充有固定相(涂覆在固体载体上的液体或聚合物)的色谱柱。不同化合物在气相和固定相之间的分配系数不同，导致它们以不同的速度通过色谱柱，从而实现分离。分离后的化合物进入质谱仪，被电离成带电粒子，根据质荷比(m/z)在质谱仪中被分离，当检测仪器检测这些粒子后会生成一个质谱图，通过分析质谱图，可对润滑油脂中的化合物进行鉴别和定量。

核磁共振波谱技术(NMR)是基于核磁共振现象的分析技术，能够在润滑油脂检测中分析分子结构、动态和组成的详细信息。当含有磁性核(如^{1}H或^{13}C)的样品放置在强磁场中时，磁性核会对磁场产生对齐，当施加特定频率的射频(RF)脉冲时，某些核会吸收能量并跃迁到更高的能级。当RF脉冲停止后，这些核会放出能量并回到基态，放出的能量可以被检测并记录，形成NMR谱图。通过分析这些谱图，可以获得有关样品分子结构和动态的信息。例如，在对润滑油脂进行检测时，NMR可用于分析相关的QC物质(油/脂肪和固体脂肪含量)以及T_1/T_2弛豫时间和扩散系数，谱图或化学“指纹”亦可用于区分具有相似结构的化学物质，并识别混合物中已知化学物质的组成。

本章重点对红外光谱(IR)、质谱(MS)和核磁共振(NMR)波谱技术进行简单介绍。

1.1 红外光谱简述

红外光谱：当分子受到红外区域的电磁辐射后，吸收一部分红外光，使分子中原子的振动与转动能级跃迁所产生的分子吸收光谱。波长为0.5~1000μm，分为三个区域。其中远红外区为25~1000μm；中红外区为2~25μm；近红外区为0.5~2μm。应用最广的是2.5~15.4μm的中红外区，相应波数为4000到650cm^{-1}。(大多数有机物的化学键振动落在此区域，在振动能级跃迁时，也伴随着转动能级的跃迁)。

红外光谱的优点为：一是样品存在的状态不影响测定；二是几乎所有的化合物均有红外吸收；三是仪器价格较低廉，便于普及；四是加样量少(可达微克级)；五是可采用多种测量技术，如光声光谱(DAS)等。

1.1.1 红外光谱的原理

(1) 红外吸收光谱产生的条件

① 符合$E_{红外光}=\Delta E_{分子振动}$，即电磁波的能量与分子能级差相等，也即$\nu_{红外光}=\nu_{分子振动}$；

② 红外光与分子之间有偶合作用，即分子偶极矩发生变化$\Delta\mu\neq0$。

只有发生偶极矩变化的振动才能产生红外吸收谱带，该振动称为红外活性，反之为非红外活性。

倍频：它是分子吸收红外光后，由振动能级基态跃迁到第二、第三激发态时所产生的吸收峰，由于振动能级间隔不是等距离的，所以倍频不是基频的整数倍。

组合频：所谓的组合频是一种频率红外光，同时被两个振动所吸收，即光的能量用于两种振动能级的跃迁，组合频和倍频统称为泛频。由于它们不符合跃迁规律，发生的概率很小，在谱图中均显示为弱峰。

振动偶合：当相同的两个基团相邻，且振动频率相近时，会发生振动偶合裂分，结果引起吸收频率偏离基频，一个移向高频方向，另一个移向低频方向。典型的例子是 CH 的对称弯曲振动频率为 $1380cm^{-1}$。当两个甲基连在同一个碳原子上，形成异丙基时发生振动偶合，$1380cm^{-1}$ 的吸收峰消失，$1387cm^{-1}$ 和 $1375cm^{-1}$ 附近各出现一个峰。如图 1-1 所示。

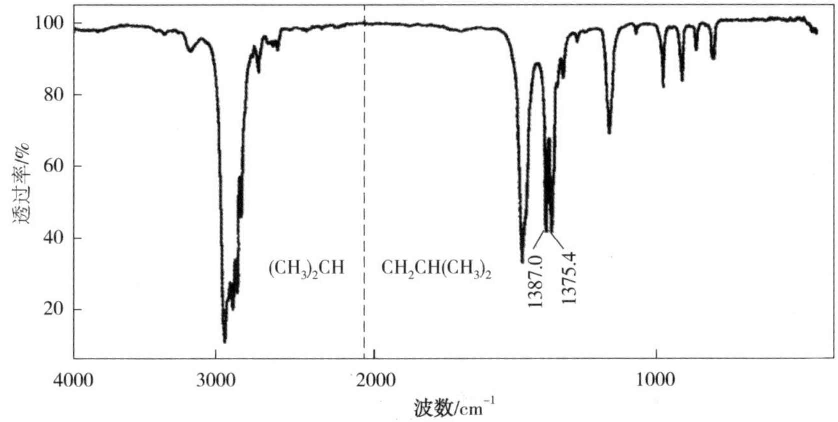

图 1-1　2,4-二甲基戊烷的红外谱图

费米共振：费米共振也是一种振动偶合现象，只不过它是基频与倍频或组合频之间发生的振动偶合。当倍频峰或组合频峰与某基频峰相近时，发生相互作用。使原来很弱的倍频或组合频吸收峰增强。典型的例子是苯甲酰氯，苯甲酰氯 C—Cl 的伸缩振动在 $874cm^{-1}$，其倍频峰位于 $1730cm^{-1}$ 左右，正好落在 $\nu_{C=O}$ 附近，发生费米共振，从而使倍频峰增加。如图 1-2 所示。

(2) 分子的振动方式

伸缩振动：原子沿键轴方向往复运动，振动过程中键长发生变化。又分为对称及不对称伸缩振动，表示为 ν_s 和 ν_{as}。

弯曲振动：原子垂直于化学键方向的运动。可分为面内弯曲振动(δ)和面外弯曲振动(γ)，又可分为摇摆及卷曲等振动形式。

非线性分子有 $3n-6$ 个振动自由度，而线性分子有 $3n-5$ 个振动自由度。如图 1-3 所示。

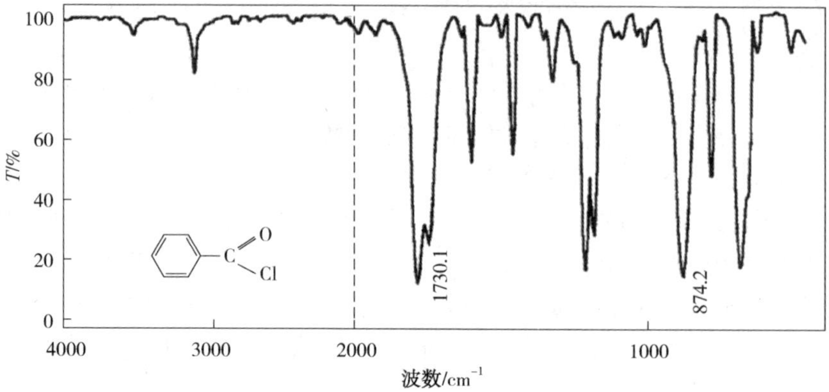

图 1-2　苯甲酰氯的红外谱图

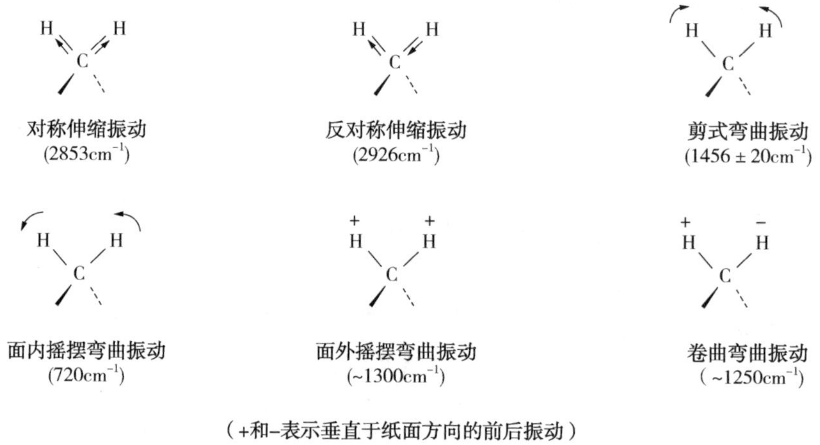

图 1-3　亚甲基的振动方式及振动频率红外振动类型

(3) 有机基团与振动频率的关系

一定原子间的振动力常数较大，在不同分子中的变化很小，振动频率总是在一个较窄的范围内变化，特征性强。这些基团的特征振动频率即为"基团特征频率"或"基团频率"。

弯曲振动的力常数较小，受其他因素影响较大，多出现在较低频率区，频率变化范围较宽，大多难以用于谱带与结构的对应关系。

红外光谱分为五个区域：

① 泛频区 3700cm^{-1}以上(接"近红外"区)；②氢原子成键(A—H)伸缩振动频率区 3700～2400cm^{-1}；③三键和聚集双键伸缩振动频率区 2400～1900cm^{-1}；④双键伸缩振动频率区 1900～1600cm^{-1}；⑤骨架振动和指纹区 1600cm^{-1} 以下(接"远红外"区)。

影响谱带位移的因素包括相联取代基的电子效应、分子构型、振动的偶合等内部因素和溶剂、物态变化等外部因素。

① 诱导效应：一些极性共价键随取代基不同，电子密度发生变化，引起键的振动谱带位移。

吸电子基团引起成键的电子密度向键的几何中心接近，降低羰基的极性，导致羰基伸缩振动吸收谱带移向高频。如图 1-4 所示。

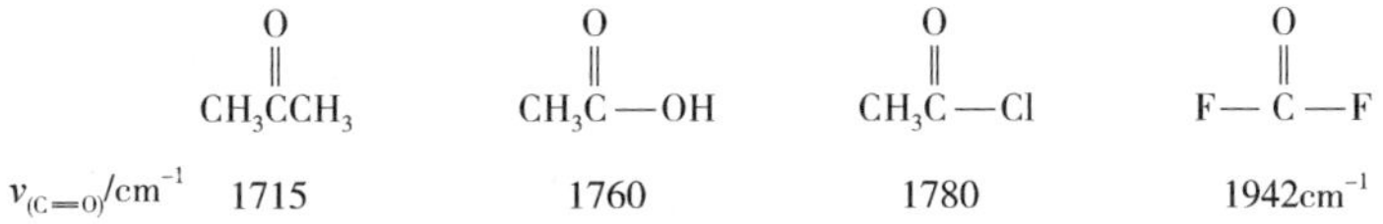

图 1-4　谱带情况

② 共轭效应：为共轭体系电子离域现象，引起双键的极性增加，双键性降低，伸缩振动频率降低。α，β-不饱和羰基化合物，C=O 和 C=C 伸缩振动频率均移向低频。

③ 场效应：不同原子或基团间不以化学键，而以静电场通过空间相互作用，发生相互极化，引起红外谱带位移。α-氯代乙酰苯的不同构象如图 1-5 所示。

④ 跨环效应：一种特殊的，通过空间发生的电子效应。如图 1-6 所示。

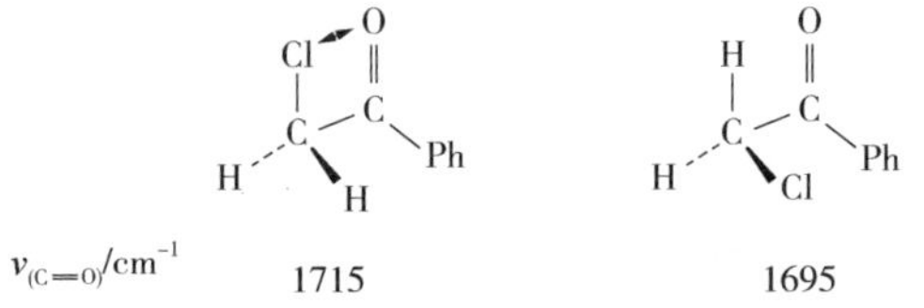

图 1-5　不同构象

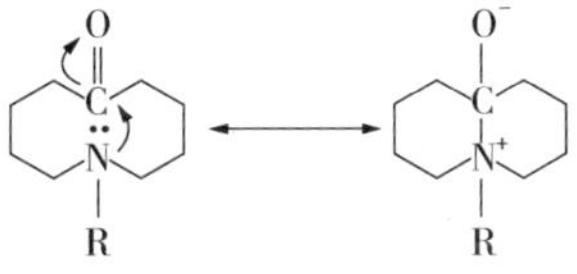

图 1-6　跨环效应

⑤ 分子构型：一般张力增大，吸收频率上升。如图 1-7 所示。

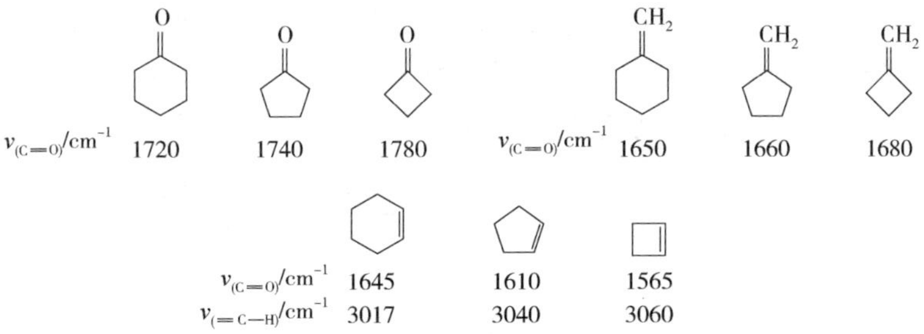

图 1-7　分子构型

⑥ 互变异构：如图 1-8 所示。

⑦ 氢键效应：伸缩振动向低频位移，谱带变宽，强度增大；弯曲振动向高频位移，谱带变得尖锐。如图 1-9 所示。

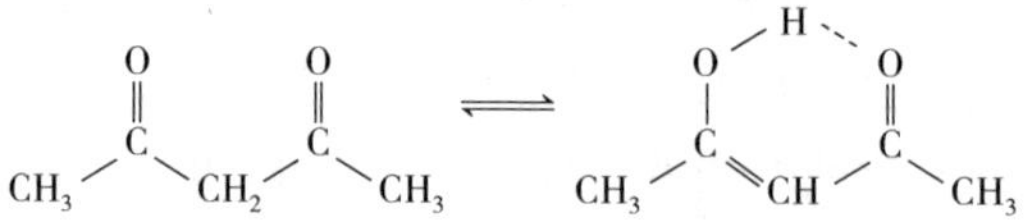

$\nu_{(C=O)}/cm^{-1}$ 1740　1710

$\nu_{(C=O)}/cm^{-1}$, $\nu_{(C=C)}/cm^{-1}$ ~1613

$\nu_{(OH)}/cm^{-1}$ 3200~2800(宽)

图 1-8　互变异构

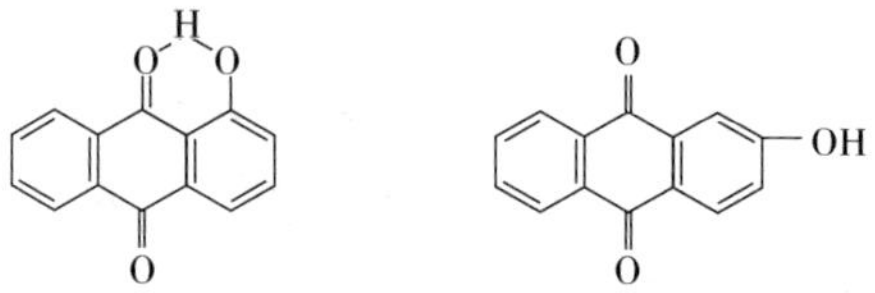

$\nu_{(C=O)}/cm^{-1}$ 1622, 1675　$\nu_{(OH)}/cm^{-1}$ 2843(宽)

$\nu_{(C=O)}/cm^{-1}$ 1676, 1673　$\nu_{(OH)}/cm^{-1}$ 3615~3605

图 1-9　氢键效应

1.1.2　各类有机物的红外吸收

（1）烷烃

含有 C—C，C—H 键。红外光谱无特征 C—C 吸收带。C—H 键伸缩振动在 3000~2840cm^{-1}，弯曲振动小于 1500cm^{-1}。甲基 C—H 伸缩振动出现在 2960cm^{-1} 及 2870cm^{-1}左右，弯曲振动在 1380~1365cm^{-1}。当有四个以上连续亚甲基时，在 725cm^{-1}处出现平面摇摆振动。

（2）烯烃

含有 C═H 伸缩振动，双键碳原子的 C—H 伸缩振动和双键 C—H 键的面内及面外弯曲振动，3100~3000cm^{-1}有中强尖峰。C═C 伸缩振动在 1680~1620cm^{-1}，具体位置与取代基有关。强度随分子对称性增大而减弱。如图 1-10 所示。

单取代	<不对称二取代	<顺式	<四取代	<三取代	<反式
1643cm^{-1}	1653cm^{-1}	1657cm^{-1}	1670cm^{-1}	约1670cm^{-1}	1673cm^{-1}
(a)	(b)	(c)	(d)	(e)	(f)

图 1-10　烯烃不同取代谱带

═C—H 面外振动：1000~650，可鉴别烯烃取代类型。如表 1-1 所示。

（3）芳烃

芳烃有五个特征吸收带，通常可依据 3030cm^{-1}及 1600~1450cm^{-1}处吸收带的存在而确定芳烃的存在。如表 1-2 所示。

表 1-1　烯烃 C—H 面外弯曲吸收频率

类型	吸收频率/cm^{-1}	强度
$RCH=CH_2$	990、910	S
$R_2C=CH_2$	890	S
RCH=CHR′(反)	960	S
RCH=CHR′(顺)	730~650	m(不可靠)
$R_2C=CHR$	830~780	m

表 1-2　单环芳烃红外特征吸收频率

基团的振动方式	吸收频率/cm^{-1}
$\nu_{(=C-H)}$	3100~3000(三个带)(仅限光栅型)
$\nu_{(C=C)}$(苯骨架)	1600~1500
$\delta_{(=C-H)}$(面外)	900~650
$\delta_{(=C-H)}$(面外)组、倍频	2000~1660
$\delta_{(=C-H)}$(面内)	1275~960

═C—H 面外弯曲振动吸收在 900~650cm^{-1}之间，其组频和倍频在 2000~1660cm^{-1}，两者配合可明确得出芳环上的取代情况。各类取代苯的倍频带和面外弯曲振动带，如图 1-11 所示。

(4) 炔烃

≡C—H：伸缩振动在 3300cm^{-1}强而尖峰；弯曲振动在 635cm^{-1}中等吸收。C≡C：2300~2000cm^{-1}弱峰。

(5) 醇和酚

O—H：伸缩振动在 3650~3590cm^{-1}，易生成氢键红移在 3550~3200cm^{-1}，强而宽吸收带。酚的面内弯曲振动在 1350cm^{-1}左右，强度较 C—O 伸缩振动低。液体醇及酚的面外弯曲振动在 750~650cm^{-1}。C—O：伸缩振动在 1260~1000 强吸收；伯醇：1050cm^{-1}；仲醇：1100cm^{-1}；叔醇：1150cm^{-1}；酚：1200cm^{-1}。

(6) 醚(及环氧化合物)

脂肪醚：伸缩振动 1150~1070cm^{-1}强峰；芳醚：伸缩振动 1275~1200cm^{-1}强峰。

(7) 羰基化合物

1900~1600cm^{-1}区域，强度较 C═C，C═N 强。如图 1-12 所示。

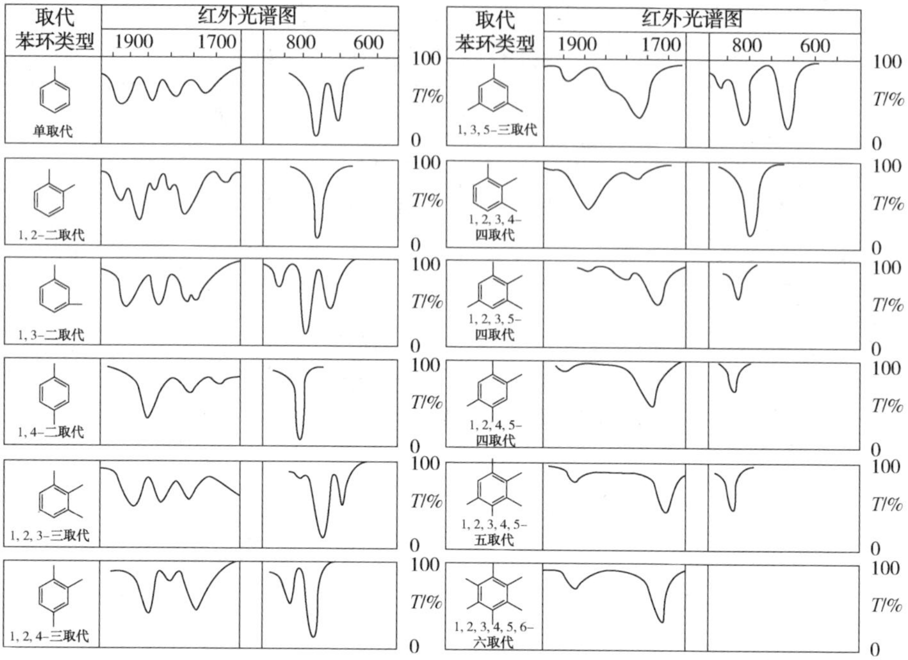

图 1-11　各类取代苯的倍频带和面外弯曲振动带

	酸酐	>酯类	>醛	>酮	>羧酸	>酰胺
$\nu_{(C=O)}/cm^{-1}$	~1810 ~1760 双带	~1735	~1725	~1715	~1710	~1690

图 1-12　羰基化合物红外谱带强度对比

影响羰基化合物频率变化的因素如下：

① 共轭效应：由于π电子的流动，使 C═O 键强度减弱，吸收频率下降，通常与一个双键或芳基共轭时，可使吸收频率降低 $30cm^{-1}$左右。与两个双键或芳基共轭时，则再降低 $15cm^{-1}$。

② 诱导效应：羰基上的电子云密度不对称，氧的附近比碳附近的电子云密度大。当羰基上连有电负性较强的卤原子吸电子基团时，C═O 的电子受到卤原子的诱导效应，向卤原子的方向移动，使 C═O 中碳的电子云密度增大，于是键的力常数增大，频率升高。如图 1-13 所示。

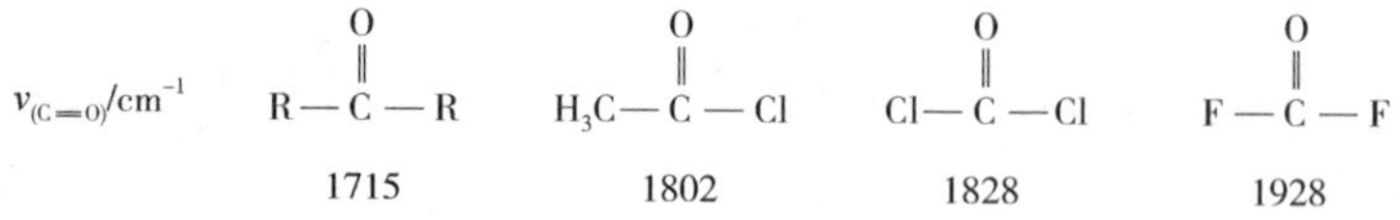

图 1-13　羰基化合物诱导效应

③ 当羰基与溶剂或其他基团缔合时，吸收频率降低。例如：羰基与羟基之间生成氢键时，如图 1-14 所示。

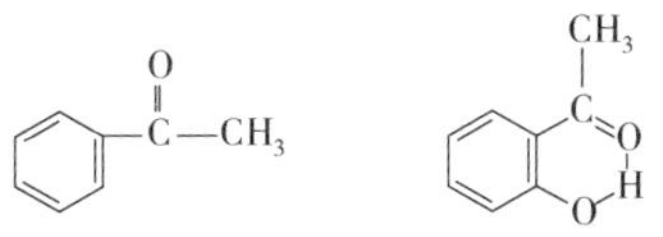

$\nu_{(C=O)}/cm^{-1}$　　1690　　1635

图 1-14　羰基化合物缔合

④ 同种化合物所处的物理状态不同，$\nu_{(O—H)}$频率也有变化。气态时测得吸收频率最高，溶液居中，液态或固态最低。

不同羰基化合物官能团如下：

① 醛（C═O 饱和脂肪醛 1740～1720cm^{-1}，芳香醛 1710～1690cm^{-1}；C—H 2820cm^{-1}及 2720cm^{-1}）

② 酮（C═O 饱和脂肪酮 1725～1705cm^{-1}，芳香酮降低 20～40cm^{-1}）

③ 羧酸［通常以二聚体存在，C═O1725～1700cm^{-1}；O—H 伸缩振动在 3200～2500cm^{-1}宽峰；C—O1440～1395cm^{-1}；O—H 弯曲振动 1320～1210（面内）及 955～900（面外）cm^{-1}］

④ 酯（C═O 饱和脂肪醛 1750～1735cm^{-1}，芳香酯 1730～1717cm^{-1}；C—O 在 1300～1000cm^{-1}，由于醇，醚，酸亦有吸收，解析时要与 C═O 配合观察），如图 1-15所示。

$\nu_{(C=O)}/cm^{-1}$　　1720　　1760　　1750　　~1800

图 1-15　酯类化合物红外谱带

⑤ 酸酐及酰氯（C═O 酸酐有相差 60cm^{-1}的两个谱带；饱和链酐在 1810～1750cm^{-1}，C—O 在 1170～1050cm^{-1}；环状酸酐紫移）

（8）含氮化合物

① 胺类：N—H 伸缩振动在 3500～3300cm^{-1}，伯胺有两个，仲胺一个，叔胺无吸收；面内弯曲振动 1640～1560cm^{-1}，伯胺及仲胺面外在 900～600cm^{-1}有宽而强的吸收峰。

② 酰胺：N—H 伸缩振动在 3000cm^{-1}以上，伯酰胺有两个，C═O 振动频率低于酮类，一般将其称为酰胺Ⅰ带；酰胺Ⅱ带为 N—H 面内弯曲振动 1600cm^{-1}左右。

1.1.3　润滑油脂红外分析

随着科学技术的发展和管理水平的提高，人们对设备润滑越来越重视，对润滑油品的要求也越来越高、润滑油脂产品在使用中常会发生一些异状，如变色、变浑、变稠、分层、产生沉淀等，客户会由此担心所使用的润滑油脂是否存在质量问题，甚至怀疑润滑油脂是否对设备造成了损伤，并由此要求巨额经济赔偿。此时，红外光谱分析即可承担起快速解决润滑油脂产品使用中相关问题的重任。由于润滑油脂每次出现质量问题的类型不一样，使用工况、环境、接触的介质不同，操作人员素质千差万别，客户提出的要求也各不相同；加之润滑油脂在使用后可能已发生了一些意想不到的化学变化，因此，润滑油脂质量问题的查找没有固定的模式，而且难度大，涉及的学科和知识多。更令人头痛的是，经常因取到的润滑油脂样品量少，不能按照正常程序进行全面、系统的分析和评价，得到的信息有限，给准确判断结果带来了一定的困难，稍有不慎即可能造成差错。

首先应了解未知物的元素定性分析结果，这样可以排除一些官能团存在的可能性。

（1）ν=1870~1600cm^{-1}区域内有强吸物峰，那么其结构中含有 C═O，且很少出现判断失误，根据不同的吸收位置，进一步分析：

① 羧酸：除在此区域内有吸收外，还应当在 3300~2500cm^{-1}区间有一很宽的吸收带(—OH)，中心落在 3000cm^{-1}左右。

② 酰胺：伯、仲酰胺还会在 3500~3200cm^{-1}处出现 $\nu_{(N—H)}$ 的吸收。

③ 酯类：在 ν=1300~1000cm^{-1}区间有 $\nu_{(C—O)}$ 的强吸收。

④ 酸酐：在此区间 1810cm^{-1}和 1760cm^{-1}中有两个吸收带。

⑤ 醛：在此区间 2810cm^{-1}和 2720cm^{-1}中有两个中等强度的吸收带。

⑥ 酮：若无以上特征，可认为是酮。

（2）1870~1600cm^{-1}区域无吸收峰，但在 3600~3200cm^{-1}区域内有强吸收。

① 若含有氮，则可能是胺类(伯、仲胺)在 3500~3400cm^{-1}有 $\nu_{(N—H)}$ 的吸收。

② 若不含氮，则可能是醇、酚类、因 $\nu_{(O—H)}$ 在 3600~3200cm^{-1}有强吸收，同时还要在 1300~1000cm^{-1}内有 $\nu_{(C—O)}$ 吸收。

（3）1675~1600cm^{-1}区域有吸收，表示含有 C═C、C═N、N═N 双键伸缩振动及芳环的骨架振动。特别是如果在 1600cm^{-1}、1500cm^{-1}及 1450cm^{-1}附近有三个吸收带，则表示分子中可能存在苯环。

（4）2260~1860cm^{-1}区域是三键、累积双键区。确定炔(C≡C)，腈(C≡N)及其他一些官能团存在，尽管这些区域出现的吸收峰较弱，但干扰较少，易于鉴别。

（5）3340~2700cm^{-1}区域是 $\nu_{(C—H)}$ 伸缩振动区。由于碳原子的杂化方式不同，C—H 伸缩振动的频率有明显差异，随着 S 成分的增加，吸收频率增高，以 3000cm^{-1}为界，不饱和化合物的 C—H 伸缩振动频率在 3000cm^{-1}以上，而饱和化合物则在 3000cm^{-1}以下。具体来讲：

① C_{SP}-H（炔氢）在 3300cm^{-1}有中等吸收，再利用 ν(C≡C) = 2150cm^{-1}及 δ(≡C—H) = 640cm^{-1}来验证。

② $C_{SP}{}^2$-H（烯氢）在 3100~3000cm^{-1}有中或弱的吸收带，表明可能存在苯环、烯或有张力较小的环。若同时在 1650cm^{-1}附近有中强度吸收则表明有烯键存在。若还在 1600cm^{-1}、1500cm^{-1}有吸收带，则可能存在苯环。

③ $C_{SP}{}^3$-H（饱和烃），大多数有机物都含有饱和的 C—H 键。因此，在 3000~2850cm^{-1}区域出现强度不同的吸收带，则表明分子中可能存在 CH_3，或—CH_2—。

如—OCH_3(~2830cm^{-1})、N—CH_3(~2800cm^{-1})、—CH_2—N—CH_2—(2800cm^{-1})等都具有 $\nu_{(C—H)}$吸收的特征谱带。

（6）指纹区（<1500cm^{-1}）这一区域谱带十分复杂，但有些谱带还是十分重要的。

① 若 ν 在 1300~1000cm^{-1}区域有强吸收，则表明是醇、酚、醚、酯、羧酸及羧酸酐等分子的 C—O 伸缩振动。

② 900~650cm^{-1}区域的强吸收带是芳环 C—H 面外弯曲的振动频率；1000~650cm^{-1}为烯氢的面外弯曲吸收带。

1.1.4 红外光谱解析注意事项

通常，应注意以下问题：

① 首先观察官能团区的频率谱带，确定可能存在的官能团，然后用指纹区确定精细结构。

② 不需要对每个谱带都做出解释，有机化合物仅需图谱中 10%~20%谱带提供的信息做出判断。

③ 通过某些特殊区域无吸收带，可以排除某些基团的存在。否定某个基团的存在比肯定一个基团的存在对红外来讲更为有效，例如在 1900~1600cm^{-1}区域没有强吸收带，可以推知分子中不会含有羰基，那么这个未知物不可能是醛、酮、羧酸及其衍生物等含羰基的化合物。

④ 注意取代基电子效应所引起的基团频率的变化。

⑤ 同一样品用不同制样技术所得的谱图往往不同，尤其是在聚集状态与非极性溶剂的稀溶液处理样品的谱图带所带来的差距，这些差距可以辨别综合效应、分子间氢键及分子内氢键的特征。

⑥ 样品中的杂质及样品介质中水分的增加对谱带的干扰，必要时可对样品进行纯化后测定。

⑦ 样品的制备方法则要根据具体样品特性灵活选择，固体样品的制备方法主要包括溴化钾压片、石蜡油研磨法、热压膜法；液体样品常选用液体池或涂膜法制样；制备气体样品常用气体吸收池。

1.2 质谱简述

润滑油脂是一种复杂有机混合物，包括烃类和非烃。烃类主要包括正构烷烃、异构烷烃、环烷烃和芳烃；非烃主要包括含硫化合物、含氮化合物、含氧化合物和金属有机化合物等。润滑油脂组成从非极性的烷烃到极性的杂原子，极性分布范围较大，不同类型的化合物相对含量差异较大。因此，分析不同类型的化合物，则需要结合不同类型的离子源，甚至需要复杂的前处理过程，才能全面地进行表征。不同的电离技术对同一种类型化合物的电离结果存在差异，同一种电离技术对不同类型化合物的选择性不同。

1.2.1 质谱电离源简介

以某种方式使有机分子电离、碎裂，然后按离子的质荷比(m/z)大小把生成的各种离子分离，检测它们的强度，并将其排列成谱，这种研究方法叫作质谱法，简称质谱。离子按其质荷比大小排列而成的谱图称作质谱图，也简称为质谱。

电子轰击电离源(EI)的应用极为广泛，由灯丝发射高能电子(70eV)，电子对待测样品进行轰击，样品失去一个电子被电离，产生带正电的分子离子，分子离子继续受到电子的轰击，发生化学键的断裂以及重排反应等。现在广泛使用的GC-MS均配有EI电离源，结合GC以及NIST谱库只可以得到有限的组成信息。

化学电离源(Chemical ionization，CI)是一种基于气相的离子-分子反应的电离技术，灯丝发射高能电子(一般低于EI电离源中70ev的高能电子)，反应气被电离后和待测样品分子发生反应。CI根据反应气的不同可以实现对样品中不同类型化合物的选择性电离，如咔唑、环烷酸类化合物。以NO为反应气的CI可以电离饱和烃，但是仍然存在碎裂的问题，同时由于GC的限制，无法分析高碳数饱和烃。CI和LIAD电离技术结合可以分析饱和烃。

大气压化学电离源(Atmospheric pressure chemical ionization，APCI)是在真空化学电离源(CI)的基础上发展起来的，于1973年由美国贝勒医学院脂质研究所的Homing等提出，使用镍箔发出电子，气相的分子-离子反应发生在处于常压状态的电离室，通过针孔保证MS的真空度，主要应用于生物学领域的分析，检测限可达10^{-12}g。1975年，该研究团队用电晕放电代替镍箔放电，并且对比了不同的放电方式、进样方式、实验条件及不同的反应气的电离结果。研究表明光晕放电和镍箔放电可以取得一致的电离结果，但是电晕放电有更宽的动态范围，该电离方式也一直被沿用至今。APCI 是基于分子-离子反应的电离技术，因此电离结果和溶剂体系相关。APCI 为大气压化学电离技术，可以和具有超高分辨能力 FT-ICR MS 结合分析石油样品，可分析的化合物极性范围较宽。以小分子烃类为溶剂时，弱极性的芳烃和饱和烃也可以在 APCI 条件下发生电离。

场致电离(Field ionization，FI)技术可以追溯至 1953 年，德国 Kaise Wilhelm 研究所(现 Max-Planck 研究所)的 Erwin Muller 在场离子显微镜研究过程中发现，在强静电场中有正离子解吸出来。FI/FD 是目前分析饱和烃最理想的电离技术，正构烷烃和环烷烃均不发生碎裂，异构烷烃会有一定程度的碎裂。GC/FI TOF MS 被用于分析石油馏分油的分子组成，对于较重的石油组分，可以用 FD TOF MS 技术进行分析。

美国弗吉尼亚大学的 J. Fenn 因其使用电喷雾电离源(Electrospray ionization，ESI)分析生物大分子做出了杰出的贡献而获得了诺贝尔化学奖。2001 年，Exxon Mobil 最早使用 ESI 电离技术结合具有超高分辨能力的 FT-ICR MS 分析石油组分。ESI 可以在复杂基质中选择性电离石油中的极性化合物，结合具有超高质量分辨能力的 FT-ICR MS 在石油极性组分的表征方面取得了很大的进展，并且广泛应用于煤焦油、生物质油、气溶胶及工业废水中极性化合物的分析。对于弱极性的含硫化合物和饱和烃，可以结合化学衍生方法转化为 ESI 电离的极性化合物再进行分析。

大气压光致电离源(Atomospheric pressure photo ionization，APPI)使用 10ev 能量的紫外光照射样品分子，电离能小于 10ev 的分子被电离。和 ESI 电离源相比，APPI 可以同时电离石油中的极性化合物和弱极性的含硫化合物以及芳烃，同时存在质子化$[M+H]^+$、去质子化$[M-H]^+$以及自由基 $M^{+\cdot}$ 分子离子。APPI 是目前分析石油中芳烃和含硫芳烃最常用的电离技术，和 ESI 相比，电离的极性范围更广。但是 APPI 电离类型复杂，和溶剂体系的选择和待测样品的分子结构有关，同时对于高缩合度的芳环结构具有更强的选择性。

1.2.2 质谱离子类型

离子类型：分子离子、准分子离子、同位素离子、碎片离子、重排离子、负离子、亚稳离子、多电荷离子、簇离子等。

(1) 分子离子

有机分子经电子流轰击后，失去一个外层电子所生成的正离子称为分子离子或称母离子。常用 M^+表示。质谱中相应的峰称为“分子峰”或“母峰”。该离子一般位于质荷比最高的那一端，它的质荷比值即是该化合物的分子量。通过高分辨质谱可获该峰的精确值——即分子量，从而可计算分子式。通过该峰的相对强度也可判别化合物的类型。

(2) 同位素离子

组成有机化合物的大多数元素都有天然同位素(除 P、F、I)，由于各种元素同位素的含量并不相同，因此在质谱上就出现强度不等的同位素峰。这些含有不同种同位素的离子，它们出现在比各自氢同位素高 1~2 个质荷比的地方。

(3) 碎片离子

在离子源中，当分子离子受到 70ev 以上的能量轰击时，分子离子处于激发状态，可进一步断裂它的原子间的一些键，产生质量较低的碎片离子。碎片离子提供该样品的分子结构信息，对于结构鉴定具有重要意义。

(4) 重排离子

分子离子在裂解过程中，由于本身结构的影响，可能同时发生原子或基团的重排，产生比较稳定的重排离子。在重排离子中，有些离子是由于无规律的重排产生的，但大多数重排是有规律的。研究这些重排可以了解化合物的类型和重排过程的相互关系，在预测化合物的结构上是十分有用的。

(5) 亚稳离子

质谱计中形成的离子在到达收集器之前不再发生进一步裂解的都是稳定离子。如果在离子源中形成的一种离子被加速后，在进入磁场之前又发生裂解，这样的离子称为亚稳离子。一个离子 m_1(母离子)在飞行中裂解生成另一种离子 m_2(子离子)和一个中性碎片，这样生成的离子流以一个低强度的宽峰被记录下来。利用亚稳离子的数值可找到相关的母离子和子离子的相互关系，从而了解裂解途径，直接为质谱解析提供一个可靠的信息。

(6) 多电荷离子

某些分子在离子化室中，可以承受失去两个电子或两个以上的电子，产生多电荷离子，分别在 $m/2e$ 和 m/ne 处出现。单电荷离子在 1/2 和 $1/n$ 处出现(n 为离子所带电荷的数目)。具有 π 电子的芳烃、杂环或高度不饱和的化合物，能使双电荷离子稳定化。因此，双电荷离子是这些化合物的特征。如果两价离子的质量为奇数，它的质荷比值就是非整数，这样的两价离子在谱中很易区别。但一般的两价离子，质荷比为偶数，且离子峰很弱，所以不易发现，很难辨认，但此时它的同位素峰$(M+1)/2e$ 却是非整数，可用来识别这种两价离子。

1.2.3 质谱裂解规律

影响质谱裂解因素：一是生成离子的稳定性，主要是正离子的稳定性；二是键能的大小；三是生成中性碎片的稳定性；四是形成环状过渡态的难易程度。

(1) 产生分枝碳正离子、烯丙基正离子、苄基正离子或革鎓离子。

下列离子断裂特别容易发生，如图 1-16 所示。

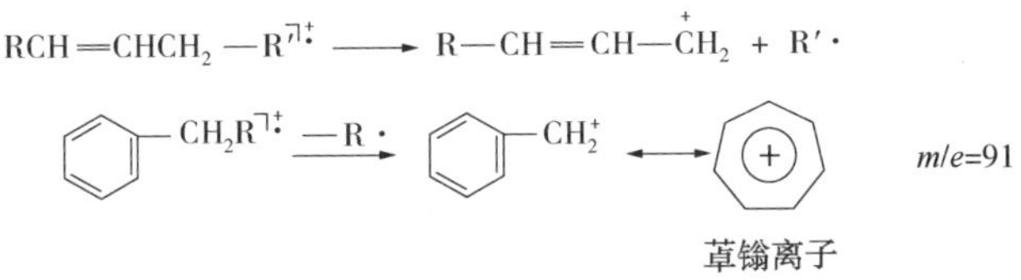

图 1-16 革鎓离子

具有侧链的环烷烃易失去侧链，形成较稳定的环状碳正离子。如图 1-17 所示。

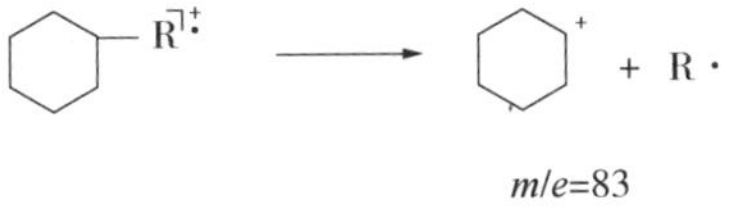

图 1-17 碳正离子

开链的脂肪烃可产生 $C_3H_7^+$($m/e=43$)，$C_4H_9^+$($m/e=57$)的稳定离子峰。

(2) 含有杂原子的化合物(ROH、ROR、RNH_2、RSH、RSR)。

由于杂原子的孤电子对能使正离子具有较好的稳定性，因此容易发生 β-开裂，形成离子。如图 1-18 所示。

$$CH_3—CH_2—\overset{+\cdot}{Y}—H(R) \xrightarrow{-\dot{C}H_3} CH_2=Y—H(R)^{\urcorner +}$$

图 1-18 β-开裂

(3) 含羰基的化合物易发生 α-开裂。

一般指醛、酮、酯等。如图 1-19 所示。

$$\begin{aligned} R—\overset{O}{\overset{\|}{C}}—CH_2—R^{\urcorner \dot{+}} &\longrightarrow RC\equiv O^{\urcorner +} + R'CH_2\cdot \\ &\longrightarrow R'CH_2C\equiv O^{\urcorner +} + R\cdot \end{aligned}$$

图 1-19 α-开裂

(4) 引起中性分子离子的裂解。

含有 O、N、S 等有机分子，断裂时易失去稳定性较高的中性小分子，如 H_2O、CO、HCN、NO、NH_3、H_2S、烯烃及小分子醇等，常见的方式是消除和重排。

① 麦克拉夫蒂(Mclaffery)重排

具有 γ-氢原子的醛、酮、羧酸、酯、环烷烃、烯烃等，α-氢原子通过六元环过渡态迁移到带正电荷的杂原子上，同时发生 β-开裂，产生一个中性分子和一个游离基正离子。这种重排称为麦氏重排，也称 γ-H 迁移重排。

X=O，NH，CH_2 等；Y=H，R，OR，OH，NR_2 等。

麦氏重排的结果，在质谱中往往出现较强的特征峰，有时为基峰。如图 1-20 所示。

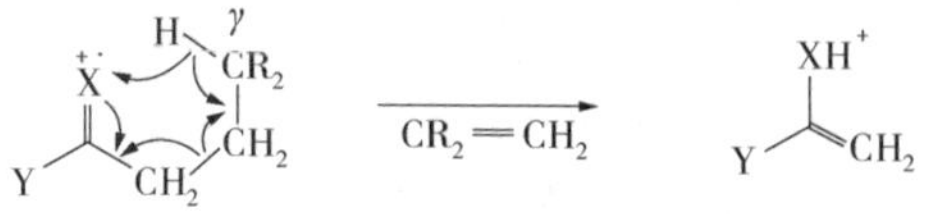

图 1-20　麦氏重排

② 逆向狄尔斯-阿德尔裂解反应(Retro-Diels-Alder，RDA)

逆向狄尔斯-阿德尔裂解是环状不饱和烃的一种裂解方式，是 Diels-Alder 环加成反应的逆反应，反应结果能消除中性分子，形成奇电子离子。如图 1-21 所示。

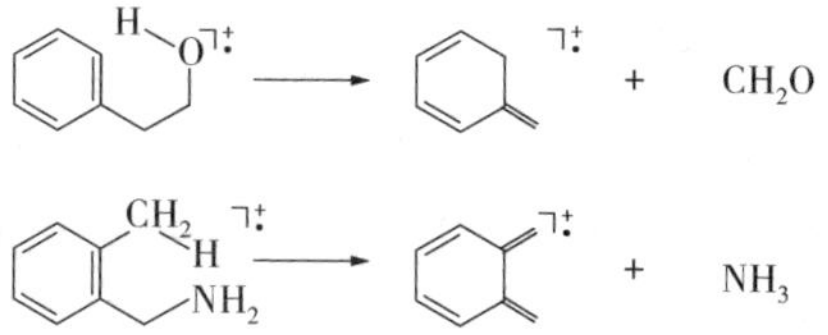

图 1-21　逆向狄尔斯-阿德尔裂解反应

1.2.4　有机物的质谱

(1) 饱和烃

① 直链烷烃：其分子离子峰的强度随相对分子质量增加而减弱，但可以观察到。

② 由于直链烷烃不易失去甲基，则(m-15)的峰极弱，或根本看不到，裂解特点是形成峰群，每群峰之间相差 14 个质量单位(CH_2)，强度大的为 $C_4 \sim C_6$，然后碎片呈平滑曲线下降到($M-C_2H_5$)和(m-15)。

③ 支链烷烃断裂发生在被取代的碳原子上，形成稳定的仲或叔正碳离子。

④ 带有支链的脂环化合物最易失去侧链，发生 α-开裂。

(2) 烯烃、炔烃

① 烯烃有较强的分子离子峰，强度随相对分子质量的增加而降低。

② 烯烃中最强的峰(基峰)是 β-开裂产生 C_nH_{2n-1} 的烯丙式正碳离子，质荷比为 $14n+41$(n=0，1，2，3，…)。

③ 有 γ-H 的烯烃可以发生麦氏重排。

④ 环烯常出现明显的分子离子峰，并可发生逆向 Diels-Alder 反应。

⑤ 炔烃的裂解方式与烯烃相似，分子离子峰较强，且易发生 β-开裂，生成炔丙基离子。

（3）芳烃

① 由于芳环对电子轰击是稳定的，因此具有较强的分子离子峰。

② 烷基苯中容易在苯基位置发生 β-开裂，重排生成䓬鎓离子（$C_7H_7^+$，$m/e=91$）在谱图中呈强峰。重排后还可以进一步消去乙炔生成环戊二烯离子（$C_5H_5^+$，$m/e=65$）和（$C_3H_3^+$，$m/e=39$）。

③ 在直链烷基苯中，当烷基碳数超过 3 个碳时，常发生麦氏重排，产生 $m/e=92$ 的峰。

④ 烷基苯也可发生 α-开裂，产生丰度不大的 $C_6H_5^+$（$m/e=77$）离子峰。

正丙苯的裂解过程如图 1-22 所示。

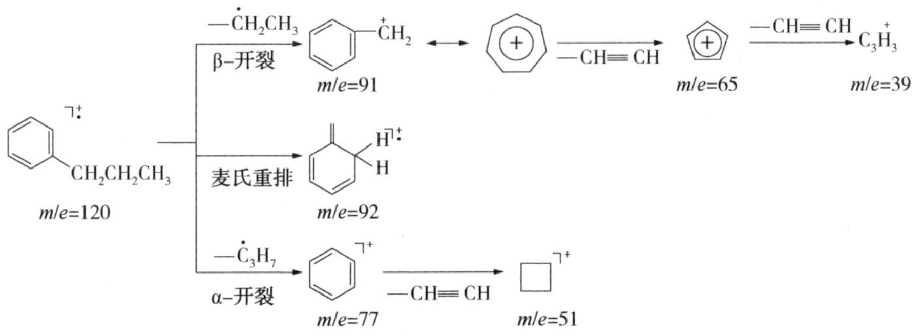

图 1-22　正丙苯裂解过程

（4）醇

① 醇的分子离子峰很弱，叔醇很难观测到它的分子离子峰。

② 醇容易脱水形成（$m-18$）的峰，不要将（$m-18$）峰误认为 M 峰。

③ 开链的伯醇易发生麦氏重排，先脱水形成烯烃，若有 γ 氢再发生麦氏重排。

④ 醇易发生 β-开裂，失去烷基，形成极强的 $m/e=31$（$CH_2=OH^+$，伯醇）、$m/e=45$（$CH_3CH=OH^+$，仲醇）或 $m/e=59$［$(CH_3)_2C=OH^+$，叔醇］的峰。这些峰对鉴别醇类极为重要。因为醇的质谱由于脱水与相应烯烃的质谱相似，而 31、45 或 59 的峰可判别样品是醇不是烯烃。

（5）酚和芳醇

① 酚和芳醇的 M^+ 峰很强，酚的 M^+ 峰往往是它的基准峰。

② 苯酚的 M-1 峰不强，而甲苯酚和苄醇的 M-1 峰很强，这是因为产生较稳

定的离子。如图 1-23 所示。

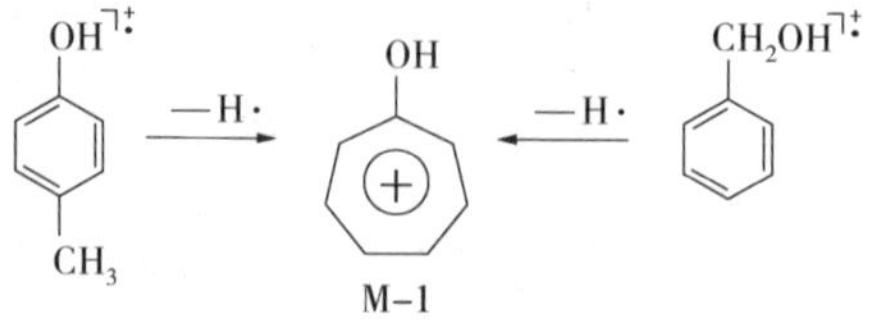

图 1-23 苄醇的 M-1 峰

③ 酚类和芳醇最特征的峰是失去 CO 和 CHO 形成 M-28 和 M-29 的峰。

（6）醚

① 醚的分子离子裂解方式与醇相似，脂肪醚 M^+很弱，芳香醚较强。

② 脂肪醚主要由以下三种方式开裂：

a. β-开裂。正电荷留在氧上，取代多的基团优先丢失。如图 1-24 所示。

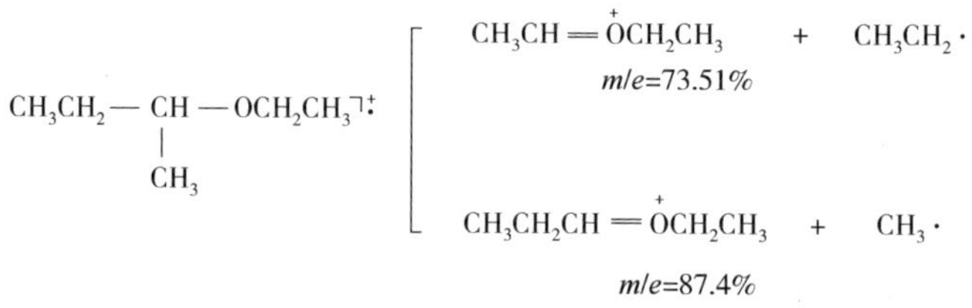

图 1-24 醚 β-开裂

b. α-开裂。正电荷留在烷基上，这种开裂在醇中一般难以发生，因为醚发生这种裂解后所形成的烷氧基 RO · 较 HO · 稳定。如图 1-25 所示。

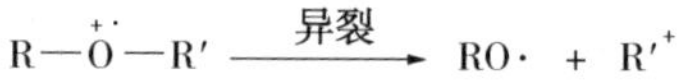

图 1-25 醚 α-开裂

α-开裂可产生 $m/e=29$，43，57，71 等峰。

c. 重排 α-开裂：如图 1-26 所示。

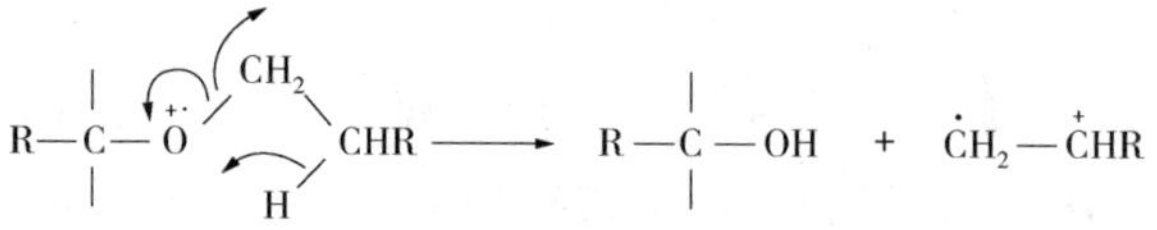

图 1-26 重排 α-开裂

这种开裂导致形成比不重排的 α-开裂少一个质量单位的峰，如 $m/e=28$，42，56，70 等峰。

③ 芳香醚只发生氧原子的 α-开裂。

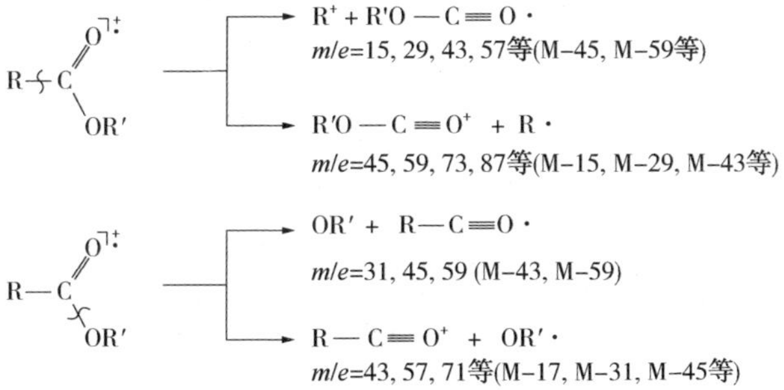

图 1-34　羧酸酯的 α-开裂

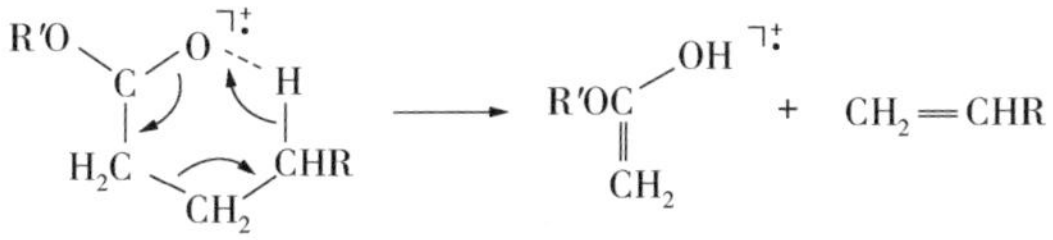

图 1-35　羧酸酯的麦氏重排

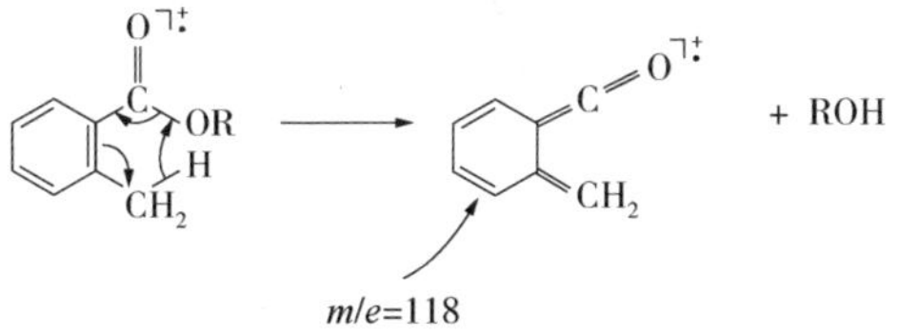

图 1-36　苯甲酸酯脱醇反应

（11）胺

① 胺的质谱与醇相似，分子离子峰中芳胺、环胺较强，而脂胺很弱或根本看不到。含奇数氮的胺的质量数为奇数。

② 低级胺和芳胺易出现 M-1 峰(失 H·)。如图 1-37 所示。

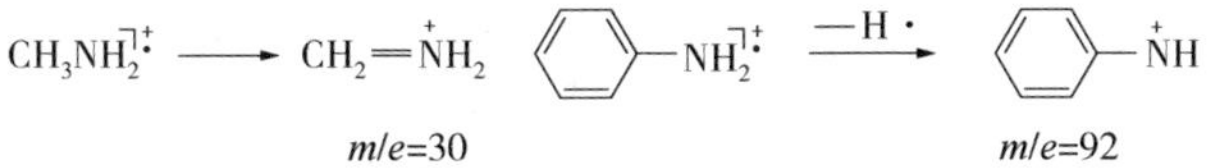

图 1-37　低级胺和芳胺失氢

③ β-开裂，产生较强的基峰。如图 1-38 所示。

$$R—CH_2—NH_2^{+\cdot} \longrightarrow CH_2=\overset{+}{N}H_2 + R\cdot \quad m/e=30$$

图 1-38　胺 β-开裂

④ 仲胺和叔胺也能发生 α-开裂，并有 β-H 的转移。如图 1-39 所示。

⑤ 环胺和芳胺可发生双侧 β-开裂，如图 1-40 所示。

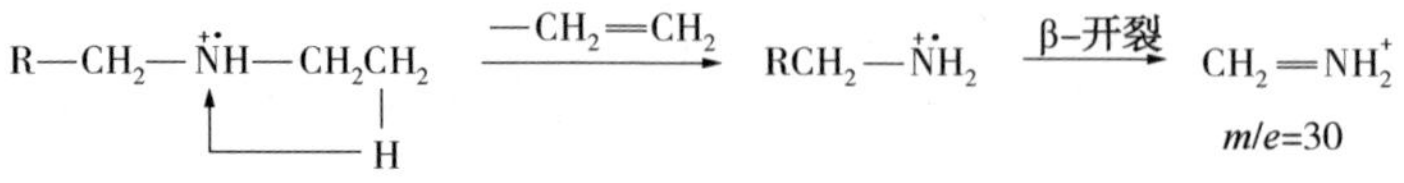

图 1-39　胺 α-开裂

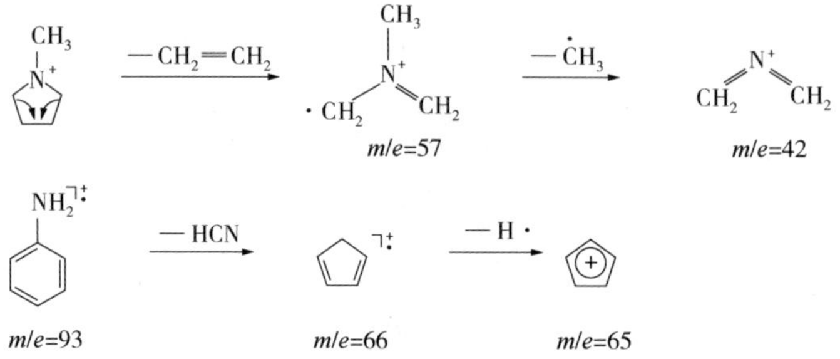

图 1-40　环胺和芳胺 β-开裂

（12）酰胺

① 分子离子峰可以观察到，并为奇数。

② 可发生麦氏重排，如图 1-41 所示。

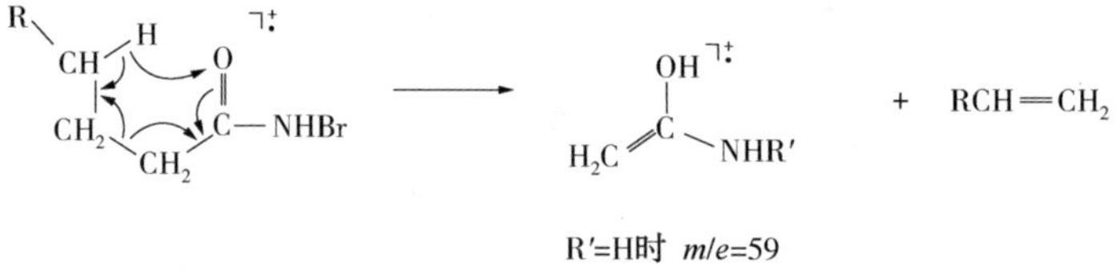

图 1-41　酰胺麦氏重排

③ α-开裂，如图 1-42 所示。

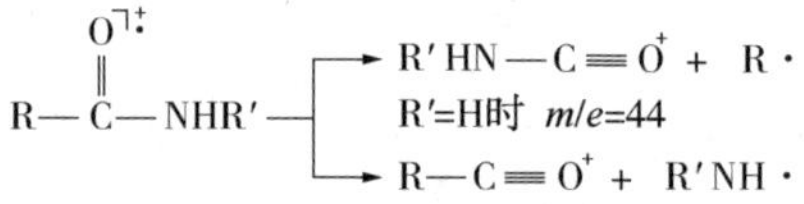

图 1-42　酰胺 α-开裂

④ β-开裂重排，具有胺类化合物的开裂特点，如图 1-43 所示。

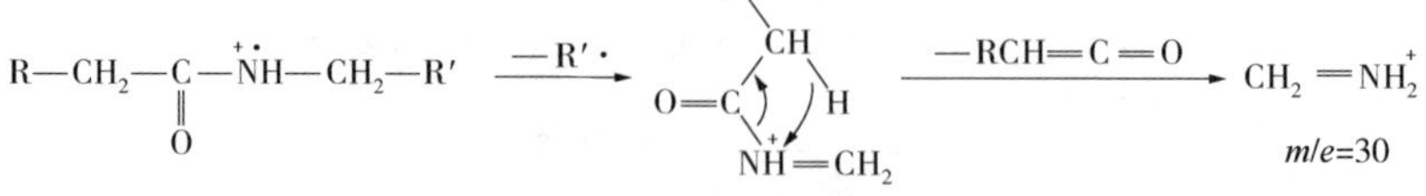

图 1-43　酰胺 β-开裂

1.2.5 质谱分析

(1) 对分子离子区进行分析

① 确认分子离子峰，并注意分子离子峰与基峰的相对强度比，这对于判断分子离子的稳定性，以及确定分子结构是有帮助的。

② 注意 M^+的奇偶性，并运用氮规则来确定含氮的情况。

③ 注意同位素峰中 M^{+1}/M 及 M^{+2}/M 数值的大小，据此可以判断分子中是否含有 S、Cl、Br 等同位素较大的元素，并可以初步推算分子式。

④ 根据高分辨质谱测得的分子离子的 m/e 值，推定分子式。

⑤ 根据分子式计算出不饱和度。

(2) 对碎片离子的分析

① 找出主要的离子峰，记录这些离子峰的质荷比和相对强度以及与分子离子峰的质量差，从而推断离子断裂中有何碎片脱掉，并以此来推测结构类型及开裂方式。

② 若存在亚稳离子峰，可利用 $m^* = m_2^2/m_1$ 公式确定 m_1 及 m_2 两种离子的关系，推断开裂过程。

③ 注意一些主要离子 m/e 的奇偶性，以帮助确认是失去中性分子还是游离基。

④ 注意存在哪些重要离子，并据此推测结构类型。

(3) 列出部分结构单位

① 列出部分结构单位，并确定原子数目。

② 确定剩余的碎片是何种结构。

(4) 提出结构式

① 按各种可能的连接方式将已知的结构碎片拼接组成可能的结构式。

② 根据其他仪器方法或化学方法排除不可能存在的结构式，最后认定一个确定的式子。

1.3 核磁共振技术简述

1946 年，由 Purcell 和 Bloch 发现核磁现象。1950 年，核磁共振与化学结构的关系被发现。20 世纪 50 年代初，30MHz 核磁仪出现。60 年代，250MHz 核磁仪出现。目前，傅立叶变换与超导技术的应用促进了核磁仪器的飞跃，目前已有 950MHz，并可广泛用于其他核的测定(如^{13}C、^{15}N、^{19}F 等)。

核磁共振是一项新兴的无损检测分析技术。与常规的实验室检测方法相比，其具有快速、高效、安全等一系列优势。常规检测往往分析时间较长，一次实验只能获得一种性质；同时，需要接触化学试剂，极容易对化验人员的身心健康造成危害。在分析精度上，化验人员的经验也决定着分析水平，不同人员进行同一油品的同一实验，可能误差很大。而利用核磁共振技术进行分析时，对操作人员的要求较低，结果的重复性和再现性较好；同时降低化验人员对油品的接触程度，保护化验人员的身体健康；在高效检测方面，核磁共振一台设备可替代多台传统设备，在降低设备成本的基础上，还大大降低人力成本，在传统化验人员紧缺及老龄化严重的今天，先进的设备必然是大势所趋。

核磁共振(NMR)分析技术在石化领域中具有越来越广阔的应用前景。与传统的其他仪器分析方法——色谱、质谱、光谱、极谱(UV、VIS、ICP、AA)等相比，虽然核磁共振分析技术尚具有某些明显的弱点，如灵敏度低、样品用量较大、定量重复性差、仪器成本高等，但由于它具有独特的检测方式，能非常直观地反映分子结构信息，不受样品极性和挥发性的影响，各谱峰面积可基本接近结构单元的摩尔比等优势，因而在润滑油脂产品开发及原材料分析研究中有着与其他分析技术形成互补、为润滑油脂工艺的改进提供重要参考数据的作用。

1.3.1 核磁共振工作原理

量子力学和实验证明某些原子核与核外电子一样也具有自旋现象，原子核的自旋运动与自旋量子数 I 有关。I 的大小取决于原子的质量数和原子序数，只有 I 不为零的时候，原子核才具有磁性。

核磁共振(NMR)是一种基于原子核的物理现象，它可以用来研究物质的结构和性质。它是基于原子核的自旋和磁矩的相互作用。在一个外加磁场的作用下，原子核会产生一个自旋磁矩，这个磁矩会与外加磁场相互作用，从而产生一个能量差异，核磁共振仪器针对这个差异设计了专门的接收模块，用以检测该信号，从而探测物质的性质及结构。润滑油脂是有机物，它必然包含大量的 H、C 原子核，将这个样品放在一个强磁场中，这个强磁场会将样品中的原子核和自旋磁矩定向。然后，向样品中发射一个高频脉冲，这个脉冲会使样品中的原子核共振。当原子核发生共振时，它会从一个低能量状态跃迁到另一个高能量状态，这个过程叫“进动”。当脉冲信号结束后，根据能量守恒定律，它又会释放这个高能量，回到初始状态，原子核由高能级回归初始的过程，叫“弛豫”。“弛豫”过程的时间 T 用在医疗领域转换为灰度图，用以检测人体组织器官的病理情况；“弛豫”过程的信号则被工业核磁共振分析仪采集，通常称其为核磁谱或 FID 信号。

核磁共振技术可以根据场强参数分为三种模式。第一种是高场核磁共振技术，恒定场强通常大于 1.0T，第二种是中场核磁共振技术，恒定场强保持在

0.5~1.0T，第三种是低场核磁共振技术，恒定场强低于0.5T。低场核磁共振技术不会破坏物质的内部结构，所以可以用于无损检测，但是通常无法直接测量各类元素的频谱，需要通过测量纵向弛豫时间、横向弛豫时间和扩散参数，反映物质中各类特定质子的运动特质。

核磁共振技术是目前唯一既可以用来研究皮秒到秒的时间尺度范围，又可以通过同位素标记和多维实验提供某一具体物质基位点运动情况的一种研究手段。目前，人们已经发展了一系列核磁共振的实验方法来研究不同时间尺度上物质的动态特性，如自旋弛豫实验(纵向弛豫速率 R_1、横向弛豫速率 R_2、异核稳态 NOE 等)、弛豫扩散、化学交换饱和转移、残余偶极耦合、顺磁弛豫增强等。每种实验方法都有其适用的时间尺度范围，如自旋弛豫实验主要适于研究皮秒到纳秒范围的动态特性，弛豫扩散实验主要适于研究微秒到毫秒范围的动态特性，CEST 实验适于研究毫秒到秒范围的动态特性等。

不同化学环境的氢、碳原子在磁场中的表现是不同的，在核磁共振波谱图中的出峰位置不同。同时，组成含量与峰的强度之间存在一定的关系。在核磁共振波谱图中，可以通过不同位置的峰进行相关定性分析，也可以通过不同位置的峰强度进行相关定量分析。核磁共振分析仪以核磁共振技术为基础，对润滑油脂进行快速扫描，得到包含样品内部结构信息的核磁谱图，进而计算出油品各物性的具体数据。

核磁共振谱可为化合物鉴定提供下列信息：

① 化学位移可判断磁核的类型，可判断甲基氢、芳氢、烯氢、醛氢等；

② 由偶合常数和自旋-自旋裂分来判断磁核的化学环境，如在氢谱中，可以判定碳甲基是与—CH_2—相连还是和苯环相连；

③ 各类磁核(如质子)的数量，如在氢谱中，可通过峰面积或积分曲线显示各组质子的相对数量；

④ 核自旋弛豫时间，如在碳谱中，可提供弛豫时间 T_1，并用于结构归属的指定，构象的测定，以及窥测体系的运动状态；

⑤ 核间相对距离，通过核的 Overhauser 效应可以测得质子在空间的相对距离。

谱图提供信息：

① 化学位移　是每个峰的峰位值，反映了自旋核所处的化学环境。

② 偶合常数　自旋核之间相互干扰使谱线发生裂分，裂分峰之间的峰距用偶合常数 J 表示，单位 Hz。

③ 峰面积　可用阶梯式积分曲线求出，其做法是从积分曲线的各相邻水平台阶的高度求出它们之间的简单整数比。

1.3.2 核磁共振应用领域

(1) 基础油的表征

核磁共振技术主要可以直接给出油品的芳氢、芳碳含量(ASTM D 5292-99)，结合元素分析结果还可以给出基础油的平均结构参数，如链烷碳数 C_p、环烷碳数 C_N、芳香碳数 C_A、环烷环数 R_N、芳香环数 R_A、缩合指数 CI 等等。以上主要利用的核磁共振 ^{13}C 谱、^{1}H 谱技术，现已渐成为油品的常规分析项目。为了在使用核磁共振技术测定以上参数的同时，能够更快速简捷地获取油品的其他理化参数，由碳谱图计算未知油样的软化点或相对密度。

核磁共振技术在润滑油基础油的结构表征中能给出基础油的精细结构以及一些重要的定量结果。基础油的正构烷烃含量 NP、异构烷烃含量 IP、支化指数 BS 和烷基平均碳数 C * 等参数，对于检测加氢异构化高档基础油具有重要意义。^{13}C 谱积分数据与 API 重度、苯胺点、倾点(PP)、黏度等性能之间存在一定关系。其中，倾点与积分的关系可以表示为：

$$PP(℃)=17.3\times\sqrt{I_{CH_2}}-30.6\times\sqrt{I_{CH_{2\alpha}}}-5.51$$

可以看出，倾点主要与代表正构烷基长度的 I_{CH_2} 积分值及代表环(芳香环或环烷环)上取代度的 I_{CH_2} 积分值有关。该式的相关性(R^2)为 0.84，PP 预测值的误差为 2.2℃。

(2) 油品添加剂的分析

油品添加剂种类繁多，绝大多数都可以采用核磁共振分析技术进行定性或定量检测。有些特殊的添加剂，只能采用核磁共振技术确定结构或组成。中低分子量聚异丁烯是清净分散剂中的重要组分。其分子中残余双键位置、类型、比例等都对聚异丁烯的化学性能起关键性的影响作用，核磁共振成为测定这类样品的必不可少的分析手段。

(3) 聚烯烃产物的分析

采用升温 NMR 技术分析研究各种各样的聚烯烃产物的链结构，也是核磁共振的一个强项。线性低密度聚乙烯、乙丙共聚物、等规聚丙烯、间规聚丙烯等都需要依靠定量碳谱来测定第二单体的插入度或均聚物的立构规整度。

(4) 润滑脂稠化剂脂肪酸含量的测定

油脂广泛存在于自然界，在日常生活中也占有非常重要的地位。植物油的主要成分是脂肪酸，主要由不饱和的油酸、亚油酸和亚麻酸与饱和的棕榈酸、硬脂酸构成。脂肪酸对润滑脂制备有着重要的作用，对油脂在润滑脂工业中的应用以及质量控制具有重要意义。测定油脂中脂肪酸组成及含量的国标方法主要为气相色谱法(GC)，将甘油三酯水解，然后将脂肪酸甲酯化，并利用气相色谱仪测定各类脂肪酸含量。由于这种方法在前期样品制备中需要消耗大量的试剂，并且需要相对应脂肪酸甲酯的标准品，成本高昂且费时费力。除色谱法外，目前有很多学者利用傅立叶变换红外光谱(FTIR)法进行脂肪酸含量的测定，还有学者利用偏最小二乘法(PLS)建立光谱变量与脂肪酸含量之间的化学计量关系，但是建立模型需要较大样本数据量，较为烦琐。因此，寻找一种简便的脂肪酸含量检测方法显得尤为必要。核磁共振(NMR)波谱技术具有简便、快速、几乎不需要进行前处理等优势，已经用于油脂样品分析。核磁共振氢谱(^1H NMR)能够提供化合物分子中所有氢原子的信息，据此可计算对应结构在样品中的含量、研究油脂的稳定性、鉴别油脂产地、分析油脂组成成分、探讨油脂氧化过程等。在油脂脂肪酸组成及含量分析中，因为^1H NMR 的共振峰强度与对应氢核的数量间存在线性关系，所以研究结果往往以各脂肪酸的摩尔分数表示，而不是质量分数。利用^1H NMR 法研究油脂脂肪酸组成，通过分析各共振峰与脂肪酸结构间的相互关系，建立快速测定油脂脂肪酸质量分数的核磁共振氢谱法。

1.3.3 影响化学位移的因素

(1) ^1H NMR 影响化学位移因素

① 诱导效应

当电负性较强的原子或基团与质子相近时，将质子外围的电子密度减弱，从而减少屏蔽，结果使质子在较低磁场处发生共振吸收，δ 值增大。现有的电负性基团数目越多，去屏蔽效应越大。当电负性较大的原子与质子距离增大时，δ 值也逐渐减小。如表 1-3 所示。

表 1-3 不同电负性原子对 CH_3 质子的化学位移

化合物	CH_3F	CH_3OH	CH_3Cl	CH_3Br	CH_3I	CH_4	$(CH_3)_4Si$
元素	F	O	Cl	Br	I	H	Si
电负性	4.0	3.5	3.1	2.8	2.5	2.1	1.8
δ	4.26	3.40	3.05	2.68	2.16	0.23	0

② 共轭效应

与诱导效应一样，共轭效应也会影响电子云密度的变化。例如下列化合物 δ 值的变化表明，供电(或吸电)基团的存在，导致共轭而增大(或减小)质子的屏蔽效应。如图 1-44 所示。

③ 各向异性效应

乙炔基的电负性比乙烯基强，但其 δ 值比乙烯和苯的氢核都大。这种情况是由于分子中氢核在分子所处的空间环境不同产生的，这种效应称为各向异性效应。各向异性效应和分子的空间屏蔽和构型有关。如图 1-45 所示。

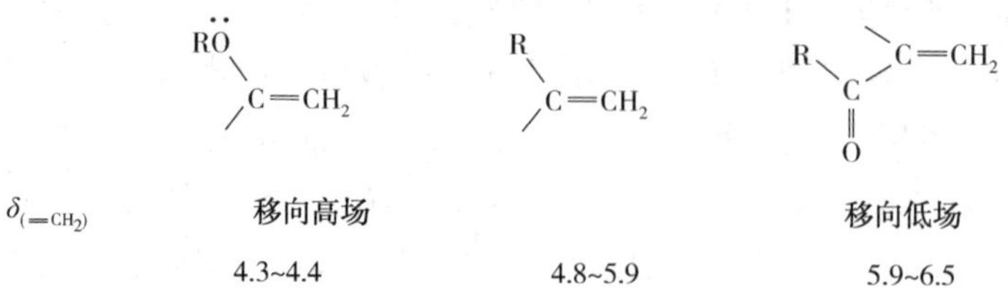

图 1-44　共轭效应

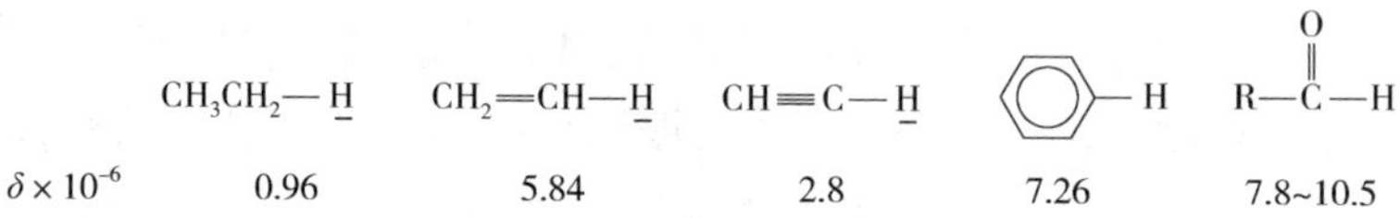

图 1-45　各向异性效应

④ 范德华(Van der waals)效应

当所研究的氢核和邻近的原子间距小于范德华半径之和时，氢核外的电子被排斥，从而使核周围的电子云密度减小，屏蔽效应显著下降，共振信号移向低场。这种效应称为范德华效应。

⑤ 自旋偶合与偶合常数

相邻核之间相互作用，使共振跃迁能级发生分裂，产生多重共振跃迁，称为自旋-自旋偶合，简称自旋偶合。由自旋偶合引起的吸收峰分裂使谱线增多的现象为自旋裂分。

(2) ^{13}C NMR 影响化学位移因素

决定^{1}H 化学位移的各种结构因素，基本上也影响^{13}C 的化学位移。但因为^{13}C核外有 p 电子，p 电子云的非球状对称性质，使得^{13}C 化学位移主要是受顺磁屏蔽的影响。其次，与分子的结构和环境条件有关。

① 碳原子的杂化状态。化合物中碳原子轨道主要有 sp^3、sp^2、sp 三种基本状态，其中饱和碳、烯烃和芳环碳、累积双烯中的 sp 杂化碳分别为$(0\sim60)\times10^{-6}$、$(90\sim160)\times10^{-6}$和 200×10^{-6}。炔碳中的位移值为$(60\sim90)\times10^{-6}$，比烯碳处于较高场。

② 碳核周围的电子云密度。碳负离子碳出现在高场，碳正离子碳出现在低场。

③ 诱导效应。与电负性取代基相连的碳核的化学位移向低场移动，移动程度随取代基电负性的增加而加强。此外，共轭效应、立体效应均能影响化学位移的变化。

1.3.4 化学位移

(1) 各类氢核的 δ_H 范围，如图 1-46 所示。

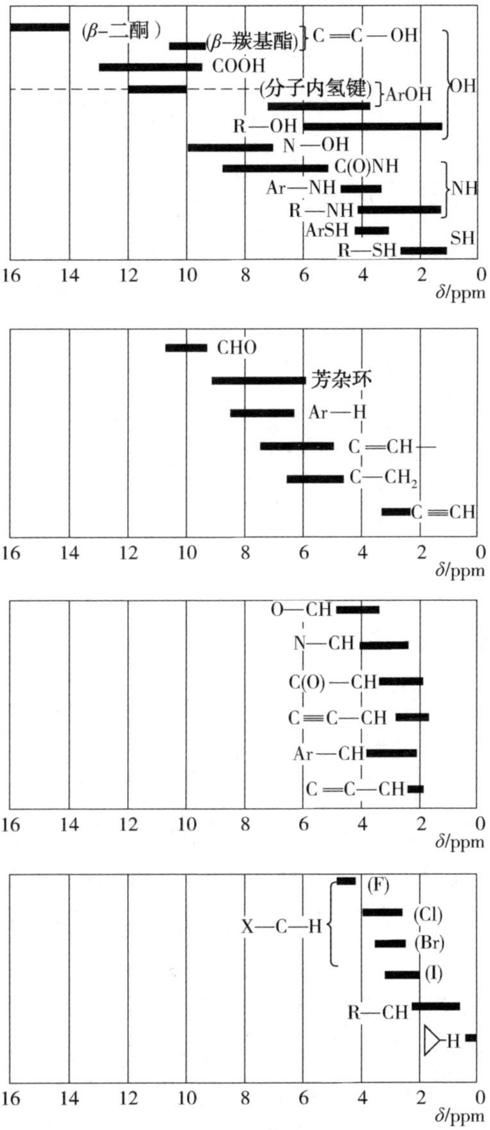

图 1-46 各类氢核的 δ_H 范围

(2) 各类碳核的 δ_C 范围

各类碳核的化学位移范围大致数值约为相应结构 ^1H 化学位移的 20 倍。由于影响化学位移的因素十分复杂，它们对碳的化学位移的改变比较难以预料，所以目前解释^{13}C NMR 谱图要比解释^{1}H NMR 谱图较为困难。如图 1-47 所示。

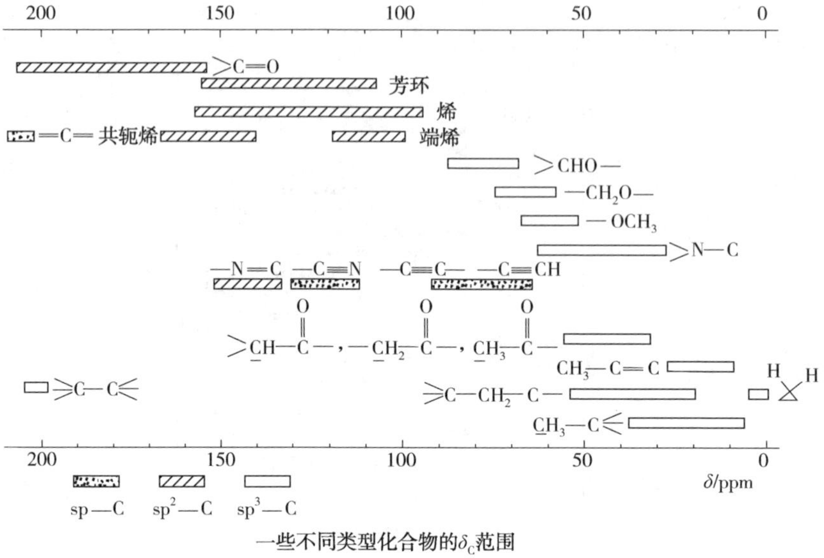

图 1-47　各类碳核的 δ_C 范围

1.3.5　优化谱图方法

（1）简化氢图谱的几种方法

① 增大仪器的磁场强度，使用高磁场的核磁共振仪器。

② 在试样中加入位移试剂

很多含有过渡金属的络合物，加入含试样的溶液中时，具有使试样各种氢核的化学位移发生不同程度的变化、把各种氢核信号分开的功能，故称为位移试剂。最常用的位移试剂是镧系 Eu 或 Pr 与二酮的络合物，如 $Eu(DPM)_3$、$Pr(DPM)_3$ 和 $Eu(FOD)_3$ 等。通常 Eu 试剂把化学位移移向低场，而 Pr 试剂移向高场。

③ 双照射技术(核磁双共振去偶)

对于发生自旋偶合 H_A 和 H_X 核来讲，若 H_X 被一射频 ν_1 照射而共振的同时，又用另一强的射频 ν_2 来照射 H_A 核发生共振，且 H_A 核在两个自旋能态间往返的速度快到 H_X 核无法分辨其能级的差异时，在 H_X 核处产生的附加局部磁场平均为零。这就去掉了 H_A 对 H_X 的偶合作用，这种技术称为自旋去偶。

④ 核欧沃豪斯效应(Nuclear Overhauser Effect，NOE)

在一个分子中，当两个氢核 H_a 和 H_b 在空间靠近时，即使两者之间没有偶合，但当 ν_b 照射时，将使比较多的 H_b 核跃迁至高能级 E_{2b}，这些核通过“弛豫过程”的

能量转移使 H_a 核比较更多地处于低能级 E_{1a}，其结果使得低能级 H_a 核吸收射频的强度增加。在谱图上见到 H_a 的峰变高，这种称为 NOE 效应。在氢谱中，NOE 的最大用途是解决立体化学问题。

⑤ 重氢交换

采用重氢交换通常可使与 O、N、S 相连的活泼氢交换后吸收峰消失。交换的速度顺序为 OH>NH>SH。如果样品中含有这些基团，在做完谱图后，滴加几滴重水，振荡，然后重新作图。此时，这些活泼氢已被氘取代，相应的谱峰消失，由此可以判断这些基团的存在。

(2) 碳谱中的双照射技术

在观察 ^{1}H NMR 谱时，由于 ^{13}C 含量太少，可以不必考虑 ^{1}H 与 ^{13}C 核的自旋偶合。但在 ^{13}C NMR 谱中，^{13}C 核却被相连的 H 核及邻碳以致更远的碳原子上的 H 核偶合，从而降低了 ^{13}C 峰的峰高，而且使谱图复杂化。解决这个问题通常采用去偶方法。

① 宽带去偶

宽带去偶又称质子噪声去偶。它是在测定 ^{13}C 的同时，另外对样品加一个照射射频，用噪声加以调制，成为频率宽度有 1000Hz 的宽带射频。在它的照射下，样品中的全部质子迅速跃迁并达到饱和，不再与 ^{13}C 偶合。图中每个信号峰代表一种化学环境不同的碳。用这种方法得到的碳谱，容易取得各碳的化学位移值。当它与偶合谱或偏共振谱对照时，可确定信号碳的类型。由于宽带去偶会使许多有用的关于分子结构的信息失去，因而又有其他的去偶方法。在偏共振去偶时，^{13}C 裂分为几重峰，就表明它与 $(n-1)$ 个 ^{1}H 核相连。

② 偏共振去偶

为了克服宽带去偶的缺点，同时避免在不去偶碳谱中出现的过分复杂的信号，可采用偏共振去偶。偏共振去偶与宽带去偶的方法相似，也是在样品测定时，另加一个照射射频。不过这个照射射频的中心频率不在质子共振区的中心，通常移到比 TMS 质子共振频率高 500~1000Hz(在质子共振区以外)的位置上。在这种情况下得到的谱图，只留下偶合最强的信息，裂距也被削减到 30~50Hz。所以在这种谱上伯、仲、叔、季碳分别呈四、三、二重峰和单峰。

③ 选择去偶

当测量一个化合物的 ^{13}C NMR 谱时，而又准确知道这个化合物的 ^{1}H NMR 谱图和氢核的化学位移，就可以选择去偶。选择去偶即异核双照射去偶，在解释 ^{13}C NMR 谱图方面是有用途的。要区分出碳原子 3 和 4 是不容易的，但采用选择去偶的方法，双照射氢 3 或氢 4，就可知道哪一个峰是碳 3 或碳 4 了。

1.3.6 谱图分析

（1）氢谱分析

① 对全未知的有机化合物，应首先测定分子量、元素组成，得到分子式，计算不饱和度。

② 根据积分曲线表示的各组峰面积积分比，并以孤立的甲基或亚甲基为标准，计算各组峰所代表的相对氢核数目。

③ 由化学位移识别各组峰所代表氢核的性质，如芳氢、烯氢、饱和碳氢等，对化学位移范围较宽的—OH，—NH_2 和—SH 基团信号，必要时可通过改变温度、添加重水等操作改变其化学位移来确定。

④ 看峰的形状，包括峰的数目、J 的大小的分析，以确定基团和基团之间的相互关系。当分子具有对称性时，会使谱图出现的峰组数减少。

一级谱具有下列三个特点：

a. 峰的数目可用 $n+1$ 规律描述，但要注意相邻的几个氢应是磁等价的，即只有一个偶合常数。

b. 峰组内各峰的相对强度可用二项式展开系数近似地表示。

c. 从图上可直接读出 δ 和 J，峰组中心位置为 δ，相邻两峰之间距离为 J。

二级谱具有较复杂的分裂峰，解析时可采用大磁场强度的仪器、双照射去偶、位移试剂等辅助方法。

⑤ 根据各峰组化学位移和偶合关系的分析，推出若干结构单元，最后组合为几个可能的结构式。

⑥ 用经验公式或类比方法核对全部 δ、J 值，证明判断正确，或从几种可能的结构式中挑选最合理的一个。

（2）碳谱分析

一般主要依据是：

① 通过分子式计算不饱和度。

② 由宽带去偶的谱数与分子式中碳原子数比较，判断分子的对称性。

③ 标出各谱线的化学位移，常用的^{13}C NMR 技术是宽带去偶和偏共振去偶。根据宽带去偶测定化学位移、偏共振去偶谱中各类碳的偶合谱线数，以及峰高和对称状况，对各谱线作大体归属，从而辨别碳核的类型和可能的官能团。

对于碳谱，通常不能从峰高来判断^{13}C 个数的多少，而只能由峰的个数来判断最少有几种不同的碳。一般来说，有氢相连的^{13}C 吸收峰强度较高，而无氢相连的^{13}C 峰则很低。

第二章　典型润滑脂波谱

随着润滑剂的广泛使用，在某些特殊的使用场合(如液压油、锯链油、舷外二冲程发动机油、开放式齿轮油等开放系统或一次性循环系统)由于渗透、泄漏、溢出、更换和处理不当，约三分之一的润滑剂在生产、使用和排放过程中会进入环境，对生态和人类造成危害。随着环保意识和环保立法的不断加强，人们越来越重视润滑剂造成的污染问题。我国对可生物降解润滑剂的研究起步较晚，目前成熟的产品较少，但已开展一些前期的基础研究工作。环境友好润滑剂又称“绿色”润滑剂、可生物降解润滑剂、环境容许型润滑剂、环境无害型润滑剂等。尽管称谓各有不同，但其含义是一样的，即环境友好润滑剂必须在满足机械设备润滑需要(使用性能要求)的同时，对环境不会造成危害，或在一定程度上为环境所容许(生态效应要求)。生态效应包括可生物降解性、生物积聚性、毒性和生态毒性、排气污染性、资源可再生性，其中最重要的是可生物降解性和生态毒性两个方面。可生物降解性是指润滑剂被微生物消化和代谢的能力。若润滑剂仅可部分生物降解，而一部分或大部分不能降解，则对环境具有潜在的危害。一种物质的生物降解能力除了同其本身性质有关外，还受环境因素的影响。作为环境友好润滑剂，要求本身及其分解产物无毒或毒性小，对动植物无毒或毒性最小且毒性积累性小。总之，环境友好润滑剂必须具有良好的使用性能和可生物降解性，无生态毒性或毒性极小。

润滑脂是将稠化剂分散在液体润滑剂内的半固体或半流体产品，另外还可加入其他组分，使之赋有特殊的性质。一般来说，润滑脂是由稠化剂、基础油和添加剂或填料所组成。稠化剂是润滑脂中不可缺少的固体组分，其含量约占润滑脂重量的10%~30%。稠化剂能在基础油中分散和形成结构骨架，并使基础油被吸附和固定在结构骨架之中，从而形成具有塑性的半固体状润滑脂。基础油是润滑脂的主要部分，在大多数润滑脂中，基础油含量占重量的70%~90%，有的甚至更高。因此基础油的性质和质量决定了润滑脂的性能和质量，必须根据使用特点选择合适的基础油。添加剂和填料的作用是改进润滑脂本身的性质或增加其原来不具有的性质。润滑脂添加剂的作用机理基本上与在润滑油中的作用机理相同，不过由于有稠化剂的存在，对添加剂的感受性产生影响，有些对润滑油有效的添加剂可能在润滑脂中无效或者效能较小，有些添加剂是极性化合物，对润滑脂的胶体结构可能起破坏作用而不能采用。润滑脂的添加剂有结构改善剂、抗氧剂、金属钝化剂、防锈剂、抗磨/极压剂等。填料也是一种固体添加剂，其作用在于增稠和提高润滑脂的润滑能力。

为解决不断提高的润滑脂使用要求和环境保护之间的矛盾，环境友好润滑脂的研究已成为新兴的研究方向，并取得了明显的进展。环境友好润滑脂在组成上与传统的润滑脂相同，只是在使用材料的选择上有所不同，在考虑润滑脂的使用性能的同时，还要兼顾其生产、使用及使用后对环境是否友好的问题。目前主要使用的环保型润滑脂的基础油中，植物油大多使用菜籽油，合成油较多使用酯类油。在稠化剂方面，大多使用钙皂和锂皂等皂基稠化剂。从润滑脂的综合性能考虑，以合成酯类油为基础油的锂基脂和复合锂基脂是今后的发展主流。

用 MITI 法对基础油和稠化剂生物降解性能进行的测定表明，润滑脂的生物降解性与基础油和稠化剂均有相关性，测定结果见表 2-1。由该表可见，基础油中生物降解性最好的是植物油，最差的是烷基苯醚油；对于稠化剂而言，含有十二羟基硬脂酸锂的润滑脂在所列出的基础油中都有较好的生物降解性。目前，环境友好润滑脂发展十分迅速，已在欧洲得到越来越广泛的应用，其应用领域主要有林业、建筑业、农业、船舶、食品加工等行业。

表 2-1　基础油和稠化剂的生物降解性(MITI 法)测定结果

基础油种类	稠化剂种类	生物降解度(14d)/%
菜籽油	十二羟基硬脂酸锂	100
	十二羟基硬脂酸钙	87
合成酯类油	复合锂基润滑脂	99
	十二羟基硬脂酸锂	86
	硬脂酸锂	82
	芳香族脲	58
矿物油	十二羟基硬脂酸锂	53
	硬脂酸锂	27
聚乙二醇	十二羟基硬脂酸锂	13
PAO	十二羟基硬脂酸锂	17
	芳香族脲	7
	硬脂酸锂	4
烷基苯醚	芳香族脲	0

伴随着工业化程度的不断提高，润滑脂的应用领域也在不断扩展，几乎涵盖了工业机械、农业机械、交通运输行业、电子信息行业和各种军事装备，同时锂

基和复合锂基润滑脂占据目前市场主导，矿物基础油也在该领域大放异彩，但最初人们对润滑脂的研究和认识远不如对润滑油的研究，这主要由于初期润滑脂的年产量和市场占有率大大低于润滑油。近年来润滑脂的生产和应用技术也在不断发展，并且已经达到新的高度，但还需加强对其研究。润滑脂按照其发展历程和稠化剂不同，主要分为初期的钙基润滑脂、成熟期的锂基润滑脂、聚脲润滑脂和创新阶段的高性能润滑脂。

现代工业的大踏步前进，带动相关领域的发展，当前的润滑脂领域，也随着工业的进步不断发展，而润滑脂的性能主要取决于基础油、稠化剂和添加剂，目前的技术发展及现状也是围绕这三个方面开展研究工作。在润滑脂的组成中，基础油的质量分数大约在 85%，因此其对润滑脂的性能影响很大。主要的发展历程经过最初的动植物油脂阶段，当时主要用于钙基润滑脂的生产，随后在高性能润滑脂中矿物油和合成基础油大量使用。可以看出，基础油的性能直观反映出润滑脂性能的高低。目前以矿物油作为基础油的润滑脂占到全部润滑脂的 85%以上，在一些特殊的设备和工作环境中，润滑脂需采用部分或全部合成油做基础油。合成基础油相比矿物油，具有更佳的抗氧化性能，同时高低温性能优良，但早期合成基础油被国外垄断，价格昂贵限制其在润滑脂中的大范围使用。近期中国突破合成基础油技术垄断，中国石化茂名石化分公司已经可以生产合成基础油，且价格大幅下降，同时润滑性能优良，提升了在润滑脂中极大的使用空间。

稠化剂在润滑脂中占 10%左右，一般是以胶体状态分散在液体润滑剂中形成空间网状结构，或仅以分散相的形式分散在基础油中，起到吸附和限制基础油流动的作用。稠化剂的选择直接影响润滑脂的耐高温性、氧化安定性和抗水性等性能，目前主要有高级脂肪酸金属皂基和有机化合物皂基稠化剂。高级脂肪酸金属皂基相比有机化合物皂基，抗磨性能更佳，同时价格相对较低。而有机化合物作为皂基主要优势是其不含金属离子，对润滑脂中基础油没有催化氧化过程，氧化安定性更佳。目前润滑脂中最常见的稠化剂是锂基皂和复合锂基皂，这是由于其性能优良，同时生产成本较低，锂基润滑脂属于通用脂，在一些没有高温工作环境的机械上使用极佳。复合锂基脂属于高温脂，相比于聚脲润滑脂，两者性能基本一致，氧化安定性可以通过少量添加剂进行改善。

添加剂在润滑脂中占 5%左右，可以改善或赋予润滑脂某些使用性能，主要包括极压抗磨性能、抗氧化性能和防锈性能。润滑脂最基本也是最主要的目的即减少摩擦，而极压抗磨剂作为核心添加剂，可大幅度改善其润滑性能和使用寿命。其发展历程由最初的硫型、氯型、磷型、钼型，到后期的有机金属型、硼型。目前主要使用复合型极压抗磨剂，主要含有硫型和磷型，硫型耐负荷性能优良，磷型抗磨性能极佳。

红外光谱学是研究红外电磁辐射与化学物质间相互作用的学问。主要用于物质鉴定、化合物官能团的定性和结构分析。该方法的主要特点是能直接分析气体、固体和液体样品。分析速度快，用量少，且不破坏样品。应用红外吸收光谱测定复杂的有机混合物常可获得准确的结果，因此，它在润滑脂研究中是一个十分有效的分析方法。根据特征吸收谱线可以对各种稠化剂、合成油及添加剂等有机化合物加以鉴定。

本章主要利用红外光谱对各种润滑脂中官能团的不同的吸收峰来鉴定润滑脂中各类稠化剂、基础油、添加剂的组分。

2.1　典型润滑脂的红外谱图

润滑脂是由稠化剂分散在基础油中制成的，其稠化剂多数为长链脂肪酸的金属皂，在650~4000cm^{-1}的常规红外波数区，对鉴定润滑脂很有用。在此区域内，吸收最明显的是羰基(>C═O)，长链脂肪酸的羰基在1700cm^{-1}附近有吸收。当金属取代脂肪酸中的氢时，羰基吸收的位置向低频方向移动。

2.1.1　锂基润滑脂

随着科技的进步，各大行业对润滑的要求也在不断提高，主要体现在对抗磨极压性能和耐高温性能的提高，这两项指标决定着工作负荷和工作温度的极限值。随着性能提高，新型润滑脂要求能在更加严苛的工作环境下使用，而继钙基润滑脂之后发展起来的新型润滑脂中最典型的代表即锂基润滑脂。锂基润滑脂是至今发展最快、当前生产量最大、应用领域最广泛、最受各国润滑脂行业重视并且是21世纪最具有发展前景的润滑脂品种之一。锂基润滑脂的发展历程可以追溯到20世纪40年代，美国率先展开锂基润滑脂的研究及生产工作，随后在20世纪40年代后期将硬脂酸锂皂引入西欧，并随之生产满足航空工业需要的高性能锂基润滑脂。中国于20世纪60年代初期开始生产锂基润滑脂，整体发展速度缓慢，在1990年产量比例已达到21.5%，2007年我国润滑脂已向国际先进水平发展，锂基润滑脂产量比例提高到81.81%。2025年预计锂基润滑脂产量比例提高到41.4%。

锂基润滑脂在国内初期发展较慢主要是由于其生产工艺复杂，产品成本高，同时高性能润滑脂市场占比较小。20世纪90年代后随着工业领域的快速发展，人们对润滑脂要求提高，锂基润滑脂的市场地位得以确定。锂基润滑脂本身具有良好的抗水性、机械安定性和高滴点，属于多用途、长寿命、使用温度宽的润滑脂，适用于-20~120℃温度范围内各种机械设备的滚动和滑动轴承及其他摩擦部位。同时其对多数添加剂具有良好的适配性，通过加入少量添加剂，可以有效提高氧化安定性和极压抗磨性能，使其适用于更加严苛的工作环境。如表2-2所示。

表 2-2　锂基润滑脂典型数据

项　目	典型数据			试验方法
	1 号	2 号	3 号	
工作锥入度/0.1mm	320	280	232	GB/T 269
滴点/℃	197	200	200	GB/T 4929
延长工作锥入度(100000 次)/0.1mm	331	289	250	GB/T 269
水淋流失量(38℃，1h)/%	2.4	1.6	0.75	GB/T 0109
防腐蚀性(52℃，48h)	合格	合格	合格	GB/T 5018
腐蚀(T_2 铜，100℃，24h)	合格	合格	合格	GB/T 7326

如图 2-1 所示，锂基润滑脂谱图中位于 1555~1530cm^{-1}之间的为脂肪酸锂的 O-Li 非对称吸收峰，位于 1454~1430cm^{-1}之间的为脂肪酸锂的 O-Li 对称吸收特征峰。

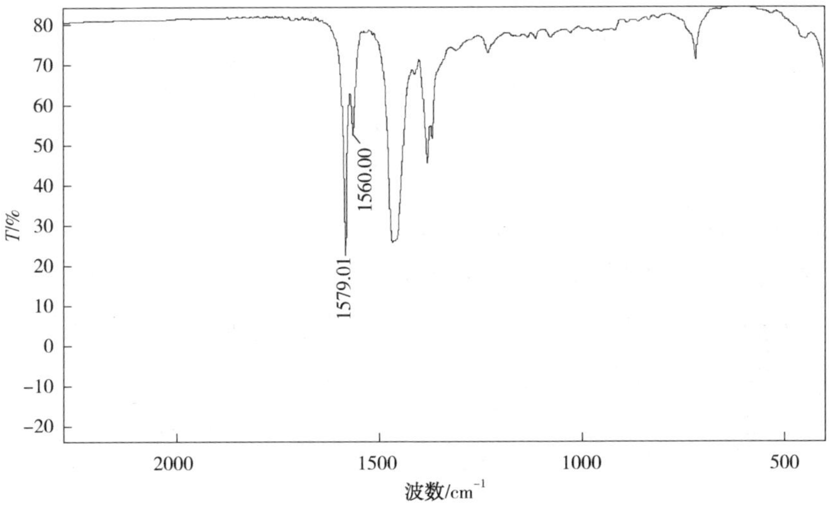

图 2-1　锂基脂的红外谱图

2.1.2　钙基润滑脂

钙基润滑脂是最早问世的润滑脂产品，最初人们对润滑部位要求提高，进而找到了向动植物油脂中加入石灰制成稠化剂、石灰皂化油脂，未被皂化的作为分散介质，这种产品是最早最原始的钙基润滑脂。我国于 20 世纪 40 年代开始生产钙基脂，当时产量在润滑脂领域中遥遥领先。钙基润滑脂成为当时润滑脂领域的主流，有着不可替代的优势，钙基脂的生产设备简单，原料易得，产品成本及价格低廉。这些优势对市场造成极大的冲击，市场占有率随之提高。产品本身具有良好的抗水性，在潮湿或接触水的部位可以使用，对金属表面有较好的黏附性，并具有不错的胶体安定性，性能指标达到20世纪的润滑脂要求。钙基润滑脂最大的缺点是滴点较低，正常在90℃左右。而水是其结构稳定剂，当使用温度超过100℃时，水会蒸发损失，导致其结构被破坏，失去润滑作用，所以钙基润滑脂在摩擦部位的最大工作温度不超过60℃。20世纪工业发展程度不高，工作负荷较轻，所以各大行业均可大量使用钙基润滑脂。进入21世纪的第二个十年，其使用比例已下降至30%，如表2-3所示。

表2-3　钙基润滑脂典型数据

项　　目	典型数据				试验方法
	1号	2号	3号	4号	
工作锥入度/0.1mm	325	270	239	195	GB/T 269
延长工作锥入度(100000次)与工作锥入度差值/0.1mm	—	16	23	24	GB/T 269
水分/%	0.77	1.61	1.82	1.63	GB/T 512
腐蚀(T_2铜，室温，24h)	合格	合格	合格	合格	GB/T 7326
钢网分油(60℃，24h)/%	—	8.1	3.2	2.1	SH/T 0324
灰分/%	1.9	2.2	3.1	3.9	SH/T 0327
水淋流失量(38℃，1h)/%	—	2.9	1.6	0.8	SH/T 0109

如图2-2所示，钙基润滑脂图谱中1462cm^{-1}是CH_3的不对称变形振动，1376cm^{-1}是CH_3的对称变形振动，722cm^{-1}是CH_2的面内摇摆振动，1575cm^{-1}、1543cm^{-1}是硬脂酸钙的特征峰。

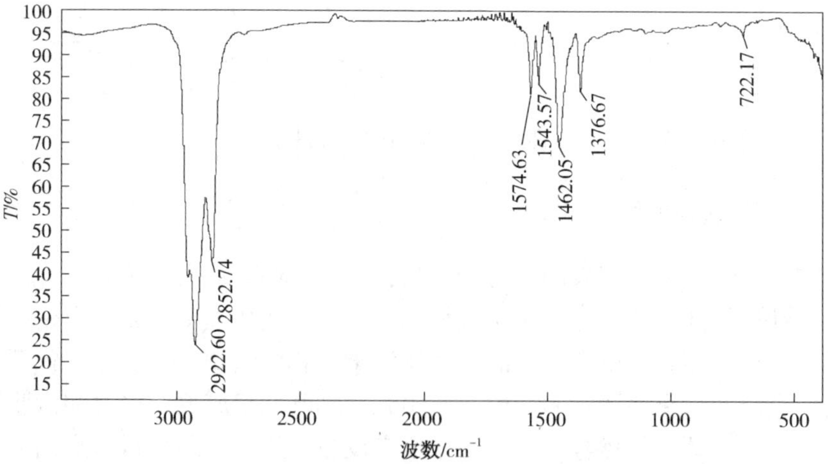

图2-2　钙基脂的红外谱图

2.1.3 复合铝基润滑脂

复合铝基润滑脂的研究开发较晚，20 世纪 50 年代才开始出现复合铝基润滑脂的专利报道，但并没有引起人们的重视。国外在 20 世纪六七十年代开展了对复合铝基脂的研究，国内在 20 世纪 70 年代也开始了相应研究，一直持续到 20 世纪八九十年代，复合铝基脂慢慢得到发展，品种逐渐丰富。2014 年，全球复合铝基脂占润滑脂总产量的 3.05%，在中国复合铝基润滑脂占我国润滑脂总产量的 1.05%。复合铝基脂具有良好的高温性、胶体安定性、氧化安定性和抗水性，最为突出的是良好的泵送性，适用于集中润滑系统，目前已经在钢铁厂、汽车制造厂、罐头食品厂和火车气动刹车装置上使用。

从地球资源角度考虑，地壳中铝的丰度为 7.7%，是最为丰富的金属元素，因此复合铝基脂被认为是最有发展前景的润滑脂品种。进入 21 世纪以来，复合铝基脂的发展相对较慢，这主要是受到了复合锂基润滑脂、复合磺酸钙基润滑脂、聚脲润滑脂的挑战，另外，复合铝基润滑脂的生产工艺相对其他润滑脂的生产要复杂些。但是复合铝基润滑脂在结构和性能方面有独特之处，对其进行研究具有一定的理论意义和应用价值。根据铝源不同复合铝基润滑脂的制备方法分为两类：异丙醇铝法和异丙醇铝三聚体法。由于异丙醇铝三聚体法的生产工艺控制相对简单，润滑脂产品质量稳定，大多数研究都是围绕该方法探讨基本组成和工艺对润滑脂性能的影响。但是，合成异丙醇铝三聚体的过程复杂，同时需要处理大量的异丙醇，从而导致复合铝基润滑脂生产中最重要的铝源来之不易，成本很高，而异丙醇铝则较为易得且便宜。如表 2-4 所示。

表 2-4　复合铝基润滑脂典型数据

项　目	典型数据				试验方法
	1 号	2 号	T_2 号	3 号	
外观	褐色至棕褐色油膏				目测
工作锥入度/0.1mm	323	271	258	245	GB/T 269
滴点/℃	292	280	303		GB/T 3498
腐蚀(T_2 铜，100℃，24h)	合格	合格	合格		GB/T 7326
钢网分油(100℃，24h)/%	7.2	4.2	2.8		SH/T 0324
延长工作锥入度(100000 次)/0.1mm	370	344	350		GB/T 269
蒸发量(99℃，22h)/%	—	—	0.21		GB/T 7325
水淋流失量(38℃，1h)/%	—	—	1.25		SH/T 0109

如图 2-3 所示，复合铝基润滑脂图谱中 997cm^{-1}处是 Al—O 的伸缩振动。

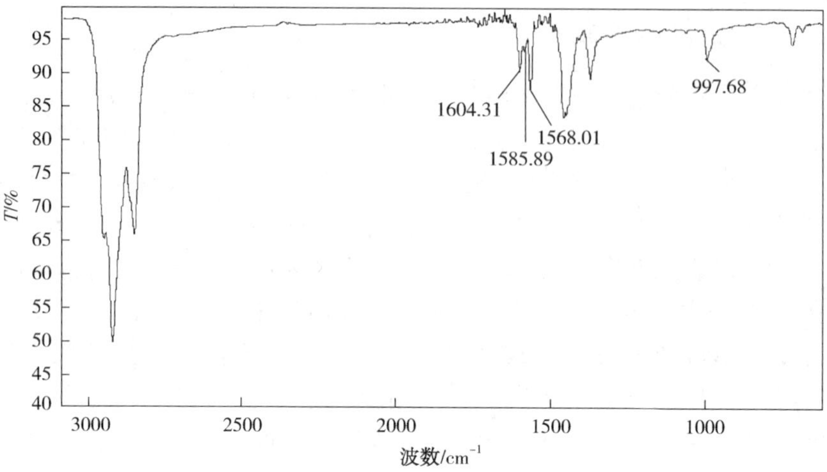

图 2-3　复合铝基润滑脂的红外谱图

2.1.4　膨润土润滑脂

由于机器技术的进步，润滑脂使用的环境多年来发生了显著的变化。例如，随着工业产量的增加，汽车和电气设备变得更小更轻，这使得操作条件更热，润滑条件更苛刻。用于连铸设备和热轧设备的轧钢机的润滑脂要求具有优良的耐热性和氧化稳定性。除了在高温下提高性能，润滑脂还必须是一种满足环境兼容性更高标准的材料(例如在使用过程中对人类更安全，并减少制造对环境的负担)。

锂润滑脂目前占润滑脂市场的50%以上。锂润滑脂之所以成为一种通用润滑脂，是因为它可以使用到120℃左右的最高温度，具有相对良好的剪切稳定性和耐水性。通过使用油脂和脂肪酸等易于获得和处理的原材料，可以以相对较低的成本生产，还提出了比普通锂润滑脂更宽的温度范围内作为润滑脂使用的锂络合润滑脂。然而，锂润滑脂中用于皂化作为原料的脂肪酸的氢氧化锂是一种有毒物质，因此有处理限制。此外，由于锂在各种应用领域中的需求逐渐增加，因此锂润滑脂作为通用润滑脂的地位也发生了变化。

锂润滑脂以外的润滑脂包括钠润滑脂和铝润滑脂，但钠润滑脂与水混合时变成流体，使其渗出轴承等。因此，它正逐渐被油脂市场淘汰。此外，由于铝润滑脂的工作温度范围并不比钙润滑脂好，它的使用仅限于特定的应用。已考虑用于增加润滑脂环境相容性的一种方法是使用天然衍生的矿物质和人工合成的无机化合物作为润滑脂的原料。聚脲润滑脂可用作耐热润滑脂，因为聚脲润滑脂可以在比复合锂润滑脂更高的温度下使用，它是一种高性能润滑脂组合物，用于需要耐热的各种应用中。由于其原料异氰酸酯和胺的安全性和处理问题，聚脲润滑脂的环境相容性较低。鉴于该等情况，膨润土润滑脂具有优良关键特性(混溶性、滴点、耐热性）及优良环境相容性。

膨润土润滑脂是一种非皂基润滑脂，是用改性膨润土稠化剂稠化矿物油或合成油制备的性能优良的润滑脂品种，具有优良的高温性能、良好的胶体安定性、抗水淋性和抗磨极压性，可广泛用于高温、高负荷、低转速的机械润滑。我国膨润土矿产资源丰富，查明资源储量为 27.75 亿吨，仅次于美国，居世界第二位。2025 年以来膨润土润滑脂在我国润滑脂年总产量中所占比例较低，仅为 2.93%，而北美的膨润土润滑脂占润滑脂年总产量为 3.68%，全球的膨润土润滑脂占润滑脂年总产量为 2.69%，因而，我国膨润土润滑脂存在巨大的发展潜力。膨润土润滑脂主要组成部分是基础油、有机膨润土稠化剂、助分散剂和添加剂。如表 2-5 所示。

表 2-5　膨润土润滑脂典型数据

项　　目	典型数据			试验方法
	1 号	2 号	3 号	
工作锥入度/0.1mm	320	280	232	GB/T 269
滴点/℃	275	300	325	GB/T 4929
延长工作锥入度（100000 次）/0.1mm	330	295	252	GB/T 269
水淋流失量（38℃，1h）/%	2.4	1.6	0.75	GB/T 0109
腐蚀（T_2 铜，100℃，24h）	合格	合格	合格	GB/T 7326

如图 2-4 所示，膨润土润滑脂图谱中 1080cm^{-1}、1004cm^{-1} 为 Si-O-Si 的反对称伸缩振动。

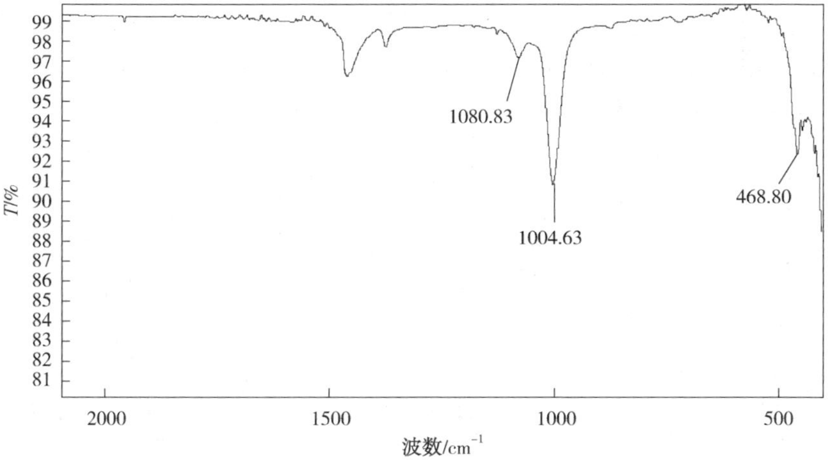

图 2-4　膨润土润滑脂的红外谱图

2.1.5　复合锂基润滑脂

在锂基润滑脂的基础上，进一步开发出来的复合锂基润滑脂，也就是我们通常所说的高温锂基润滑脂，可在120℃的工作环境下长时间工作。复合锂基脂和通用锂基脂性能的差异主要取决于其独特的稠化剂——复合锂皂。由于不同的稠化剂，其生产工艺也存在区别。锂基脂的稠化剂主要通过脂肪酸和氢氧化锂水溶液经过皂化反应制备，在生产工艺中采用一步法直接皂化，后续进行升温、急冷、后处理工艺。而复合锂基脂的稠化剂体系是由脂肪酸锂皂和低分子酸锂盐共同结晶形成。在生产工艺中采用两步法通过皂化、复合以及后续的升温、急冷、后处理工艺。如表2-6所示。

表2-6 复合锂基润滑脂典型数据

项目	典型数据				试验方法
	0号	1号	2号	3号	
工作锥入度/0.1mm	368	322	274	245	GB/T 269
滴点/℃	266	280	280	280	GB/T 3498
腐蚀(T_2铜，100℃，24h)	合格				GB/T 7326
相似黏度(-10℃，$10s^{-1}$)/Pa·s	92	185	488	820	SH/T 0048
极压性能(梯姆肯法)OK值/N	156	156	156	156	SH/T 0203
防腐蚀性(52℃，48h)	合格	合格	合格	合格	GB/T 5018

如图2-5所示，2915cm^{-1}处显示—CH_2的st as不对称拉伸振动特征峰；2849cm^{-1}处显示—CH_2的st sy对称拉伸振动特征峰；1686cm^{-1}处显示—COO的st as不对称拉伸振动特征峰；1464cm^{-1}处显示—COO的st sy对称拉伸振动特征峰；923cm^{-1}处显示—COO的δ变形振动特征峰，上面的五种特征峰都归属于复合锂基润滑脂稠化剂分子的典型特征峰。而1464cm^{-1}和1377cm^{-1}处的特征峰则分别为基础油中—CH_3的不对称拉伸变形振动和—CH_2弯曲振动。

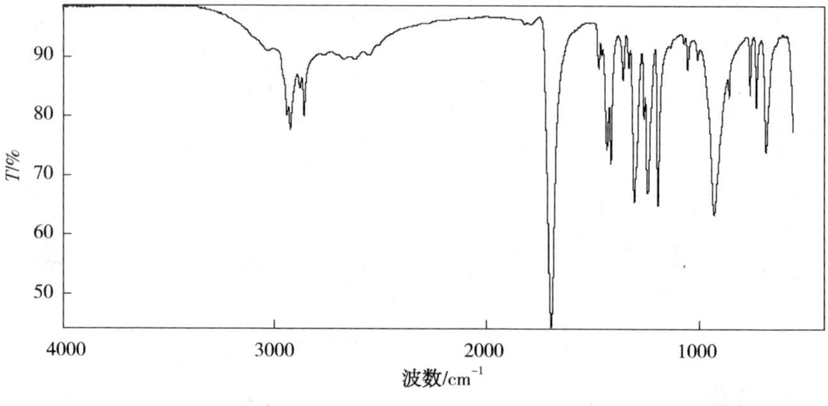

图2-5 复合锂基润滑脂的红外谱图

2.1.6 聚脲润滑脂

随着现代工业的高速发展，人们对润滑脂的要求日益苛刻。在高负荷、高速和高温下连续运转的机械设备，对润滑脂高温使用范围达到200℃，并且要求具有较长的使用寿命，提高生产效率，降低生产成本。为此新型润滑脂不断问世，其中最具代表性的即聚脲润滑脂，其本身属于优质高温润滑脂。聚脲润滑脂是由分子中含有脲基的有机化合物作为稠化剂进而制备的润滑脂。聚脲稠化剂不同于金属皂基稠化剂，不含金属离子，避免了皂基稠化剂中金属离子对润滑脂中基础油的催化氧化作用，因此聚脲润滑脂具有良好的氧化安定性和热稳定性。同时泵送性、抗氧性、抗水性和机械安定性优良，特别适合在高温高负荷、宽温度范围和与不良介质接触的润滑界面使用。目前在市场的占有率上没有锂基润滑脂大，主要是由于聚脲产品质量方面硬化问题以及使用过程高温硬化需要解决，生产过程防护问题需要采取措施。如表 2-7 所示。

表 2-7 聚脲润滑脂典型数据

项　　目	典型数据			试验方法
	0 号	1 号	2 号	
外观	淡黄色至浅褐色均匀光滑油膏			目测
工作锥入度/0.1mm	379	324	283	GB/T 269
滴点/℃	287	302	305	GB/T 3498
腐蚀(T_2 铜，100℃，24h)	合格			GB/T 7326
防腐蚀性(52℃，48h)	合格			GB/T 5018

如图 2-6 所示，MDI 分子中的异氰酸酯(—N═C═O)基团有很强的红外特征吸收峰，且该特征吸收峰不被有机胺和聚脲稠化剂的红外特征峰干扰，因此跟踪—N═C═O 基团特征峰的变化可以监控 MDI 聚脲润滑脂在制备过程中的变化情况。制备的聚脲润滑脂样品的红外谱图特征峰无明显差异，即 2270cm^{-1} 异氰酸酯特征峰消失，均出现 3300~3100cm^{-1} 左右的脲基特征峰，表明聚脲润滑脂在炼制温度下反应完全。

2.1.7 磺酸钙润滑脂

磺酸钙的研究可追溯到 20 世纪 50 年代，国外已经开始了以磺酸钙作为增稠剂的高滴点润滑脂的研究，但由于当时磺酸钙清净剂的技术水平低，转化后的体系增稠能力很小，不能按照需要加入提升流动性的基础油，因此低温泵送性差，在很长时间内限制了磺酸钙润滑脂的发展。直到 20 世纪 80 年代，人们才采用非牛顿体磺酸钙皂与其他增稠剂复合的方式，成功研制出了性能较为稳定的产品。随着牛顿体磺酸钙清净剂的碱值达到 300 以上，较大提高了牛顿体磺酸钙的增稠

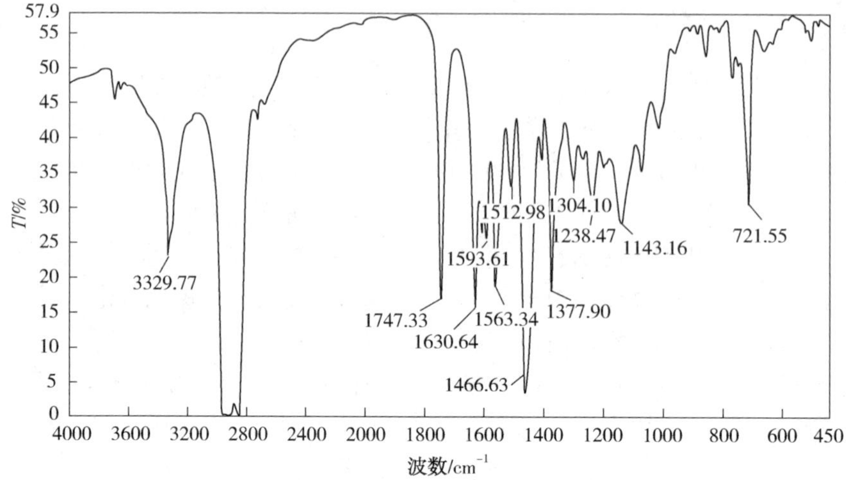

图 2-6　聚脲润滑脂的红外谱图

能力，从而改善了低温泵送性，降低了磺酸钙清净剂的用量，牛顿体磺酸钙碱值技术的提升为磺酸钙基脂工业化大规模生产和应用奠定了基础。从此以后，各大厂家也先后开始了对其转化技术和复合技术的研究。市售产品分别为国外和国产品牌，国外品牌主要以法国 TOTAL、意大利 VISCOL、美国铁霸公司、美国 CHEMTURA(科聚亚)，国产品牌主要有中石化长城、中石油昆仑等品牌，市场占有率国外和国内基本各占一半，从趋势上来说，各应用行业有国产化的需求，因此，国内品牌的发展潜力较大。国内外复合磺酸钙润滑脂的研究制备方法基本上相类似，共同点是均需要将碳酸钙的结构进行晶体化，两步法居多，只是在产品的配方组分方面有较大差异，这些配方工艺制备的产品可能与其需求有关，有的需要高抗水性能，有的需要高极压性能等。目前，市售复合磺酸钙润滑脂，高温性能并不突出，与复合锂基润滑脂、聚脲润滑脂、膨润土润滑脂等的高温性能相比均有一定差距，同时需要关注雨水硬化等问题。如表 2-8 所示。

表 2-8　复合磺酸钙润滑脂典型数据

项　目	典型数据				试验方法
	0 号	1 号	2 号	3 号	
工作锥入度/0.1mm	372	325	283	237	GB/T 269
滴点/℃	210	330	330	330	GB/T 3498
钢网分油(100℃，24h)/%	—	3.2	2.3	2.1	SH/T 0324
滚筒安定性(80℃，100h)/0.1mm100h 与 0h1/4 锥入度之差					SH/T 0122
不加水	—	±6	±9	±9	
加水 20%	—	±2	±3	±3	

续表

项　　目	典型数据				试验方法
	0号	1号	2号	3号	
极压性能(梯姆肯法)OK值/N	178	200	222	222	SH/T 0203
抗磨性能(四球机法)(392N，60min)/mm	0.49	0.40	0.41	0.41	SH/T 0204
极压性能(四球法)P_D值/N	2452	3920	4905	4905	GB/T 12583

转化后非牛顿体高碱性磺酸钙的红外谱图也发生明显变化，特征吸收峰由860cm^{-1}移向876~883cm^{-1}处，这是球霰石和方解石碳酸钙晶型典型吸收峰位置，低频的为球霰石，高频的为方解石，T106原料的红外谱图见图2-7，一般情况下，工业化的产品为两种晶型的混合结构，典型的红外谱图见图2-8。

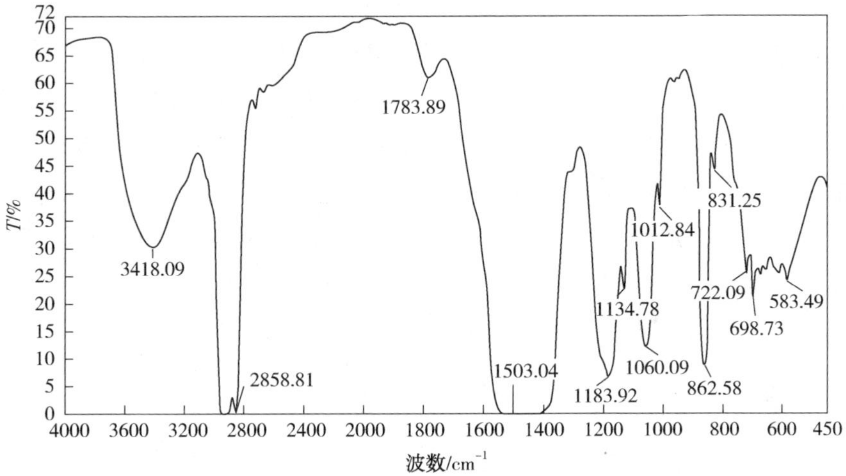

图2-7　T106原料的红外谱图

T106高碱值合成磺酸钙典型数据见表2-9。

表2-9　T106高碱值合成磺酸钙典型数据

项　　目	典 型 数 据
硫含量/%(质量)	1.25
钙含量/%(质量)	12.5
TBN总碱值/(mgKOH/g)	400
DBN直接碱值/(mgKOH/g)	55
运动黏度(100℃)/(mm^2/s)	200
闪点/℃	170

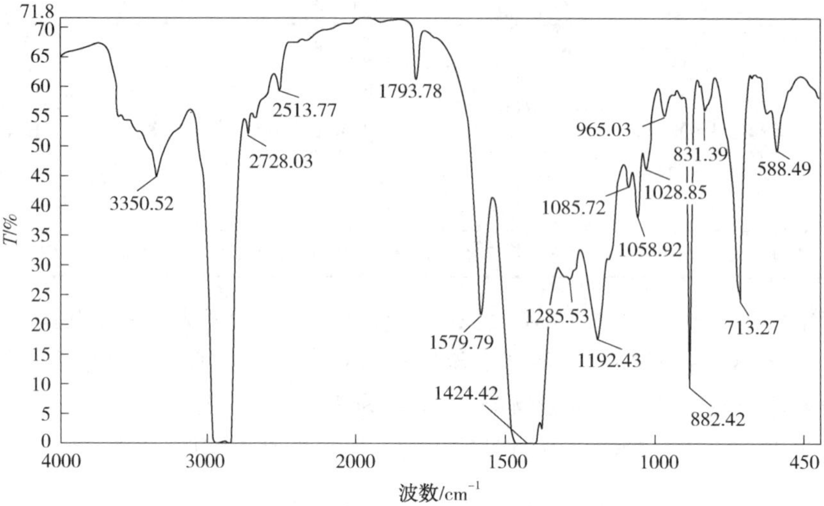

图 2-8 复合磺酸钙润滑脂的红外谱图

如图 2-9 所示，T106 高碱值合成磺酸钙图谱中，2955cm^{-1}、2871cm^{-1}是 CH_3 反对称、对称伸缩振动；2921cm^{-1}、2851cm^{-1}是 CH_2 反对称、对称伸缩振动；1457cm^{-1}是 CH_2 变形振动；1187cm^{-1}、1055cm^{-1}是 SO^{3-} 反对称、对称伸缩振动；1490cm^{-1}、856cm^{-1}是 $CO_3{}^{2-}$ 反对称、对称伸缩振动；831cm^{-1}是 C—H 面外变形振动；727cm^{-1}是-$(CH_2)_n$-骨架振动。

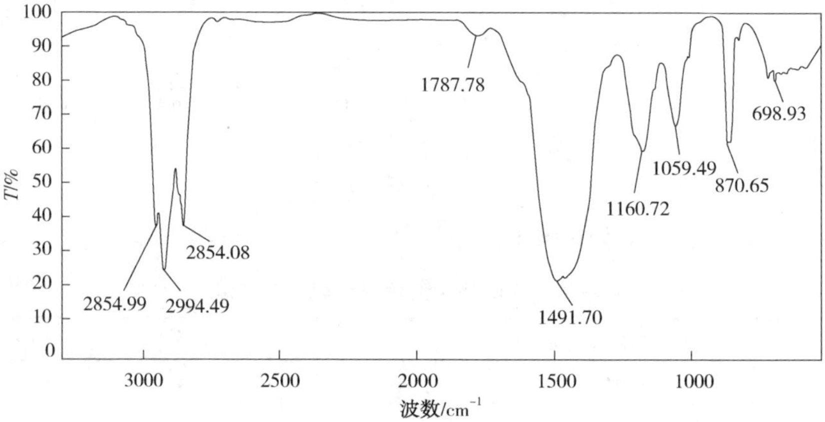

图 2-9 T106 高碱值合成磺酸钙的红外谱图

2.2 硬脂酸盐

钠、钾以外金属的高级脂肪酸盐通称为金属皂，它们兼具金属盐和脂肪酸的双重特性，广泛用作塑料稳定剂、润滑剂、卤素吸收剂、润滑脂增厚剂、纺织品防水剂、油漆平光剂以及化妆品粉剂和药片脱模剂等。

硬脂酸盐是一族有机化合物，包括硬脂酸钙、硬脂酸钡、硬脂酸铅、硬脂酸锌、硬脂酸锂、硬脂酸镉等，又称十八烷酸钙、十八烷酸钡等，硬脂酸盐是洁白、轻质、滑腻、细微、粉末状物质，不溶于水，熔点高，高温成膜性能好，而且膜呈透明或半透明。硬脂酸盐是随着塑料工业的发展而发展起来的重要助剂之一。由于硬脂酸盐兼具金属盐和脂肪酸的双重特性，因此在工业上广泛使用，尤其是在塑料行业，可以作为聚氯乙烯热稳定剂，增加透明或半透明度；能与聚氯乙烯因受热分解出来的盐酸作用防止分解；同时还是很好的光稳定剂，能抑制紫外线对薄膜的老化作用，延长农用薄膜的使用寿命。此外，硬脂酸盐还有许多特殊用途：在油漆工业中用作油漆的催干剂，使油漆在使用过程中缩短干燥时间，也可用作油漆的平光剂；机械工业中可作为高温固体润滑剂；橡胶制品的耐高温粉模剂；润滑油和胶黏剂的增厚剂；润滑脂耐温剂及纸张涂料、防水防雨材料的防水剂；铅笔芯润滑剂；医药中药品的粉模剂；化妆品的面粉原料等等。

润滑脂制备预制稠化剂是采用稠化剂原料在一定条件下经过反应、脱溶剂、烘干和分散等工艺制备而成的。长期以来，国内外润滑脂多采用直接稠化方式生产润滑脂。从国外润滑脂生产技术发展趋势及我国润滑脂工艺发展、节能降耗及绿色环保的要求来看，采用预制稠化剂技术将是润滑脂生产技术的发展方向之一。

预制锂皂稠化剂生产润滑脂的优点包括：可以减少原材料库存；没有皂化反应和脱水等工艺流程，大大缩短工艺时间，降低生产能耗；产品批次间稳定性高；可以稠化不同类型的基础油；采用常压釜即可生产，无须配置价格高、结构复杂的压力釜。根据实际放大生产情况测算，采用预制稠化剂工艺生产锂基润滑脂可以显著缩短润滑脂在反应釜内的工艺时间，生产锂基润滑脂甚至可以在 2h 以内完成投料到炼制高温的过程，这对提高效率、节能降耗和减少人工成本具有重要的现实意义。用 12-羟基硬脂酸锂皂和混合脂肪酸锂皂稠化剂制备的锂基润滑脂的机械安定性虽然可以达到国家标准的要求，但与传统工艺制备的锂基润滑脂相比还有一定差距，为此还将进行进一步的研究。用预制 12-羟基硬脂酸锂皂、硬脂酸锂皂、混合脂肪酸锂皂稠化剂分别稠化 3 类基础油制备的锂基润滑脂产品基本可以达到 GB/T 7324—2010《通用锂基润滑脂》标准的要求，只有预制硬脂酸锂皂稠化剂制备的锂基润滑脂的延长工作锥入度项目不达标。预制混合脂肪酸锂皂稠化剂制备的锂基润滑脂的稠化能力最好，钢网分油也较小，锂基润滑脂胶体安定性较好，这与其稠化能力强是有关联性的。预制硬脂酸锂皂稠化剂制备的锂基润滑脂抗剪切性能较差。

2.2.1 12-羟基硬脂酸锂

如图 2-10、图 2-11 和表 2-10、表 2-11 所示，为 12-羟基硬脂酸锂典型数据和红外分析。

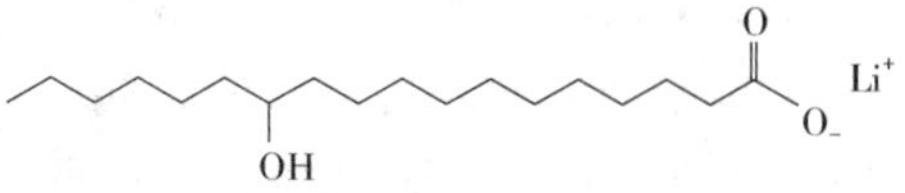

图 2-10　12-羟基硬脂酸锂的分子结构式

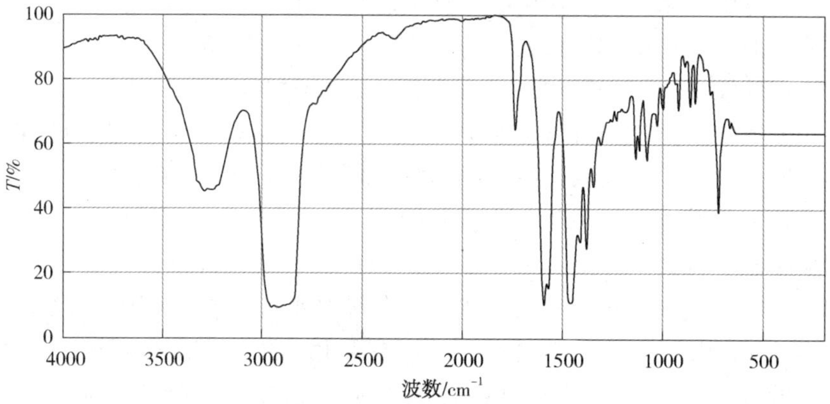

图 2-11　12-羟基硬脂酸锂的红外谱图

表 2-10　12-羟基硬脂酸锂典型数据

项　　目	典型数据	试验方法
外观	白色粉末	目测
氧化锂含量质量/%	4.0	GB/T 3667—2000
游离酸(以十二羟基硬脂酸计)/%	0.5	—
熔点/℃	220	GB/T 617—2006
水分/%	0.5	GB/T 6284—2006

表 2-11　12-羟基硬脂酸锂红外分析

官能团	作用区域	备　　注
O—H st	$3289cm^{-1}$处的谱带是 O—H 伸缩振动引起的吸收谱带	各种强度
C—H(CH_2)st as	$2916cm^{-1}$处显示—CH_2 的不对称拉伸振动特征峰	各种强度，多重峰
O-Li	位于 $1734cm^{-1}$、$1590cm^{-1}$的为脂肪酸锂的 O-Li 非对称吸收峰，位于 $1458cm^{-1}$的为脂肪酸锂的 O-Li 对称吸收特征峰	O-Li 特征峰

续表

官能团	作用区域	备　　注
CH_3 δ sy	$1379cm^{-1}$是 CH_3 的对称变形振动	中等
CH_2 γ	$720cm^{-1}$是 CH_2 的面内摇摆振动	中等

2.2.2　硬脂酸锂

如图 2-12、图 2-13 和表 2-12、表 2-13 所示，为硬脂酸锂典型数据和红外分析。

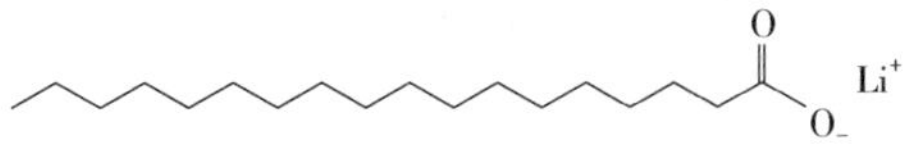

图 2-12　硬脂酸锂的分子结构式

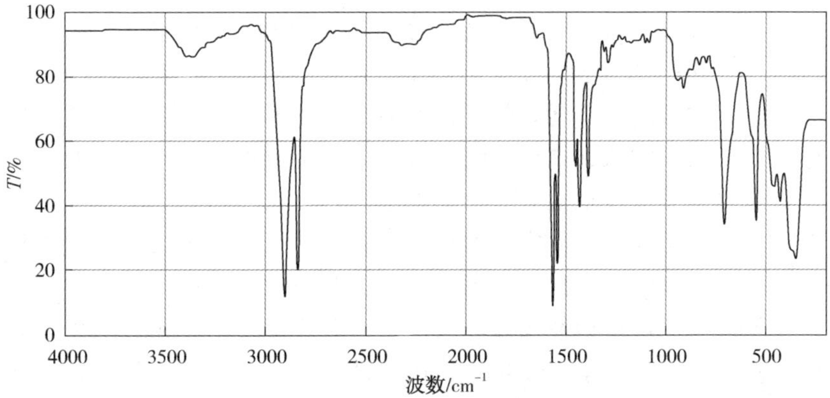

图 2-13　硬脂酸锂的红外谱图

表 2-12　硬脂酸锂典型数据

项　　目	典型数据	试验方法
外观	白色微细粉末	目测
熔点/℃	226	GB/T 617
干燥失重[(105±2)℃，4h]/%	0.5	GB/T 6284
游离酸(以硬脂酸计)/%	0.5	—
氧化锂(质量分数)/%	5.5	GB/T 7531

表 2-13　硬脂酸锂红外分析

官能团	作用区域	备　　注
C—H(CH_2) st as	$2901cm^{-1}$处显示—CH_2 的不对称拉伸振动特征峰	各种强度，多重峰
C—H(CH_2) st sy	$2837cm^{-1}$处显示—CH_2 的对称拉伸振动特征峰	各种强度，多重峰

续表

官能团	作用区域	备　注
CH_3 δ as	1434cm^{-1}是 CH_3 的不对称变形振动	中等，与 CH_2δ 重合
CH_3 δ sy	1390cm^{-1}是 CH_3 的对称变形振动	中等
CH_2 γ	710cm^{-1}是 CH_2 的面内摇摆振动	中等，C-$(CH_2)_n$-$C_{n>4}$，≈720
O-Li	位于 1567cm^{-1}、1544cm^{-1}为脂肪酸锂的 O-Li 非对称吸收峰，位于 1451cm^{-1}为脂肪酸锂的 O-Li 对称吸收特征峰	

2.2.3　硬脂酸镁

硬脂酸镁为轻松无砂性、略带臭味的白色粉末，有很好的滑腻感，金属镁含量为 4.06%～4.6%，其游离酸值不大于 2.0%（以硬脂酸计），熔点为（121±5）℃，其不溶于水、乙醇和乙醚，对热水、热乙醇有较好的溶解性，与强酸反应则分解为硬脂酸和相应的镁盐。片剂是药品选择的第一大剂型，在其制片过程中会有摩擦，为了减少摩擦，往往在配方中加入一定量的润滑剂，其不仅可以使压片时出片力有效地减少，而且使压片动能降低了 5%～20%，对于制片合成有着重要的影响。硬脂酸镁在片剂中作为润滑剂是目前使用最多的，硬脂酸镁作为润滑剂的优点：能与颗粒混合均匀且附着力好，润滑性强，比容大，质量轻，抗黏性好等。在压片中应定量地使用硬脂酸镁，可对片剂流动性和可压性有良好的作用。硬脂酸镁在制药工业中，还常用作增稠剂、助滤剂、澄清剂和助流剂等，还可以用作新型漂浮型的胃滞留制剂。

如图 2-14、图 2-15 和表 2-14 所示，为硬脂酸镁红外分析。

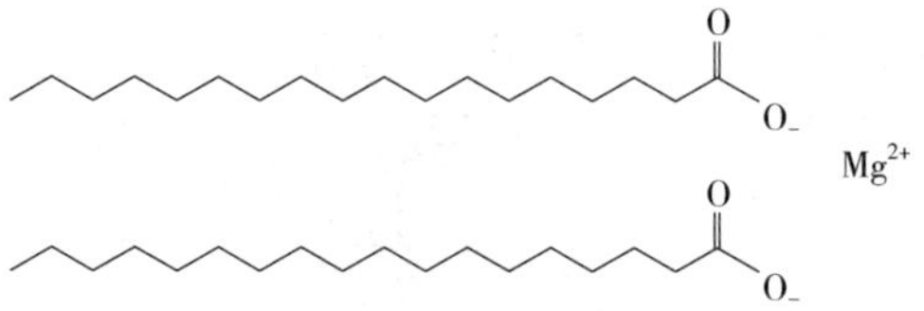

图 2-14　硬脂酸镁的分子结构式

表 2-14　硬脂酸镁红外分析

官能团	作用区域	备　注
C—H(CH_3) st as	2962cm^{-1}为 CH_3 的不对称伸缩振动	各种强度，多重峰
C—H(CH_2) st as	2924cm^{-1}处显示—CH_2 的不对称拉伸振动特征峰	各种强度，多重峰
C—H(CH_2) st sy	2858cm^{-1}处显示—CH_2 的对称拉伸振动特征峰	各种强度，多重峰

续表

官能团	作用区域	备　注
CH_3 δ sy	1373cm^{-1}是 CH_3 的对称变形振动	中等
CH_2 γ	716cm^{-1}是 CH_2 的面内摇摆振动	中等，C-$(CH_2)_n$-$C_{n>4}$，≈720
O-Mg	位于 1578cm^{-1}为脂肪酸镁的 O-Mg 非对称吸收峰，位于 1463cm^{-1}为脂肪酸镁的 O-Mg 对称吸收特征峰	—

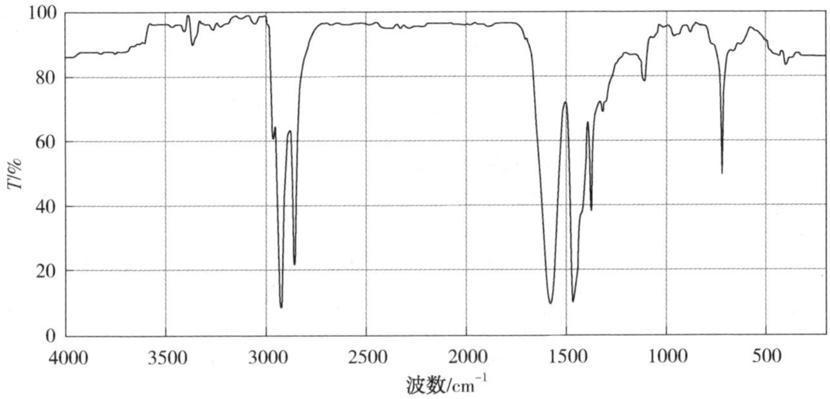

图 2-15　硬脂酸镁的红外谱图

2.2.4　硬脂酸钙

硬脂酸钙是一种良好的聚氯乙烯热稳定剂和纸张涂布润滑剂，在塑料和造纸等工业生产中应用广泛，同时可作为油漆生产中的平光剂及耐水剂等。伴随着塑料、造纸及石油化工等工业的迅速发展，国内市场近年来对硬脂酸钙的需求量逐年增加，市场前景看好。在国内硬脂酸钙的生产一般都采用硬脂酸和烧碱中和反应生成硬脂酸钠，硬脂酸钠再与氯化钙进行复分解反应生成硬盐，反应分为两步进行。

复分解法中中间产物硬脂酸钠胶化能大，在水中溶解度小，溶液黏稠，易与氯化钙包裹而结块，且易被盐析而使反应活性降低，制得的产品游离酸含量高，熔点低，质量达不到要求。将传统的先皂化再复分解两步合成工艺改变为在原料预处理的基础上使硬脂酸与氯化钙充分分散混合后滴加烧碱以及催化剂一步合成硬脂酸钙，简化了生产工艺且得到纯度高且粒径小的产品。

如图 2-16 和表 2-15 所示，为硬脂酸钙红外分析。

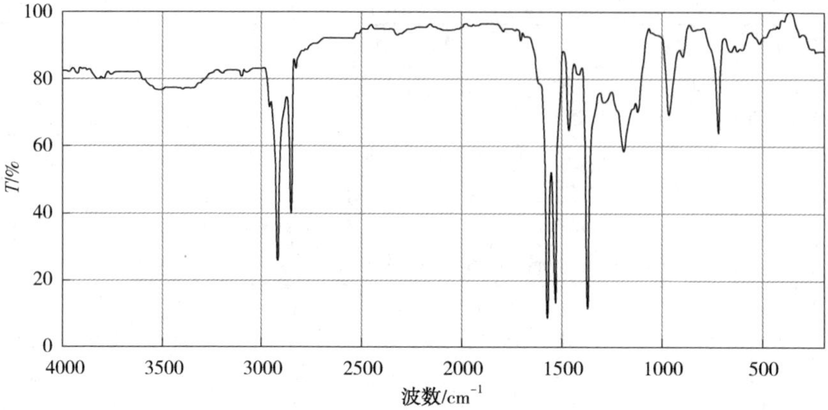

图 2-16　硬脂酸钙的红外谱图

表 2-15　硬脂酸钙红外分析

官能团	作用区域	备　注
C—H(CH_2) st as	$2920cm^{-1}$处显示—CH_2 的不对称拉伸振动特征峰	各种强度，多重峰
C—H(CH_2) st sy	$2852cm^{-1}$处显示—CH_2 的对称拉伸振动特征峰	各种强度，多重峰
CH_3 δ sy	$1375cm^{-1}$是 CH_3 的对称变形振动	中等
CH_2 γ	$720cm^{-1}$是 CH_2 的面内摇摆振动	中等，C-(CH_2)$_n$-$C_{n>4}$，≈720
O-Ca	位于 $1573cm^{-1}$、$1535cm^{-1}$为脂肪酸钙的 O—Ca 非对称吸收峰，位于 $1467cm^{-1}$为脂肪酸钙的 O—Ca 对称吸收特征峰	

2.2.5　硬脂酸铅

如图 2-17、图 2-18 和表 2-16 所示，为硬脂酸铅红外分析。

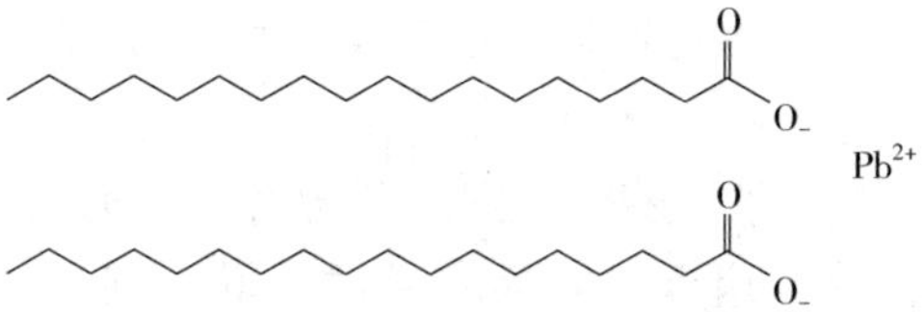

图 2-17　硬脂酸铅的分子结构式

表 2-16　硬脂酸铅红外分析

官能团	作用区域	备　注
C—H(CH_2) st as	$2916cm^{-1}$处显示—CH_2 的不对称拉伸振动特征峰	各种强度，多重峰
C—H(CH_2) st sy	$2850cm^{-1}$处显示—CH_2 的对称拉伸振动特征峰	各种强度，多重峰

续表

官能团	作用区域	备　注
CH_3 δ sy	$1378cm^{-1}$是 CH_3 的对称变形振动	中等
CH_2 γ	$715cm^{-1}$是 CH_2 的面内摇摆振动	中等，C-$(CH_2)_n$-$C_{n>4}$，≈720
O-Pb	位于 $1577cm^{-1}$、$1539cm^{-1}$为脂肪酸铅的 O-Pb 非对称吸收峰，位于 $1466cm^{-1}$为脂肪酸铅的 O-Pb 对称吸收特征峰	—

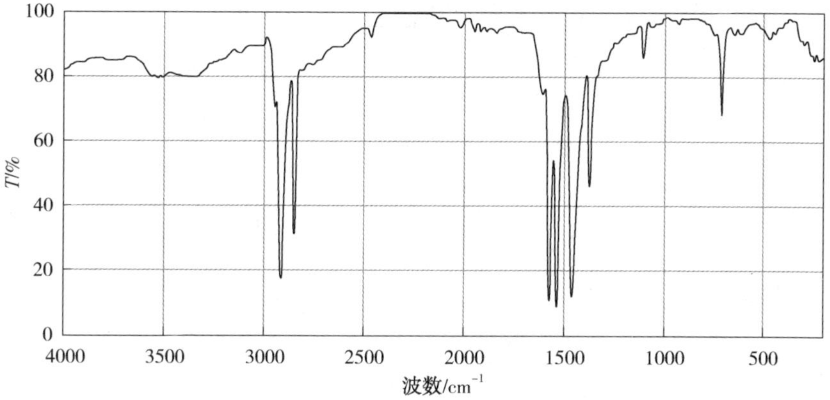

图 2-18　硬脂酸铅的红外谱图

2.2.6　一硬脂酸铝

一硬脂酸铝为白色或微黄色的粉末，金属铝含量 3.08%~4.4%，其游离酸值不大于 5.0%(以硬脂酸计)，熔点为 130~140℃，相对密度为 1.07。其不溶于水，对热的乙醇、乙醚有较好的溶解性，同时也易溶于碱液、苯、石油、煤油等溶剂中，与强酸反应则分解为硬脂酸和相应的铝盐。

如图 2-19、图 2-20 和表 2-17 所示，为一硬脂酸铝红外分析。

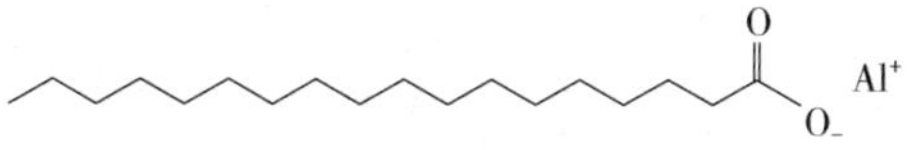

图 2-19　一硬脂酸铝的分子结构式

表 2-17　一硬脂酸铝红外分析

官能团	作用区域	备　注
C—H(CH_2) st as	$2905cm^{-1}$处显示—CH_2 的不对称拉伸振动特征峰	各种强度，多重峰
C—H(CH_2) st sy	$2841cm^{-1}$处显示—CH_2 的对称拉伸振动特征峰	各种强度，多重峰

续表

官能团	作用区域	备　　注
CH_3 δ sy	1363cm^{-1}是 CH_3 的对称变形振动	中等
CH_2 γ	711cm^{-1}是 CH_2 的面内摇摆振动	中等，C-$(CH_2)_n$-$C_{n>4}$，≈720
O-Al	位于 1576cm^{-1}、1539cm^{-1}为脂肪酸铝的 O-Al 非对称吸收峰，位于 1450cm^{-1}为脂肪酸铝的 O-Al 对称吸收特征峰	—

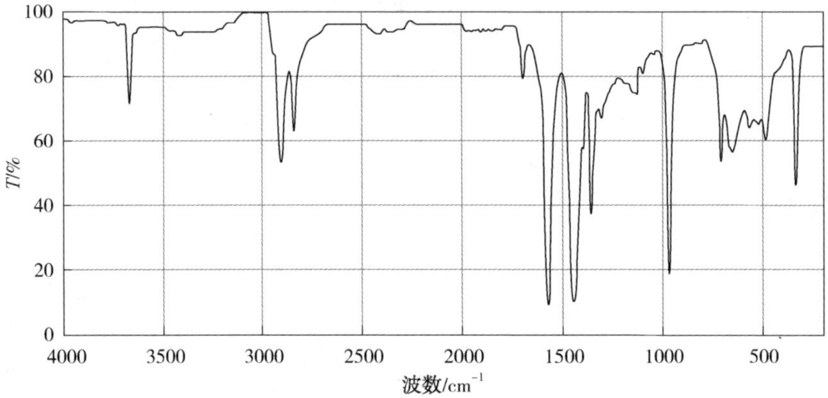

图 2-20　一硬脂酸铝的红外谱图

2.2.7　二硬脂酸铝

如图 2-21、图 2-22 和表 2-18 所示，为二硬脂酸铝红外分析。

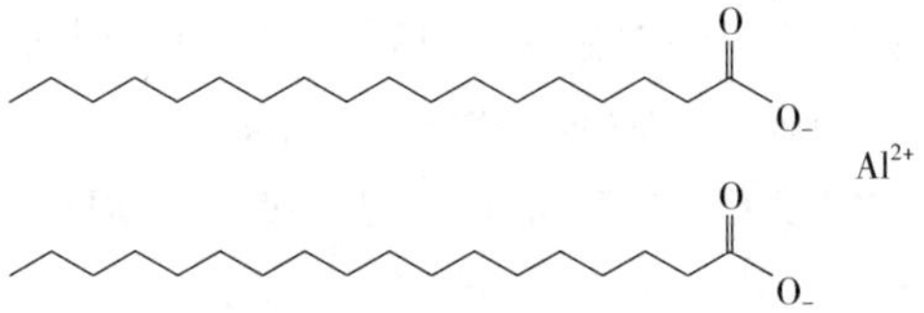

图 2-21　二硬脂酸铝的分子结构式

表 2-18　二硬脂酸铝红外分析

官能团	作用区域	备　　注
C—H(CH_2) st as	2915cm^{-1}处显示—CH_2 的不对称拉伸振动特征峰	各种强度，多重峰
C—H(CH_2) st sy	2850cm^{-1}处显示—CH_2 的对称拉伸振动特征峰	各种强度，多重峰
CH_3 δ sy	1365cm^{-1}是 CH_3 的对称变形振动	中等

续表

官能团	作用区域	备　注
CH_2 γ	711cm^{-1}是 CH_2 的面内摇摆振动	中等，C-$(CH_2)_n$-$C_{n>4}$，≈720
O-Al	位于 1577cm^{-1}为脂肪酸铝的 O-Al 非对称吸收峰，位于 1452cm^{-1}为脂肪酸铝的 O-Al 对称吸收特征峰	—

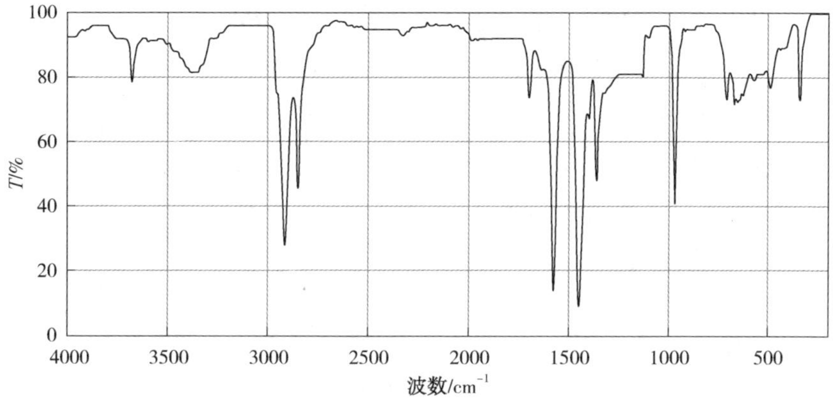

图 2-22　二硬脂酸铝的红外谱图

2.2.8　三硬脂酸铝

如图 2-23、图 2-24 和表 2-19 所示，为三硬脂酸铝红外分析。

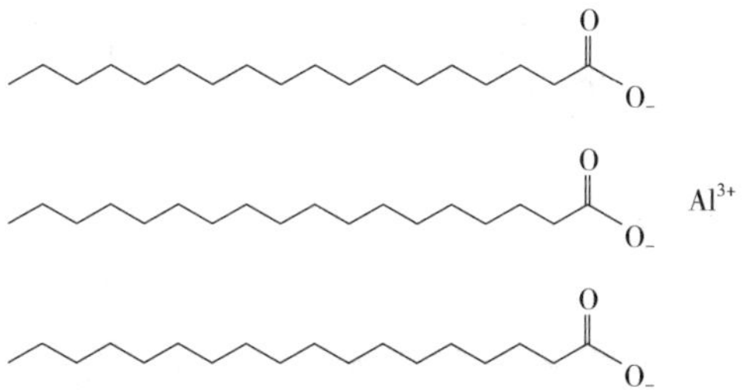

图 2-23　三硬脂酸铝的分子结构式

表 2-19　三硬脂酸铝红外分析

官能团	作用区域	备　注
C—H(CH_2)st as	2905cm^{-1}处显示—CH_2 的不对称拉伸振动特征峰	各种强度，多重峰
C—H(CH_2)st sy	2841cm^{-1}处显示—CH_2 的对称拉伸振动特征峰	各种强度，多重峰
CH_3 δ sy	1374cm^{-1}是 CH_3 的对称变形振动	中等

续表

官能团	作用区域	备　注
CH_2 γ	720cm^{-1}是 CH_2 的面内摇摆振动	中等，C-$(CH_2)_n$-$C_{n>4}$，≈720
O-Al	位于 1710cm^{-1}、1585cm^{-1}为脂肪酸铝的 O-Al 非对称吸收峰，位于 1461cm^{-1}为脂肪酸铝的 O-Al 对称吸收特征峰	

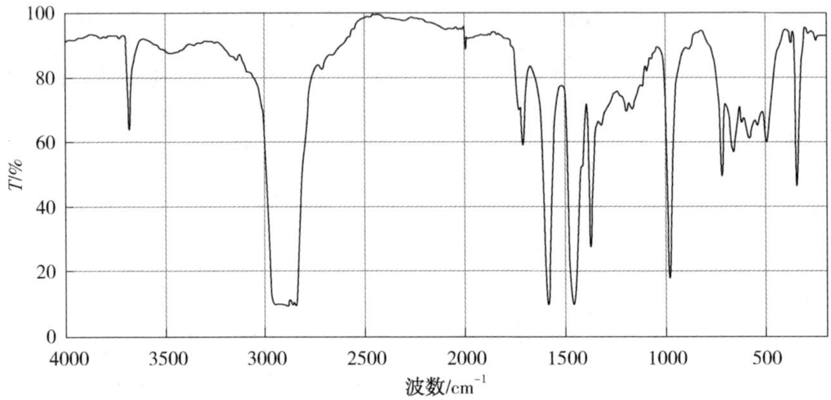

图 2-24　三硬脂酸铝的红外谱图

2.2.9　羟基硬脂酸铝

如图 2-25、图 2-26 和表 2-20 所示，为羟基硬脂酸铝红外分析。

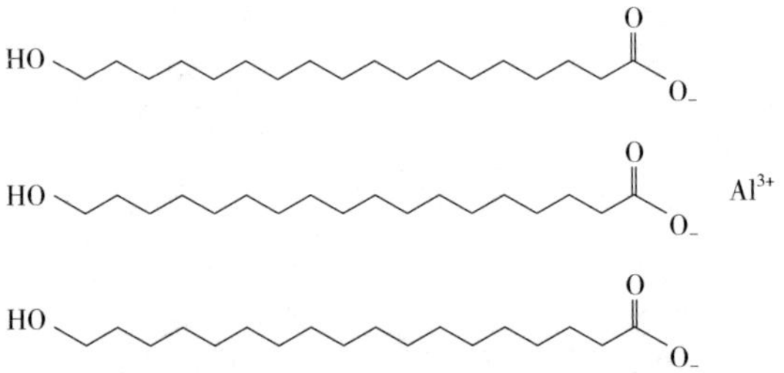

图 2-25　羟基硬脂酸铝的分子结构式

表 2-20　羟基硬脂酸铝红外分析

官能团	作用区域	备　注
O—H st	3317cm^{-1}处的谱带是 O—H 伸缩振动引起的吸收谱带	各种强度
C—H(CH_2) st as	2904cm^{-1}处显示—CH_2 的不对称拉伸振动特征峰	各种强度，多重峰
C—H(CH_2) st sy	2835cm^{-1}处显示—CH_2 的对称拉伸振动特征峰	各种强度，多重峰

续表

官能团	作用区域	备　注
CH_3 δ sy	1363cm^{-1}是 CH_3 的对称变形振动	中等
CH_2 γ	711cm^{-1}是 CH_2 的面内摇摆振动	中等，C-$(CH_2)_n$-$C_{n>4}$，≈720
O-Al	位于 1575cm^{-1}为脂肪酸铝的 O-Al 非对称吸收峰，位于 1453cm^{-1}为脂肪酸铝的 O-Al 对称吸收特征峰	

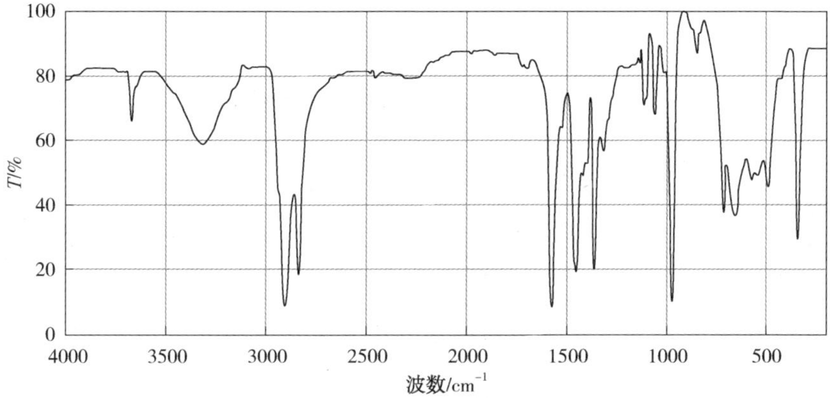

图 2-26　羟基硬脂酸铝的红外谱图

2.2.10　硬脂酸锌

硬脂酸锌为白色轻质粉末，有滑腻感。氧化锌含量 12.5%~14.0%，游离酸（以硬脂酸计）<2.0%，相对密度 1.095，熔点 118~125℃。不溶于水，溶于热的乙醇、乙醚和苯等有机溶剂，在有机溶剂中加热溶解后遇冷成为胶状物。遇强酸分解成硬脂酸和相应的锌盐，无毒，可燃。硬脂酸锌除具有上述一般金属硬脂酸盐的特性外，还有一些特有的性质：硬脂酸锌是桥式结构的盐，熔点较低，内聚能较小，偶极作用较弱，易在石蜡油中溶解，硬脂酸锌中羧酸根与锌离子之间是螯合型结构，比离子型结构的硬脂酸盐润滑效果好，易发生“锌烧”现象。

如图 2-27、图 2-28 和表 2-21、表 2-22 所示，为硬脂酸锌指标和红外分析。

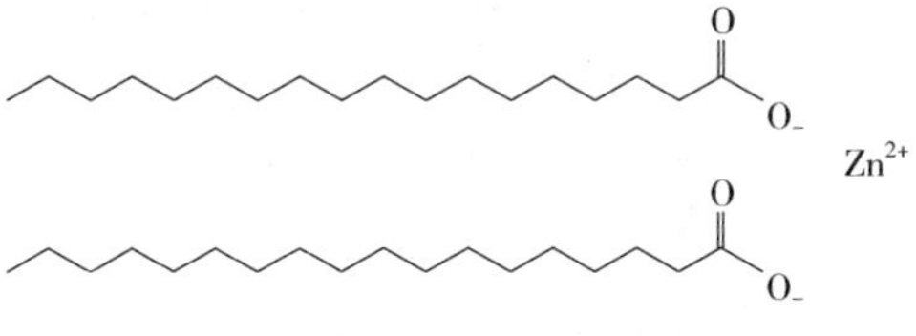

图 2-27　硬脂酸锌的分子结构式

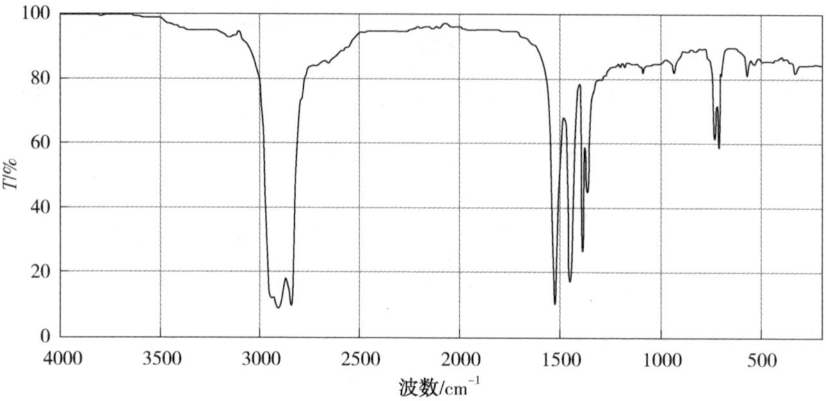

图 2-28　硬脂酸锌的红外谱图

表 2-21　硬脂酸锌技术指标

指　　标	优等品	一级品	二级品
锌含量(质量分数)/%	10.3~11.3	10.3~11.3	10.0~11.5
游离酸(质量分数)/%	<0.8	<1.0	<1.5
熔点/℃	120±5	120±5	120±5

表 2-22　硬脂酸锌红外分析

官能团	作用区域	备　　注
C—H(CH_2) st as	2911cm^{-1}处显示—CH_2 的不对称拉伸振动特征峰	各种强度，多重峰
C—H(CH_2) st sy	2844cm^{-1}处显示—CH_2 的对称拉伸振动特征峰	各种强度，多重峰
CH_3 δ sy	1388cm^{-1}是 CH_3 的对称变形振动	中等
CH_2 γ	711cm^{-1}是 CH_2 的面内摇摆振动	中等，C-(CH_2)$_n$-$C_{n>4}$，≈720
O-Zn	位于 1527cm^{-1}为脂肪酸锌的 O-Zn 非对称吸收峰，位于 1453cm^{-1}为脂肪酸锌的 O-Zn 对称吸收特征峰	

2.2.11　硬脂酸钡

如图 2-29、图 2-30 和表 2-23 所示，为硬脂酸钡红外分析。

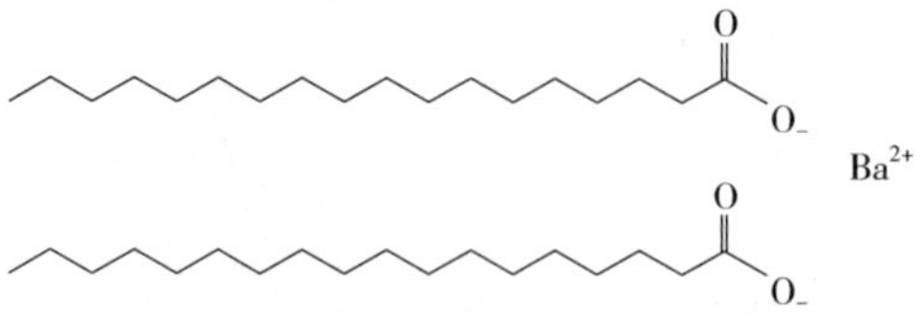

图 2-29　硬脂酸钡的分子结构式

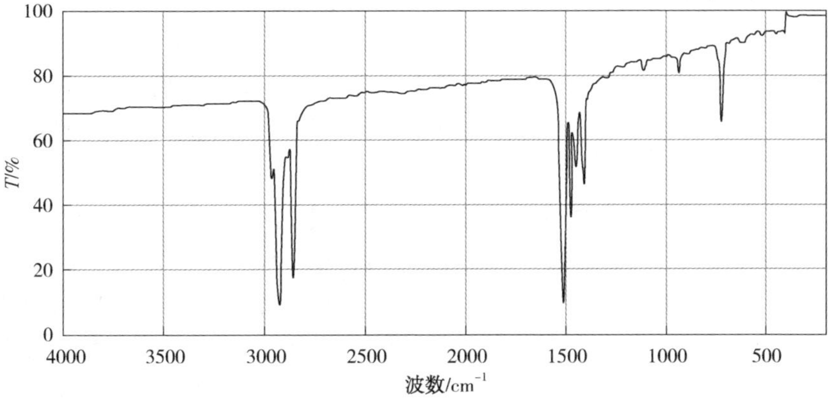

图 2-30　硬脂酸钡的红外谱图

表 2-23　硬脂酸钡红外分析

官能团	作用区域	备　　注
C—H(CH_2) st as	$2924cm^{-1}$ 处显示—CH_2 的不对称拉伸振动特征峰	各种强度，多重峰
C—H(CH_2) st sy	$2854cm^{-1}$ 处显示—CH_2 的对称拉伸振动特征峰	各种强度，多重峰
CH_3 δ sy	$1406cm^{-1}$ 是 CH_3 的对称变形振动	中等
CH_2 γ	$721cm^{-1}$ 是 CH_2 的面内摇摆振动	中等，C-(CH_2)$_n$-$C_{n>4}$，≈720
O-Ba	位于 $1514cm^{-1}$ 为脂肪酸钡的 O-Ba 非对称吸收峰，位于 $1473cm^{-1}$ 为脂肪酸钡的 O-Ba 对称吸收特征峰	

2.3　碱金属波谱

氢氧化物是 OH^- 离子或者 OH^- 离子和 O^{2-} 离子共同与阳离子(M)相化合而成的化合物(M-OH)。阳离子主要包括碱金属离子(例如：Li^+ 离子、Na^+ 离子、K^+ 离子)、碱土金属离子(例如：Mg^{2+} 离子、Ca^{2+} 离子、Ba^{2+} 离子)、第Ⅲ主族元素金属离子(例如：Al^{3+} 离子)及部分过渡金属离子(例如：Fe^{2+} 离子、Fe^{3+} 离子、Zn^{2+} 离子、Ni^{2+} 离子、Mn^{2+} 离子和 Co^{2+} 离子等)。氢氧化物分子中，OH^- 电价低，与金属阳离子结合力比 O^{2-} 离子弱得多，M-OH 间距比相应的氧化物大，并具有一定的氢键作用。

锂是一种必不可少的金属，在下一代技术中有着广泛的应用，如储能、电动交通和无线设备。然而，锂化合物也用于更广泛的领域，例如玻璃、陶瓷工业、润滑脂、医药产品或铝生产。由于锂在大多数应用中无法被替代，预计锂的年需求量将稳步增长 8%～11%。此外，据预测，电动汽车产量的增加将成为锂需求增长的主要驱动因素。自2000年以来，全球用于电池的锂产量显著增长，年均增长率约为20%，到2022年时，这一用途占全球锂总消费量的85%。

目前全世界可供开发的锂资源总量丰富且高度集中。根据美国地质调查局的数据，预计2025年，全球已探明的锂资源为9900万吨。南美洲是锂资源最丰富的地区，占全球锂资源的58%。南美洲锂资源集中在“锂三角”区域，以卤水型锂资源为主，主要分布在玻利维亚波托西省乌尤尼盐湖锂矿，已探明锂储量550万吨，氧化锂资源约1800万吨；智利安托法加斯塔省阿塔卡马盐湖锂矿，氧化锂资源约530万吨；智利安托法加斯塔省的锂盐矿，锂金属含量为50万吨，锂品位为0.157%；阿根廷盐锂矿，锂氧化物资源约85万吨；阿根廷盐水锂矿，锂金属含量为274万吨，锂品位为0.06%，锂储量为245.8万吨；阿根廷Vida盐碱型锂矿的氧化锂资源为157.3万吨，氧化锂储量为21.4万吨。南美洲盐湖的锂资源不仅储量丰富，而且具有世界上最好的锂资源等级。其中，智利的阿塔卡马盐湖资源最好，是盐湖锂资源开发的最佳目标。

可交易产品生产中最重要的锂化合物为Li_2CO_3，2015年总量为46%，次要但日益重要的是LiOH(19%)，这两种锂化合物约占2/3的市场。锂的应用范围很广，绝大多数每年提取的锂(35%)用于电池消耗，其次是玻璃和陶瓷应用(32%)。其他重要的应用包括润滑油占9%，连续铸造和空气处理各占5%，聚合物生产占4%，铝生产占1%。进一步的工业应用占9%，包括消毒、有机合成、建筑、制药、合金和醇酸树脂等。

锂作为一种战略性新兴矿产资源，广泛应用于新能源、新材料等新兴产业。锂资源在市场上的物质流动、消耗和演变存在变化趋势。对2007—2020年我国锂资源供应、流动和库存情况进行分析研究表明，在此期间，中国累计消耗相当于碳酸锂的锂资源达到309.9348千吨。传统电场和锂电场的锂消耗量分别从2007年的14.36千吨和8.08千吨增加到2020年的49.53千吨和90.75千吨。2007—2011年，传统行业的锂消耗量大于锂电行业。2012—2020年，随着网络技术的创新和新能源汽车市场的繁荣，消费锂和动力锂市场快速增长，以动力电池为主要驱动力的锂领域逐渐成为锂资源消费的主要贡献者。随着锂资源消费需求的快速增长，我国锂资源供应结构已由国内供应向国际进口转变。随着锂消耗量的增加，锂电池的储存量从2007年的20.69千吨增加到2020年的341.63千吨。同时，锂电池的报废量迅速增加，但锂资源的回收量远低于报废量。资源回收潜力巨大，废旧锂离子电池的序贯利用仍有很大的发展空间。

锂是最轻的金属元素。由于锂具有低密度、高硬度、高熔点、高反应性等理化性质，长期以来锂被用作生产润滑脂、玻璃、陶瓷等的工业原料。但自2000年以来，移动信息和通信技术领域的锂电池市场不断增长，锂受到了更多的关注。2015

年以后，随着电动汽车的发展和新一代信息技术的发展，锂的用途越来越广泛。锂矿产资源作为一种新兴的工业资源和战略资源，广泛应用于各种新兴的战略工业领域，是“十四五”期间我国首次发布的战略矿产资源。根据国家统计局发布的最新战略性新兴产业分类，锂矿产资源主要用于新一代信息技术产业领域的高能储能材料制造业，新材料产业领域的玻璃陶瓷制造业，人工晶体制造行业，无机盐制造行业，二次电池材料制造业以及新能源汽车行业领域的锂离子电池制造行业等。锂矿产资源的应用关系到国家战略性新兴产业的发展，这也意味着锂的消费正在快速增长。

中国锂资源以盐湖卤水型锂矿为主。长期以来，中国卤水的发展一直受到镁锂比高的困扰，但随着选择性吸附剂和膜的发展，人们逐渐实现了从海水中回收锂或浓缩海水淡化获得锂的可能性，这为中国锂资源的开发带来了新的途径。然而，要实现这些技术的大规模应用还需要一段时间。目前，中国锂资源以进口为主，锂资源对外依存度从 2007 年的 30%提高到 2024 年的 75.3%。中国是锂资源生产和贸易大国，深入分析中国锂资源的流向、消费和演变，把握未来发展趋势，对于锂产业的可持续发展具有重要意义。

表 2-24 中锂盐的转换系数表示 1 吨锂可以制备 5.322 吨碳酸锂的锂盐数量，或者单水氢氧化锂 6.0366 吨，或者氯化锂 6.145 吨。

表 2-24　锂盐的转换系数

锂的种类	碳酸锂	单水氢氧化锂	锂	氧化锂	氯化锂	锂精矿
碳酸锂	1	0.88	5.322	2.473	0.871	8
单水氢氧化锂	1.136	1	6.0366	2.812	0.988	9.088
氯化锂	0.87	0.988	6.145	2.846	1	6.96

基于表 2-25 和上述相关公式估算 2007—2024 年中国锂电池报废量。从 2007 年到 2024 年，相当于碳酸锂的锂离子电池年报废量从 3.09 千吨增加到 58.4 千吨。总废品量相当于 374.16 千吨碳酸锂。废旧锂离子电池中，锂离子电池的消耗量占比最大，折合碳酸锂的累计报废量为 324.64 千吨。第二种是动力锂离子电池，其累计报废量相当于 49.63 千吨碳酸锂。储能型锂离子电池寿命长，报废量最少，累计报废相当于 0.89 千吨碳酸锂。就具体的锂产品而言，被丢弃最多的是手机，其次是笔记本电脑。在动力电池产品中，电动两轮车和电动工具是主要贡献者。2018 年是新能源汽车动力电池退役年，成为动力电池领域报废量最大的贡献者。目前，我国锂电池回收行业仍处于发展初期，回收率较低。2020 年和 2019 年回收的废旧锂电池分别为 196 千吨和 129 千吨。锂的回收率和提取率为 90%，分别相当于 2.76 千吨和 2.08 千吨碳酸锂。2019 年，阶梯利用电池仅占回收废旧锂离子电池的 3.3%，即 4257 吨，相当于 46.827 吨碳酸锂。因此，

我国废旧锂离子电池的回收和序贯利用仍有很大的发展空间。

表 2-25　不同产品下的锂电池寿命分布模型参数

产品类型	产　　品	寿　　命	β	α
消费电池	手机	$t_{ave}=3$ $t_{max}=5$	3.594	3.2849
	笔记本电脑	$t_{ave}=5$ $t_{max}=8$	3.883	5.3985
	平板	$t_{ave}=5$ $t_{max}=8$	3.883	5.3985
	数码相机	$t_{ave}=3$ $t_{max}=5$	3.594	3.2849
动力电池	电动工具	$t_{ave}=3$ $t_{max}=5$	3.594	3.2849
	摩托车和自行车	$t_{ave}=3$ $t_{max}=5$	3.594	3.2849
	磷酸铁锂	$t_{ave}=7$ $t_{max}=8$	12.08	7.0503
	三元锂电池	$t_{ave}=6$ $t_{max}=8$	5.948	6.1886
	锰酸锂电池	$t_{ave}=3$ $t_{max}=5$	3.594	3.2849
储能电池	能量储存锂电池	$t_{ave}=10$ $t_{max}=15$	4.402	10.603

$$\left(\frac{t_{ave}}{t_{max}}\right)^{\beta}=\frac{\beta-1}{-\beta\cdot\ln 0.01}\alpha=t_{ave}\cdot\left(1-\frac{1}{\beta}\right)^{-\frac{1}{\beta}}$$

2007—2024 年对我国锂资源的物质流和库存进行了研究。主要结论如下：

① 中国锂资源生产和消费持续快速增长。国内锂矿供应的增长速度无法满足日益增长的锂消费需求。我国锂资源供应正逐步由国内供应向国际进口转变，锂资源对外依赖程度逐年扩大。

② 在锂盐产品中，碳酸锂是主要的锂盐产品，累计产量为 152.7 万吨，占锂盐累计总产量的 58.2%。其次是氢氧化锂，累计产量为 145 万吨，其中出口 57.3 万吨。然而，随着电动汽车电池高镍化的发展，氢氧化锂在国内的使用量和份额逐渐增加。氯化锂及其加工产品主要用于传统工业和医药领域，产量最小、最稳定。

处理各占 5%，聚合物生产占 4%，铝生产占 1%。

密切关注锂资源在电池、玻璃、陶瓷、铸造、空气处理和聚合物生产等全球行业的发展动态，适当时候进行战略性储备氢氧化锂资源。另外，加大锂电池回收处理工艺研究，特别是回收的碳酸锂直接替代氢氧化锂进行锂系列润滑脂工艺研究，以避免润滑成本或产品成本大幅波动。

润滑脂广泛用于汽车、轴承、工程机械等工业设备中，据中国石化联合会润滑脂分会统计，中国润滑脂年用量约 40 万吨。润滑脂按稠化剂类型可以分为锂基脂、钙基脂、聚脲、磺酸钙等，其中锂基润滑脂占总量的 70%，年用量达 28 万吨。锂基润滑脂由脂肪酸和氢氧化锂在基础油中反应制备，其中氢氧化锂用量占 1.2%，年用量达 3300 吨。

如何降低锂基脂成本，成为行业热点和难题。碳酸锂价格较氢氧化锂低，因此未来开展碳酸锂在锂基脂中的应用研究至关重要。

第一，采用碳酸锂直接和脂肪酸反应制备锂基脂，发现相同稠化剂含量下，润滑脂变稀。由于碳酸锂呈弱碱性，与脂肪酸反应慢，且反应不充分，导致制备的脂肪酸锂稠化能力低。因此，采用碳酸锂直接和脂肪酸反应制备锂基脂的方案不可行。

第二，考虑将碳酸锂进行预处理，再和脂肪酸反应，制备锂基脂。需要优化剪切安定性问题，同时开展轴承寿命、储存安定性等评价。

③对锂系列润滑脂进行产业升级，加大高性能、长寿命、绿色锂系列润滑脂产品开发。

锂系列润滑脂在进行结构调整的同时，应该更关注产品质量，不能一味地追逐产品的成本。目前通用锂基润滑脂采用的是 GB/T 7324—2010《通用锂基润滑脂》规范，该规范最初是 GB 7324—1994，产品规范由国家强制标准修改为国家推荐标准，因此后续为了加强对产品质量的控制，建议对 GB/T 7324—2010《通用锂基润滑脂》规范进行升级为国家强制标准。

2.3.1 氢氧化钙

氢氧化钙是一种常见的无机化合物以及重要的无机粉体材料，具有原料来源广泛、价格低廉、生产工艺简单等优点，广泛应用于化工生产、环境治理、建筑材料、生物医药等行业。因此，关于氢氧化钙的制备与应用研究一直是无机粉体材料领域的热点之一。在氢氧化钙的早期使用中，主要是利用氢氧化钙黏结和碳化性质作为建筑材料，距今使用已有数千年。随着现代工业技术的迅速发展，人们对氢氧化钙的性质有了深入认识，使得其应用领域得到快速扩增。同时普通氢氧化钙在使用过程中的弊端也逐渐暴露，如比表面积小、粒度大、粒径分布不均匀等。因此，为了满足现代工业发展，各国科研工作者对氢氧化钙，尤其是具有特殊性质氢氧化钙的制备及应用展开了大量研究。至今，市面上已有纳米氢氧化钙、高比表面积（$>40m^2/g$）氢氧化钙等新类型的产品，然而这些特殊性质的氢氧化钙产品很大程度上依赖于进口。因此，能够高效稳定且成本低廉地生产出这些特殊的氢氧化钙对于满足国内不断增长的市场需求，具有重要意义。

氢氧化钙为P3ml空间群，属于三方晶系，具有六方格子八配位晶型的强极性晶体，晶粒通常呈六边形形貌。在制备过程中，加入晶型添加剂或改变工艺参数也可制备出层状、板状、立方状、球状、哑铃状等形貌的晶体。氢氧化钙易与空气中的水和二氧化碳反应生成具有较好的化学相容性和老化稳定性的碳酸钙，具有一定的固结作用。由于氢氧化钙具有强碱性，在环保领域（如土壤修复、废水处理和废气治理）常用作pH调整剂、重金属固化剂、酸性气体处理剂等，另外强碱性的氢氧化钙粉体又可以作为根管糊剂用于消灭感染根管中的细菌。除此之外，氢氧化钙也广泛应用于塑料、沥青、冶金等行业中以提高产品性能或去除杂质，以及作为生产轻质碳酸钙、磷酸钙、环氧氯丙烷等产品的主要原料。所以，氢氧化钙制备、性能、应用的研究一直备受关注。

随着应用领域的迅速发展，普通氢氧化钙粉体逐渐难以满足新的应用要求。为此，国内外相继开发出了纳米粒级和高比表面积的氢氧化钙粉体。与普通氢氧化钙相比，这些特种氢氧化钙在粒度分布、比表面积、孔道结构等方面具有特殊性，因而在众多领域体现出了极佳的应用性能。

纳米粒级和高比表面积氢氧化钙粉体的制备主要有两种途径，即自上而下和自下而上。前者主要是采用破碎细磨的方法，耗时耗力耗能且产率低，无法适应大规模生产；后者主要是利用化学法控制晶体生长实现制备，具有产率高、能耗低、粉体性能优良、工艺简单等优点，是制备特种氢氧化钙粉体的主要方法。自下而上法依据反应物状态又可分为非均相和均相合成，非均相合成包括石灰消化法、醇钙盐法、电石法、氢等离子体法等。均相合成主要指化学沉淀法，包括溶液法、离子交换法、微乳液法、溶剂法、溶胶-凝胶法等。

氢等离子体-金属反应法是一种新兴的气相沉积工艺，适合于纯度高、结晶性好的纳米颗粒的工业化制备。该法的制备原理是利用电弧等离子体提供高达10000℃的高温将氢分子分解成原子，同时金属钙表面的氧化钙被熔融分解为Ca和O。在等离子体区外，Ca液滴与O反应生成大量氧化钙晶核，进而组装成氧化钙纳米颗粒；同时H和O原子重组形成水，将氧化钙水化成氢氧化钙纳米颗粒。但由于氢氧化钙本身经济价值较低，这种成本高昂的工艺无法实现大规模生产。如表2-26所示。

表 2-26 纳米粒级和高比表面积氢氧化钙粉体的制备方法对比

制备方法	优　点	缺　点
石灰消化法	目前国内外生产常规氢氧化钙的主流方法，具有原料来源广、工艺设备简单、生产成本低、产量大等优点	产物颗粒易发生团聚，粒径大且分布不均匀，导致比表面积普遍较低，采用含有有机添加剂的水溶液代替纯水进行消化可以有效改善上述缺点
醇钙盐法	以金属钙为前驱体，在一定条件下与脂肪醇反应得到醇钙盐溶液，后加入水发生水解反应制备得到氢氧化钙的方法。产物主要以纳米粒级氢氧化钙为主	该工艺具有过程较慢、设备要求高、操作复杂、危险性较高等不足
电石法	可以通过采用含有有机添加剂的水溶液代替水进行反应，进行粒度与比表面积的调控	该法的局限性在于必须与乙炔生产同时进行，否则工业应用价值低；此外，电石法制备的氢氧化钙需要进一步提纯以提高产品质量
溶液法	具有产物纯度高、粒径小且分布均匀、工艺简单等优点，且通过改变添加剂种类和用量即可制备具有不同性质的氢氧化钙产品	反应合成速率慢、产率低，并且由于制备过程使用的主要是水溶液体系，因而团聚现象也十分明显
氢等离子体-金属反应法	一种新兴的气相沉积工艺，适合于纯度高、结晶性好的纳米颗粒的工业化制备	由于氢氧化钙本身经济价值较低，这种成本高昂的工艺无法实现大规模生产

如图 2-32 和表 2-27、表 2-28 所示，为氢氧化钙指标和红外分析。

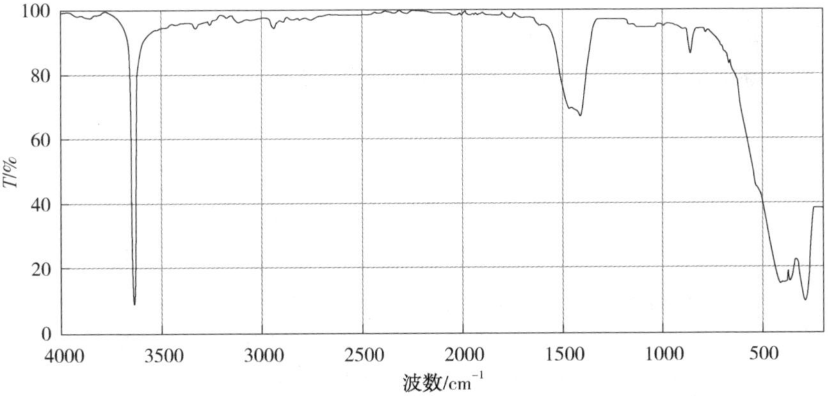

图 2-32 氢氧化钙的红外谱图

表 2-27 氢氧化钙典型数据

项　目	典型数据	项　目	典型数据
氢氧化钙含量/%	85	杂质	合格

表 2-28 氢氧化钙红外分析

官能团	作用区域	备　注
O—H st	$3643cm^{-1}$处的谱带是 O—H 伸缩振动引起的吸收谱带	醇的未形成氢键的(或"游离的")羟基在 $3700\sim3584cm^{-1}$范围内有强吸收。那些窄的"游离"羟基谱带仅在蒸气相或非极性溶剂的稀溶液中才能观察到，或者是在受空间位阻保护的羟基基团中可以观察到。分子间氢键随溶液浓度的增大而增强，同时伴随有谱带在较低频率 $3550\sim3200cm^{-1}$处出现，而"游离"羟基谱带则随之变弱
氢氧化钙特征峰	$1418cm^{-1}$、$872cm^{-1}$处出现明显吸收峰，此处为氢氧化钙特征峰	

2.3.2 氢氧化锂

氢氧化锂是常见的基础锂产品，主要有无水氢氧化锂(LiOH)和一水氢氧化锂($LiOH \cdot H_2O$)两种；当一水氢氧化锂的温度达到 100℃时，将失去水成为无水氢氧化锂，氢氧化锂是锂基润滑脂的重要原料，其制成的锂基润滑脂具有极好的耐温性、抗氧化性、抗水性以及使用寿命长的优点，已广泛应用于飞机、汽车、船舶以及军事设施。随着电池工艺的发展，高镍三元材料已经成为电池工业的新宠儿，而在高镍三元电池的制造过程中，由于氢氧化锂的熔点仅为 471.2℃，能够满足制造过程中对烧结温度的要求完成材料制备，并且氢氧化锂能够使高镍三元电池的能量密度更高、充放电性能更好，氢氧化锂已经成为电池行业不可或缺的材料。如表 2-29 所示。

表 2-29 氢氧化锂的制备方法对比

制备方法	制备工艺
石灰石焙烧法	通过处理含锂矿物制取氢氧化锂，将含锂矿物与石灰石按一定比例混合后磨细并制成生料浆，然后将生料浆在 850℃进行焙烧后再水浸，即可实现固体锂资源到液体锂的转变；将得到的含锂溶液过滤分离除去钙、硅、铝等杂质，再经过浓缩、净化后进行结晶得到氢氧化锂产品
煅烧法	利用磷酸钠与氯化锂反应得到磷酸锂沉淀以实现锂的提取。在生产中，先将盐湖卤水除硼、蒸发浓缩，然后将浓缩液在 700℃煅烧使得溶液中的氯化镁分解成氧化镁，再将其水浸得到富锂溶液，加入石灰乳和纯碱除去钙、镁杂质离子后得到高纯锂溶液，再向其中加入磷酸钠，再将磷酸锂沉淀与氧化钙和氧化铝按比例混合研磨后在 2300℃焙烧，焙烧产物水浸得到氢氧化锂溶液，经过滤、蒸发、结晶、干燥后得到氢氧化锂产品

续表

制备方法	制备工艺
碳酸锂苛化法	通过氢氧化钙与碳酸锂之间的苛化反应来制备氢氧化锂。该方法的原料为碳酸钠，首先需将碳酸钠与精致石灰乳按一定比例配制成苛化液，苛化液在高温搅拌下进行苛化反应得到氢氧化锂和碳酸钙的料浆，通过离心分离料浆得到碳酸钙沉淀以及氢氧化锂母液，将氢氧化锂母液蒸发、浓缩、结晶等步骤即可得到一水氢氧化锂产品。该方法对碳酸锂原料的纯度要求较高，成本受限于碳酸锂原料的价格影响，且除杂工艺繁琐，回收率偏低
卤水电解法	直接作用于氯化锂溶液，通过电能转化为化学能的形式得到氢氧化锂产品。高纯氯化锂溶液进入阳极室作为阳极电解液，阴极室的阴极电解液可选择水或者氢氧化锂溶液，在阴、阳极室中间加入阳离子选择性渗透膜；当通电后阴、阳极室内电解的离子经渗透膜选择性地通过后即可得到氢氧化锂，经持续电解即可得到接近饱和的氢氧化锂溶液，同时产生的氢气和氯气可制成副产品液氯和盐酸

如图 2-33 和表 2-30、表 2-31 所示，为氢氧化锂典型数据和红外分析。

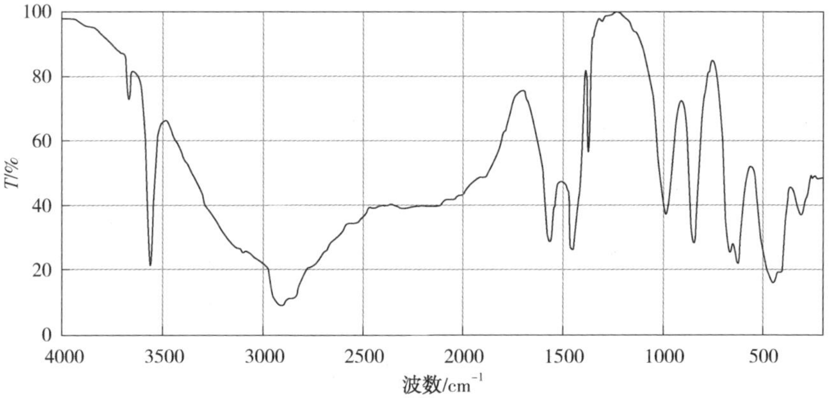

图 2-33　氢氧化锂的红外谱图

表 2-30　氢氧化锂典型数据

项　　目	典型数据	试验方法
外观	白色结晶	目测
LiOH 含量/%	56.5	—
水溶性试验	合格	—
酸不溶物含量/%	0.010	GB/T 11064.11—2013
Al 含量/%	0.003	GB/T 11064.13—2013
B 含量/%	0.003	—
CaO 含量/%	0.015	GB/T 11064.5—2013

续表

项　　目	典型数据	试验方法
Fe_2O_3 含量/%	0.001	GB/T 11064.17—2013
K 含量/%	0.001	GB/T 11064.16—2013
Mg 含量/%	0.003	GB/T 11064.6—2013
Na 含量/%	0.003	GB/T 11064.16—2013

表 2-31　氢氧化锂红外分析

官能团	作用区域	备　　注
O—H st	3562cm^{-1}处的谱带是 O—H 伸缩振动引起的吸收谱带	醇的未形成氢键的(或“游离的”)羟基在 3700～3584cm^{-1}范围内有强吸收。那些窄的“游离”羟基谱带仅在蒸气相或非极性溶剂的稀溶液中才能观察到，或者是在受空间位阻保护的羟基基团中可以观察到
O-Li st as	位于 1566cm^{-1}为 O-Li 非对称吸收峰	—
O-Li st sy	位于 1456cm^{-1}为 O-Li 对称吸收特征峰	—
O-Li 振动	位于 449cm^{-1}为 O-Li 振动特征峰	—

2.3.3　单水氢氧化钡

如图 2-34 和表 2-32 所示，为单水氢氧化钡红外分析。

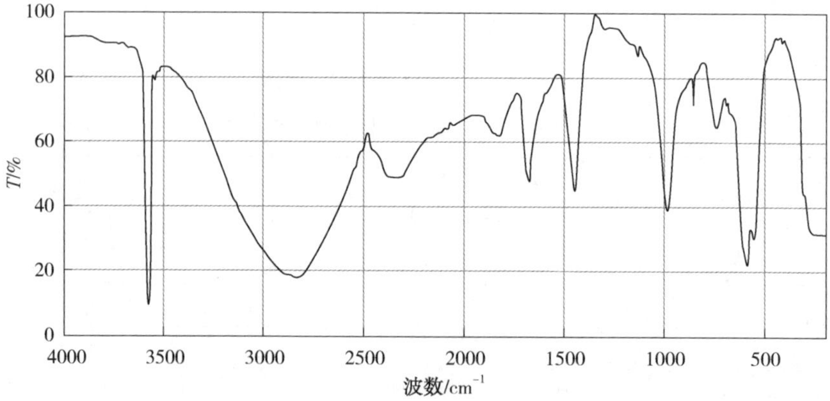

图 2-34　单水氢氧化钡的红外谱图

表 2-32　氢氧化钡红外分析

官能团	作用区域	备　　注
O—H st	$3577cm^{-1}$ 处的谱带是 O—H 伸缩振动引起的吸收谱带	醇的未形成氢键的（或“游离的”）羟基在 $3700\sim3584cm^{-1}$ 范围内有强吸收。那些窄的“游离”羟基谱带仅在蒸气相或非极性溶剂的稀溶液中才能观察到，或者是在受空间位阻保护的羟基基团中可以观察到
O-Ba st as	位于 $1615cm^{-1}$ 为 O-Ba 非对称吸收峰	—
O-Ba st sy	位于 $1445cm^{-1}$ 为 O-Ba 对称吸收特征峰	—
O-Ba 振动	位于 $560cm^{-1}$ 为 O-Ba 振动特征峰	—

2.3.4　氢氧化镁

镁元素是地球上比较丰富的元素之一，其在地壳中含量约为 2.4%，位居第八位，且我国属于镁资源大国，其储量占全球的 22.5%。镁在自然界中主要以碳酸盐、硫酸盐、氯化物等化合物的形态存在。目前我国的 1500 多种矿石只有 200 多种含镁矿石，在这 200 多种里能用来提炼镁资源的并不多，当前具有工业价值的镁矿分为固体矿和液体矿两类，主要为白云石、光卤石、菱镁矿、白云石、水氯镁石等。我国是镁资源生产和出口量最大的国家。在我国，镁资源储量较丰富的一类是液体矿中的盐湖卤水。我国的盐湖资源主要分布在新疆、西藏、青海和内蒙古等地，新疆的盐湖主要生产硫酸盐、西藏以生产碳酸盐为主、青海的柴达木盆地主要生产的是氯化物和硫酸盐等，而内蒙古主要以生产碳酸盐为主。大多数盐湖分布在中国的西北部，特别是被称为“聚宝盆”的柴达木盆地，拥有大小盐湖 30 多个，据报道已探明镁储量 65 亿吨，占全国储量的 96.78%。中国是世界上镁产量最高的国家。镁化合物的产品数量特别多，可以开发出来的产品有纳米级氧化镁、氢氧化镁、镁盐晶须、纳米氢氧化镁等。氢氧化镁作为一种优质的无机阻燃剂，被广泛地应用于建筑材料、化工、零部件制造和内饰材料等各个行业领域。

氢氧化镁是一种无机物，化学式为 $Mg(OH)_2$，分子量为 58.32，是一种白色无定形粉末或无色六方柱晶体，几乎不溶于水，溶于稀酸和铵盐溶液，溶于水的部分完全电离，水溶液呈弱碱性。氢氧化镁的分解温度为 350℃，加热到分解温度时会失去水生成氧化镁。因氢氧化镁在大自然含量比较丰富，而其化学性质和铝较相近，因此开始用氢氧化镁来取代氯化铝用于香体产品，用作分析试剂，还用于制药工业。如表 2-33 所示。

表 2-33　氢氧化镁的制备方法对比

制备方法	制备工艺
化学沉淀法	是工业上制备氢氧化镁最普遍的方法，可以通过使镁盐(例如：氯化镁或硫酸镁)与氢氧化钠、氨水或其他碱性溶液反应来制备。该反应产生沉淀物形式的氢氧化镁，可以将其过滤和洗涤以除去杂质。工业上常以海水与廉价的氢氧化钙溶液(石灰乳)反应，可得到氢氧化镁沉淀
水热法	一般是可溶性镁盐与碱液在水热条件下制备氢氧化镁。由于水热法的温度较高分子热运动加快，最终所制备的氢氧化镁会比化学沉淀法的产物形貌更好、尺寸更规整均一
电化学沉积法	制备氢氧化镁的工艺应用很少。一般是通过电化学沉积从含有镁离子的水溶液中合成。该过程涉及在阴极还原镁离子以形成沉淀物形式的氢氧化镁

如图 2-35 和表 2-34 所示，为氢氧化镁红外分析。

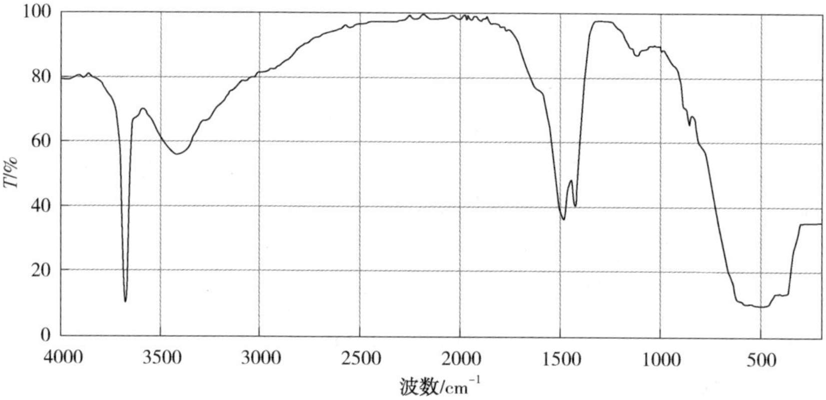

图 2-35　氢氧化镁的红外谱图

表 2-34　氢氧化镁红外分析

官能团	作用区域	备　注
O—H st	3682cm^{-1} 处的谱带是 O—H 伸缩振动引起的吸收谱带	醇的未形成氢键的(或"游离的")羟基在 3700～3584cm^{-1} 范围内有强吸收。那些窄的"游离"羟基谱带仅在蒸气相或非极性溶剂的稀溶液中才能观察到，或者是在受空间位阻保护的羟基基团中可以观察到
氢氧化镁中的 OH—	3415cm^{-1} 处形成了强而宽的吸收峰	由于形成了大量的氢键，分子间氢键随溶液浓度的增大而增强，同时伴随有谱带在较低频率 3550～3200cm^{-1} 处出现，而"游离"羟基谱带则随之变弱

续表

官能团	作用区域	备　注
O-Mg st sy	位于 1480cm^{-1} 为 O-Mg 对称吸收特征峰	
O-Mg 振动	位于 514cm^{-1} 为 O-Mg 振动特征峰	

2.3.5　氢氧化铝

如图 2-36 和表 2-35 所示，为氢氧化铝红外分析。

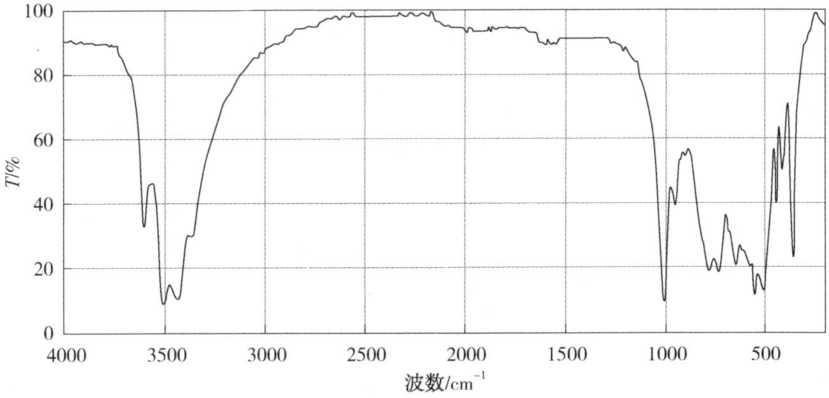

图 2-36　氢氧化铝的红外谱图

表 2-35　氢氧化铝红外分析

官能团	作用区域	备　注
氢氧化铝中的 OH—	3509cm^{-1} 处形成了强而宽的吸收峰	由于形成了大量的氢键，分子间氢键随溶液浓度的增大而增强，同时伴随有谱带在较低频率 3550～3200cm^{-1} 处出现，而“游离”羟基谱带则随之变弱
O—Al 振动	位于 553cm^{-1} 为 O-Al 振动特征峰	

2.3.6　氢氧化钠

氢氧化钠是最常见的一元强碱，广泛应用在轻工、冶金、地质、建筑等领域。氢氧化钠通常含有少量水及碳酸钠等杂质，室温下，氢氧化钠极容易潮解。如图 2-37 和表 2-36 所示，为氢氧化钠红外分析。

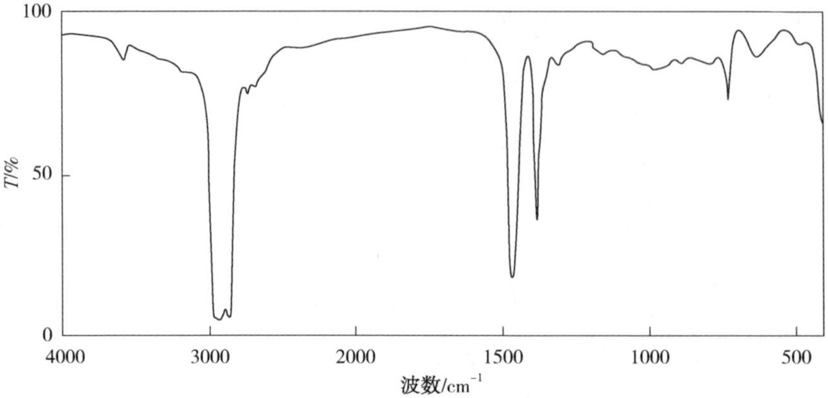

图 2-37　氢氧化钠的红外谱图

表 2-36　氢氧化钠红外分析

官能团	作用区域	备　注
氢氧化钠中的 OH—	3510cm^{-1}处形成了强而宽的吸收峰	由于形成了大量的氢键。分子间氢键随溶液浓度的增大而增强，同时伴随有谱带在较低频率 3550～3200cm^{-1}处出现，而"游离"羟基谱带则随之变弱
O-Na 振动	位于 500cm^{-1}为 O-Na 振动特征峰	

第三章　基础油波谱

3.1　润滑脂基础油研究进展

在经济全球化的今天，我国润滑脂的水平有了很大的提高，但和国外名牌产品相比仍有差距。要提高润滑脂的质量，就必须提高基础油的质量、添加剂的质量以及润滑脂的制造技术水平。

基础油是从原油加工得到的，其性质与原油的性质密不可分。按原油密度分类如下：轻质原油密度小于 0.878g/m^3；中质原油密度为 0.878～0.884g/m^3；重质原油密度大于 0.884g/m^3。按原油含硫量分类：低硫原油含硫量低于 0.5%；中硫原油含硫量为 0.5%～2.0%；高硫原油含硫量高于 2.0%。

按原油组成分类：石蜡基含带烷基侧链烷烃≥70%；环烷基含环烷烃≥70%；芳烃基含芳烃≥70%；沥青基含沥青≥60%；石蜡环烷基含烷烃为 60%～70%，环烷烃≥20%；环烷芳烃基环烷烃、芳烃含量均≥35%；芳烃沥青基芳烃、沥青质均≥35%。

（1）基础油发展历史

20 世纪 20 年代前矿物型基础油制备工艺为间歇蒸馏、冷榨脱蜡、酸碱洗涤、白土过滤等。20 世纪 20 年代后矿物型基础油采用管式炉减压蒸馏工艺、SO_2 和苯酚等选择性溶剂精制工艺开发成功，酮苯、氯代烷等溶剂脱蜡工艺被工业化采用。20 世纪 30 年代后矿物型基础油采用糠醛精制和丙烷脱沥青工艺相继投入工业使用。20 世纪 70 年代末 Shell 公司的软蜡加氢装置工业化。

润滑脂基础油，顾名思义为润滑脂的基体，决定了润滑脂的基本性质，润滑脂中基础油的比例达到八成，有些甚至高达九成。矿物基础油、酯类油、硅油、合成基础油是主要的润滑脂基础油。其中矿物基础油主要包含石油中高分子量、高沸点的合成烃类化合物以及非烃类混合物，19 世纪 70 年代之前，矿物基础油凭借来源较广，原料易得，制法简单而得到了十分广泛的应用。矿物基础油性能特点如下：

适宜的黏度：动力黏度、运动黏度、表观黏度、低温动力黏度；蒸发性能良好的黏温性能：黏度指数、黏度比；良好的低温流动性：凝点、倾点、低温黏度、低温泵送黏度，基本不含水，抗腐蚀性好，低的酸值，低的残炭，良好的氧化安定性，良好的抗乳化性。

然而19世纪80年代以后，工业革命的浪潮推动了科技的进步发展，机器设备的飞速更新换代对润滑油提出了更高更苛刻的要求，包括倾点、闪点、低温性能、黏温性能、使用寿命等方面，同时环境污染问题也渐渐走入人们视线，因此生产出极佳品质并且环境友好的润滑油成为生产商和消费者大众的共同诉求。然而，对于航空航天、深海作业等领域，即使经过高度加氢等后处理的矿物基础油也难以满足苛刻的使用要求，因此人们渐渐将注意力转向合成基础油。

随着技术发展，过去合成基础油原料难得，生产技术受限的难题逐步解决，合成基础油的发展呈现蓬勃之势。合成基础油为有机合成方法制备，本身性质可受人为预想定制，加上添加剂进一步改性，可生产出环境友好且能满足各类场合使用要求的高品质润滑油。20世纪90年代以来，合成润滑油需求量强劲增长的主要驱动力是在汽车行业，如合成汽车曲轴箱油和齿轮油。2000—2010年，我国实现聚醚型合成油的规模化生产，成功应用于航空航天液压系统。2011—2020年，生物基合成油技术取得突破，碳排放降低幅度达40%。2021年至今，依托人工智能驱动的分子设计与超临界合成工艺，实现黏度指数超过200的极压润滑油定制化生产。

聚α-烯烃合成油(PAO)是由长链α-烯烃(一般碳原子数在6~12个)通过催化剂作用发生低聚，后经除去催化剂、加氢、蒸馏等后处理而得到的高饱和度合成润滑油。PAO合成润滑油在军事、聚合物工业、食品级应用、化妆品、制冷、纺织、电介质流体、制动液、减震等领域均有运用。PAO分子是一类具有较规则结构的长链烷烃，主链上带有多个梳齿状侧链，结构特殊，分子稳定，相对于矿物基础油有以下诸多特点：

① 高黏度指数：油品受温度影响较小；②低倾点：低温流动性能优异，适用于极寒环境；③低挥发：耗油量小，适于高温使用；④高闪点：高温下性能稳定；⑤优良的剪切性能：可用于多种机械设备及操作环境；⑥氧化安定性：降低了保存和运输难度，延长使用寿命；⑦无毒：可用作食品生产线上的润滑油和化妆品中的添加油。

聚α-烯烃合成基础油的主要原料是长链α-烯烃，通常来说，主链低于8个碳的α烯烃制得的基础油黏度指数较低(黏度受温度影响较大)，而高于10个碳的α烯烃制得的基础油低温性能不足(倾点较高)。综上，选用1-癸烯为单体所得的产物性能最好。目前，国外生产PAO基础油的方法主要是乙烯齐聚法，先将乙烯低聚制备成1-癸烯，1-癸烯经催化、加氢而制得聚α-烯烃。此方法生产的PAO结构规整，分子量分布窄，产量高，质量佳且纯度高，国外乙烯齐聚法的工艺技术较成熟，综合成本相对便宜。但是目前国内乙烯价格仍然保持高位，昂贵的原料，使得乙烯齐聚法的生产成本难以降低，因此国内生产 PAO 主要采用的还是在国外已经被淘汰的石蜡热裂解法，通过石蜡高温裂解、裂解产物分馏、分馏产物再聚合的方式得到聚 α-烯烃。此方法虽然成本低，但产物含较多杂质(芳香烃、环烷烃等)、分子量分布宽、油品黏度指数低、倾点高、热氧稳定性差。

结构决定性能，随着科技发展，突破原始限制、通过人类设想而生产产品的可能性变得越来越大，诸如分子设计、基因工程都是人类科技史上辉煌的篇章。对于 PAO 而言，如果能事先设计出较为理想的分子结构，通过分子模型模拟出较好的性能，再以此为原型合成特定结构的 PAO 分子，必然能大大提高科研效率和产品质量。

润滑剂基础油主要有矿物油、植物油和合成油，表 3-1 列出了不同基础油的理化性能。其中矿物基润滑油是当前使用最多、耗量最大的润滑油品种，约占其总量的 90%。而矿物基润滑油在自然环境中可生物降解能力很差，若在环境中积聚起来，会对动植物和人类的生存环境造成很大的污染，尤其是在森林、水源、农田、矿山等敏感区域。国内外研究人员针对基础油的可生物降解性能进行了大量研究。业已发现，植物油、多元醇酯和合成双酯的可生物降解性能较好；聚 α-烯烃(PAO)的可生物降解性能不佳；除聚乙二醇醚以外，其他聚醚的可生物降解性相当差。从生物降解性及生态毒性的角度来看，植物油和合成有机酯作为环境友好基础润滑油的应用潜力最大。如表 3-1 所示。

表 3-1　不同基础油相容性对比

性　　能	矿物油	聚乙二醇	合成油	植物油
密度(20℃)/(kg/m^3)	880	1100	930	940
黏度指数	100	100~200	120~220	100~250
剪切稳定性	良好	良好	良好	良好
倾点/℃	-15	-40~20	-60~-20	-20~10
与矿物油的相容性	—	不溶	良好	良好
水溶性	不溶	可溶	不溶	不溶
橡胶相容性	良好	收缩	较差	较差
生物降解性	10~30	11~99	10~100	70~100
氧化稳定性	良好	良好	良好	较差
水解稳定性	良好	—	较差	较差
相对成本	1	2~4	4~20	2~3

(2) 基础油分类

表 3-2~表 3-4 为不同基础油分类情况。

表 3-2　美国 API 基础油分类

类　　别	S/%(质量)	饱和烃/%(质量)	黏度指数
API　Ⅰ基础油	>0.03	<90	80~120
API　Ⅱ基础油	≤0.03	≥90	80~120
API　Ⅲ基础油	≤0.03	≥90	>120
API　Ⅳ基础油	—	聚 α-烯烃	
API　Ⅴ基础油	—	除Ⅰ~Ⅳ类以外	

表 3-3　我国基础油分类

原油性质			石蜡基		中间基	环烷基
基础油黏度指数			>120	>90	>40	<40
基础油代号	通用基础油		VHVI	HVI	MVI	LVI
	专用基础油	低凝	VHVIW	HVIW	MVIW	—
		深度精制	VHVIS	HVIS	MVIS	—

表 3-4　润滑油基础油分类

项　　目	类　　别								
	0	Ⅰ			Ⅱ		Ⅲ	Ⅳ	Ⅴ
	MVI	HVI Ⅰa	HVI Ⅰb	HVI Ⅰc	HVI Ⅱ	HVI Ⅱ+	HVI Ⅲ	PAO	其他成油
饱和烃/%	<90 和/或≥0.03	<90 和/或≥0.03	<90 和/或≥0.03	<90 和/或≥0.03	≥90	≥90	≥90	—	—
硫含量/%					<0.03	<0.03	<0.03	—	—
黏度指数	≥60	≥80	≥90	≥95	90≤VI<110	110≤VI<120	VI≥120	—	—

石蜡基基础油：

中性油(HVI)共有 8 个牌号：75SN、100SN、150SN、200SN、350SN、400SN、500SN、650SN，其数字代表该基础油 100℉时赛氏通用秒的大约值，SN 系沿用美国对中性油的的称呼，S 为"Solvent"的第一个字母，N 为"Neutral"的第一个字母，SN 意即"溶剂精制中性油"。

光亮油(HVI)有 2 个牌号：120BS、150BS，其数字代表该基础油 210℉时赛氏通用秒的大约值，B 为"Bright"的第一个字母，S 为"Stock"的第一个字母，BS 意即"光亮油"。

中间基基础油：

牌号：60ZN、75ZN、100ZN、150ZN、200ZN、300ZN、500ZN、600ZN、750ZN、900ZN、90ZNZ、125/140ZNZ、200/220ZNZ。

Z 为汉语拼音"zhong"(中)的第一个字母，N 为汉语拼音"nian"(黏)的第一个字母，代表黏度指数，ZN 意即中等黏度指数基础油，ZN 后的 Z 为汉语拼音“zhong”(重)的第一个字母，ZNZ 为中等黏度指数重质基础油。

环烷基基础油：

牌号：60DN、75DN、100DN、150DN、200DN、300DN、500DN、600DN、750DN、900DN、1200DN、90DNZ。

D 为“di”(低)的第一个字母，DN 为低黏度指数基础油，DNZ 为低黏度指数重质基础油。

(3) 影响基础油氧化性能因素

基础油中的不饱和烃，主要是芳烃，容易氧化缩合生成焦质、沥青质。此外，原油在蒸馏过程中，分解产生的烯烃会进入基础油，“老三套”工艺生产的基础油都有相当的碘值，说明其中含有一定的烯烃。

润滑油基础油中的主要非芳烃化合物包括含硫化合物、含氮化合物、含氧化合物、焦质、沥青质等。这些化合物一部分是基础油本身含有的，另一部分是基础油烃类物质的氧化产物。基础油中非烃类成分的含量一般情况下占很小的比例，然而它们对润滑油加工过程和对润滑油的使用性能，有着不可忽视的作用。如表 3-5 所示。

表 3-5 不同基础油成分对比

基础油组分	含量/%	S/%
饱和烃	65	0
单环芳烃	21	0.8
双环芳烃	10	3.8
多环芳烃	4	4.9

基础油中存在的含氧化合物主要是有机酸、脂肪酸和环烷酸，环烷酸占 90% 以上。环烷酸主要是含有环烷及芳香环的多环烷羧酸，环上可连接短的烷基链，羧基一般不与环相连，而是隔着几个碳原子与环相连。

润滑油的氧化安定性是至关重要的性能指标，它是反映润滑油在实际使用、储存中氧化变质或老化倾向的重要性质。

油品化学组成与氧化安定性的关系，一直被人们所重视，早在 20 世纪 40 年代就有人从事这方面的工作，但由于基础油组分极其复杂，难以获得纯化合物，故多从两方面着手研究。

一是分析与基础油组分相近的纯化合物(作为模型物)的氧化特征；二是研究基础油的族组成和其氧化安定性之间的关系。

但是，到目前为止，在基础油的族组成和其氧化安定性之间仍未建立起分子水平的基本关系。

基础油的氧化安定性与其化学组成密切相关，但是基础油是化学组成非常复杂的混合物，不同组成对基础油氧化安定性的影响也不相同。目前，最为关注的基础油组成是烃族组成和硫、氮等杂原子化合物。

烃类在低温条件下对氧、光、热的作用都很稳定，但当温度升高时，其氧化倾向便会急剧增加，根据 Arrhenius 定律，温度每升高 10℃，有机化合物的反应速度增加 1~2 倍。

环烷烃的氧化安定性一般比链烷烃稍差，其氧化倾向随分子量的增大和结构的复杂化而增大，环数越多越容易氧化，支链越多越容易氧化。

烷烃、环烷烃和带长链（C_5 以上）的芳香烃的氧化，其特点是烷基的氧化：

烃→过氧化物→单官能团含氧化合物（醇、醛、酮、酸）→双官能团含氧化合物（羟基酸、酮酸等）→半交酯、酯等→缩合产物。

无侧链或短侧链芳香烃的氧化，其特点是芳香基的氧化：

烃→过氧化物→酚类→胶质→沥青质。

基础油中的烯烃与存在于其中的胶质一样，能容易地起氧化反应，只有深度加氢处理的基础油，碘值很小。另外，硫酸处理也可以有效地脱除烯烃。当然，仔细地进行蒸馏操作，减少烯烃的产生，则是最重要的。但是，也有人认为：基础油中烯烃的含量很少，所以对基础油的氧化安定性的影响并不显著。

芳香烃分子的氧化能力同芳香烃环数和芳香烃中侧链数及其侧链长度有关，一般认为随着环数的增加，其抗氧化能力降低，其抗氧化能力符合以下顺序：

单环芳烃 > 双环芳烃 > 多环芳烃。

无支链的芳香烃有着最好的氧化安定性。

带侧链的芳香烃氧化安定性变差，并随芳香烃中侧链数目及侧链碳原子的增加而变差。

含有芳环的环烷烃的氧化安定性比芳烃差。

我国石蜡基基础油的氧化安定性差的原因，除了其中天然硫化物含量低之外，没有将其中的稠环芳烃降到较低水平也是原因之一。

在当前原油多样化、劣质化的情况下，应当注意基础油加工过程中芳烃对其氧化安定性的影响。

基础油馏分中的胶质、沥青质是含有氧、硫、氮、金属的稠环化合物，结构十分复杂。

不同的胶质，其作用不同，在分子内含有能在氧化过程中生成酚的芳香烃基的胶质，具有抗氧化作用，是天然的抗氧剂。否则，具有促进氧化的作用。

不同含量的胶质，其作用也不相同。有的基础油，胶质含量低于 1%时，胶质具有抗氧化作用，而胶质含量高于 1%时，胶质具有促进氧化的作用。

胶质的热稳定性很差，易产生焦炭，会对内燃机涨圈的工作性质产生不良影响。在空气压缩机中，会导致爆炸等。因此，胶质仍被划为基础油中的非理想组分。

基础油中的硫化物，能参与生成胶质的反应，对产生胶质的倾向有较大的影响。

同时，硫化物一般可视为基础油中的天然抗氧剂，一定量的含硫化合物，对基础油的氧化安定性有较好的作用。

含氮化合物是油品形成胶质的主要因素之一。

含氮化合物的存在对基础油的氧化安定性是不利的，非碱性含氮化合物的影响相对较小，碱性含氮化合物的影响更为显著。如表 3-6 所示。

表 3-6　不同基础油组分对抗氧剂感受性影响

组　　分	无抗氧剂	对抗氧剂的感受性	说　　明
饱和烃(烷烃、环烷烃)	迅速氧化生成酸	对链终止抗氧剂有最好的感受性	理想组分。支链和环烷烃的程度也影响氧化速度和程度，多环环烷烃比例增加会带来热不稳定性
烷基苯和烷基萘	稳定，但氧化生成酸	中等的抗氧化稳定性	不如饱和烃理想，但较环烷苯或多环芳烃理想
环烷苯	迅速氧化	通常对抗氧剂感受性不好	非理想组分
多环芳烃（三环以上）	氧化生成油泥，生成的酸类化合物可以自动抑制氧化反应	对抗氧剂的感受性不好，是油泥生成的主要原因	无抗氧剂时，芳烃对硫的比值是关键性的
含硫化合物	天然抗氧剂，温度高于100℃时效果明显，但也有一些氧化促进剂性质	起共同抗氧剂的作用	在润滑油中，苯并噻吩是主要的
含氮、含氧化合物	氧化促进剂	对抗氧剂感受性很差或没有	通常为不理想化合物，在一个好的抗氧化油中它的含量是低的

3.2　典型基础油的红外谱图

3.2.1　甲基苯基硅油

采用平衡化反应制备，常采用黏度表征硅油的聚合度，用黏度进行产品区分。良好的热稳定性；良好的介电性；憎水性；防黏性及消泡性等。

● 产品特点：无色透明液体，具有优良的电气绝缘性能和优良的抗臭氧、耐电晕、憎水防潮性能。具有比一般硅油更好的耐高温性能、抗辐射性能。

● 主要用途：本产品适用于作绝缘、润滑、阻尼、高温热载体及液封用油。

主要技术指标如表 3-7 所示。

表 3-7 甲基苯基硅油技术指标

项　目	指　标
外观	无色透明液体
密度(25℃)	(1.07±0.03)g/cm³
黏度(25℃)	600~1000mPa·s
闪点(开杯)	≥300℃

甲基苯基硅油谱图(图 3-1)中，$1250cm^{-1}$是 C—O 的对称伸缩振动引起的，$1100\sim1000cm^{-1}$是 Si—O 键的特征吸收峰。

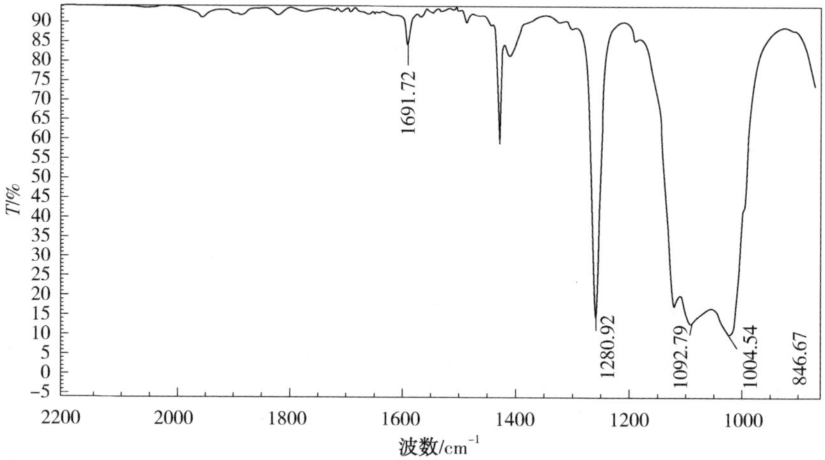

图 3-1　甲基苯基硅油的红外谱图

3.2.2 矿物油

如表 3-8 和图 3-2 所示，为矿物油典型数据和红外分析。

表 3-8 不同矿物油典型数据

项　目	HVI Ⅰa 150	HVI Ⅰb 150	HVI Ⅰa 350	HVI Ⅰa 650
运动黏度(40℃)/(mm^2/s)	30.97	31.67	69.7	126.3
运动黏度(100℃)/(mm^2/s)	5.18	5.22	8.31	12.48
色度/号	0.5	0.5	1.14	3

续表

项　　目	HVI Ⅰa 150	HVI Ⅰb 150	HVI Ⅰa 350	HVI Ⅰa 650
黏度指数	94.5	92	85	88.4
闪点/℃	216	221	244	277.3
倾点/℃	-9	-12	-8	-8
中和值/(mg KOH/g)	0.02	0.02	0.027	0.08
硫/%	0.056	0.05	0.06	0.11
碱性氮/10^{-6}	16	19.4	34.2	102
旋转氧弹(150℃)/min	201	228	217	152

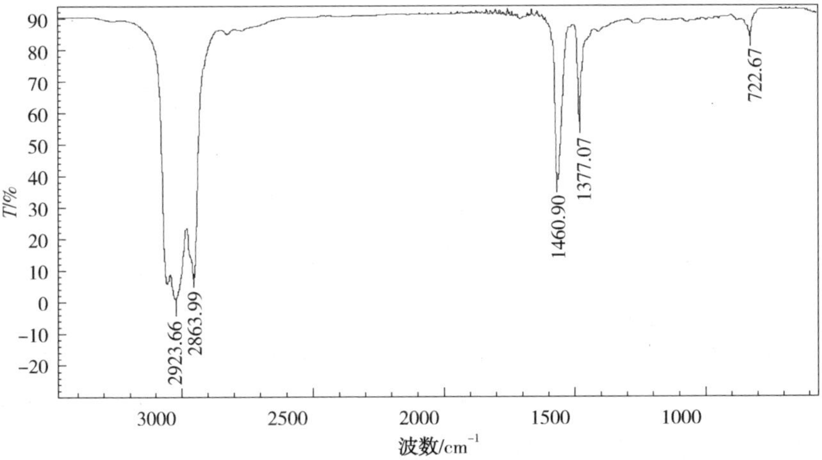

图 3-2　矿物油的红外谱图

矿物油谱图中，2925cm^{-1}是 CH_2 的不对称伸缩振动，2853cm^{-1}是 CH_2 的对称伸缩振动，1450cm^{-1}是 CH_3 的不对称变形振动，1375cm^{-1}是 CH_3 的对称变形振动，720cm^{-1}是 CH_2 的面内摇摆振动。

3.2.3　酯类油

物化性质

1）化学结构稳定，耐热性好，分子中具有多元极性基团，对金属表面有很强的亲和力，高温润滑性能优良。

2）合成过程中采用高级脂肪酸，抗氧化性能好，使用过程中不会产生沉淀物。

3）低温流动性好，凝点低。

4）可改善油品的清净分散性和防锈性能。

5）无毒，无异味，生物降解性好，对环境无影响。

6）有不同黏度的产品供用户选择。

常见产品规格如表3-9所示。

表3-9　不同酯类油典型数据

项　　目	酯类油 A	酯类油 B	酯类油 C	酯类油 D
运动黏度(40℃)/(mm^2/s)	47000	1700	400	1040
运动黏度(100℃)/(mm^2/s)	2000	125	40	85
黏度指数	278	175	163	163
倾点/℃	6	-21	-36	-24
闪点/℃	325	310	310	290
酸值/(mg KOH/g)	0.1	0.1	0.5	0.1
碘值/(gI_2/g)	120	32	20	4

主要用途

1）作为矿物油和聚α-烯烃油的添加组分，能显著改善油品的润滑性能，如用量为5%时，油品摩擦系数可由0.21~0.31，下降至0.1。

2）作为金属加工液的添加组分，能显著降低摩擦系数，并保护金属表面在高温下不受腐蚀。如添加了金属轧制液后，可降低轧制机压力，提高轧制速度，延长轧辊寿命，改善轧制品表面质量。

3）用作化纤纺丝油剂的添加组分，能改善润滑性能和抗静电性等。

4）直接用作基础油，可配制出高档内燃机油、齿轮油、压缩机油、高温油等。

酯类油谱图(图3-3)中1740cm^{-1}是C═O的对称伸缩振动，1250cm^{-1}和1100~1050cm^{-1}是C—O的对称伸缩振动引起的。

3.2.4　乙醇

乙醇谱图(图3-4)中3500~3200cm^{-1}处的谱带是O—H伸缩振动引起的吸收谱带，1260~1000cm^{-1}是醇中C—O的伸缩振动，1420~1300cm^{-1}是O—H的面内弯曲振动，690cm^{-1}是由成键的O—H基团的面外弯曲振动引起的。

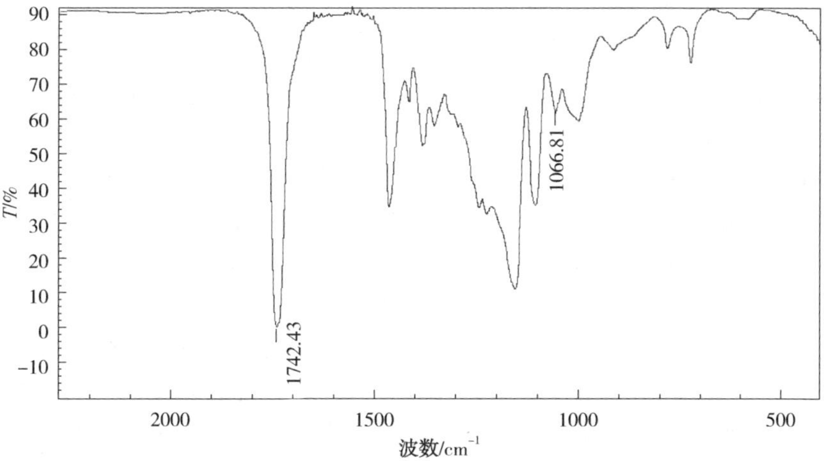

图 3-3　酯类油的红外谱图

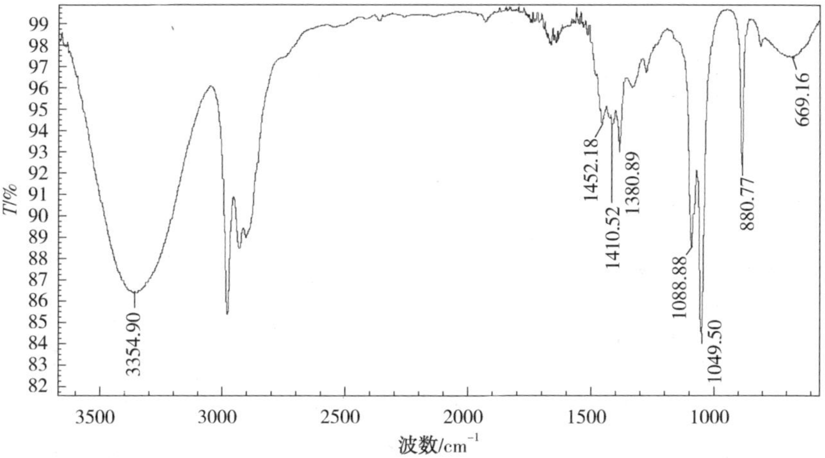

图 3-4　乙醇的红外谱图

3.3　植物油波谱分析

植物油是最早被用于润滑油的基础油，但由于其氧化稳定性很差，所以逐步被矿物油所代替；近年来，由于环境问题的日益严峻和石油资源的日益匮乏，植物油又被重新作为可生物降解润滑油而受到关注。植物油主要包括棉籽油、椰子油、菜籽油、大豆油、蓖麻油及橄榄油等，其来源广、成本低，为可再生资源，是最具应用潜力的环境友好基础润滑油。植物油主要是由甘油和脂肪酸(主要是 $C_8 \sim C_{24}$ 的饱和或不饱和酸)形成的甘油酯，其中脂肪酸可分为饱和(如十四烷酸、棕榈酸、硬脂酸)、含一个双键(油酸、芥子酸)、两个双键(如亚油酸)和三个双键(如亚麻酸)，以及含羟基不饱和酸(如蓖麻酸)。研究表明，植物油的主要特性为：①植物油分子含不饱和键及甘油活泼的β-H，流动性较好，但氧化稳定性和热稳定性较差(易形成油泥和沉积物)，在低温下易形成凝胶，对降凝剂的感受性不如矿物油敏感。②植物油的黏度主要取决于分子结构中脂肪酸碳链的长短，碳链越长，其黏度越大。碳链中的双键主要为顺式双键，使其在常温下易保持液态。双键和高度线性使甘油酯分子间的作用力随温度升高而增加，因而黏度越高，黏温特性越好。③植物油分子含极性基团(如酯基)，可在金属表面形成吸附膜，其中脂肪酸可在金属表面形成金属皂膜，具有较好的润滑性能。④植物油的可生物降解性较好且无毒，对环境无污染。⑤植物油分子的酯基结构使其水解稳定性较差，导致酸值增大、气泡较多。另外，菜籽油和橄榄油的油酸含量较高，抗氧化性能较好，而菜籽油的黏度指数较高。经测定，菜籽油和蓖麻油具有较好的承载能力和抗磨性能。表 3-10 给出了常见植物油的理化性质。在常见植物油中，菜籽油的综合性能较好。

表 3-10　各种植物油的理化性质及润滑性能

植物油名称	含油量/%	运动黏度 40℃/(mm^2/s)	运动黏度 100℃/(mm^2/s)	黏度指数	油酸/%	亚油酸/%	亚麻酸/%	PB(N)
豆油	18~20	27.5	6	75	22~31	49~55	6~11	588
棉籽油	14~15	24	—	—	22~35	10~52	痕量	692
葵花油	42~63	28	7	188	14~35	30~75	<9.1	540
玉米油	3~6	30	6	162	26~40	40~55	<1	685
蓖麻油	50~60	232	17	72	2~3	3~5	痕量	785
橄榄油	38~49	34	6	207	20~26	14~20	51~54	492
菜籽油	35~40	35	8	210	59~60	19~20	7~8	628

植物油主要由甘油三酯组成，甘油三酯是甘油分子与三个长链脂肪酸通过酯键连接在羟基上。天然植物油中的脂肪酸在链长和双键数量上存在差异。脂肪酸的组成由碳碳双键的比例和位置决定。长碳链通常由一个、两个或三个双键连接在一起，分别为油酸、亚油酸和亚麻酸脂肪酸组分。大多数植物油含有至少 4 种，有时多达 12 种不同的脂肪酸。每种脂肪酸的含量不仅取决于植物的种类，还取决于气候、天气和可获得的食物。据报道，甘油三酯结构为边界润滑提供了理想的品质。这是由于它们的长极性脂肪酸链提供了高强度的润滑膜，与金属表面强烈相互作用，减少了摩擦和磨损。脂肪酸的极性对润滑性产生定向影响。因此，脂肪酸被认为是具有不同植物油特性的关键物质。如表 3-11 ~ 表 3-14 所示。

表 3-11　各种植物油的脂肪酸结构

脂肪酸	豆油	高油酸豆油	葵花油	菜籽油	棕榈油	Pongammia pinnata	Jatronha curcass	橄榄油	蓖麻油	印度楝树油	亚麻籽油	椰子油
C14：0	—	—	—	—	1.5	7.9	—	0.1	—	—		
C16：0	1.5	6	6	9.8	43	4	12~17	7.3	—	15	5	9
C16：1	10.4	—	3	—	—	—	—	—	—	22		
C18：0	4.3	3	17	1.6	5	2	6.7	2.7	2~3	19	3	2
C18：1	24.4	85	74	18.4	40	62	37~63	60.7	3~5	49	22	700
C18：2	51.6	4	6	16.8	10	12	19~41	4.4	3~5	9.5	17	1
C18：3	7.7	2	痕量	6.5	—	—	—	0.5	80~90	—	52	—
C20：0	—	—	—	9.2	0.5	10	—	—	—	—	—	—
C20：1	—	—	痕量	—	—	4	—	—	—	—	—	—
C22：0	0.5	—	—	—	—	—	—	—	—	—	—	—
C22：1	—	—	—	37.7	—	—	—	—	—	—	—	—
其他								—	—	—	—	72*

注：* 为月桂酸。

表 3-12　植物油的理化性质

项　　目	豆油	高油酸豆油	葵花油	菜籽油	霍霍巴油	Pongammia pinnata	Jatronha curcass	印度楝树油	蓖麻油
运动黏度/(40℃/cSt)	32.93	41.34	40.05	45.6	24.9	43	47.48	68.03	220.6
运动黏度/(100℃/cSt)	8.08	9.02	8.65	10.07	6.43	8.3	8.04	10.14	19.72
黏度指数	219	—	206	216	233	172	208	135	220
皂化值/(mg KOH/g)	189	—	—	180	94.69	179	196.8	166	180
总酸值/(mg KOH/g)	0.61	0.12	—	1.4	1.1	22	3.2	23	1.4
碘值/(gI_2/g)	144	85.9	—	104	98	78	97	66	87
倾点/℃	-9	—	-12	-12	9	-9	0	9	-27
闪点/℃	240	—	252	240	—	—	240	—	250

表 3-13　植物油作为润滑剂的优缺点

优　　点	缺　　点
高生物降解性	热稳定性低
低环境污染	氧化稳定性低
与添加剂的相容性	高冰点
低生产成本	防腐蚀性能差
广泛的生产可能性	
低毒性	
高闪点	
低挥发性	
高黏度指数	

表 3-14　各种植物油的潜在应用

植物油名称	应　　用
蓖麻油	齿轮润滑油、润滑脂
椰子油	燃气发动机油
橄榄油	汽车润滑油
棕榈油	轧制润滑剂、钢铁工业润滑脂
菜籽油	链锯棒润滑剂、空气压缩机、农场设备、可生物降解润滑脂
红花籽油	浅色油漆、柴油燃料、树脂、搪瓷涂料
亚麻籽油	涂层、涂料、油漆、清漆、染色剂
大豆油	润滑剂、生物柴油燃料、金属铸造/工作、印刷油墨、油漆、涂料、肥皂、洗发水、洗涤剂、杀虫剂、消毒剂、增塑剂、液压油
霍霍巴油	润滑脂、化妆品、润滑油
海甘蓝油	润滑脂、中间化学品、表面活性剂
葵花油	润滑脂、柴油燃料替代品
萼距花属植物石油	化妆品和机油
油桐籽油	蒸汽汽缸油、肥皂、化妆品、润滑油、塑料

3.3.1　油酸

如图 3-5~图 3-7 和表 3-15~表 3-18 所示，为油酸物化数据和三谱图分析。

① 红外谱图

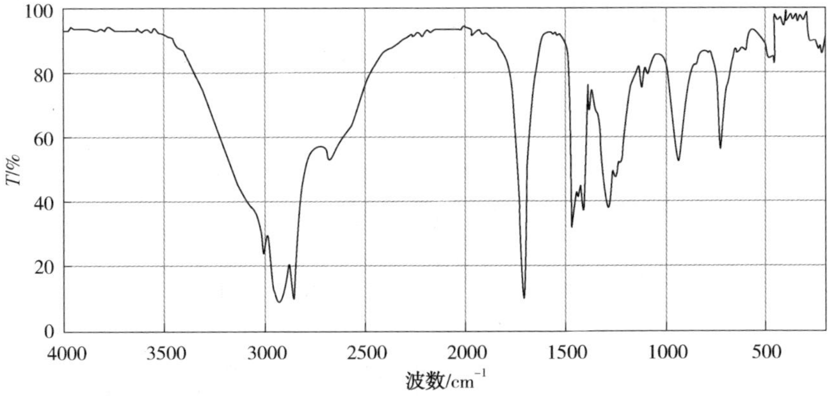

图 3-5　油酸红外谱图

表 3-15　油酸红外分析

官能团	作用区域	备　注
═CH st	$3010cm^{-1}$	中等，常是多重峰
C—H(CH_2) st as	$2926cm^{-1}$处显示—CH_2 的不对称拉伸振动特征峰	各种强度，多重峰
C—H(CH_2) st sy	$2865cm^{-1}$处显示—CH_2 的对称拉伸振动特征峰	各种强度，多重峰
CH_2 γ	$722cm^{-1}$是 CH_2 的面内摇摆振动	中等，C-$(CH_2)_n$-$C_{n>4}$，≈720
C═O st	$1706cm^{-1}$为脂肪酸的 C═O 吸收特征峰	强

② 质谱谱图

表 3-16　油酸质谱分析

测　定	作用区域	备　注
分子离子	$[M+1]^+$(m/z 282)较弱	脂肪族：直链一元羧酸的分子离子峰很弱，但可以辨认。中等，长链的较强，易于质子化。通常可检测到，易于质子化为$[M+1]^+$
碎片	$[M-17]^+$(m/z 265)很弱	短链酸中，M—OH，M—CO_2H 峰是主要的
	$[M-45]^+$(m/z 237)弱	短链酸中，M—OH，M—CO_2H 峰是主要的
	m/z 45，59，73，87，101，115，129，141，155，169	留在含氧碎片上 $C_nH_{2n+1}O_2$ 系列
	m/z 43，57，71，85	留在烷基碎片上 C_nH_{2n+1}系列

续表

测 定	作用区域	备 注
	m/z 28, 41, 42, 55, 56, 69, 70	烃类图谱
重排	m/z 60, 61	由麦氏重排产生的 $C_nH_{2n}O_2$

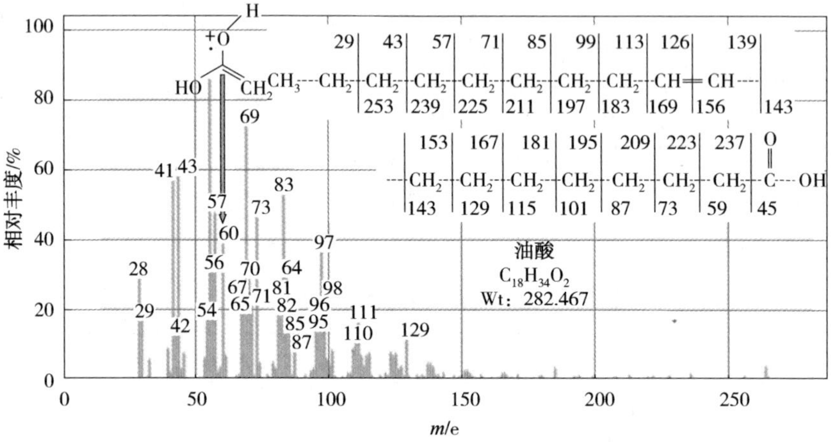

图 3-6 油酸质谱图

③ 核磁谱图

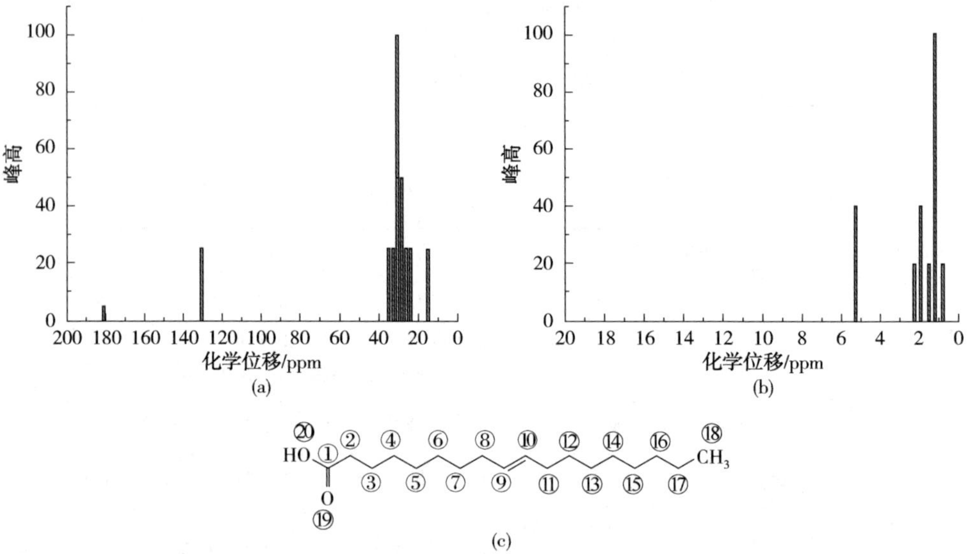

图 3-7 油酸核磁谱图

(a)^{13}C 核磁谱图；(b)^{1}H 核磁谱图；(c)分子结构式及其编号

表 3-17　油酸核磁分析

原子序号	^{13}C 核磁化学位移	原子序号	^{13}C 核磁化学位移	原子序号	^{1}H 核磁化学位移	原子序号	^{1}H 核磁化学位移
C1	180. 5	C10	129. 8	H2	20	H11	40
C2	34. 2	C11	27. 4	H3	20	H12	80
C3	24. 8	C12	29. 5	H4	20	H13	100
C4	29. 8	C13	29. 5	H5	80	H14	100
C5	29. 8	C14	29. 2	H6	80	H15	100
C6	29. 8	C15	29. 2	H7	80	H16	100
C7	29. 8	C16	32. 1	H8	40	H17	100
C8	27. 4	C17	22. 8	H9	40	H18	20
C9	130	C18	14. 1	H10	40		

油酸结构及物化信息见表 3-18。

表 3-18　油酸结构及物化信息

中文名称	油酸	SRN	148199467
化学式	$C_{18}H_{34}O_2$	熔点	29. 2℃
英文名称	oleic acid	沸点	360. 0℃
分子量	282. 467	测试溶剂	$CDCl_3$
CAS	112-80-1	测试参比	
辛醇/水分配系数：LogP	6. 5	重原子数	20
可旋转键数	15	环数	0
sp^3 杂化的碳原子比例	0. 83	拓扑面积	37. 3
氢给体数	1	氢受体数	2

3. 3. 2　亚油酸

如图 3-8~图 3-10 和表 3-19~表 3-22 所示，为亚油酸物化数据和三谱图分析。

① 红外谱图

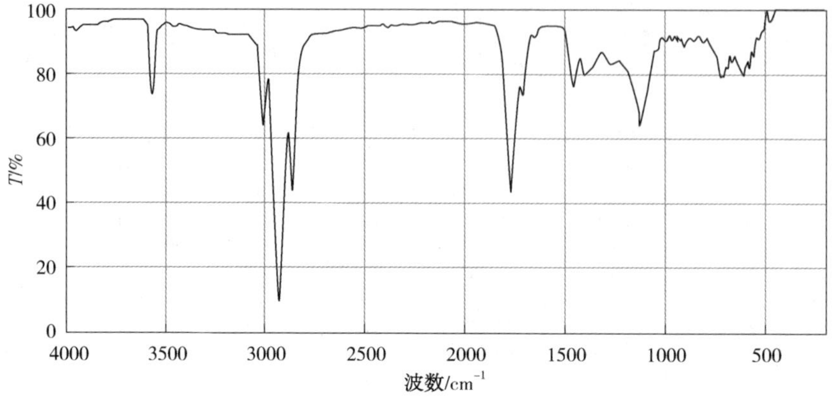

图 3-8　亚油酸红外谱图

表 3-19　亚油酸红外分析

官能团	作用区域	备　　注
COO—H st	3550~3500cm^{-1}	自由，尖，仅出现在高度稀释的溶液中
═CH st	3012cm^{-1}	中等，常是多重峰
C—H(CH_2) st as	2932cm^{-1}处显示—CH_2 的不对称拉伸振动特征峰	各种强度，多重峰
C—H(CH_2) st sy	2861cm^{-1}处显示—CH_2 的对称拉伸振动特征峰	各种强度，多重峰
C═O st	1776cm^{-1}为脂肪酸的 C═O 吸收特征峰	强

② 质谱谱图

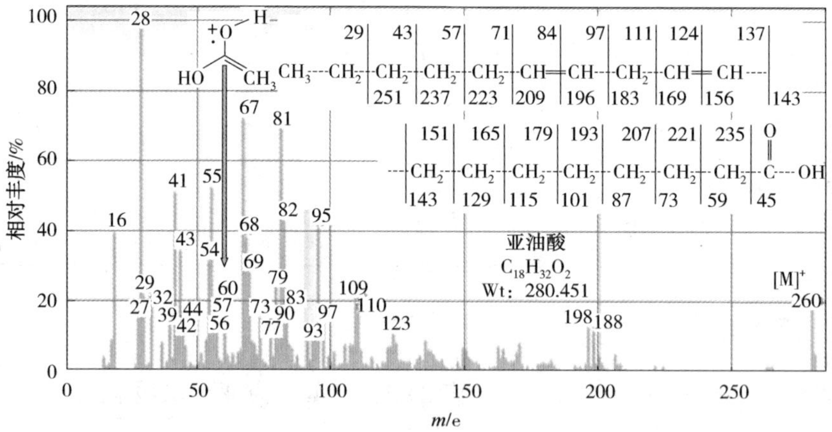

图 3-9　亚油酸质谱图

表 3-20　亚油酸质谱分析

测　定	作用区域	备　　注
分子离子	$[M+1]^+$(m/z 280)较强	脂肪族：直链一元羧酸的分子离子峰很弱，但可以辨认。中等，长链的较强，易于质子化。通常可检测到，易于质子化为$[M+1]^+$
碎片	$[M-17]^+$很弱(m/z 263)	短链酸中，M—OH，M—CO_2H 峰是主要的
	$[M-45]^+$弱(m/z 235)	短链酸中，M—OH，M—CO_2H 峰是主要的
	m/z 45，59，73，87，101，115，129，141，155，169	留在含氧碎片上 $C_nH_{2n+1}O_2$ 系列
	m/z 43，57，71，85	留在烷基碎片上 C_nH_{2n+1} 系列
	m/z 27，28，41，42，55，56，69，70	烃类图谱
重排	m/z 60，61	由麦氏重排产生的 $C_nH_{2n}O_2$

③ 核磁谱图

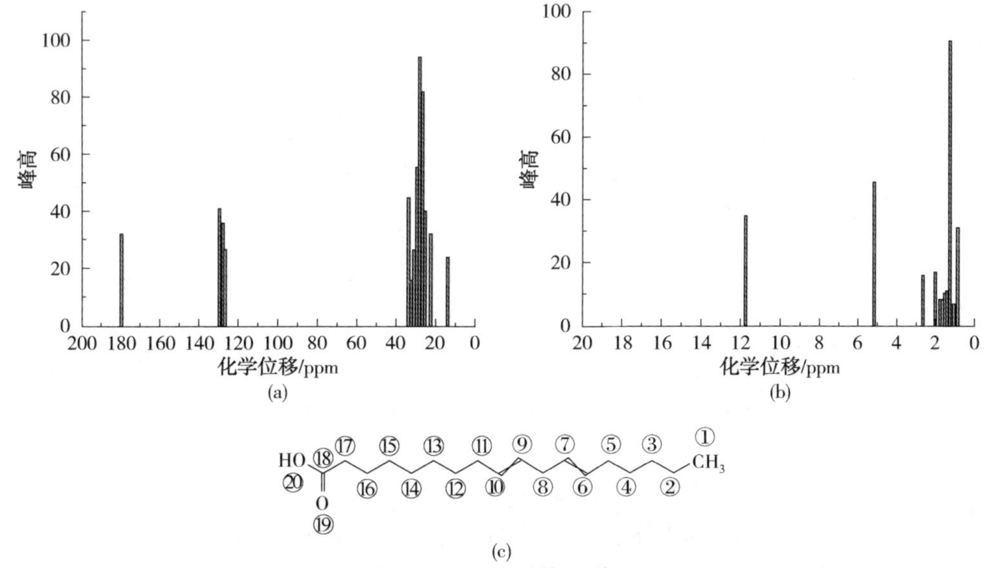

图 3-10　亚油酸核磁谱图

(a)^{13}C 核磁谱图；(b)^{1}H 核磁谱图；(c)分子结构式及其编号

表 3-21　亚油酸核磁分析

原子序号	^{13}C 核磁化学位移	原子序号	^{13}C 核磁化学位移	原子序号	^{1}H 核磁化学位移	原子序号	^{1}H 核磁化学位移
C1	14.1	C3	31.7	H1	0.89	H3	1.3
C2	22.8	C4	29.6	H2	1.1	H4	1.5

续表

原子序号	^{13}C 核磁化学位移	原子序号	^{13}C 核磁化学位移	原子序号	^{1}H 核磁化学位移	原子序号	^{1}H 核磁化学位移
C5	27.3	C12	29.8	H5	1.8	H12	1.3
C6	128.3	C13	32.1	H6	5.19	H13	1.5
C7	130	C14	180.5	H7	5.19	H14	1.6
C8	25.8	C15	29.3	H8	2.69	H15	1.7
C9	130.1	C16	24.9	H9	5.19	H16	1.8
C10	128.1	C17	34.3	H10	5.19	H17	2.05
C11	27.3	C18	180.5	H11	1.8	H20	11.75

概况

表 3-22　亚油酸结构及物化信息

中文名称	亚油酸	SRN	4252003
化学式	$C_{18}H_{32}O_2$	熔点	-5℃
英文名称	linoleic acid	沸点	230~232℃
分子量	280.451	测试溶剂	$CDCl_3$
CAS	85594-37-2	测试参比	TMS
辛醇/水分配系数：LogP	6.8	重原子数	20
可旋转键数	14	环数	0
sp3 杂化的碳原子比例	0.72	拓扑面积	37.3
氢给体数	1	氢受体数	2

3.3.3　亚麻酸

亚麻酸在空气中易氧化，不溶于水，溶于乙醇、乙醚等有机溶剂。以甘油酯形式存在于许多干性油中，尤以豆麻籽油、苏子油等含量较高，是重要的化工原料。在黑加仑籽油、月见草油、玻璃苣油中含量较高。

如图 3-11~图 3-13 和表 3-23~表 3-26 所示，为亚麻酸物化数据和三谱图分析。

① 红外谱图

表 3-23　亚麻酸红外分析

官能团	作用区域	备　注
COO—H st	$3572cm^{-1}$ 处显示 COO—H 的拉伸振动特征峰	自由，尖，仅出现在高度稀释的溶液中
═CH st	$3019cm^{-1}$ 处显示═CH 的拉伸振动特征峰	中等，常是多重峰
C—H(CH_2) st as	$2935cm^{-1}$ 处显示—CH_2 的不对称拉伸振动特征峰	各种强度，多重峰

续表

官能团	作用区域	备　注
C—H(CH_2) st sy	2865cm^{-1}处显示—CH_2 的对称拉伸振动特征峰	各种强度，多重峰
C═O st	1775cm^{-1}为脂肪酸的 C═O 吸收特征峰	强

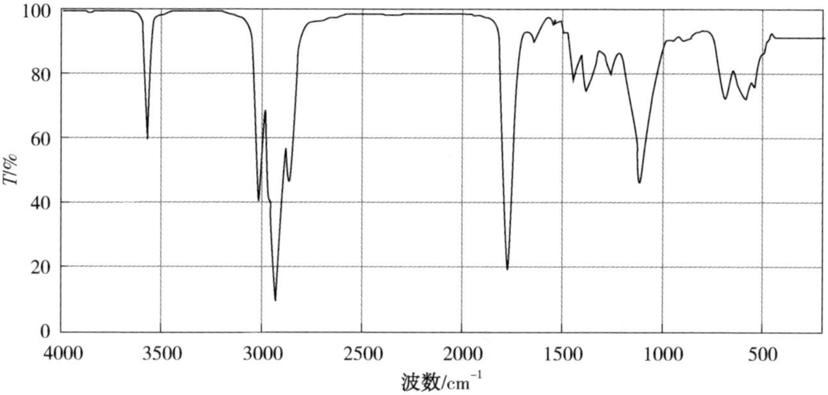

图 3-11　亚麻酸红外谱图

② 质谱谱图

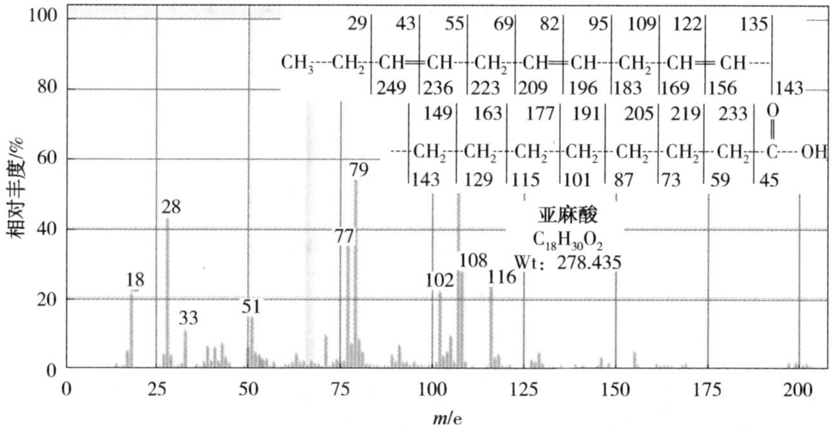

图 3-12　亚麻酸质谱图

表 3-24　亚麻酸质谱分析

测　定	作用区域	备　注
分子离子	$[M]^+$(m/z 278)很弱	脂肪族：直链一元羧酸的分子离子峰很弱
碎片	m/z 45，59，73，87，101，115，129	留在含氧碎片上 $C_nH_{2n+1}O_2$ 系列
	m/z 43，57，71，85	留在烷基碎片上 C_nH_{2n+1}系列

续表

测　定	作用区域	备　　注
碎片	m/z 27，28，41，42，55，56，69，70	烃类图谱
重排	m/z 60，61	由麦氏重排产生的 $C_nH_{2n}O_2$

③ 核磁谱图

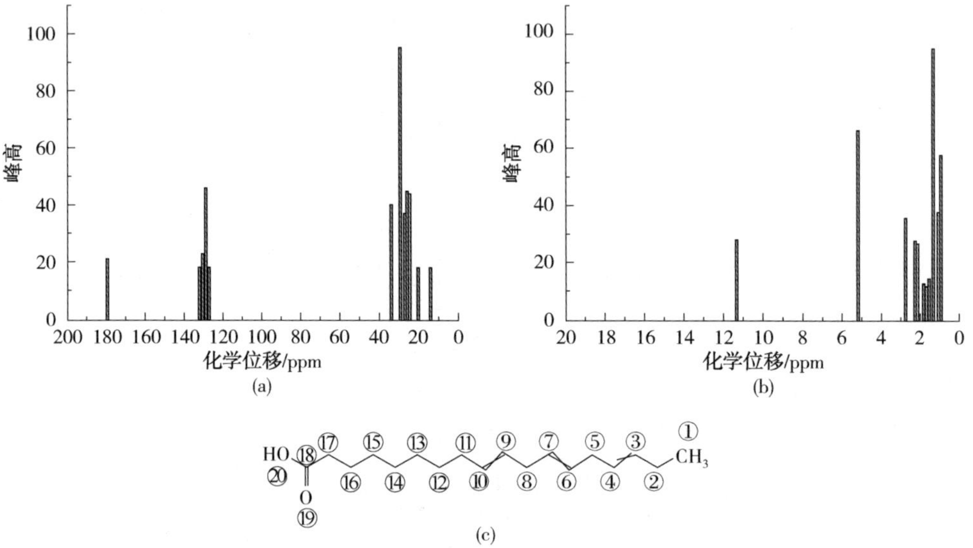

图 3-13　亚麻酸核磁谱图

(a) ^{13}C 核磁谱图；(b) ^{1}H 核磁谱图；(c) 分子结构式及其编号

表 3-25　亚麻酸核磁分析

原子序号	^{13}C 核磁化学位移	原子序号	^{13}C 核磁化学位移	原子序号	^{1}H 核磁化学位移	原子序号	^{1}H 核磁化学位移
C1	14.3	C10	130.1	H1	0.98	H10	5.3
C2	20.7	C11	34.1	H2	2.2	H11	1.85
C3	131.9	C12	27.3	H3	5.3	H12	1.1
C4	127.3	C13	29.2	H4	5.3	H13	1.35
C5	24.8	C14	29.7	H5	2.79	H14	1.63
C6	127.9	C15	29.2	H6	5.3	H15	1.63
C7	127.9	C16	24.8	H7	5.3	H16	1.75
C8	25.7	C17	34.1	H8	2.79	H17	2.31
C9	128.3	C18	179.7	H9	5.3	H20	11.44

概况

表 3-26　亚麻酸结构及物化信息

中文名称	亚麻酸	SRN	249077
化学式	$C_{18}H_{30}O_2$	熔点	-16.5℃
英文名称	linolenic acid	沸点	230~232℃
分子量	278.435	测试溶剂	$CDCl_3$
CAS	463-40-1	测试参比	TMS
辛醇/水分配系数：LogP	5.9	重原子数	20
可旋转键数	13	环数	0
sp3 杂化的碳原子比例	0.61	拓扑面积	37.3
氢给体数	1	氢受体数	2

3.4　合成酯波谱分析

合成酯是随着军事工业以及尖端科技的不断发展应运而生的。20 世纪 70 年代，西方国家的两次经济危机和民用工业的发展(尤其在汽车工业取得了良好的经济效益和节能效果)促进了其发展的应用。除了含苯环的苯三甲酸酯、均苯四甲酸酯的合成酯以外，大多数合成酯的生物降解性能较好，如可用于环境友好润滑剂的合成酯有双酯、复酯及多元醇酯等。典型的多元醇酯为新戊二醇、三羟甲基丙烷、季戊四醇等新戊基多元醇与长链脂肪酸的酯化产物。双酯是由己二酸、壬二酸、癸二酸等二元羧酸与 2-乙基己醇、异辛醇、壬醇、异癸醇等一元醇生成的酯。复酯为含醇羟基的羧酸酯分子与羧酸所形成的酯，如由二元羧酸与二元醇或聚二元醇和一元醇形成的酯。可用于环境友好润滑油的合成酯一般具有如下性能特点：①较宽的液体范围和较高的黏度指数及优良的黏温性和低温性；②较好的氧化稳定性和热稳定性；③偶极距较大的羰基结构及相对分子质量较大，分子间作用力较强，挥发性较低；④与植物油相当的可生物降解性能和无毒性；⑤含酯基结构且易吸附于摩擦副表面而形成金属皂膜，因而具有较好的润滑性能；⑥和大多数油脂相溶及对添加剂有很好的感受性。缺点在于与密封材料及涂料的相容性差、水解稳定性差、具有一定的腐蚀性且价格昂贵，为此可将合成酯与其他油品进行调配以获得性能良好、成本较低的调配油。

3.4.1　多元醇酯波谱分析

(1) 苯三羧酸三甲酯

如图 3-14~图 3-16 和表 3-27~表 3-30 所示，为苯三羧酸三甲酯物化数据和三谱图分析。

① 红外谱图

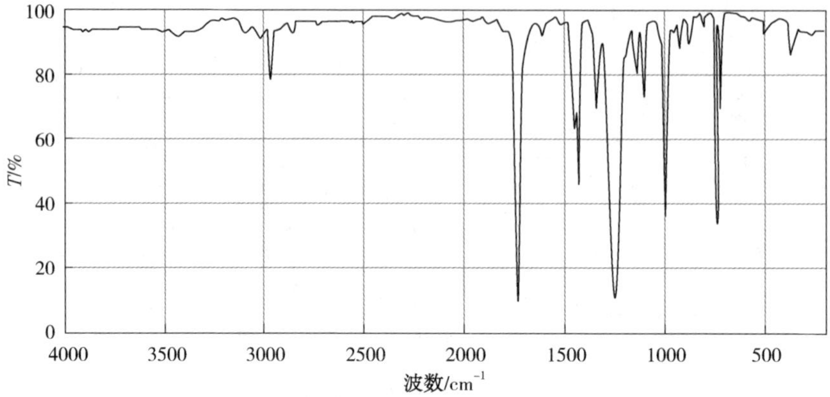

图 3-14　苯三羧酸三甲酯红外谱图

表 3-27　苯三羧酸三甲酯红外分析

官能团	作用区域	备　注
C—Ost as	$1244cm^{-1}$ 处显示芳香族酯的 C—O 的不对称拉伸振动特征峰	强
C—Ost sy	$1336cm^{-1}$ 处显示芳香族酯的 C—O 的对称拉伸振动特征峰	强
C═O st	$1727cm^{-1}$ 为芳香族酯的 C═O 吸收特征峰	共轭酯 $1730\sim1715cm^{-1}$ 芳香族酯
C—H 面外弯曲振动	$735cm^{-1}$ 为苯环的 C—H 面外弯曲振动特征峰	面外弯曲谱带通常是很强的，出现在 $900\sim675cm^{-1}$

② 质谱谱图

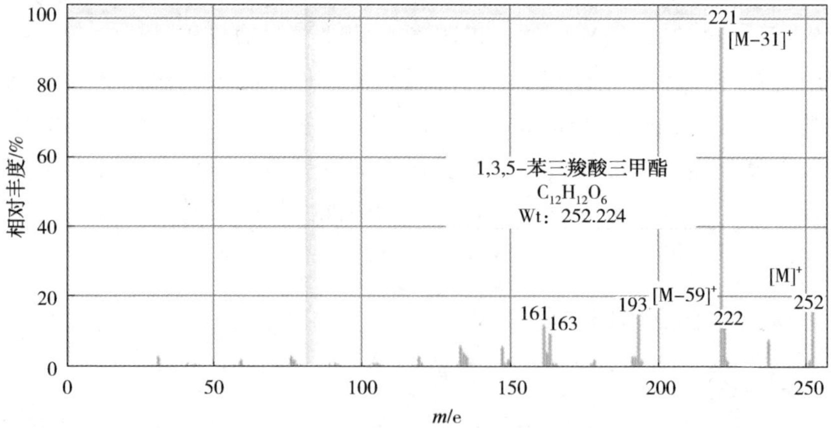

图 3-15　苯三羧酸三甲酯质谱图

表 3-28 苯三羧酸三甲酯质谱分析

测　定	作用区域	备　　注
分子离子	[M]$^+$(m/z 252)强	芳香酸酯的分子离子峰是很明显的
碎片	[M-31]$^+$(m/z 221)很强 [M-59]$^+$(m/z 193)较强	在甲酯中，这些峰分别在 M-31 和 M-59 处出现
灵敏度		灵敏度：主要在高质量区域

③ 核磁谱图

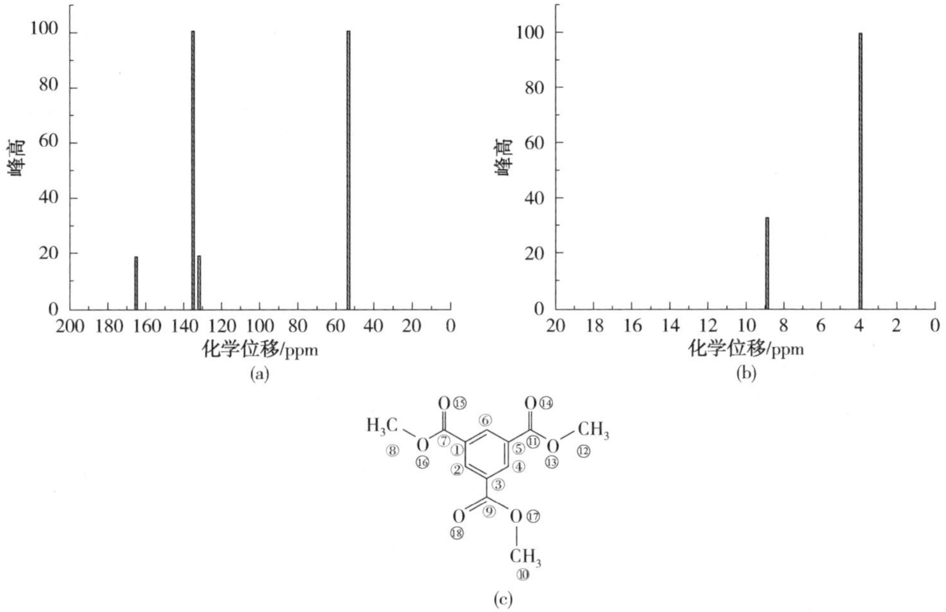

图 3-16 苯三羧酸三甲酯核磁谱图

(a)^{13}C 核磁谱图；(b)^{1}H 核磁谱图；(c)分子结构式及其编号

表 3-29 苯三羧酸三甲酯核磁分析

原子序号	^{13}C 核磁化学位移	原子序号	^{13}C 核磁化学位移	原子序号	^{1}H 核磁化学位移	原子序号	^{1}H 核磁化学位移
C1	14. 3	C10	130. 1	H1	0. 98	H10	5. 3
C2	20. 7	C11	34. 1	H2	2. 2	H11	1. 85
C3	131. 9	C12	27. 3	H3	5. 3	H12	1. 1
C4	127. 3	C13	29. 2	H4	5. 3	H13	1. 35
C5	24. 8	C14	29. 7	H5	2. 79	H14	1. 63
C6	127. 9	C15	29. 2	H6	5. 3	H15	1. 63
C7	127. 9	C16	24. 8	H7	5. 3	H16	1. 75
C8	25. 7	C17	34. 1	H8	2. 79	H17	2. 31
C9	128. 3	C18	179. 7	H9	5. 3	H20	11. 44

概况

表 3-30　苯三羧酸三甲酯结构及物化信息

中文名称	苯三羧酸三甲酯	SRN	60181300
化学式	$C_{12}H_{12}O_6$	熔点	144～147℃
英文名称	1,3,5-tris-(methoxycarbonyl)benzene	沸点	332.8℃
分子量	252.224	测试溶剂	$CDCl_3$
CAS	2672-58-4	测试参比	
辛醇/水分配系数：LogP	1.5	重原子数	18
可旋转键数	6	环数	1
sp3 杂化的碳原子比例	0.25	拓扑面积	78.9
氢给体数	0	氢受体数	6

（2）均苯四甲酸酯

如图 3-17～图 3-19 和表 3-31～表 3-34 所示，为均苯四甲酸酯物化数据和三谱图分析。

① 红外谱图

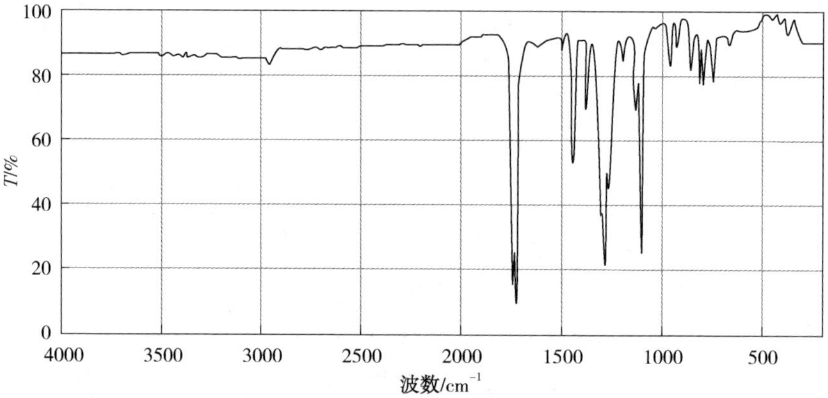

图 3-17　均苯四甲酸酯红外谱图

表 3-31　均苯四甲酸酯红外分析

官能团	作用区域	备　注
C—Ost as	$1265cm^{-1}$处显示芳香族酯的 C—O 的不对称拉伸振动特征峰	强
C—Ost sy	$1340cm^{-1}$处显示芳香族酯的 C—O 的对称拉伸振动特征峰	强
C═O st	$1722cm^{-1}$为芳香族酯的 C═O 吸收特征峰	共轭酯 1730～$1715cm^{-1}$ 芳香族酯

② 质谱谱图

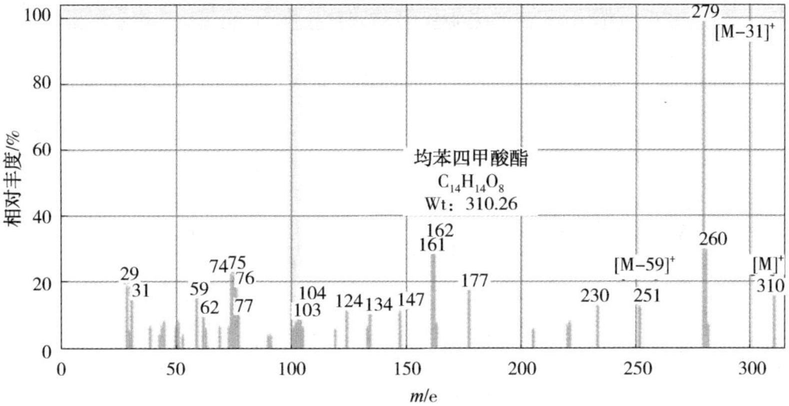

图 3-18　均苯四甲酸酯质谱图

表 3-32　均苯四甲酸酯质谱分析

测　定	作用区域	备　　注
分子离子	$[M]^+$(m/z 310)强	芳香酸酯的分子离子峰是很明显的
碎片	$[M-31]^+$(m/z 279)很强 $[M-59]^+$(m/z 251)较强	在甲酯中，这些峰分别在 M-31 和 M-59 处出现
灵敏度		灵敏度：主要在高质量区域

③ 核磁谱图

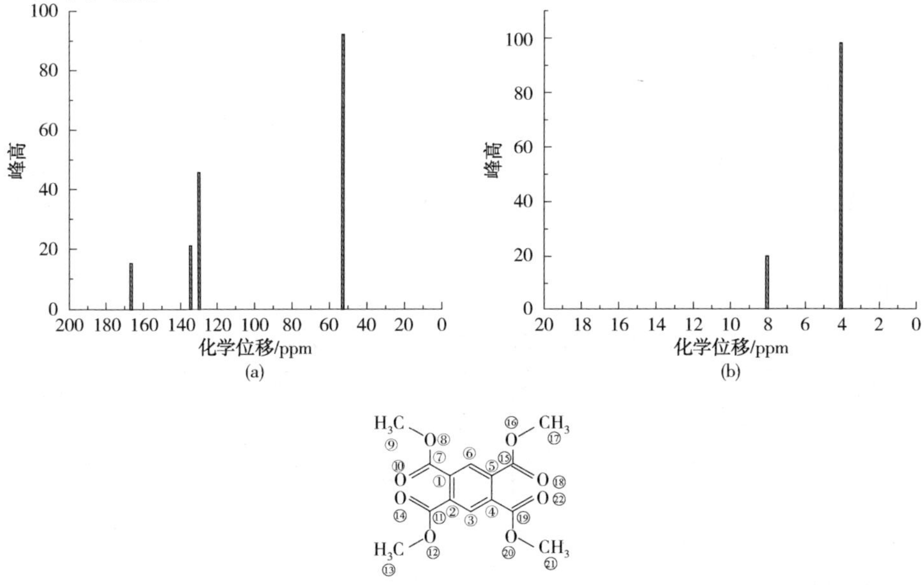

图 3-19　均苯四甲酸酯核磁谱图

(a) ^{13}C 核磁谱图；(b) ^{1}H 核磁谱图；(c) 分子结构式及其编号

表 3-33　均苯四甲酸酯核磁分析

原子序号	^{13}C 核磁化学位移	原子序号	^{13}C 核磁化学位移	原子序号	^{1}H 核磁化学位移
C1	134. 1	C9	52. 7	H3	8. 04
C2	134. 1	C11	166	H6	8. 04
C3	129. 4	C13	52. 7	H9	3. 96
C4	134. 1	C15	166	H13	3. 96
C5	134. 1	C17	52. 7	H17	3. 96
C6	129. 4	C19	166	H21	3. 96
C7	166	C21	52. 7		

概况

表 3-34　均苯四甲酸酯结构及物化信息

中文名称	均苯四甲酸四甲酯	SRN	60125316
化学式	$C_{14}H_{14}O_8$	熔点	143~144℃
英文名称	Tetramethyl pyromellitate	沸点	370. 9℃
分子量	310. 26	测试溶剂	Polysol
CAS	635-10-9	测试参比	TMS
辛醇/水分配系数：LogP	1. 3	重原子数	22
可旋转键数	8	环数	1
sp3 杂化的碳原子比例	0. 285	拓扑面积	105
氢给体数	0	氢受体数	8

（3）季戊四醇四十二酸酯

如图 3-20、图 3-21 和表 3-35~表 3-37 所示，为季戊四醇四十二酸酯物化数据和二谱图分析。

① 红外谱图

表 3-35　季戊四醇四十二酸酯红外分析

官能团	作用区域	备　注
C—H(CH_3) st as	2949cm^{-1}为 CH_3 的不对称伸缩振动	各种强度，多重峰
C—H(CH_2) st as	2915cm^{-1}处显示—CH_2 的不对称拉伸振动特征峰	各种强度，多重峰
C—H(CH_2) st sy	2846cm^{-1}处显示—CH_2 的对称拉伸振动特征峰	各种强度，多重峰
CH_3 δ as	1462cm^{-1}是 CH_3 的不对称变形振动	中等，与 CH_2δ 重合
CH_3 δ sy	1378cm^{-1}是 CH_3 的对称变形振动	中等

续表

官能团	作用区域	备　　注
C—Ost as	1238cm^{-1}处显示脂肪族酯的 C—O 的不对称拉伸振动特征峰	强
C—Ost sy	1351cm^{-1}处显示脂肪族酯的 C—O 的对称拉伸振动特征峰	强
C═O st	1728cm^{-1}为脂肪族酯的 C═O 吸收特征峰	1790~1650cm^{-1} 脂肪族酯，强
CH_2 γ	716cm^{-1}是 CH_2 的面内摇摆振动	中等

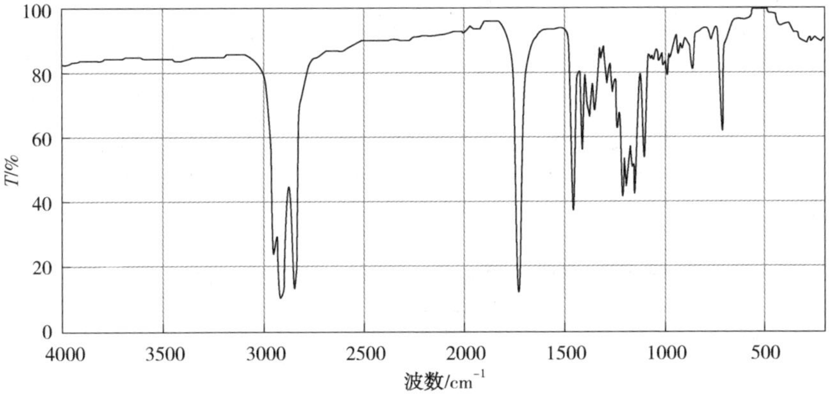

图 3-20　季戊四醇四十二酸酯红外谱图

② 核磁谱图

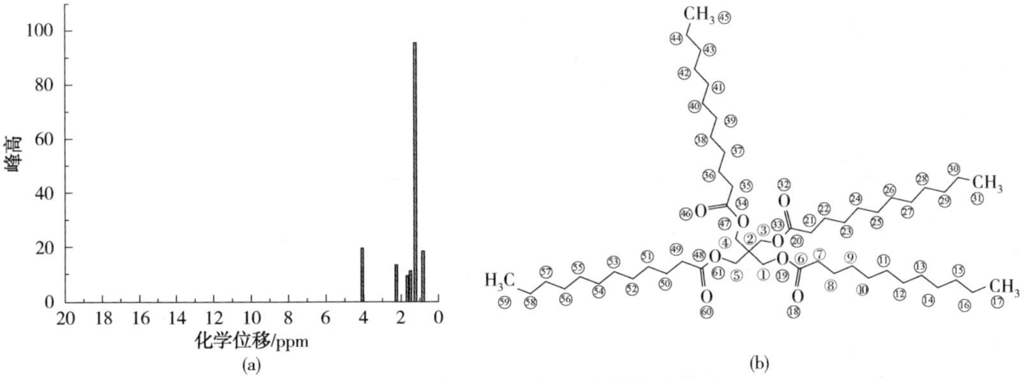

图 3-21　季戊四醇四十二酸酯核磁谱图

(a)^{1}H 核磁谱图；(b)分子结构式及其编号

表 3-36　季戊四醇四十二酸酯核磁分析

原子序号	^1H 核磁化学位移	原子序号	^1H 核磁化学位移	原子序号	^1H 核磁化学位移	原子序号	^1H 核磁化学位移
H1	4.1	H15	1.7	H30	1.7	H45	0.89
H3	4.1	H16	1.7	H31	0.89	H49	2.3
H4	4.1	H17	0.89	H35	2.3	H50	1.3
H5	4.1	H21	2.3	H36	1.3	H51	1.3
H7	2.3	H22	1.3	H37	1.3	H52	1.3
H8	1.3	H23	1.3	H38	1.3	H53	1.6
H9	1.3	H24	1.3	H39	1.6	H54	1.6
H10	1.3	H25	1.6	H40	1.6	H55	1.6
H11	1.6	H26	1.6	H41	1.6	H56	1.7
H12	1.6	H27	1.6	H42	1.7	H57	1.7
H13	1.6	H28	1.7	H43	1.7	H58	1.7
H14	1.7	H29	1.7	H44	1.7	H59	0.89

概况

表 3-37　季戊四醇四十二酸酯结构及物化信息

中文名称	季戊四醇四月桂酸酯	SRN	710564
化学式	$C_{53}H_{100}O_8$	熔点	52~53℃
英文名称	Tetra-O-lauroyl-pentaerythrit	沸点	808.8℃
分子量	865.372	测试溶剂	$CDCl_3$
CAS	13057-50-6	测试参比	TMS
辛醇/水分配系数：LogP	20.5	重原子数	61
可旋转键数	52	环数	0
sp3 杂化的碳原子比例	0.92	拓扑面积	105
氢给体数	0	氢受体数	8

（4）季戊四醇四壬酸酯

如图 3-22 和表 3-38 所示，为季戊四醇四壬酸酯红外谱图分析。

表 3-38　季戊四醇四壬酸酯红外分析

官能团	作用区域	备　注
C—H(CH_2) st as	2926cm^{-1} 处显示—CH_2 的不对称拉伸振动特征峰	各种强度，多重峰
C—H(CH_2) st sy	2854cm^{-1} 处显示—CH_2 的对称拉伸振动特征峰	各种强度，多重峰

续表

官能团	作用区域	备　注
CH_3 δ as	1468cm^{-1}是 CH_3 的不对称变形振动	中等，与 CH_2δ 重合
CH_3 δ sy	1419cm^{-1}是 CH_3 的对称变形振动	中等
C—Ost as	1247cm^{-1}处显示脂肪族酯的 C—O 的不对称拉伸振动特征峰	强
C—Ost sy	1382cm^{-1}处显示脂肪族酯的 C—O 的对称拉伸振动特征峰	强
C═O st	1746cm^{-1}为脂肪族酯的 C═O 吸收特征峰	1790～1650cm^{-1} 脂肪族酯，强

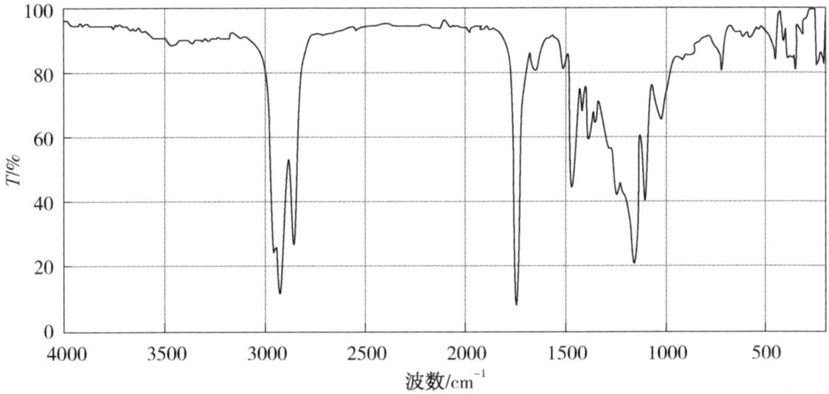

图 3-22　季戊四醇四壬酸酯红外谱图

（5）三羟甲基丙烷

如图 3-23～图 3-25 和表 3-39～表 3-42 所示，为三羟甲基丙烷物化数据和三谱图分析。

① 红外谱图

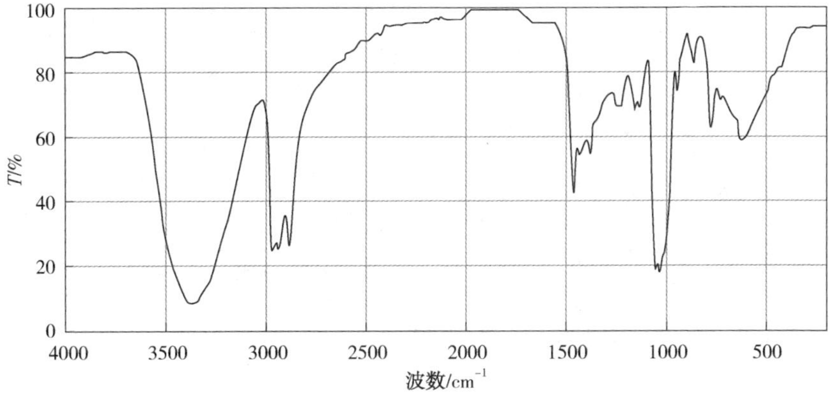

图 3-23　三羟甲基丙烷红外谱图

表 3-39　三羟甲基丙烷红外分析

官能团	作用区域	备　注
O—H st	$3366cm^{-1}$处的谱带是 O—H 伸缩振动引起的吸收谱带	各种强度
C—H(CH_2) st as	$2930cm^{-1}$处显示—CH_2 的不对称拉伸振动特征峰	各种强度，多重峰
C—H(CH_2) st sy	$2879cm^{-1}$处显示—CH_2 的对称拉伸振动特征峰	各种强度，多重峰
CH_3 δ as	$1454cm^{-1}$是 CH_3 的不对称变形振动	中等，与 CH_2δ 重合
CH_3 δ sy	$1375cm^{-1}$是 CH_3 的对称变形振动	中等
C—O(-OH) st	$1026cm^{-1}$是醇中 C—O 的伸缩振动	
O—H 面外弯曲	$690cm^{-1}$是由成键的 O—H 基团的面外弯曲振动引起的	

② 质谱谱图

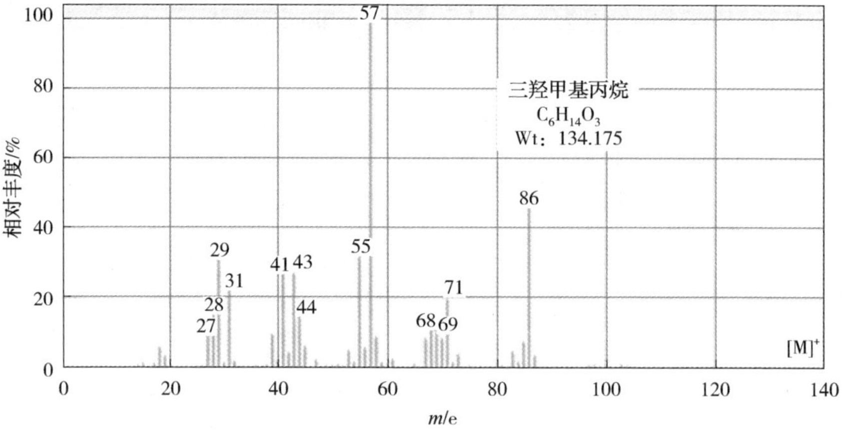

图 3-24　三羟甲基丙烷质谱图

表 3-40　三羟甲基丙烷质谱分析

测　定	作用区域	备　注
分子离子	[M]$^+$(m/z 134)弱	大多弱，特别在叔或长链醇中常常看不到
	[M-46]$^+$(m/z 88)较弱	失水和烯烃导致[M-46]$^{+\cdot}$、[M-74]$^{+\cdot}$和[M-102]$^{+\cdot}$
碎片	m/z 41，55，69 m/z 42，56，70 m/z 31，45，59，73	主要有对应于 C_nH_{2n-1}、C_nH_{2n} 的连串烯烃离子，伴随较弱的 $C_nH_{2n+1}O$ 碎片
灵敏度		主要峰位于烷基和烯烃类型的低质量区域，伴随着 $C_nH_{2n+1}O$ 一族离子中较弱的最大峰

③ 核磁谱图

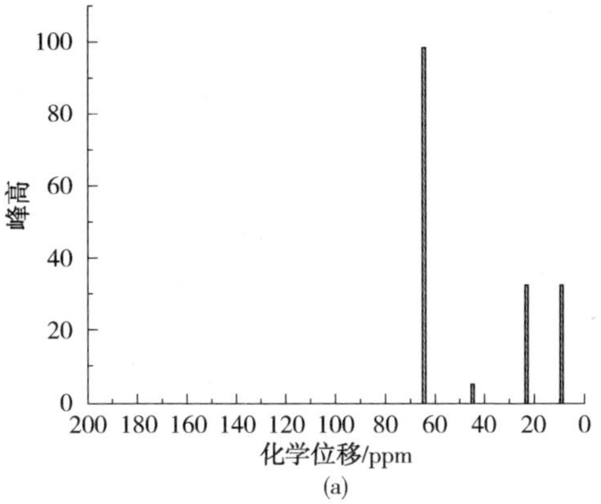

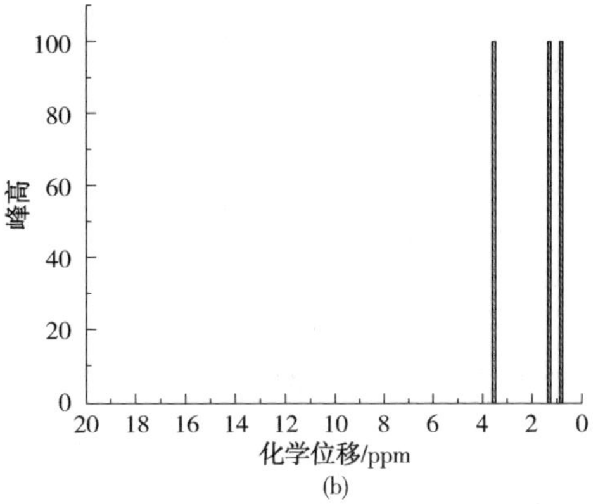

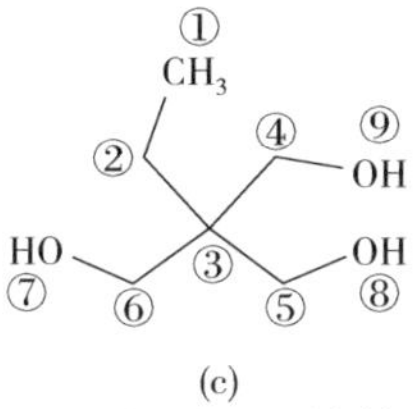

图 3-25　三羟甲基丙烷核磁谱图

(a) ^{13}C 核磁谱图；(b) ^{1}H 核磁谱图；(c)分子结构式及其编号

表 3-41　三羟甲基丙烷核磁分析

原子序号	^{13}C 核磁化学位移	原子序号	^{1}H 核磁化学位移
C1	7.5	H1	0.86
C2	22.1	H2	1.31
C3	44	H6	3.507
C4	63.5		
C5	63.5		
C6	63.5		

概况

表 3-42　三羟甲基丙烷结构及物化信息

中文名称	三羟甲基丙烷	SRN	26217840
化学式	$C_6H_{14}O_3$	熔点	58℃
英文名称	trimethylolpropane	沸点	160℃
分子量	134.175	测试溶剂	H_2O
CAS	77-99-6	测试参比	Dioxane

续表

中文名称	三羟甲基丙烷	SRN	26217840
辛醇/水分配系数：LogP	-0.8	重原子数	9
可旋转键数	4	环数	0
sp3 杂化的碳原子比例	1	拓扑面积	60.7
氢给体数	3	氢受体数	3

(6) 新戊二醇

如图 3-26～图 3-28 和表 3-43～表 3-46 所示，为新戊二醇物化数据和三谱图分析。

① 红外谱图

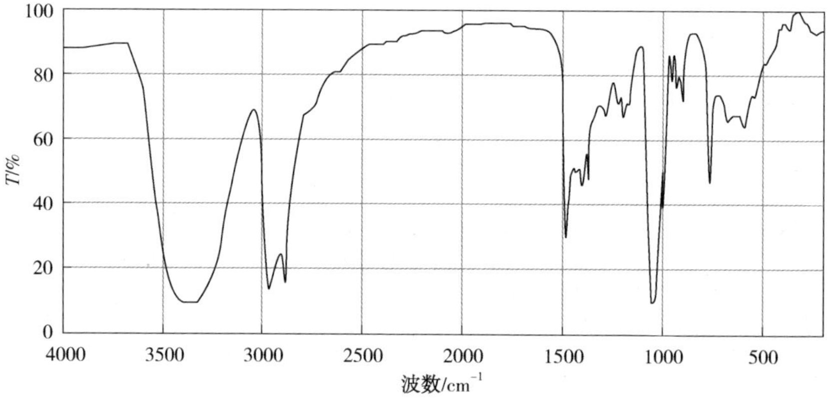

图 3-26 新戊二醇红外谱图

表 3-43 新戊二醇红外分析

官能团	作用区域	备注
O—H st	3357cm^{-1}处的谱带是 O—H 伸缩振动引起的吸收谱带	各种强度
C—H(CH_2) st as	2964cm^{-1}处显示—CH_2 的不对称拉伸振动特征峰	各种强度，多重峰
C—H(CH_2) st sy	2882cm^{-1}处显示—CH_2 的对称拉伸振动特征峰	各种强度，多重峰
CH_3 δ as	1477cm^{-1}是 CH_3 的不对称变形振动	中等，与 CH_2δ 重合
CH_3 δ sy	1367cm^{-1}是 CH_3 的对称变形振动	中等
C—O(-OH) st	1049cm^{-1}是醇中 C—O 的伸缩振动	
O—H 面外弯曲	758cm^{-1}是由成键的 O—H 基团的面外弯曲振动引起的	

② 质谱谱图

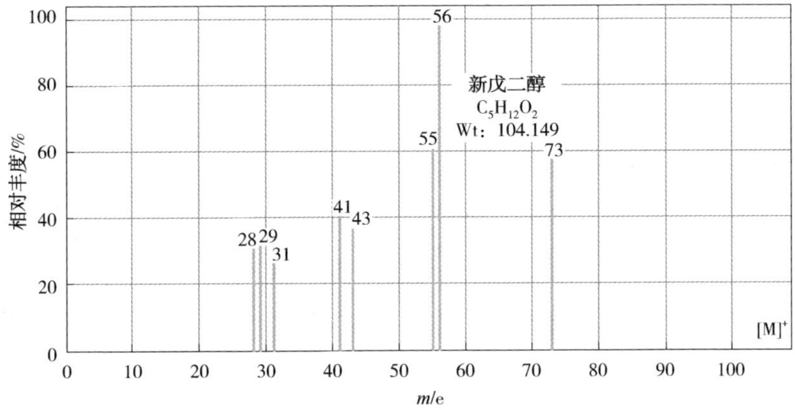

图 3-27　新戊二醇质谱图

表 3-44　新戊二醇质谱分析

测　定	作用区域	备　　注
分子离子	[M]$^+$(m/z 104)弱	大多弱，特别在叔或长链醇中常常看不到
碎片	m/z 41，55 m/z 56 m/z 31	主要有对应于 C_nH_{2n-1}、C_nH_{2n} 的连串烯烃离子，伴随较弱的 $C_nH_{2n+1}O$ 碎片
灵敏度		主要峰位于烷基和烯烃类型的低质量区域，伴随着 $C_nH_{2n+1}O$ 一族离子中较弱的最大峰

③ 核磁谱图

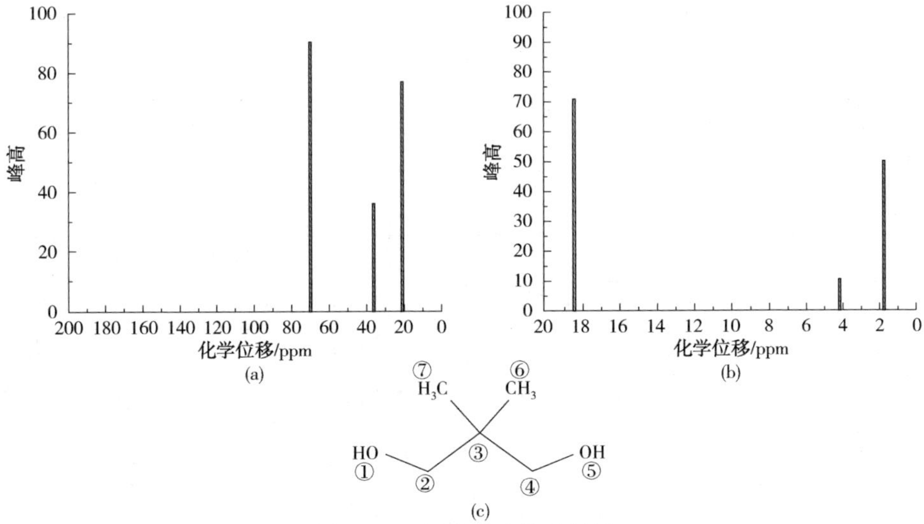

图 3-28　新戊二醇核磁谱图

(a)^{13}C 核磁谱图；(b)^{1}H 核磁谱图；(c)分子结构式及其编号

表 3-45　新戊二醇核磁分析

原子序号	^{13}C 核磁化学位移	原子序号	^{1}H 核磁化学位移
C2	69.7	H1	3.1
C3	36.7	H2	3.47
C4	69.7	H4	3.47
C6	21.4	H5	3.1
C7	21.4	H6	0.9
		H7	0.9

概况

表 3-46　新戊二醇结构及物化信息

中文名称	季戊二醇	SRN	41487
化学式	$C_5H_{12}O_2$	熔点	121~126℃
英文名称	2,2-Dimethyl-1,3-propanediol	沸点	128~135℃
分子量	104.149	测试溶剂	$CDCl_3$
CAS	126-30-7	测试参比	TMS
辛醇/水分配系数：LogP	0	重原子数	7
可旋转键数	2	环数	0
sp3 杂化的碳原子比例	1	拓扑面积	40.5
氢给体数	2	氢受体数	2

(7) 季戊四醇

如图 3-29~图 3-31 和表 3-47~表 3-50 所示，为季戊四醇物化数据和三谱图分析。

表 3-47　季戊四醇红外分析

官能团	作用区域	备　注
O—H st	3330cm^{-1}处的谱带是 O—H 伸缩振动引起的吸收谱带	各种强度
C—H(CH_2)st as	2956cm^{-1}处显示—CH_2 的不对称拉伸振动特征峰	各种强度，多重峰
C—H(CH_2)st sy	2885cm^{-1}处显示—CH_2 的对称拉伸振动特征峰	各种强度，多重峰
C—O(-OH)st	1022cm^{-1}是醇中 C—O 的伸缩振动	
O—H 面外弯曲	667cm^{-1}是由成键的 O—H 基团的面外弯曲振动引起的	

① 红外谱图

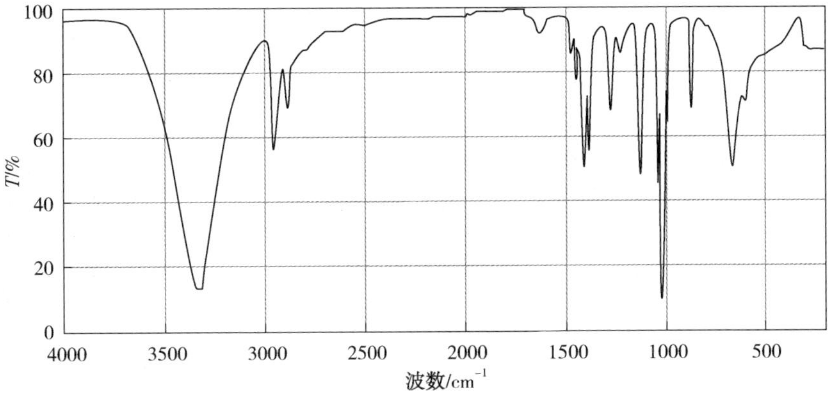

图 3-29　季戊四醇红外谱图

② 质谱谱图

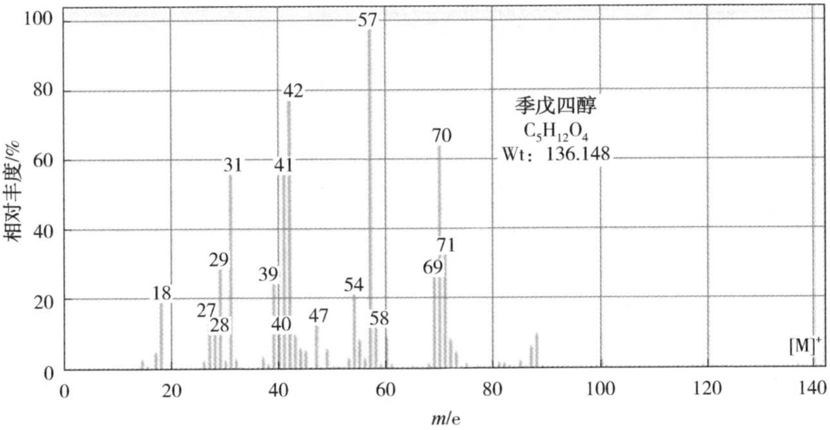

图 3-30　季戊四醇质谱图

表 3-48　季戊四醇质谱分析

测　定	作用区域	备　　注
分子离子	$[M]^+$(m/z 136)弱	大多弱，特别在叔或长链醇中常常看不到
碎片	m/z 41，55，69 m/z 42，56，70 m/z 31，45，59，73	主要有对应于 C_nH_{2n-1}、C_nH_{2n} 的连串烯烃离子，伴随较弱的 $C_nH_{2n+1}O$ 碎片
灵敏度		主要峰位于烷基和烯烃类型的低质量区域，伴随着 $C_nH_{2n+1}O$ 一族离子中较弱的最大峰

③ 核磁谱图

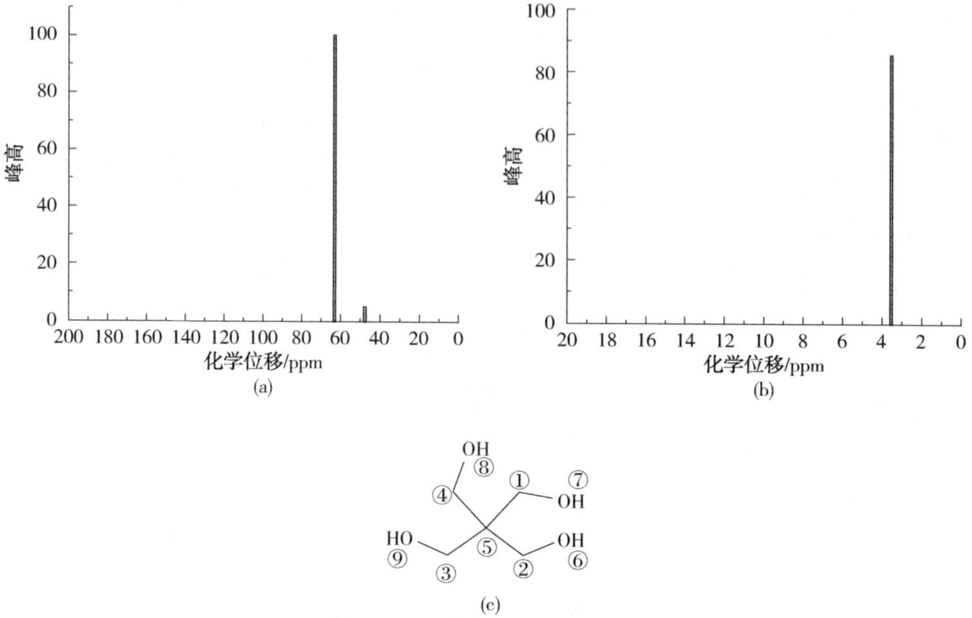

图 3-31 季戊四醇核磁谱图

(a) ^{13}C 核磁谱图；(b) ^{1}H 核磁谱图；(c) 分子结构式及其编号

表 3-49 季戊四醇核磁分析

原子序号	^{13}C 核磁化学位移	原子序号	^{1}H 核磁化学位移
C1	64. 3	H1	3. 62
C2	64. 3	H2	3. 62
C3	64. 3	H3	3. 62
C4	64. 3	H4	3. 62
C5	48. 3		

概况

表 3-50 季戊四醇结构及物化信息

中文名称	季戊四醇	SRN	19782
化学式	$C_5H_{12}O_4$	熔点	250℃
英文名称	Pentaerythritol	沸点	276℃
分子量	136. 148	测试溶剂	D_2O
CAS	115-77-5	测试参比	TMS
辛醇/水分配系数：LogP	-2. 4	重原子数	9

续表

中文名称	季戊四醇	SRN	19782
可旋转键数	4	环数	0
sp3 杂化的碳原子比例	1	拓扑面积	80.9
氢给体数	4	氢受体数	4

3.4.2 双酯波谱分析

(1) 皮脂酸辛基酯

如图 3-32 和表 3-51 所示，为皮脂酸辛基酯红外谱图分析。

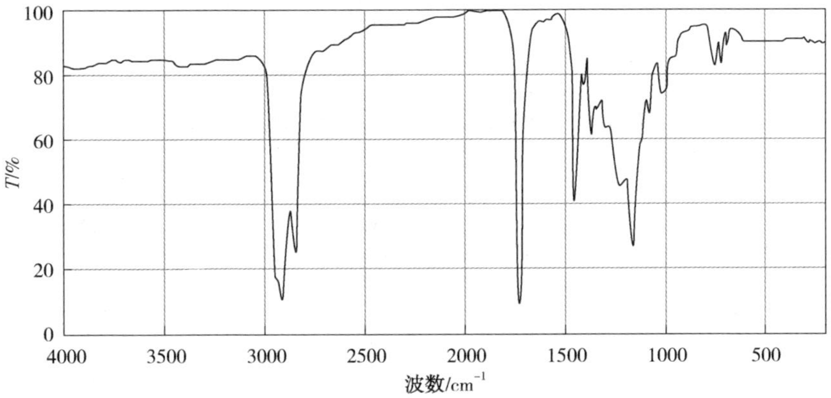

图 3-32　皮脂酸辛基酯红外谱图

表 3-51　皮脂酸辛基酯红外分析

官能团	作用区域	备注
C—H(CH_2) st as	2923cm^{-1}处显示—CH_2 的不对称拉伸振动特征峰	各种强度，多重峰
C—H(CH_2) st sy	2854cm^{-1}处显示—CH_2 的对称拉伸振动特征峰	各种强度，多重峰
CH_3 δ as	1450cm^{-1}是 CH_3 的不对称变形振动	中等，与 CH_2 δ 重合
CH_3 δ sy	1377cm^{-1}是 CH_3 的对称变形振动	中等
CH_2 δ	1457cm^{-1}为 CH_2 变形振动	中等，与 CH_2 δ as 重合
C═O st	1732cm^{-1}为脂肪族酯的 C═O 吸收特征峰	1790~1650cm^{-1} 脂肪族酯，强

(2) 皮脂酸二(2-乙基己基)酯

如图 3-33~图 3-35 和表 3-52~表 3-55 所示，为皮脂酸二(2-乙基己基)酯物化数据和三谱图分析。

① 红外谱图

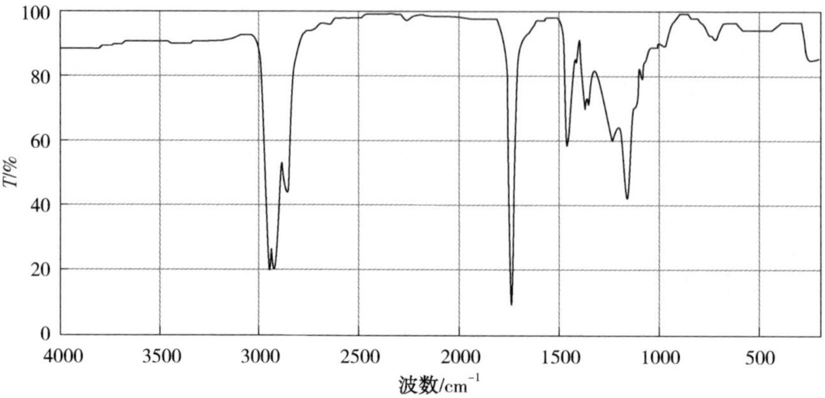

图 3-33 皮脂酸二(2-乙基己基)酯红外谱图

表 3-52 皮脂酸二(2-乙基己基)酯红外分析

官能团	作用区域	备注
C—H(CH_2) st as	2926cm^{-1}处显示—CH_2 的不对称拉伸振动特征峰	各种强度，多重峰
C—H(CH_2) st sy	2858cm^{-1}处显示—CH_2 的对称拉伸振动特征峰	各种强度，多重峰
C—H(CH_3) st as	2954cm^{-1}为 CH_3 的不对称伸缩振动	各种强度，多重峰
CH_3 δ as	1462cm^{-1}是 CH_3 的不对称变形振动	中等，与 CH_2 δ 重合
CH_3 δ sy	1379cm^{-1}是 CH_3 的对称变形振动	中等
C—Ost as	1235cm^{-1}处显示脂肪族酯的 C—O 的不对称拉伸振动特征峰	强
C═O st	1742cm^{-1}为脂肪族酯的 C═O 吸收特征峰	1790~1650cm^{-1} 脂肪族酯，强

表 3-53 皮脂酸二(2-乙基己基)酯质谱分析

测 定	作用区域	备 注
分子离子	$[M]^+$(m/z 426)很弱	脂肪族羧酸酯，R^+部分在短链酯中很明显，随着链的增长而迅速减小
碎片	m/z 43，57，71	碎裂：主要键裂解导致 RCO^+，或碎片化为 CO_2R^+和 R^+
灵敏度		灵敏度：主要在低质量区域

② 质谱谱图

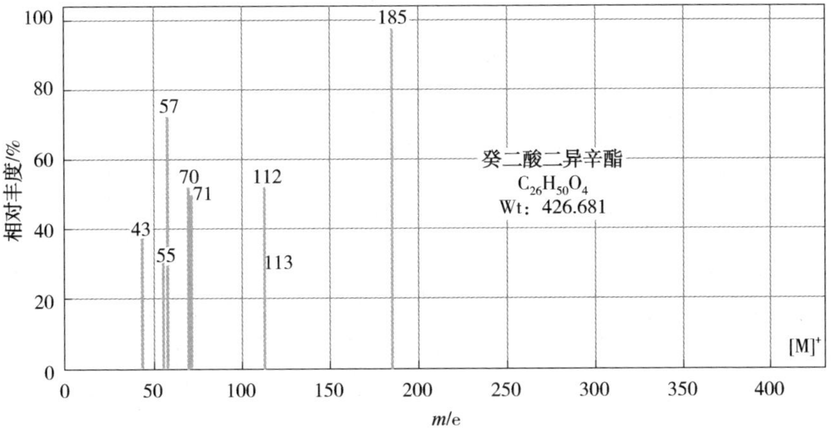

图 3-34　皮脂酸二(2-乙基己基)酯质谱图

③ 核磁谱图

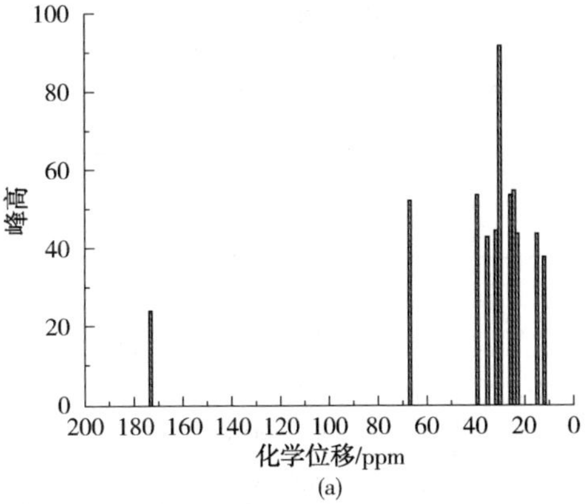

(a)

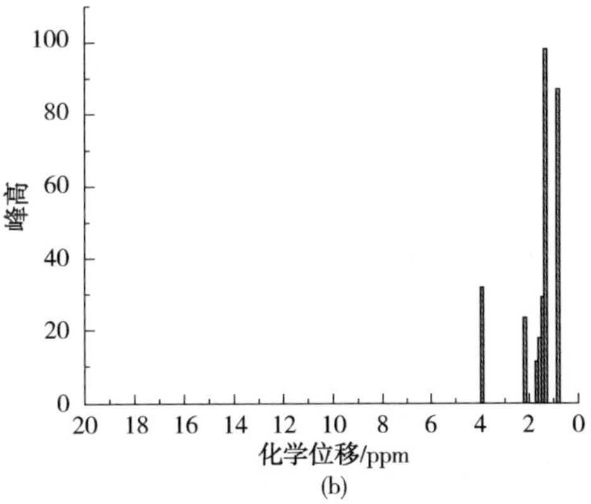

(b)

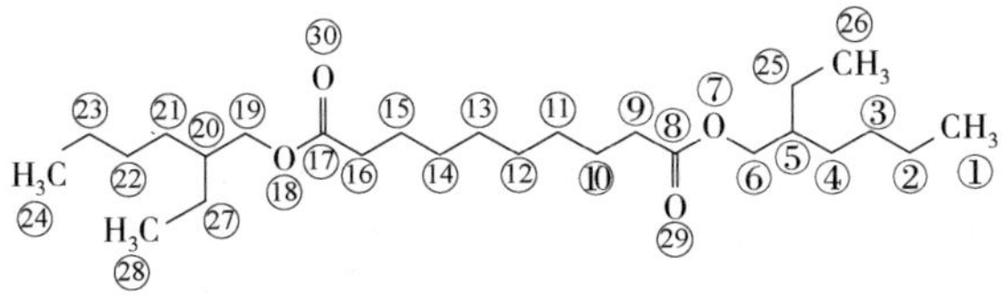

(c)

图 3-35　皮脂酸二(2-乙基己基)酯核磁谱图

(a)^{13}C 核磁谱图；(b)^{1}H 核磁谱图；(c)分子结构式及其编号

表 3-54 皮脂酸二(2-乙基己基)酯核磁分析

原子序号	^{13}C 核磁化学位移	原子序号	^{13}C 核磁化学位移	原子序号	^{1}H 核磁化学位移	原子序号	^{1}H 核磁化学位移
C1	14	C15	25. 1	H1	0. 9	H16	2. 29
C2	23. 1	C16	34. 4	H2	1. 75	H19	4. 02
C3	30. 6	C17	173. 3	H3	1. 6	H20	1. 35
C4	29. 2	C19	66. 5	H4	1. 45	H21	1. 45
C5	39. 1	C20	39. 1	H5	1. 35	H22	1. 6
C6	66. 5	C21	29. 2	H6	4. 02	H23	1. 75
C8	173. 3	C22	30. 6	H9	2. 29	H24	0. 9
C9	34. 4	C23	23. 1	H10	1. 35	H25	1. 35
C10	25. 1	C24	14	H11	1. 45	H26	0. 9
C11	29. 2	C25	24	H12	1. 6	H27	1. 35
C12	29. 2	C26	11. 1	H13	1. 75	H28	0. 9
C13	29. 2	C27	24	H14	1. 75		
C14	29. 2	C28	11. 1	H15	1. 75		

概况

表 3-55 皮脂酸二(2-乙基己基)酯结构及物化信息

中文名称	癸二酸二异辛酯	SRN	39492
化学式	$C_{26}H_{50}O_4$	熔点	-48℃
英文名称	bis(2-ethylhexyl) sebacate	沸点	185~187℃
分子量	426. 681	测试溶剂	$CDCl_3$
CAS	122-62-3	测试参比	TMS
辛醇/水分配系数：LogP	9	重原子数	30
可旋转键数	23	环数	0
sp3 杂化的碳原子比例	0. 923	拓扑面积	52. 6
氢给体数	0	氢受体数	4

(3) 肥酸二(2-乙基己基)酯

如图 3-36~图 3-38 和表 3-56~表 3-59 所示，为肥酸二(2-乙基己基)酯物化数据和三谱图分析。

表 3-56 肥酸二(2-乙基己基)酯红外分析

官能团	作用区域	备　注
C—H(CH_2) st as	2940cm^{-1}处显示—CH_2 的不对称拉伸振动特征峰	各种强度，多重峰
C—H(CH_2) st sy	2880cm^{-1}处显示—CH_2 的对称拉伸振动特征峰	各种强度，多重峰

续表

官能团	作用区域	备　注
C—H(CH_3) st as	2970cm^{-1}为 CH_3 的不对称伸缩振动	各种强度，多重峰
C—Ost as	1237cm^{-1}处显示脂肪族酯的 C—O 的不对称拉伸振动特征峰	强
C═O st	1750cm^{-1}为脂肪族酯的 C═O 吸收特征峰	1790~1650cm^{-1} 脂肪族酯，强

① 红外谱图

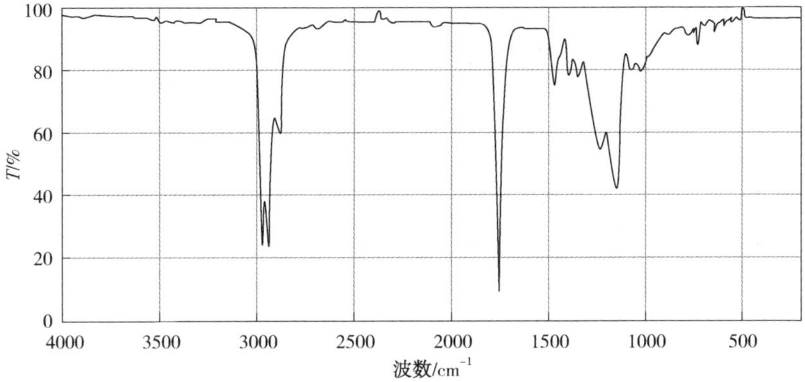

图 3-36　肥酸二(2-乙基己基)酯红外谱图

② 质谱谱图

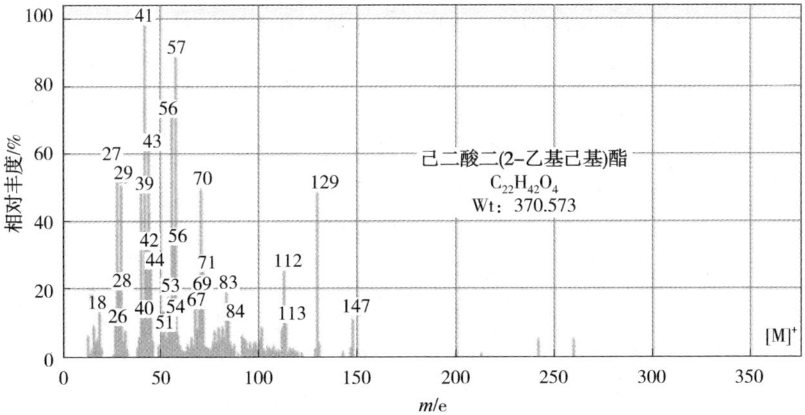

图 3-37　肥酸二(2-乙基己基)酯质谱图

表 3-57　肥酸二(2-乙基己基)酯质谱分析

测　定	作用区域	备　注
分子离子	[M]$^+$(m/z 370)很弱	脂肪族羧酸酯，R^+部分在短链酯中很明显，随着链的增长而迅速减小

续表

测　定	作用区域	备　　注
碎片	m/z 43，57，71，85，99，113 m/z 59，73，87，101，115 m/z 15，29，43，57	碎裂：主要裂解导致 RCO^+，或碎片化为 CO_2R^+ 和 R^+
灵敏度		灵敏度：主要在低质量区域

③ 核磁谱图

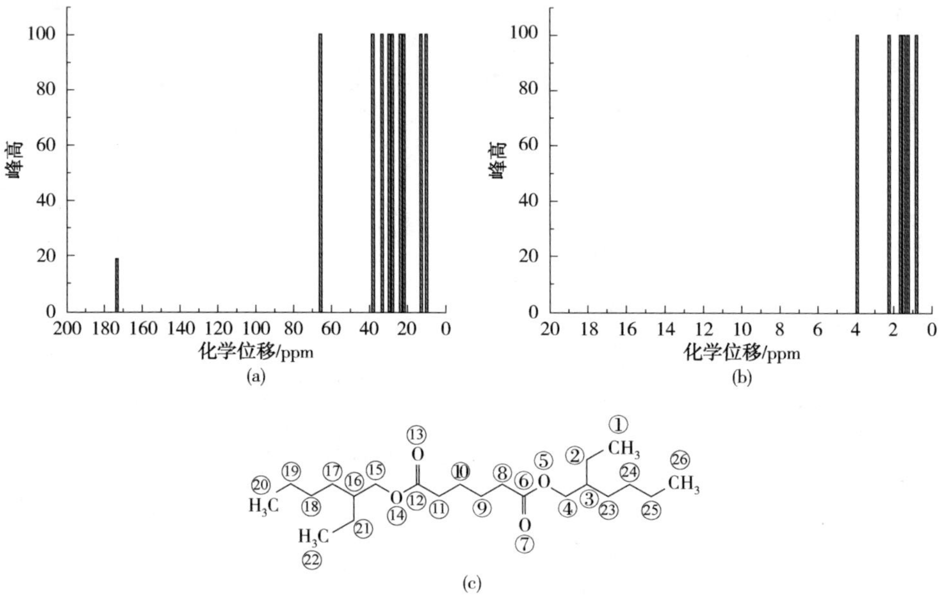

图 3-38　肥酸二(2-乙基己基)酯核磁谱图

(a)^{13}C 核磁谱图；(b)^{1}H 核磁谱图；(c)分子结构式及其编号

表 3-58　肥酸二(2-乙基己基)酯核磁分析

原子序号	^{13}C 核磁化学位移	原子序号	^{13}C 核磁化学位移	原子序号	^{1}H 核磁化学位移	原子序号	^{1}H 核磁化学位移
C1	11.03	C18	29.04	H1	0.9	H17	1.565
C2	23.96	C19	23.03	H2	1.35	H18	1.35
C3	38.94	C20	14.04	H3	1.565	H19	0.9
C4	66.81	C21	23.96	H4	4	H20	0.89
C6	173.36	C22	11.03	H8	2.332	H21	1.35
C8	34.04	C23	30.57	H9	1.67	H22	0.9
C9	24.58	C24	29.04	H10	1.67	H23	1.565
C15	66.81	C25	23.03	H11	2.332	H24	1.35
C16	38.94	C26	14.04	H15	4	H25	0.9
C17	30.57			H16	1.565	H26	0.89

概况

表 3-59　肥酸二(2-乙基己基)酯结构及物化信息

中文名称	己二酸二(2-乙基己基)酯	SRN	7722
化学式	$C_{22}H_{42}O_4$	熔点	-67.8℃
英文名称	di(2-ethylhexyl)adipate	沸点	417.0℃
分子量	370.573	测试溶剂	
CAS	103-23-1	测试参比	
辛醇/水分配系数：LogP	6.8	重原子数	26
可旋转键数	19	环数	0
sp3 杂化的碳原子比例	0.909	拓扑面积	52.6
氢给体数	0	氢受体数	4

(4) 杜鹃花酸二(2-乙基己基)酯

如图 3-39~图 3-41 和表 3-60~表 3-63 所示，为杜鹃花酸二(2-乙基己基)酯物化数据和三谱图分析。

① 红外谱图

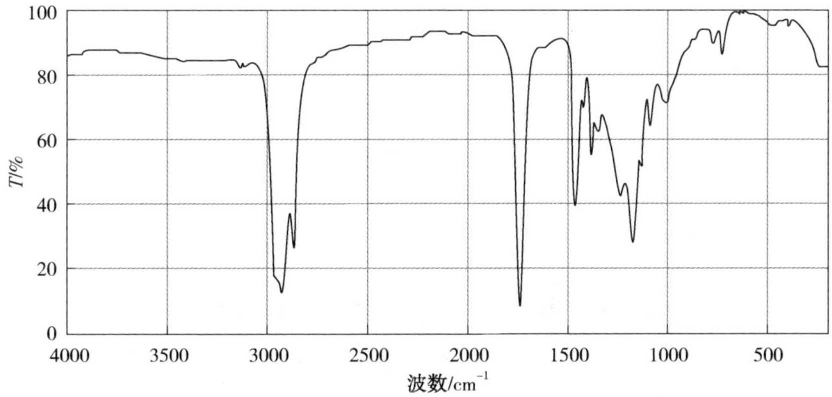

图 3-39　杜鹃花酸二(2-乙基己基)酯红外谱图

表 3-60　杜鹃花酸二(2-乙基己基)酯红外分析

官能团	作用区域	备　注
C—H(CH_2) st as	2923cm^{-1}处显示—CH_2 的不对称拉伸振动特征峰	各种强度，多重峰
C—H(CH_2) st sy	2861cm^{-1}处显示—CH_2 的对称拉伸振动特征峰	各种强度，多重峰

续表

官能团	作用区域	备　注
CH_3 δ as	1456cm^{-1}是 CH_3 的不对称变形振动	中等，与 CH_2δ 重合
CH_3 δ sy	1373cm^{-1}是 CH_3 的对称变形振动	中等
C—Ost as	1232cm^{-1}处显示脂肪族酯的 C—O 的不对称拉伸振动特征峰	强
C═O st	1732cm^{-1}为脂肪族酯的 C═O 吸收特征峰	1790~1650cm^{-1} 脂肪族酯，强

② 质谱谱图

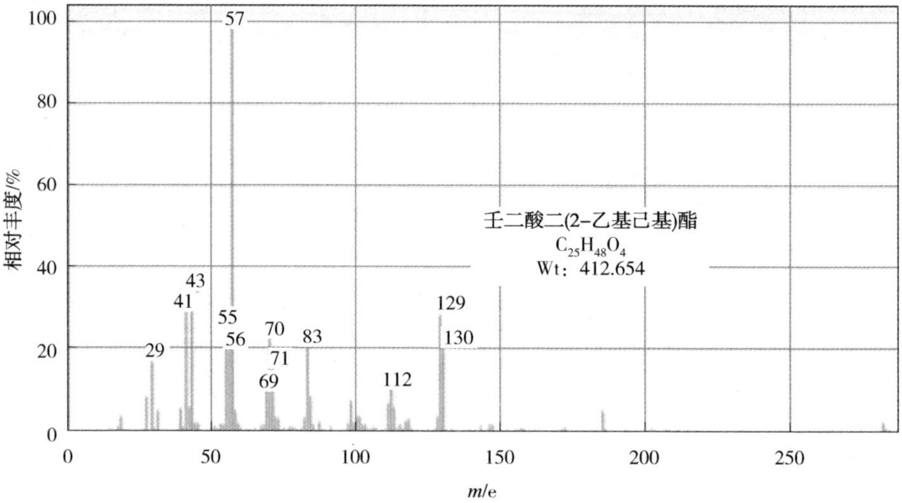

图 3-40　杜鹃花酸二(2-乙基己基)酯质谱图

表 3-61　杜鹃花酸二(2-乙基己基)酯质谱分析

测　定	作用区域	备　注
分子离子	[M]$^+$(m/z 412)无	脂肪族羧酸酯，R^+部分在短链酯中很明显，随着链的增长而迅速减小
碎片	m/z 43，57，71，85，99，113 m/z 59，73，87，101，115，129 m/z 29，43，57	碎裂：主要裂解导致 RCO^+，或碎片化为 CO_2R 和 R^+
灵敏度		灵敏度：主要在低质量区域

③ 核磁谱图

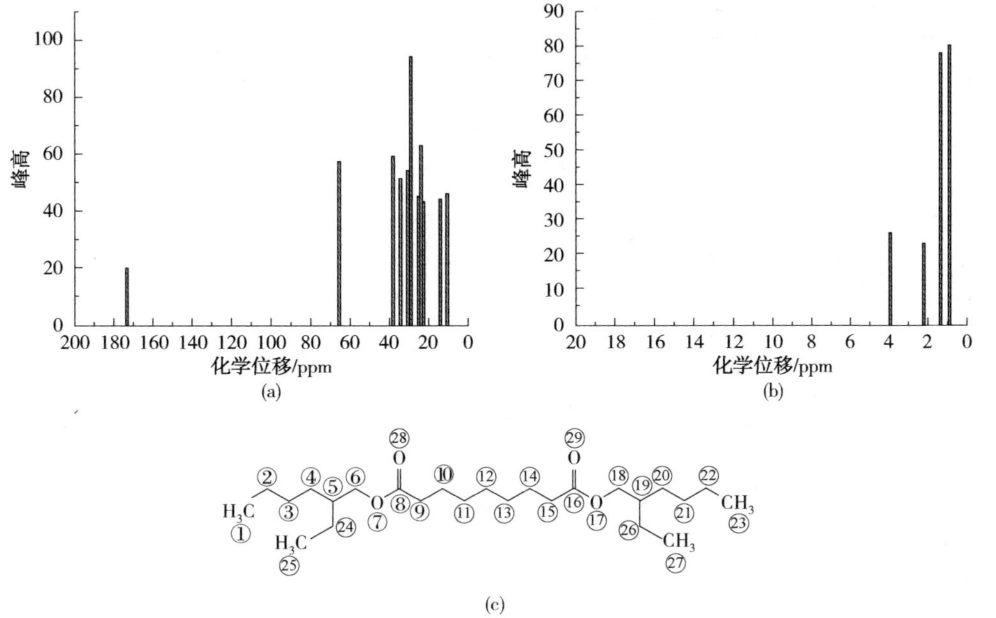

图 3-41　杜鹃花酸二(2-乙基己基)酯核磁谱图

(a) ^{13}C 核磁谱图；(b) ^{1}H 核磁谱图；(c) 分子结构式及其编号

表 3-62　杜鹃花酸二(2-乙基己基)酯核磁分析

原子序号	^{13}C 核磁化学位移	原子序号	^{13}C 核磁化学位移	原子序号	^{1}H 核磁化学位移	原子序号	^{1}H 核磁化学位移
C1	14.0	C15	34.3	H1	0.95	H18	3.91
C2	23.1	C16	173.4	H2	1.36	H19	1.36
C3	30.6	C18	66.5	H3	1.36	H20	1.36
C4	29.1	C19	39.0	H4	1.36	H21	1.36
C5	39.0	C20	29.1	H5	1.36	H22	1.36
C6	66.5	C21	30.6	H6	3.91	H23	0.95
C8	173.4	C22	23.1	H9	2.27	H24	1.36
C9	34.3	C23	14.0	H10	1.36	H25	0.95
C10	25.1	C24	24.0	H11	1.36	H26	1.36
C11	29.1	C25	11.1	H12	1.36	H27	0.95
C12	29.1	C26	24.0	H13	1.36		
C13	29.1	C27	11.1	H14	1.36		
C14	25.1			H15	2.27		

概况

表 3-63 杜鹃花酸二(2-乙基己基)酯结构及物化信息

中文名称	壬二酸二(2-乙基己基)酯	SRN	7730
化学式	$C_{25}H_{48}O_4$	熔点	-78℃
英文名称	di(2-ethylhexyl) azelate	沸点	237℃
分子量	412.654	测试溶剂	$CDCl_3$
CAS	103-24-2	测试参比	TMS
辛醇/水分配系数：LogP	8.5	重原子数	29
可旋转键数	22	环数	0
sp3 杂化的碳原子比例	0.92	拓扑面积	52.6
氢给体数	0	氢受体数	4

第四章　高级一元脂肪酸波谱

高级脂肪酸，指含十个碳原子以上的脂肪酸。例如，硬脂酸、软脂酸和油酸等。硬脂酸、软脂酸属于饱和高级脂肪酸，常温呈固态。油酸的烃基里含有一个双键，它属于不饱和高级脂肪酸，常温下呈液态。

高级脂肪酸分子中含有羧基，所以具有羧酸的性质，我们日常使用的肥皂的主要成分就是高级脂肪酸的钠盐。油酸的分子中有一个不饱和双键，还可以跟氢气或氯气发生加成反应，如液态的油酸在金属镍作用下，与氢气进行加成反应，生成固态的硬脂酸。

脂肪酸是现代工业中广泛使用的原料，广泛应用于润滑剂、食品添加剂、聚合物、化学溶剂、化妆品等领域，所以脂肪酸有“万能化工原料”之称。但是天然的脂肪酸均有其自身的不足，直链饱和脂肪酸在室温下呈固态，使其在许多应用中存在难以加工的问题。而不饱和脂肪酸如油酸在室温下呈液态，易于加工，但是其分子内存在不饱和键使其抗氧化能力明显减弱。

油脂与人类的生活息息相关，在自然界中有广泛的存在，动物的组织器官、几乎所有植物的种子中，甚至一些微生物体内均存在一定数量的油脂。近些年来油脂工业发展迅速，由油脂衍生出的工业原料与产品也越来越多，脂肪酸就是其中重要的一种，脂肪酸又分为不饱和脂肪酸和饱和脂肪酸，其中不饱和脂肪酸分子中存在不饱和 C—C 双键，常温下呈液态，对外界环境比较敏感，容易氧化变质，硬脂酸抗氧化能力强，在常温下能够长期稳定存在，但其熔点高，室温下呈固态，在许多工业应用中难以加工。

脂肪酸是脂质的主要成分，在生物系统中起着至关重要的作用，它同时也是油脂化工领域应用最广的一类原料。脂肪酸的定义是具有烷烃链的羧酸，其由两部分组成：亲水性羧基和疏水性烷烃链，脂肪酸根据链长可分为短链脂肪酸（<C6），中链脂肪酸（C6 ~ C12），长链脂肪酸（C13 ~ C21）和超长链脂肪酸（>C22），其中长链脂肪酸由于广泛存在于动物油脂和植物油脂中，是我们日常生活中接触最多的一类脂肪酸。而大部分的脂肪酸可以根据结构分为两大类，一类为饱和脂肪酸，另一类为不饱和脂肪酸。表 4-1 中列出了从动植物中提取的常见的脂肪酸。

表 4-1　动植物来源的常见脂肪酸

名　　称	化学结构	碳链长度
丁酸	$CH_3(CH_2)_2COOH$	4 : 0
辛酸	$CH_3(CH_2)_6COOH$	8 : 0
月桂酸	$CH_3(CH_2)_{10}COOH$	12 : 0
棕榈酸	$CH_3(CH_2)_{14}COOH$	16 : 0
硬脂酸	$CH_3(CH_2)_{16}COOH$	18 : 0
二十烷酸	$CH_3(CH_2)_{18}COOH$	20 : 0
棕榈油酸	$CH_3(CH_2)_5CH{=}CH(CH_2)_7COOH$	16 : 1
油酸	$CH_3(CH_2)_7CH{=}CH(CH_2)_7COOH$	18 : 1
芥酸	$CH_3(CH_2)_7CH{=}CH(CH_2)_{11}COOH$	22 : 1
亚油酸	$CH_3(CH_2)_4CH{=}CHCH_2CH{=}CH(CH_2)_7COOH$	18 : 2
亚麻酸	$CH_3(CH_2)_4CH{=}CHCH_2CH{=}CHCH_2CH{=}CH(CH_2)_4COOH$	18 : 3

饱和脂肪酸是不含 C—C 双键的一类脂肪酸，主要存在于肉制品、椰子油和棕榈油中。

不饱和脂肪酸可以分为单不饱和脂肪酸(带有一个双键)和多不饱和脂肪酸(带有一个以上的双键)。紧邻双键的两个碳原子可以顺式或反式构型出现。但是，大多数天然存在的不饱和脂肪酸具有顺式构型。自然界中最丰富的单不饱和脂肪酸是油酸，存在于各种植物和动物油脂中。油酸在表面活性剂、医药、润滑剂等方面有重要的应用。

多不饱和脂肪酸是指含有 2 个或 2 个以上不饱和双键结构的脂肪酸，依据不饱和双键的位置。其中亚麻酸和亚油酸是最重要的多不饱和脂肪酸，因为自身不能合成，需从食物中获取，是必需脂肪酸。除此以外，多不饱和脂肪酸在医疗上有重要的作用，如抗肿瘤、降低胆固醇、预防心血管疾病等。

羟基脂肪酸是在其化学结构中具有一个或多个羟基的长链脂肪酸，它是饱和或不饱和脂肪酸。由于羟基脂肪酸在自然界中的含量较少，不能满足现代工业的需要，所以羟基脂肪酸的来源主要通过化学方法制备，近几年也有研究者使用更清洁的生物化学法制备羟基脂肪酸。羟基脂肪酸的合成主要有两种途径：直接羟基化反应和环氧化-水解开环反应。近年来，由于羟基脂肪酸在食品、化妆品和医疗等行业的重要应用，已经成为人们广泛关注的焦点。羟基脂肪酸的制备方法有很多，如 H_2O_2 氧化法、高锰酸钾氧化法等。碱性高锰酸钾不仅具有强碱性，还存在着极强的氧化性，会对设备造成严重的腐蚀，对环境污染也比较严重，不符合绿色化学的要求。目前由不饱和脂肪酸制备羟基脂肪酸的方法主要是 H_2O_2

氧化法，因为 H_2O_2 是一种绿色的氧化剂，反应结束后唯一的副产物是水，且价格低廉、反应效率高。与非羟基化脂肪酸相比，羟基脂肪酸具有更高的反应性、溶剂可混溶性、稳定性和黏度。因此，羟基脂肪酸是高附加值的化合物，已应用在润滑剂、乳化剂、稳定剂和医疗行业中。用四球摩擦磨损试验机测试脂肪酸羟基化前后的抗磨性能，结果表明，将羟基引入脂肪酸后抗磨性得到了显著改善，且二羟基二十二碳二烯酸具有良好的抗磨性能。

根据我国润滑脂的产量统计数据，2025 年预计生产润滑脂总量为 63.8 万吨，其中锂/钙基润滑脂产量为 51.04 万吨，占总量的 80%以上。按照润滑脂中质量分数 7.19%估算，我国 12-羟基硬脂酸/硬脂酸消耗量为 3.67 万吨/年。

12-羟基硬脂酸/硬脂酸是生产锂/钙基润滑脂的重要原材料，具有不可替代性。12-羟基硬脂酸/硬脂酸的供应及资源状况对锂/钙基润滑脂的组成和质量有至关重要的作用。

4.1 重要脂肪酸简介

生产锂基脂的主要原料有 12-羟基硬脂酸、单水氢氧化锂和硬脂酸等，其中，单水氢氧化锂的质量检验执行 GB/T 8766，标准中详细规定了单水氢氧化锂的牌号、化学成分、试验方法和检验规则，工业硬脂酸的质量指标执行 GB/T 9103。目前 12-羟基硬脂酸没有国家标准或石化标准，各个生产企业执行本企业的标准，而各企业的质量指标有一定差异。

（1）12-羟基硬脂酸质量指标情况分析

蓖麻是在自然界中唯一含三种不同官能团的化学组分的植物，这一独特分子结构，决定了其加工性强、增值层次高，能加工生产化学品、燃料、材料、润滑剂等化工产品。十二羟基硬脂酸是蓖麻的重要衍生物，也是生产锂基润滑脂的重要原材料

印度是现在世界上最大的蓖麻油的生产和出口国，2024 年蓖麻油产量达到 921 千吨，约占全球同年产量的 69%，北美和欧洲发达工业国家都直接从印度进口蓖麻油。为了满足需求，我国每年也从印度进口大量蓖麻油，2024 年进口 68 千吨，印度蓖麻油的出口直接影响到我国 12-羟基硬脂酸的价格。

我国有蓖麻加工厂近 20 家，主要集中在山东、山西、内蒙古、新疆等省区。规模较大的有天兴化工公司、内蒙古通辽化工厂、东营顺利化工有限公司、聊城四强油化公司、山西中联泽农公司等企业。我国的蓖麻油年总产量在 10 万吨左右，产需基本平衡。我国于 20 世纪 80 年代初期在吉林生产 12-羟基硬脂酸，20 世纪 80 年代后期，内蒙古通辽一家企业引进德国先进工艺设备，优化精炼和氢化工艺，12-羟基硬脂酸产量逐步提高。随着润滑需求量增大，国内又有好多条

生产线，截至 2024 年 12-羟基硬脂酸产能达到 125 千吨左右，主要分布在山东、山西和内蒙古地区，用于润滑脂的生产。

目前 12-羟基硬脂酸没有国家标准或者石化行业标准，各个生产企业执行本企业的标准，国际上也无关于 12-羟基硬脂酸的质量标准。如表 4-2 所示。

表 4-2　12-羟基硬脂酸企业标准

项　　目	山东甲厂家	山东乙厂家	内蒙古丙厂家	国外某厂家
外观	白色或微黄色片状物	白色片状物	白色或微黄色片状物	
酸值/(mg KOH/g)	176～186	178～187	178～187	175
皂化值/(mg KOH/g)	180～190	180～190	183～190	180～190
熔点/℃	73	74	73	70
水分/%	1	3	1.5	—
羟值/(mg KOH/g)	150	152	148	153
碘值/(gI_2/100g)	3	2.5	3	3

润滑脂制造商在生产润滑脂过程中存在由于原材料 12-羟基硬脂酸质量波动造成润滑脂产品质量波动，无法通过酸值、皂化值、羟基值等数据进行问题追溯的情况，因此有必要开展 12-羟基硬脂酸质量研究及组分测定，增加脂肪酸成分组成分析项目，对该原材料技术规范进行优化。

各组分定量分析的结果见表 4-3，从表中数据可以看出 3 个厂家原料的纯度有差异，其中丙厂家生产的 12-羟基硬脂酸的含量高达 86.1%，甲厂家生产的 12-羟基硬脂酸的含量仅有 80.5%。对比其他脂肪酸的含量，三家原料中硬脂酸的含量相当。另外，需要关注未知化合物对润滑脂性能的影响。

表 4-3　三家生产厂的 12-羟基硬脂酸样品的各组分含量测定

化合物名称	甲厂家/%	乙厂家/%	丙厂家/%
C16 饱和酸	微量	微量	微量
C18 饱和酸	12.5	12.2	11.8
12-羟基硬脂酸	80.5	84.7	86.1
未知化合物	微量	微量	微量

对于工业 12-羟基硬脂酸的质量分析，理化指标不足以反映出原料的质量优劣，而用色谱分析法直接对原料的纯度进行测定，定量测定各个组分的含量，更能反映出原料的质量水平，且测定方法简单快速准确。

在相同的工艺条件下按照相同的配方，分别使用三家 12-羟基硬脂酸生产了锂基润滑脂，对锂基润滑脂的理化性能进行了分析评价，结果见表 4-4。可以看出，12-羟基硬脂酸原料的纯度越高，低分子酸的含量越低；生产的锂基脂的滴点越高，相同皂分生产的脂的稠度越大。丙厂家比甲厂家的滴点高了 4 个单位、工作锥入度小了 32 个单位，如果生产同样稠度的锂基润滑脂，使用丙厂家的原料要比甲厂家的皂分低，可以说在润滑脂的生产中 12-羟基硬脂酸的质量优劣直接体现在脂的皂分含量上，皂分量低可以降低润滑脂的生产成本。使用甲厂家生产的脂的机械安定性也较差，滚筒和十万次剪切后稠度变化最大，分油也最大，说明胶体安定性也较差。

表 4-4　锂基润滑脂理化数据对比

项　　目	甲厂家	乙厂家	丙厂家	试验方法
滴点/℃	190	191	194	GB 4929
工作锥入度/0. 1mm	293	286	261	GB/T 269
延长工作锥入度/0. 1mm	342	322	320	GB/T 269
滚筒安定性/0. 1mm	34	24	19	SH/T 0122
钢网分油/%	5. 17	3. 99	2. 6	NB/SH/T 0324

从分析数据可以看出，12-羟基硬脂酸原料的质量严重影响了锂基润滑脂的理化性能。因此，在锂基润滑脂的生产中，工业 12-羟基硬脂酸应当进行筛选，结合生产成本选择合适的原料。

（2）硬脂酸质量指标情况分析

纯品硬脂酸为带有光泽的白色柔软小片。不溶于水，溶于酒精、丙酮，易溶于苯、氯仿、乙醚、四氯化碳、二硫化碳、醋酸戊酯和甲苯等，无毒，存在于烤烟烟叶、白肋烟烟叶、香料烟烟叶、烟气中，是组成硬脂精的脂肪酸。硬脂酸在 90~100℃下慢慢挥发，具有一般有机羧酸的化学通性。

工业品硬脂酸呈白色或微黄色颗粒或块，为 45%硬脂酸与 55%软脂酸的混合物，并含有少量油酸，略带脂肪气味。硬脂酸工业品分一级(旧称三压，经过三次压榨)、二级(旧称二压，经过二次压榨)和三级(旧称一压，经过一次压榨或不经过压榨)。一级和二级硬脂酸是带有光泽或是晶粒的白色蜡状固体，三级硬脂酸是淡黄色蜡状固体。一级酸又叫化妆品硬脂酸，三级酸又叫橡胶级硬脂酸，二级酸是介于二者之间的。一级酸可用于食品行业，主要使用植物原料，又叫植物酸，三级酸主要使用动物原料，又叫动物酸。

工业品硬脂酸主要应用如下：在橡胶工业中作硫化活性剂；在塑料工业中作润滑剂、稳定剂；在纺织工业和家用洗涤剂中作柔软剂和杀菌剂；在精密铸造中作蜡模；在润滑脂工业中作皂基等。工业品硬脂酸的商品型号很多，有 200 型、400 型、800 型；有 1801 型、1803 型、1805 型、1806 型、1809 型、1835 型、1836 型、1837 型、1839 型、1840 型、1841 型、1842 型、1845 型、1850 型、

1865 型、1870 型、1885 型、1895 型、1896 型；有 1005 型、1205 型等。一般来说，1838 型和 1840 型主要使用植物原料，属于一级酸；1810 型主要使用动物原料，属于三级酸。1801 型是最好的硬脂酸，几乎所有的领域都可以使用。

由动物油脂、植物油脂经水解后用压榨法或蒸馏法精制生产的工业用硬脂酸（主要成分为十八烷酸和十六烷酸）的测定，按照 GB/T 9103—2013 国家标准进行检验，质量指标见表 4-5。

表 4-5 工业硬脂酸的理化指标

项　目	1840 型		1850 型		1865 型		橡塑级
	一等品	合格品	一等品	合格品	一等品	合格品	—
C18 含量/%	38～42	35～45	48～55	46～58	62～68	60～70	
皂化值（以 KOH 计）/（mg/g）	206～212	203～215	206～211	203～212	202～210	200～210	190～225
酸值（以 KOH 计）/（mg/g）	205～211	202～214	205～210	202～211	201～209	200～209	190～224
碘值（以 I_2 计）/（g/100g）	1	2	1	2	1	2	8
色泽/Hazen	100	400	100	400	100	400	400
凝固点/℃	53～57		54～58		57～62		>52

发现上述的指标还是比较宽泛的，特别是在润滑脂应用领域里，上述指标都需进行检测而且数值指标需要进一步收紧，另外还发现个别厂家的硬脂酸在高温区会变黄，有的厂家虽然在高温区未变黄，但是润滑脂制备性能仍然有差异。如表 4-6 所示。

表 4-6 工业硬脂酸组成

等　级	月桂酸 C_{12}/%	肉豆蔻酸 C_{14}/%	十五烷酸 C_{15}/%	棕榈酸 C_{16}/%	十七烷酸 C_{17}/%	硬脂酸 C_{18}/%	花生酸 C_{20}/%	油酸 C_{18}/%	未知化合物
纯硬脂酸				7	微量	90	微量		微量
一压硬脂酸		微量	微量	52	微量	38		5	微量
二压硬脂酸		微量	微量	52	微量	39		4	微量
三压硬脂酸		微量	微量	52	微量	43			微量
氢化油脂		微量	微量	29	微量	66			微量
橡胶级	微量	9	微量	21	微量	60	微量	5	微量
硬脂棕榈		4	微量	21	微量	72	微量		微量

生产锂钙基润滑脂的主要原料有 12-羟基硬脂酸、单水氢氧化锂、氢氧化钙和硬脂酸等。在相同的工艺条件下按照相同的配方，分别使用六家硬脂酸生产了锂钙基润滑脂，对锂钙基润滑脂的理化性能进行了分析评价，结果见表 4-7，可以看出，不同产地硬脂酸的质量优劣直接体现在脂的皂分含量上，皂分量低可以

降低润滑脂的生产成本。更重要的是，脂的机械安定性、十万次剪切、分油和滴点差别很大。

表 4-7 锂钙基润滑脂理化数据对比

项　　目	A 厂家	B 厂家	C 厂家	D 厂家	E 厂家	F 厂家	试验方法
滴点/℃	200	201	203	204	202	204	GB 4929
工作锥入度/0. 1mm	230	225	232	236	245	250	GB/T 269
延长工作锥入度/0. 1mm	255	264	279	283	280	315	GB/T 269
钢网分油/%	1. 14	1. 17	3. 20	2. 25	1. 30	2. 26	NB/SH/T 0324

（3）不同脂肪酸熔点对比

熔点是物质的基本物理性质，熔点高低反映了物质的基本分子结构及组成。一般来说，不同类型晶体的熔、沸点的高低顺序为：原子晶体>离子晶体>分子晶体，而金属晶体的熔、沸点有高有低。这是由于不同类型晶体的微粒间作用不同，其熔、沸点也不相同。原子晶体间靠共价键结合，一般熔、沸点最高；离子晶体阴、阳离子间靠离子键结合，一般熔、沸点较高；分子晶体分子间靠范德华力结合，一般熔、沸点较低；金属晶体中金属键的键能有大有小，因而金属晶体熔、沸点有高有低。分子晶体熔、沸点的高低，取决于分子间作用力的大小。一般来说，组成和结构相似的物质，其相对分子质量越大，分子间作用力越强，熔、沸点就越高。

图 4-1 为 9~22 碳链的高级一元脂肪酸的熔点对比。可以看出，一元脂肪酸随着碳链增加，熔点增加。另外，C10 烷酸和 C11 烷酸熔点接近，分子间作用力相近。C12 烷酸和 C13 烷酸熔点接近，分子间作用力相近。C14 烷酸和 C15 烷酸熔点接近，分子间作用力相近。C16 烷酸和 C17 烷酸熔点接近，分子间作用力相近。C18 烷酸和 C19 烷酸熔点接近，分子间作用力相近。C20 烷酸和 C21 烷酸熔点接近，分子间作用力相近。

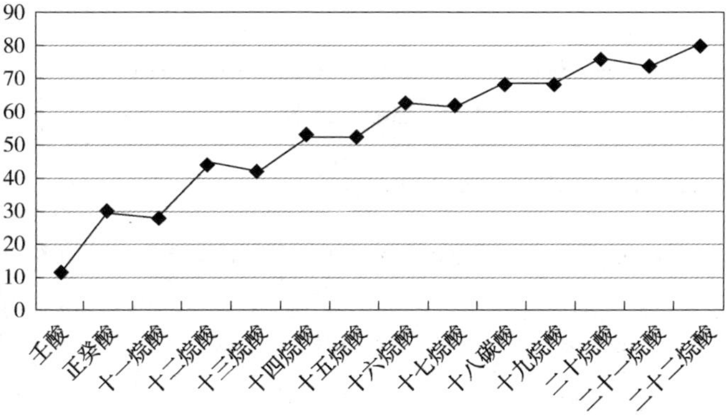

图 4-1 不同脂肪酸熔点对比

4.2 短链脂肪酸

如图 4-2～图 4-5 和表 4-8～表 4-12 所示，为短链脂肪酸——醋酸物化数据和三谱图分析。

① 红外谱图

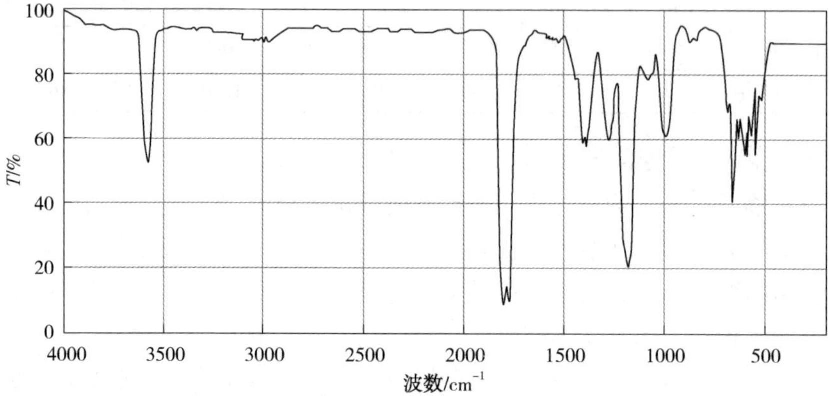

图 4-2 醋酸红外气相谱图

表 4-8 醋酸红外气相谱图分析

官能团	作用区域	备 注
COO—H st	3581cm^{-1}处显示 COO—H 的拉伸振动特征峰	自由，尖
CH_3 δ as	1453cm^{-1}是 CH_3 的不对称变形振动	中等
CH_3 δ sy	1386cm^{-1}是 CH_3 的对称变形振动	中等
C—O 伸缩振动	二聚体，C—O 伸缩振动，1375cm^{-1}	
O—H 面外弯曲振动	987cm^{-1}处显示 O—H 面外弯曲振动	
C═O st	1777cm^{-1}为脂肪族酯的 C═O 吸收特征峰	1790～1650cm^{-1} 脂肪族酯，强

表 4-9 醋酸红外谱图分析

官能团	作用区域	备 注
宽的 O—H 伸缩振动	3300～2500cm^{-1}处显示 O—H 伸缩振动特征峰	通常可以观察到较弱的 C—H 伸缩谱带叠加在宽的 O—H 谱带上
C—H(CH_3) st as	2901cm^{-1}处显示—CH_3 的不对称拉伸振动特征峰	各种强度，多重峰
CH_3 δ as	1441cm^{-1}是 CH_3 的不对称变形振动	中等，与 CH_2δ 重合

续表

官能团	作用区域	备　注
CH_3 δ sy	1351cm^{-1}是 CH_3 的对称变形振动	中等
C—O—H 面内弯曲振动	C—O—H 面内弯曲振动，1415cm^{-1}	
C—O 伸缩振动	二聚体，C—O 伸缩振动，1282cm^{-1}	
O—H 面外弯曲振动	1020cm^{-1}处显示 O—H 面外弯曲振动	
C═O st	1648cm^{-1}为脂肪族酯的 C═O 吸收特征峰	1790~1650cm^{-1} 脂肪族酯，强

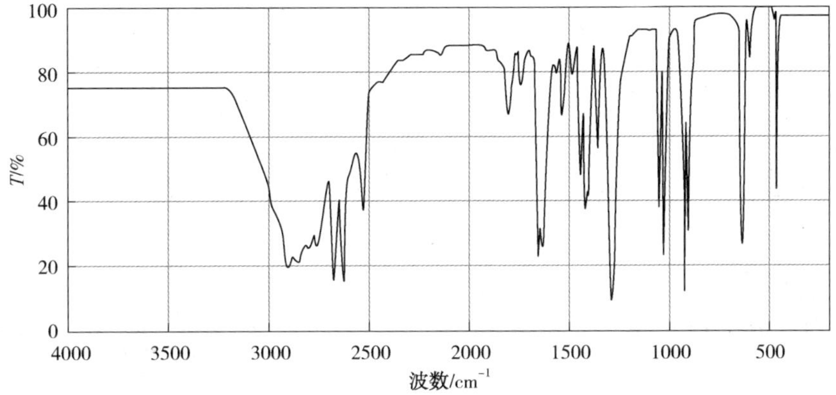

图 4-3　醋酸红外谱图

② 质谱谱图

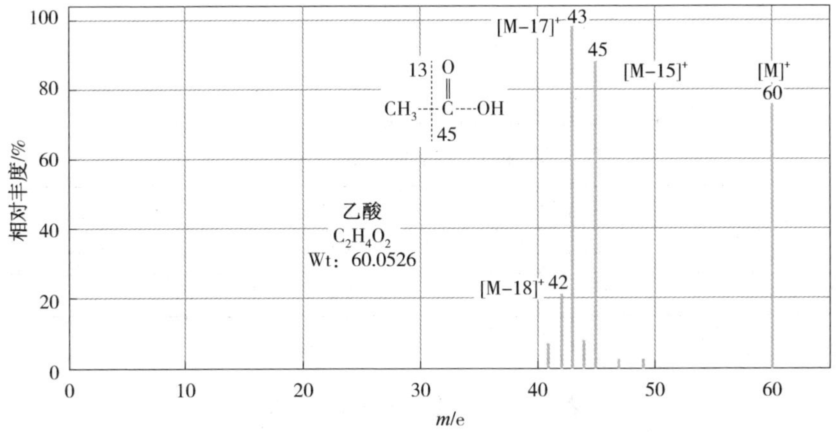

图 4-4　醋酸质谱图

表 4-10　醋酸质谱分析

测　定	作用区域	备　　注
分子离子	[M]$^+$(m/z 60)很强	脂肪族：直链一元羧酸的分子离子峰很弱，但可以辨认
碎片	[M-17]$^+$很强(m/z 43)	短链酸中，M—OH，M—CO_2H 峰是主要的
	m/z 45	留在含氧碎片上 $C_nH_{2n+1}O_2$ 系列
	[M-18]$^+$	脱水给出[M-18]$^+$

③ 核磁谱图

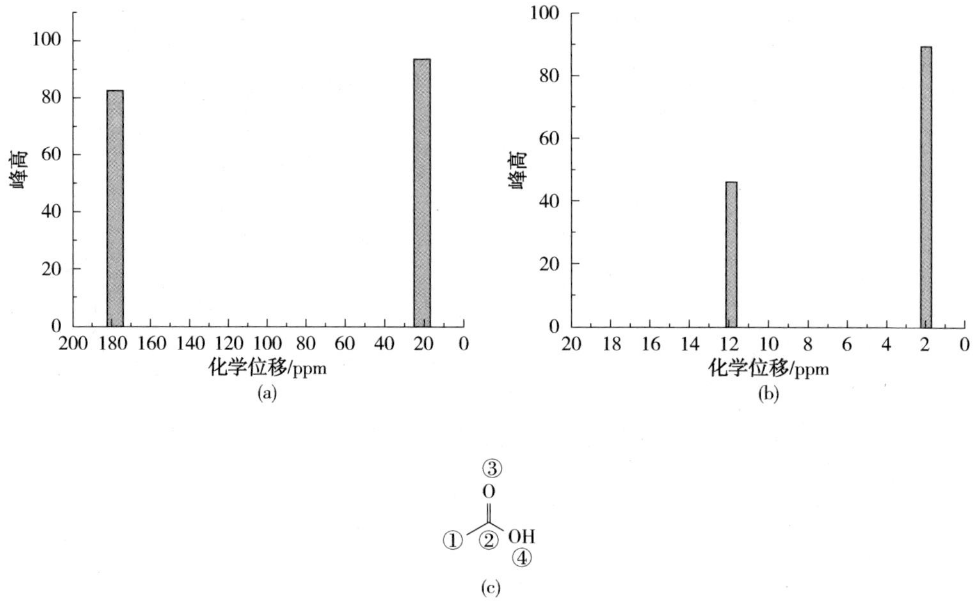

图 4-5　醋酸核磁谱图

(a)^{13}C 核磁谱图；(b)^{1}H 核磁谱图；(c)分子结构式及其编号

表 4-11　醋酸核磁分析

原子序号	^{13}C 核磁化学位移	原子序号	^{1}H 核磁化学位移
C1	20. 7	H1	2. 06
C2	177. 7	H4	11. 9

概况

表 4-12　醋酸结构及物化信息

中文名称	乙酸	SRN	30315
化学式	$C_2H_4O_2$	熔点	17℃
英文名称	Acetic acid	沸点	118℃

续表

分子量	60.0526	测试溶剂	$CDCl_3$
CAS	64-19-7	测试参比	TMS
辛醇/水分配系数：LogP	-0.2	重原子数	4
可旋转键数	0	环数	0
sp3 杂化的碳原子比例	0.5	拓扑面积	37.3
氢给体数	1	氢受体数	2

4.3 中链脂肪酸

(1) 七烷酸

如图 4-6～图 4-9 和表 4-13～表 4-18 所示，为七烷酸物化数据和三谱图分析。

① 红外谱图

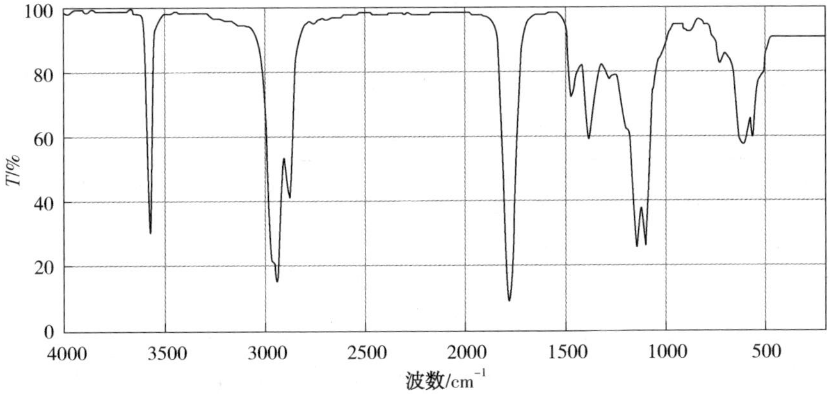

图 4-6　七烷酸红外气相谱图

表 4-13　七烷酸红外气相谱图分析

官能团	作用区域	备　注
COO—H st	$3574cm^{-1}$处显示 COO—H 的拉伸振动特征峰	自由，尖
C—H(CH_2)st as	$2936cm^{-1}$处显示—CH_2 的不对称拉伸振动特征峰	各种强度，多重峰
C—H(CH_2)st sy	$2876cm^{-1}$处显示—CH_2 的对称拉伸振动特征峰	各种强度，多重峰
CH_3 δ as	$1470cm^{-1}$是 CH_3 的不对称变形振动	中等，与 CH_2δ 重合
CH_3 δ sy	$1384cm^{-1}$是 CH_3 的对称变形振动	中等

续表

官能团	作用区域	备　注
CH_2 γ	$720cm^{-1}$是 CH_2 的面内摇摆振动	中等
C═O st	$1777cm^{-1}$为脂肪族酯的 C═O 吸收特征峰	$1790 \sim 1650cm^{-1}$ 脂肪族酯，强

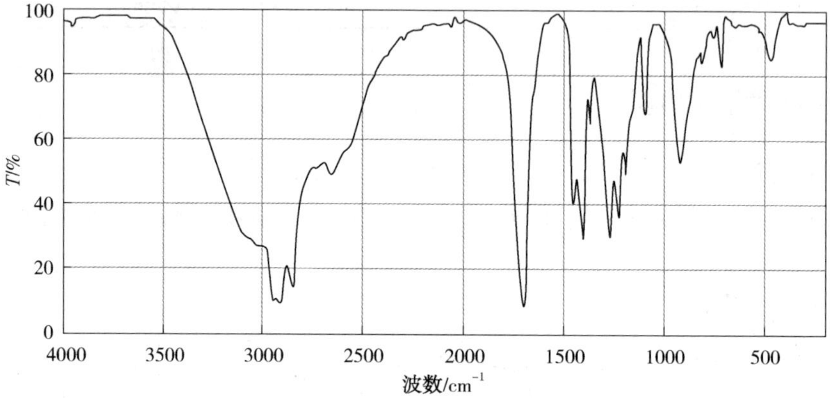

图 4-7　七烷酸红外谱图

表 4-14　七烷酸红外谱图分析

官能团	作用区域	备　注
宽的 O—H 伸缩振动	$3300 \sim 2500cm^{-1}$处显示 O—H 的伸缩振动特征峰	羧酸二聚体通常可以观察到较弱的 C—H 伸缩谱带叠加在宽的 O—H 谱带上
C—H(CH_2)st as	$2924cm^{-1}$处显示—CH_2 的不对称拉伸振动特征峰	各种强度，多重峰
C—H(CH_2)st sy	$2854cm^{-1}$处显示—CH_2 的对称拉伸振动特征峰	
CH_3 δ as	$1452cm^{-1}$是 CH_3 的不对称变形振动	中等，与 CH_2δ 重合
CH_3 δ sy	$1375cm^{-1}$是 CH_3 的对称变形振动	中等
C—O—H 面内弯曲振动	C—O—H 面内弯曲振动，$1405cm^{-1}$	
C—O 伸缩振动	二聚体，C—O 伸缩振动，$1275cm^{-1}$	
O—H 面外弯曲振动	$923cm^{-1}$处显示 O—H 面外弯曲振动	
CH_2 γ	$719cm^{-1}$是 CH_2 的面内摇摆振动	中等
C═O st	$1705cm^{-1}$为脂肪族酯的 C═O 吸收特征峰	$1790 \sim 1650cm^{-1}$ 脂肪族酯，强

② 质谱谱图

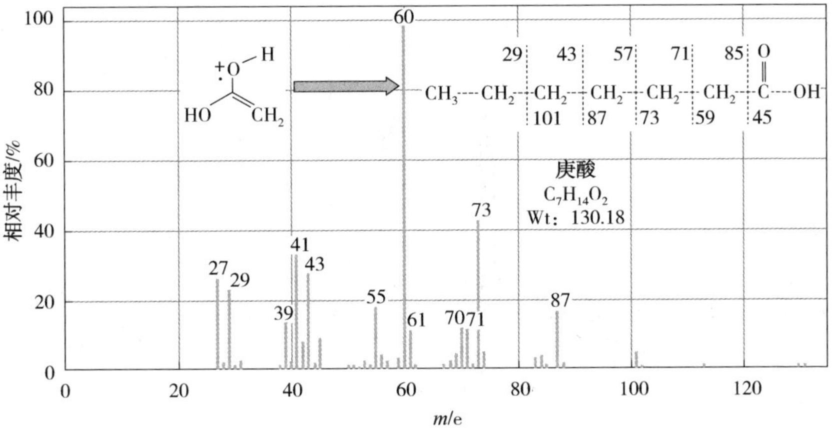

图 4-8　七烷酸质谱图

表 4-15　七烷酸质谱分析

测　定	作用区域	备　　注
分子离子	$[M+1]^+$很弱（m/z 131）	脂肪族：直链一元羧酸的分子离子峰很弱，但可以辨认
碎片	$[M-17]^+$很弱（m/z 113）	短链酸中，M—OH，M—CO_2H 峰是主要的
	$[M-45]^+$弱（m/z 85）	短链酸中，M—OH，M—CO_2H 峰是主要的
	m/z 45，59，73，87	留在含氧碎片上 $C_nH_{2n+1}O_2$ 系列
	m/z 43，57，71，85	留在烷基碎片上 C_nH_{2n+1} 系列
	m/z 27，28，41，42，55，56，69，70	烃类图谱
重排	m/z 60，61	由麦氏重排产生的 $C_nH_{2n}O_2$

③ 核磁谱图

表 4-16　七烷酸核磁分析

原子序号	^{13}C 核磁化学位移	原子序号	^{1}H 核磁化学位移
C1	14	H1	0. 91
C2	22. 7	H2	1. 4
C3	31. 7	H3	1. 6
C4	28. 9	H4	1. 8
C5	24. 9	H5	1. 8
C6	34. 3	H6	2. 31
C7	180. 8	H9	11. 84

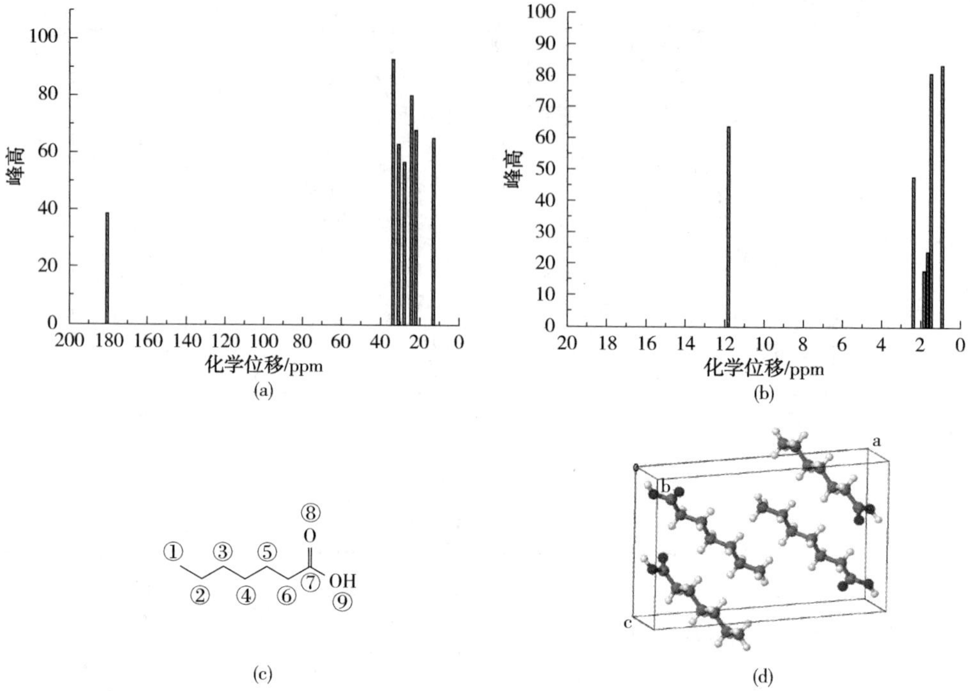

图 4-9　七烷酸核磁谱图

(a)^{13}C 核磁谱图；(b)^{1}H 核磁谱图；(c)分子结构式及其编号；(d)晶体结构

晶体信息

表 4-17　七烷酸晶体结构数据

晶胞棱长(轴长)	α=90°； β=92.864±0.003°； γ=90°	晶胞轴角	a=16.0089±0.0015Å； b=5.0764±0.0004Å； c=10.1589±0.0007Å
空间群	P121/c1	晶胞体积	824.56±0.12Å^3

概况

表 4-18　七烷酸结构及物化信息

中文名称	庚酸；正庚酸；葡萄花酸	SRN	14323
化学式	$C_7H_{14}O_2$	熔点	-10℃
英文名称	Heptanoic acid；oenanthic acid	沸点	224℃
分子量	130.18	测试溶剂	$CDCl_3$
CAS	111-14-8	测试参比	TMS

续表

辛醇/水分配系数：LogP	2.5	重原子数	9
可旋转键数	5	环数	0
sp3 杂化的碳原子比例	0.857	拓扑面积	37.3
氢给体数	1	氢受体数	2

(2) 辛酸

如图 4-10~图 4-13 和表 4-19~表 4-22 所示，为辛酸物化数据和三谱图分析。

① 红外谱图

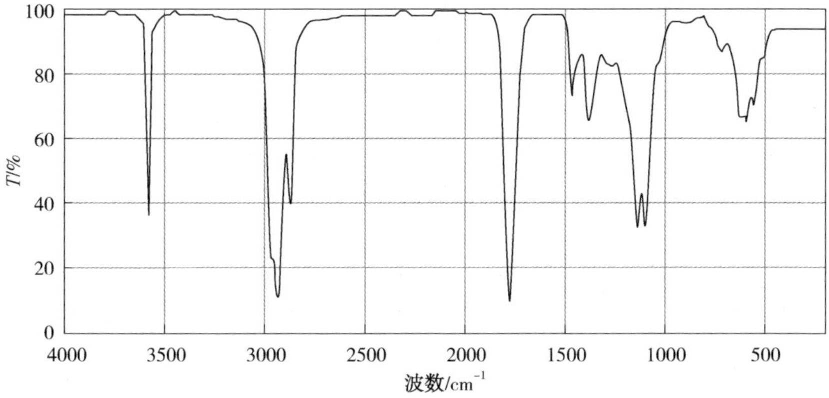

图 4-10　辛酸红外气相谱图

表 4-19　辛酸红外气相谱图分析

官能团	作用区域	备　注
COO—H st	3579cm^{-1}处显示 COO—H 的拉伸振动特征峰	自由，尖
C—H(CH_2)st as	2935cm^{-1}处显示—CH_2 的不对称拉伸振动特征峰	各种强度，多重峰
C—H(CH_2)st sy	2874cm^{-1}处显示—CH_2 的对称拉伸振动特征峰	各种强度，多重峰
CH_3 δ as	1467cm^{-1}是 CH_3 的不对称变形振动	中等，与 CH_2δ 重合
CH_3 δ sy	1388cm^{-1}是 CH_3 的对称变形振动	中等
CH_2 γ	727cm^{-1}是 CH_2 的面内摇摆振动	中等
C═O st	1779cm^{-1}为脂肪族酯的 C═O 吸收特征峰	1790~1650cm^{-1} 脂肪族酯，强

表 4-20　辛酸红外谱图分析

官能团	作用区域	备　注
C—H(CH_2)st as	2935cm^{-1}处显示—CH_2 的不对称拉伸振动特征峰	各种强度，多重峰

续表

官能团	作用区域	备　注
C—H(CH_2)st sy	2868cm^{-1}处显示—CH_2 的对称拉伸振动特征峰	各种强度，多重峰
CH_3 δ as	1467cm^{-1}是 CH_3 的不对称变形振动	中等，与 CH_2δ 重合
CH_3 δ sy	1385cm^{-1}是 CH_3 的对称变形振动	中等
CH_2 γ	723cm^{-1}是 CH_2 的面内摇摆振动	中等
C═O st	1719cm^{-1}为脂肪族酯的 C═O 吸收特征峰	1790~1650cm^{-1} 脂肪族酯，强

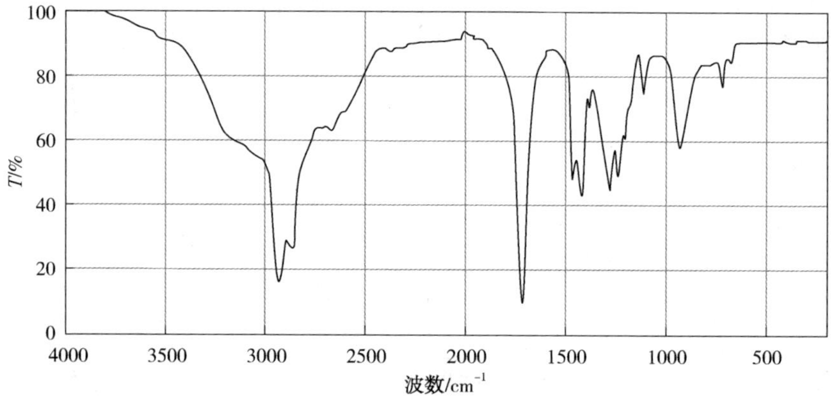

图 4-11　辛酸红外谱图

② 质谱谱图

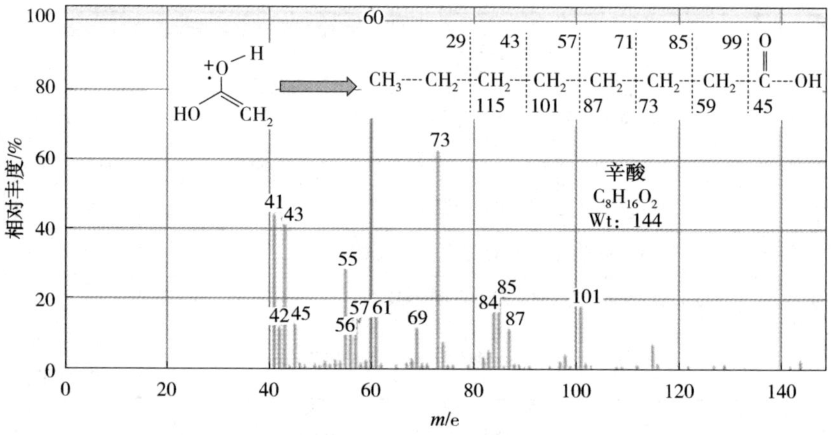

图 4-12　辛酸质谱图

表 4-21　辛酸质谱分析

测　定	作用区域	备　　注
分子离子	$[M]^+$很弱(m/z 144)	脂肪族：直链一元羧酸的分子离子峰很弱，但可以辨认
碎片	$[M-17]^+$很弱(m/z 127)	短链酸中，M—OH，M—CO_2H 峰是主要的
	$[M-45]^+$弱(m/z 99)	短链酸中，M—OH，M—CO_2H 峰是主要的
	m/z 45，59，73，87，101	留在含氧碎片上 $C_nH_{2n+1}O_2$ 系列
	m/z 43，57，71，85，99	留在烷基碎片上 C_nH_{2n+1} 系列
	m/z 41，42，55，56，69，70	烃类图谱
重排	m/z 60，61	由麦氏重排产生的 $C_nH_{2n}O_2$

③ 核磁谱图

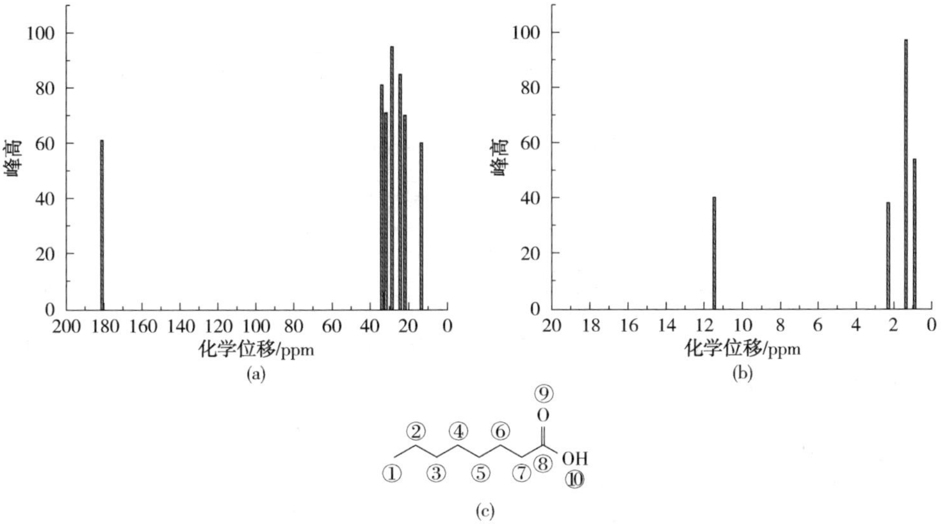

图 4-13　辛酸核磁谱图

(a)^{13}C 核磁谱图；(b)^{1}H 核磁谱图；(c)分子结构式及其编号

表 4-22　辛酸核磁分析

原子序号	^{13}C 核磁化学位移	原子序号	^{1}H 核磁化学位移
C1	14. 1	H1	0. 88
C2	22. 9	H2	1. 3
C3	32	H3	1. 3
C4	29. 3	H4	1. 3
C5	29. 2	H5	1. 3
C6	25	H6	1. 3
C7	34. 3	H7	2. 36
C8	180. 6	H10	11. 47

(3) 壬烷酸

如图 4-14～图 4-17 和表 4-23～表 4-28 所示，为壬烷酸物化数据和三谱图分析。

① 红外谱图

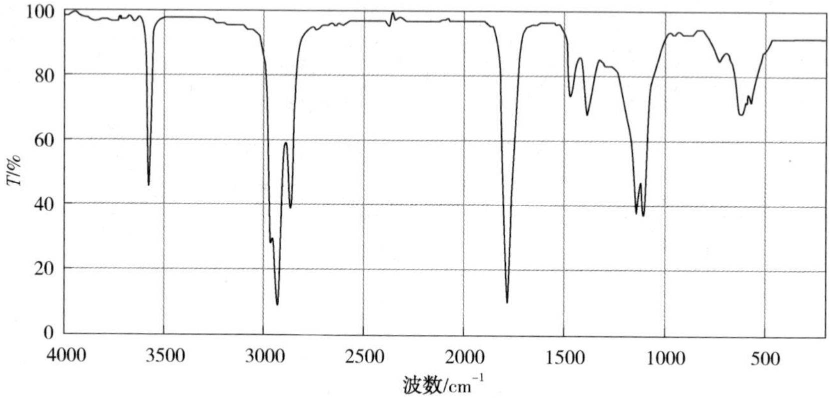

图 4-14 壬烷酸红外气相谱图

表 4-23 壬烷酸红外气相谱图分析

官能团	作用区域	备 注
COO—H st	3579cm^{-1}处显示 COO—H 的拉伸振动特征峰	自由，尖
C—H(CH_2)st as	2933cm^{-1}处显示—CH_2 的不对称拉伸振动特征峰	各种强度，多重峰
C—H(CH_2)st sy	2866cm^{-1}处显示—CH_2 的对称拉伸振动特征峰	各种强度，多重峰
CH_3 δ as	1464cm^{-1}是 CH_3 的不对称变形振动	中等，与 CH_2δ 重合
CH_3 δ sy	1383cm^{-1}是 CH_3 的对称变形振动	中等
CH_2 γ	724cm^{-1}是 CH_2 的面内摇摆振动	中等，C-$(CH_2)_n$-$C_{n>4}$，≈720
C═O st	1779cm^{-1}为脂肪族酯的 C═O 吸收特征峰	1790～1650cm^{-1} 脂肪族酯，强

表 4-24 壬烷酸红外谱图分析

官能团	作用区域	备 注
宽的 O—H 伸缩振动	3300～2500cm^{-1}处显示 O—H 的伸缩振动特征峰	通常可以观察到较弱的 C—H 伸缩谱带叠加在宽的 O—H 谱带上
C—H(CH_2)st as	2921cm^{-1}处显示—CH_2 的不对称拉伸振动特征峰	各种强度，多重峰
C—H(CH_2)st sy	2853cm^{-1}处显示—CH_2 的对称拉伸振动特征峰	

续表

官能团	作用区域	备　注
CH_3 δ as	1468cm^{-1}是 CH_3 的不对称变形振动	中等，与 CH_2δ 重合
CH_3 δ sy	1378cm^{-1}是 CH_3 的对称变形振动	中等
C—O—H 面内弯曲振动	C—O—H 面内弯曲振动，1413cm^{-1}	
C—O 伸缩振动	二聚体，C—O 伸缩振动，1284cm^{-1}	
O—H 面外弯曲振动	938cm^{-1}处显示 O—H 面外弯曲振动	
CH_2 γ	722cm^{-1}是 CH_2 的面内摇摆振动	中等
C═O st	1713cm^{-1}为脂肪族酯的 C═O 吸收特征峰	1790~1650cm^{-1} 脂肪族酯，强

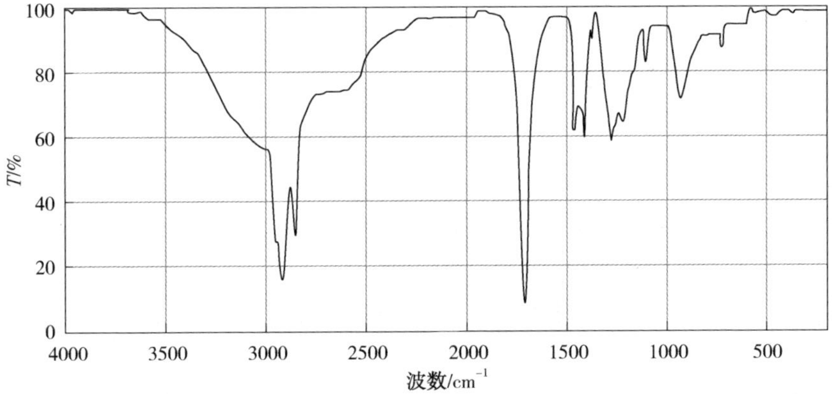

图 4-15　壬烷酸红外谱图

② 质谱谱图

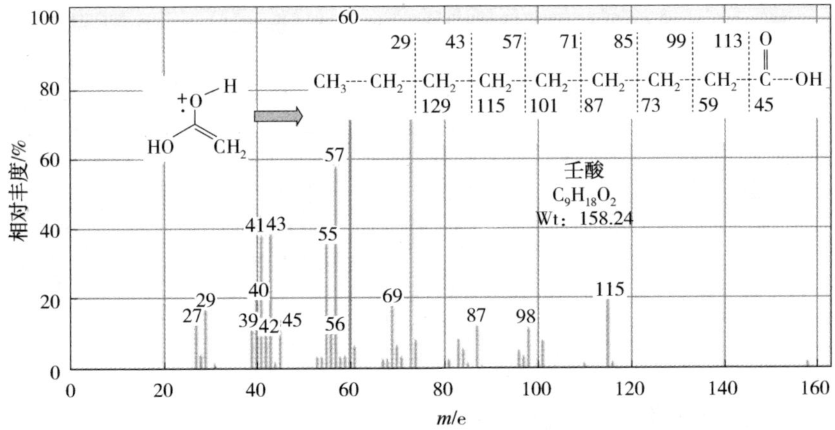

图 4-16　壬烷酸质谱图

表 4-25　壬烷酸质谱分析

测　定	作用区域	备　　注
分子离子	$[M+1]^+$很弱(m/z 159)	中等，长链的较强，易于质子化。通常可检测到，易于质子化为$[M+1]^+$
碎片	$[M-17]^+$很弱(m/z 141)	短链酸中，M—OH，M—CO_2H 峰是主要的
	$[M-45]^+$弱(m/z 113)	短链酸中，M—OH，M—CO_2H 峰是主要的
	m/z 45，59，73，87，101，115	留在含氧碎片上 $C_nH_{2n+1}O_2$ 系列
	m/z 43，57，71，85	留在烷基碎片上 C_nH_{2n+1}系列
	m/z 27，28，41，42，55，56，69，70	烃类图谱
重排	m/z 60，61	由麦氏重排产生的 $C_nH_{2n}O_2$

③ 核磁谱图

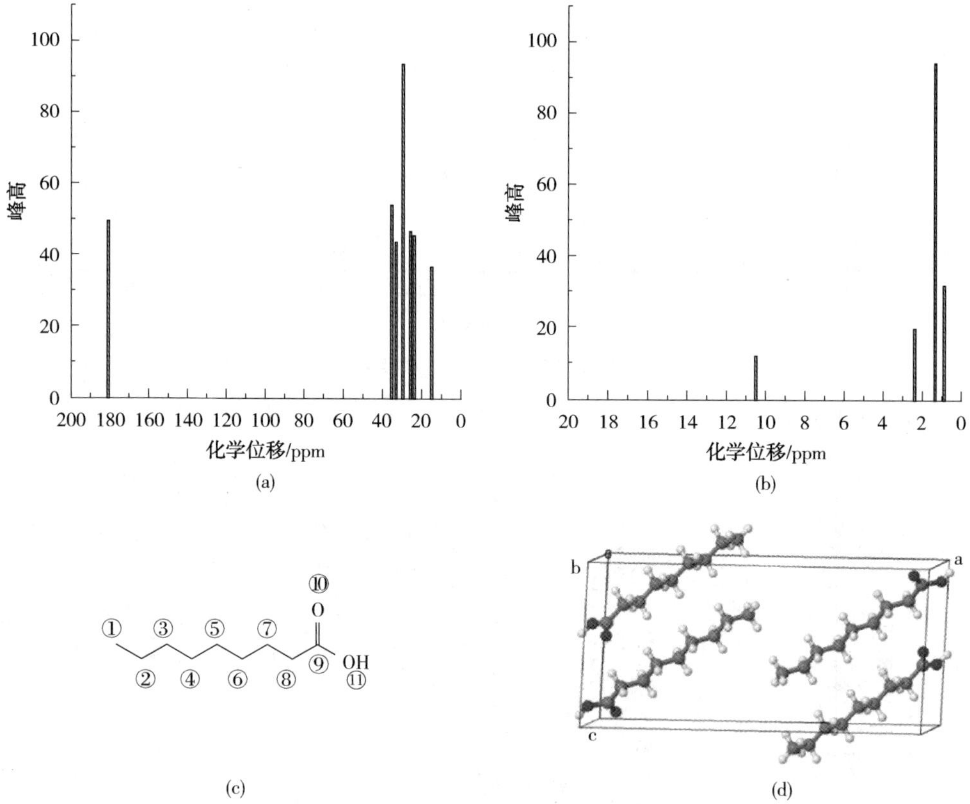

图 4-17　壬烷酸核磁谱图

(a)^{13}C 核磁谱图；(b)^{1}H 核磁谱图；(c)分子结构式及其编号；(d)晶体结构

表 4-26　壬烷酸核磁分析

原子序号	^{13}C 核磁化学位移	原子序号	^{1}H 核磁化学位移
C1	14.1	H1	0.88
C2	22.9	H2	1.28
C3	32.1	H3	1.28
C4	29.3	H4	1.28
C5	29.3	H5	1.28
C6	29.3	H6	1.28
C7	24.9	H7	1.28
C8	34.3	H8	2.38
C9	180.6	H11	10.53

晶体信息

表 4-27　壬烷酸晶体结构数据

晶胞棱长(轴长)	$\alpha=90°$; $\beta=93.778\pm0.007°$; $\gamma=90°$	晶胞轴角	$a=21.113\pm0.0003$Å; $b=4.9188\pm0.0006$Å; $c=10.1177\pm0.0007$Å
空间群	P121/c1	晶胞体积	1048.45 ± 0.15Å^3

概况

表 4-28　壬烷酸结构及物化信息

中文名称	壬酸	SRN	
化学式	$C_9H_{18}O_2$	熔点	12℃
英文名称	Nonanoic acid	沸点	254℃
分子量	158.24	测试溶剂	$CDCl_3$
CAS	112-05-0	测试参比	TMS
辛醇/水分配系数：LogP	3.5	重原子数	11
可旋转键数	7	环数	0
sp3 杂化的碳原子比例	0.888	拓扑面积	37.3
氢给体数	1	氢受体数	2

（4）十烷酸

如图 4-18～图 4-21 和表 4-29～表 4-34 所示，为十烷酸物化数据和三谱图分析。

① 红外谱图

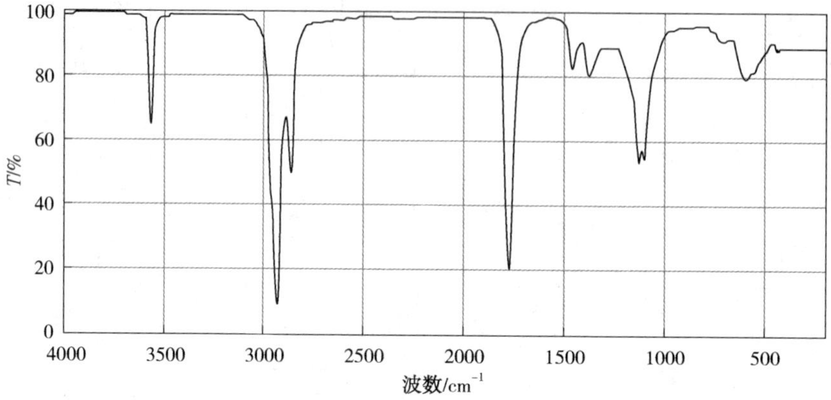

图 4-18　十烷酸红外气相谱图

表 4-29　十烷酸红外气相谱图分析

官能团	作用区域	备　注
COO—H st	$3572cm^{-1}$处显示 COO—H 的拉伸振动特征峰	自由，尖
C—H(CH_2)st as	$2933cm^{-1}$处显示—CH_2 的不对称拉伸振动特征峰	各种强度，多重峰
C—H(CH_2)st sy	$2864cm^{-1}$处显示—CH_2 的对称拉伸振动特征峰	各种强度，多重峰
CH_3 δ as	$1462cm^{-1}$是 CH_3 的不对称变形振动	中等，与 CH_2δ 重合
CH_3 δ sy	$1374cm^{-1}$是 CH_3 的对称变形振动	中等
CH_2 γ	$721cm^{-1}$是 CH_2 的面内摇摆振动	中等
C═O st	$1777cm^{-1}$为脂肪族酯的 C═O 吸收特征峰	$1790 \sim 1650cm^{-1}$ 脂肪族酯，强

表 4-30　十烷酸红外谱图分析

官能团	作用区域	备　注
宽的 O—H 伸缩振动	$3300 \sim 2500cm^{-1}$处显示 O—H 的伸缩振动特征峰	通常可以观察到较弱的 C—H 伸缩谱带叠加在宽的 O—H 谱带上
C—H(CH_2)st as	$2916cm^{-1}$处显示—CH_2 的不对称拉伸振动特征峰	各种强度，多重峰
C—H(CH_2)st sy	$2845cm^{-1}$处显示—CH_2 的对称拉伸振动特征峰	
CH_3 δ as	$1459cm^{-1}$是 CH_3 的不对称变形振动	中等，与 CH_2δ 重合
CH_3 δ sy	$1370cm^{-1}$是 CH_3 的对称变形振动	中等
C—O—H 面内弯曲振动	C—O—H 面内弯曲振动，$1405cm^{-1}$	

续表

官能团	作用区域	备　注
C—O 伸缩振动	二聚体，C—O 伸缩振动，1272cm^{-1}	
O—H 面外弯曲振动	923cm^{-1}处显示 O—H 面外弯曲振动	
CH_2 γ	716cm^{-1}是 CH_2 的面内摇摆振动	中等
C═O st	1705cm^{-1}为脂肪族酯的 C═O 吸收特征峰	1790~1650cm^{-1} 脂肪族酯，强

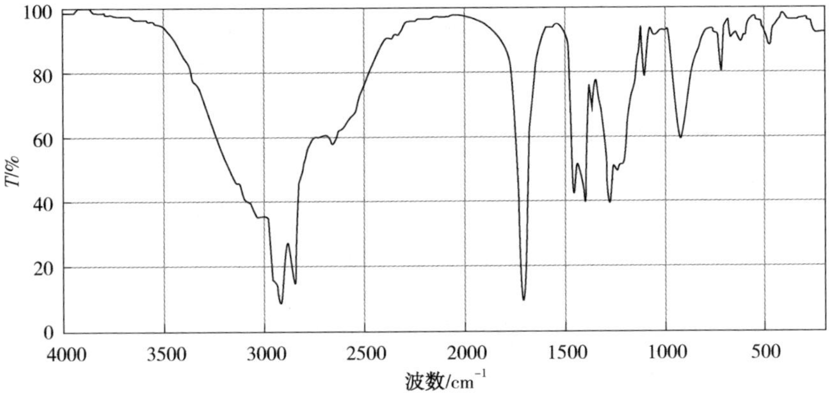

图 4-19　十烷酸红外谱图

② 质谱谱图

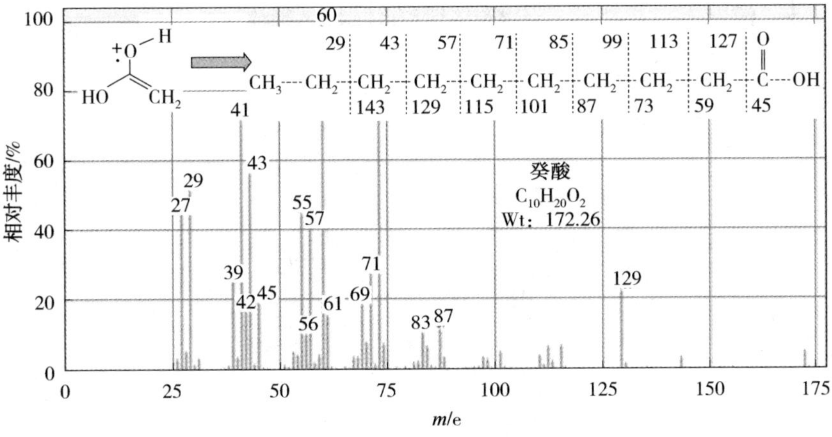

图 4-20　十烷酸质谱图

表 4-31　十烷酸质谱分析

测　定	作用区域	备　　注
分子离子	[M+1]$^+$弱(m/z 173)	中等，长链的较强，易于质子化。通常可检测到，易于质子化为[M+1]$^+$
碎片	[M-17]$^+$很弱(m/z 155)	短链酸中，M—OH，M—CO_2H 峰是主要的
	[M-45]$^+$弱(m/z 127)	短链酸中，M—OH，M—CO_2H 峰是主要的
	m/z 45，59，73，87，101，115，129，143	留在含氧碎片上 $C_nH_{2n+1}O_2$ 系列
	m/z 43，57，71，85，99	留在烷基碎片上 C_nH_{2n+1} 系列
	m/z 27，28，41，42，55，56，69，70	烃类图谱
重排	m/z 60，61	由麦氏重排产生的 $C_nH_{2n}O_2$

③ 核磁谱图

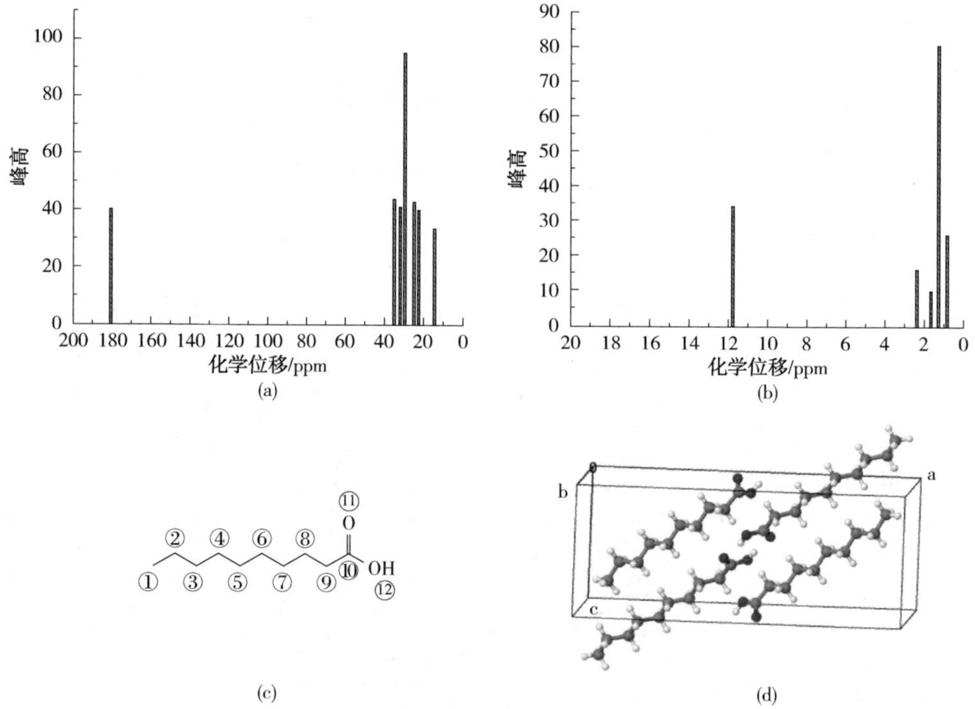

图 4-21　十烷酸核磁谱图

(a)^{13}C 核磁谱图；(b)^{1}H 核磁谱图；(c)分子结构式及其编号；(d)晶体结构

表 4-32　十烷酸核磁分析

原子序号	^{13}C 核磁化学位移	原子序号	^{1}H 核磁化学位移
C1	14. 1	H1	0. 9
C2	22. 8	H2	1. 3
C3	32. 1	H3	1. 3
C4	29. 5	H4	1. 3
C5	29. 5	H5	1. 3
C6	29. 5	H6	1. 3
C7	29. 3	H7	1. 3
C8	24. 9	H8	1. 64
C9	34. 3	H9	2. 34
C10	180. 6	H12	11. 79

晶体信息

表 4-33　十烷酸晶体结构数据

晶胞棱长(轴长)	α=90°； β=93. 559±0. 004°； γ=90°	晶胞轴角	a=22. 844±0. 0016Å； b=4. 9612±0. 0003Å； c=9. 3977±0. 0006Å
空间群	P121/c1	晶胞体积	1063. 02±0. 12Å^3

概况

表 4-34　十烷酸结构及物化信息

中文名称	正癸酸	SRN	4313726
化学式	$C_{10}H_{20}O_2$	熔点	29～30℃
英文名称	Decanoic acid	沸点	268～270℃
分子量	172. 26	测试溶剂	$CDCl_3$
CAS	334-48-5	测试参比	TMS
辛醇/水分配系数：LogP	4. 1	重原子数	12
可旋转键数	8	环数	0
sp3 杂化的碳原子比例	0. 9	拓扑面积	37. 3
氢给体数	1	氢受体数	2

(5) 十一烷酸

如图 4-22～图 4-25 和表 4-35～表 4-40 所示，为十一烷酸物化数据和三谱图分析。

① 红外谱图

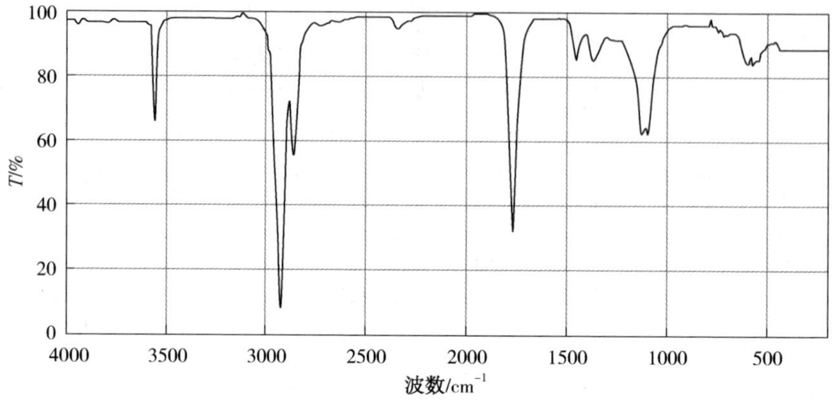

图 4-22　十一烷酸红外气相谱图

表 4-35　十一烷酸红外气相谱图分析

官能团	作用区域	备　　注
COO—H st	$3568cm^{-1}$处显示 COO—H 的拉伸振动特征峰	自由，尖，仅出现在高度稀释的溶液中
C—H(CH_2) st as	$2927cm^{-1}$处显示—CH_2 的不对称拉伸振动特征峰	各种强度，多重峰
C—H(CH_2) st sy	$2860cm^{-1}$处显示—CH_2 的对称拉伸振动特征峰	各种强度，多重峰
CH_3 δ as	$1457cm^{-1}$是 CH_3 的不对称变形振动	中等，与 CH_2δ 重合
CH_3 δ sy	$1375cm^{-1}$是 CH_3 的对称变形振动	中等
CH_2 γ	$721cm^{-1}$是 CH_2 的面内摇摆振动	中等
C═O st	$1774cm^{-1}$为脂肪族酯的 C═O 吸收特征峰	$1790\sim1650cm^{-1}$ 脂肪族酯，强

表 4-36　十一烷酸红外谱图分析

官能团	作用区域	备　　注
宽的 O—H 伸缩振动	$3300\sim2500cm^{-1}$处显示 O—H 的伸缩振动特征峰	通常可以观察到较弱的 C—H 伸缩谱带叠加在宽的 O—H 谱带上
C—H(CH_2) st as	$2918cm^{-1}$处显示—CH_2 的不对称拉伸振动特征峰	各种强度，多重峰
C—H(CH_2) st sy	$2851cm^{-1}$处显示—CH_2 的对称拉伸振动特征峰	
CH_3 δ as	$1459cm^{-1}$是 CH_3 的不对称变形振动	中等，与 CH_2δ 重合

续表

官能团	作用区域	备　　注
C—O—H 面内弯曲振动	C—O—H 面内弯曲振动，1410cm^{-1}	
C—O 伸缩振动	二聚体，C—O 伸缩振动，1280cm^{-1}	
O—H 面外弯曲振动	931cm^{-1}处显示 O—H 面外弯曲振动	
CH_2 γ	720cm^{-1}是 CH_2 的面内摇摆振动	中等
C═O st	1705cm^{-1}为脂肪族酯的 C═O 吸收特征峰	1790~1650cm^{-1} 脂肪族酯，强

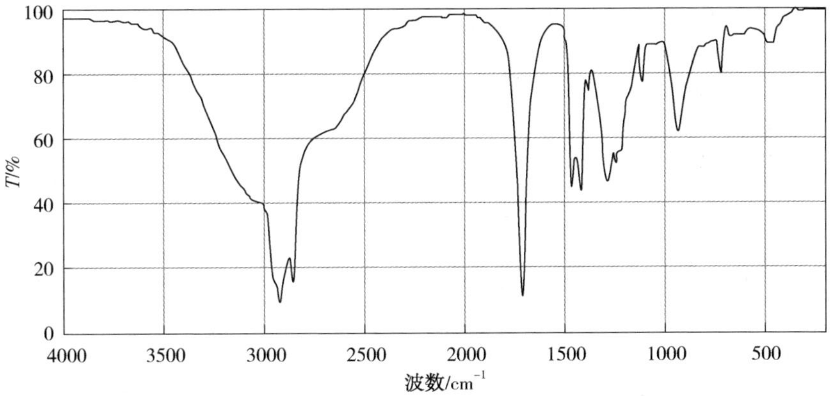

图 4-23　十一烷酸红外谱图

② 质谱谱图

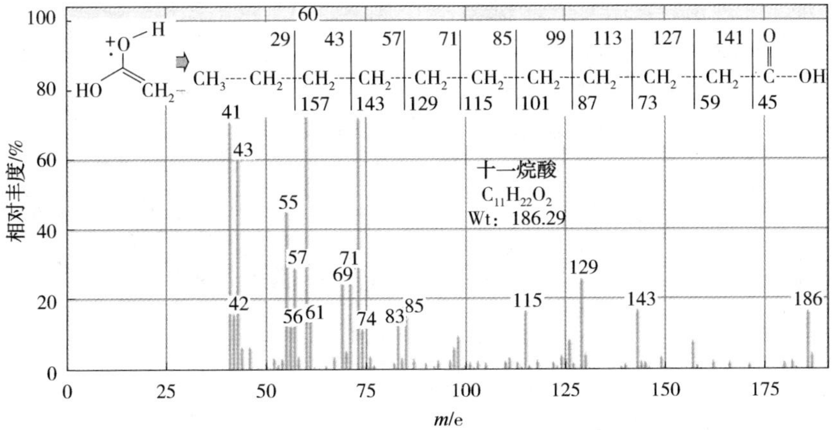

图 4-24　十一烷酸质谱图

表 4-37　十一烷酸质谱分析

测　定	作用区域	备　　注
分子离子	$[M+1]^+$较弱(m/z 187) $[M]^+$较弱(m/z 186)	中等，长链的较强，易于质子化。通常可检测到，易于质子化为$[M+1]^+$
碎片	$[M-17]^+$很弱(m/z 169)	短链酸中，M—OH，M—CO_2H 峰是主要的
	$[M-45]^+$弱(m/z 141)	短链酸中，M—OH，M—CO_2H 峰是主要的
	m/z 45，59，73，87，101，115，129，143，157	留在含氧碎片上 $C_nH_{2n+1}O_2$ 系列
	m/z 43，57，71，85，99，113，127，141	留在烷基碎片上 C_nH_{2n+1}系列
	m/z 41，42，55，56，69，70	烃类图谱
重排	m/z 60，61	由麦氏重排产生的 $C_nH_{2n}O_2$

③ 核磁谱图

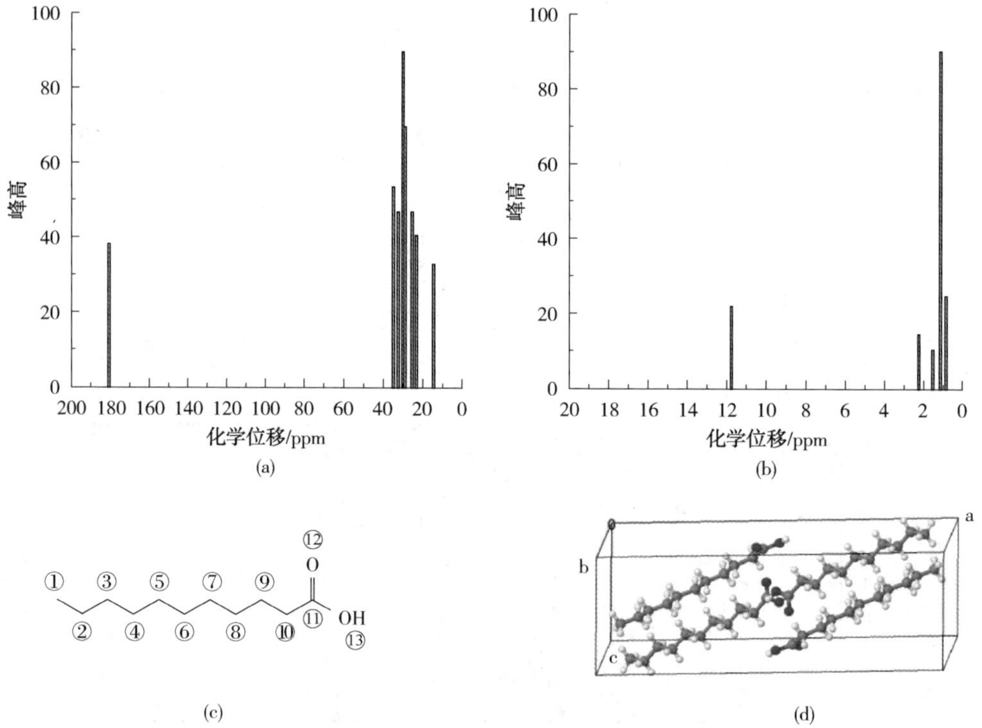

图 4-25　十一烷酸核磁谱图

(a)^{13}C 核磁谱图；(b)^{1}H 核磁谱图；(c)分子结构式及其编号；(d)晶体结构

表 4-38　十一烷酸核磁分析

原子序号	^{13}C 核磁化学位移	原子序号	^{1}H 核磁化学位移
C1	14. 1	H1	0. 9
C2	22. 9	H2	1. 3
C3	32. 2	H3	1. 3
C4	29. 5	H4	1. 3
C5	29. 5	H5	1. 3
C6	29. 5	H6	1. 3
C7	29. 5	H7	1. 3
C8	29. 3	H8	1. 3
C9	25	H9	1. 6
C10	34. 3	H10	2. 31
C11	180. 5	H13	11. 82

晶体信息

表 4-39　十一烷酸晶体结构数据

晶胞棱长(轴长)	$\alpha=90°$; $\beta=99.01\pm0.003°$; $\gamma=90°$	晶胞轴角	$a=25.839\pm0.003$Å; $b=4.9123\pm0.0004$Å; $c=10.0285\pm0.0011$Å
空间群	P121/c1	晶胞体积	1257.2 ± 0.2Å^3

概况

表 4-40　十一烷酸结构及物化信息

中文名称	十一烷酸；十一酸；正十一酸；十一碳酸	SRN	15457
化学式	$C_{11}H_{22}O_2$	熔点	28℃
英文名称	Undecanoic acid；Undecylenic acid	沸点	280℃
分子量	186. 29	测试溶剂	$CDCl_3$
CAS	112-37-8	测试参比	TMS
辛醇/水分配系数：LogP	3. 7	重原子数	13
可旋转键数	9	环数	0
sp3 杂化的碳原子比例	0. 909	拓扑面积	37. 3
氢给体数	1	氢受体数	2

(6) 十二烷酸

如图 4-26~图 4-28 和表 4-41~表 4-44 所示，为十二烷酸物化数据和三谱图分析。

① 红外谱图

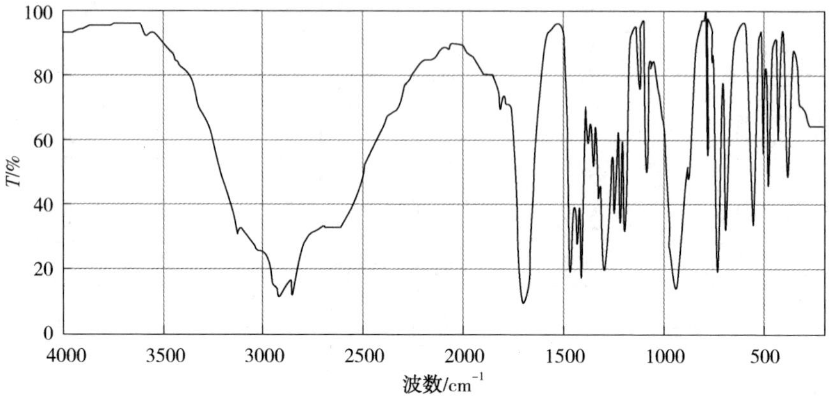

图 4-26 十二烷酸红外谱图

表 4-41 十二烷酸红外分析

官能团	作用区域	备 注
宽的 O—H 伸缩振动	3300~2500cm^{-1}处显示 O—H 的伸缩振动特征峰	通常可以观察到较弱的 C—H 伸缩谱带叠加在宽的 O—H 谱带上
C—H(CH_2) st as	2913cm^{-1}处显示—CH_2 的不对称拉伸振动特征峰	各种强度，多重峰
C—H(CH_2) st sy	2847cm^{-1}处显示—CH_2 的对称拉伸振动特征峰	
CH_3 δ as	1468cm^{-1}是 CH_3 的不对称变形振动	中等，与 CH_2δ 重合
CH_3 δ sy	1376cm^{-1}是 CH_3 的对称变形振动	中等
C—O—H 面内弯曲振动	C—O—H 面内弯曲振动，1413cm^{-1}	
C—O 伸缩振动	二聚体，C—O 伸缩振动，1300cm^{-1}	
O—H 面外弯曲振动	938cm^{-1}处显示 O—H 面外弯曲振动	
CH_2 γ	727cm^{-1}是 CH_2 的面内摇摆振动	中等
C═O st	1698cm^{-1}为脂肪族酯的 C═O 吸收特征峰	1790~1650cm^{-1} 脂肪族酯，强

② 质谱谱图

表 4-42 十二烷酸质谱分析

测 定	作用区域	备 注
分子离子	$[M+1]^+$很弱(m/z 201)	中等，长链的较强，易于质子化。通常可检测到，易于质子化为$[M+1]^+$

续表

测　定	作用区域	备　　注
碎片	[M−17]$^+$很弱(m/z 183)	短链酸中，M—OH，M—CO_2H 峰是主要的
	[M−45]$^+$弱(m/z 155)	短链酸中，M—OH，M—CO_2H 峰是主要的
	m/z 45，59，73，87，101，115，129，143，157	留在含氧碎片上 $C_nH_{2n+1}O_2$ 系列
	m/z 43，57，71，85，99	留在烷基碎片上 C_nH_{2n+1} 系列
	m/z 27，28，41，42，55，56，69，70	烃类图谱
重排	m/z 60，61	由麦氏重排产生的 $C_nH_{2n}O_2$

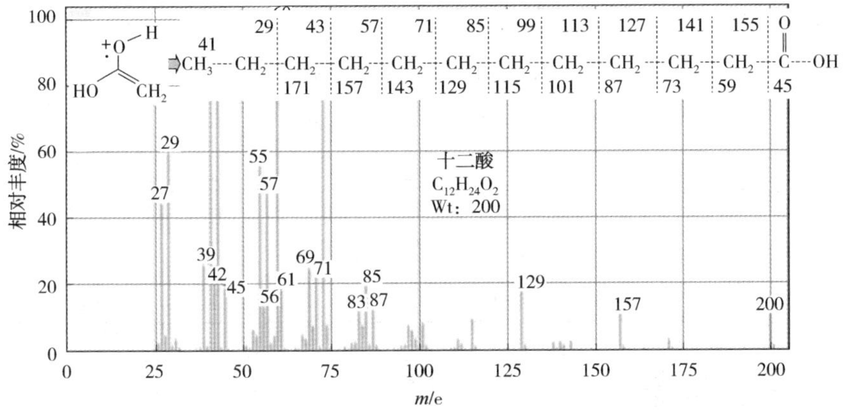

图 4-27　十二烷酸质谱图

③ 核磁谱图

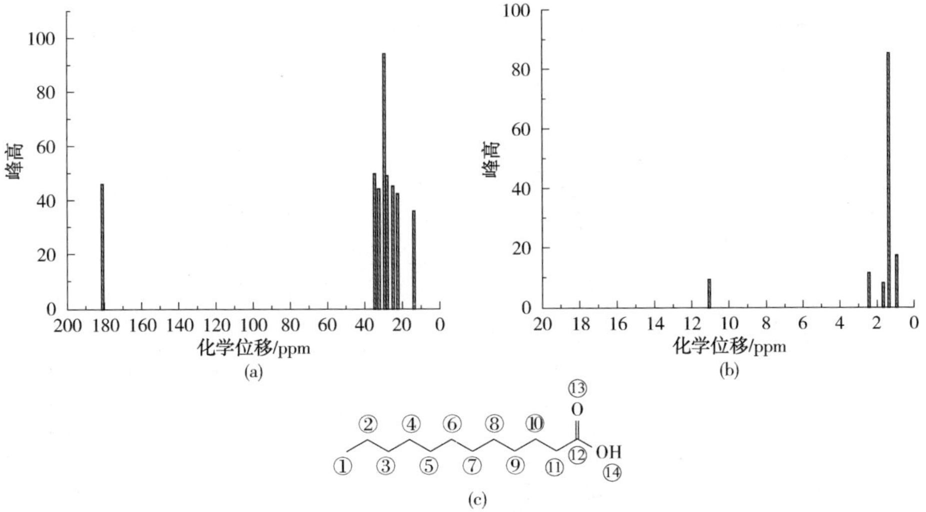

图 4-28　十二烷酸核磁谱图

(a)^{13}C 核磁谱图；(b)^{1}H 核磁谱图；(c)分子结构式及其编号

表 4-43　十二烷酸核磁分析

原子序号	^{13}C 核磁化学位移	原子序号	^{13}C 核磁化学位移	原子序号	^{1}H 核磁化学位移	原子序号	^{1}H 核磁化学位移
C1	14.1	C7	29.8	H1	0.89	H7	1.29
C2	22.9	C8	29.8	H2	1.29	H8	1.29
C3	32.2	C9	29.3	H3	1.29	H9	1.29
C4	29.5	C10	24.9	H4	1.29	H10	1.6
C5	29.8	C11	34.3	H5	1.29	H11	2.33
C6	29.8	C12	180.6	H6	1.29	H14	10.93

概况

表 4-44　十二烷酸结构及物化信息

中文名称	十二烷酸；月桂酸	SRN	48398
化学式	$C_{12}H_{24}O_2$	熔点	44℃
英文名称	Lauric acid	沸点	225℃
分子量	200	测试溶剂	$CDCl_3$
CAS	143-07-7	测试参比	TMS

4.4　长链脂肪酸

（1）十三烷酸

如图 4-29～图 4-32 和表 4-45～表 4-50 所示，为十三烷酸物化数据和三谱图分析。

① 红外谱图

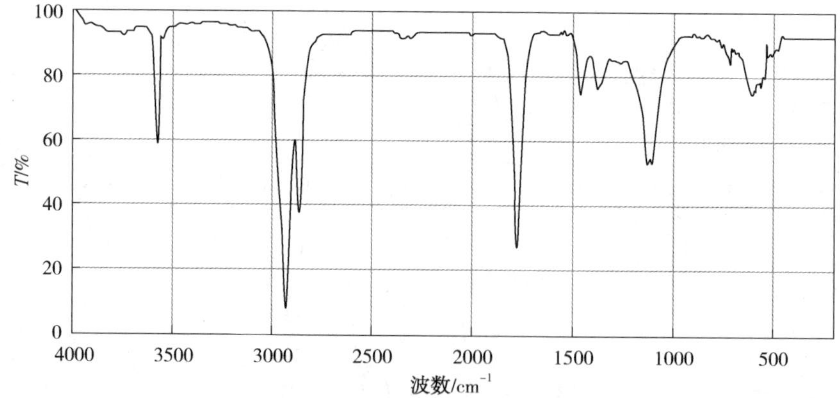

图 4-29　十三烷酸红外气相谱图

表 4-45　十三烷酸红外气相谱图分析

官能团	作用区域	备　注
COO—H st	$3585cm^{-1}$处显示 COO—H 的拉伸振动特征峰	自由，尖
C—H(CH_2)st as	$2933cm^{-1}$处显示—CH_2 的不对称拉伸振动特征峰	各种强度，多重峰
C—H(CH_2)st sy	$2870cm^{-1}$处显示—CH_2 的对称拉伸振动特征峰	各种强度，多重峰
CH_3 δ as	$1471cm^{-1}$是 CH_3 的不对称变形振动	中等，与 CH_2δ 重合
CH_3 δ sy	$1385cm^{-1}$是 CH_3 的对称变形振动	中等
CH_2 γ	$724cm^{-1}$是 CH_2 的面内摇摆振动	中等
C═O st	$1777cm^{-1}$为脂肪族酯的 C═O 吸收特征峰	$1790\sim1650cm^{-1}$ 脂肪族酯，强

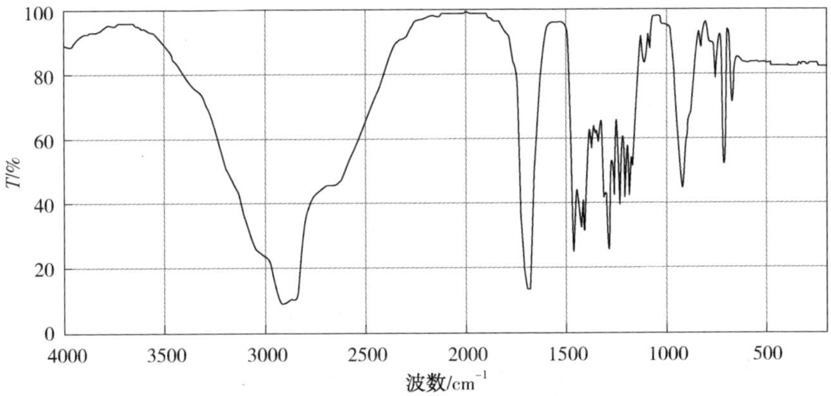

图 4-30　十三烷酸红外谱图

表 4-46　十三烷酸红外谱图分析

官能团	作用区域	备　注
宽的 O—H 伸缩振动	$3300\sim2500cm^{-1}$处显示 O—H 伸缩振动特征峰	通常可以观察到较弱的 C—H 伸缩谱带叠加在宽的 O—H 谱带上
C—H(CH_2)st as	$2914cm^{-1}$处显示—CH_2 的不对称拉伸振动特征峰	各种强度，多重峰
C—H(CH_2)st sy	$2861cm^{-1}$处显示—CH_2 的对称拉伸振动特征峰	
CH_3 δ as	$1469cm^{-1}$是 CH_3 的不对称变形振动	中等，与 CH_2δ 重合
CH_3 δ sy	$1381cm^{-1}$是 CH_3 的对称变形振动	中等
C—O—H 面内弯曲振动	C—O—H 面内弯曲振动，$1412cm^{-1}$	

续表

官能团	作用区域	备　注
C—O 伸缩振动	二聚体，C—O 伸缩振动，1293cm^{-1}	
O—H 面外弯曲振动	928cm^{-1}处显示 O—H 面外弯曲振动	
CH_2 γ	717cm^{-1}是 CH_2 的面内摇摆振动	中等
C═O st	1693cm^{-1}为脂肪族酯的 C═O 吸收特征峰	1790~1650cm^{-1} 脂肪族酯，强

② 质谱谱图

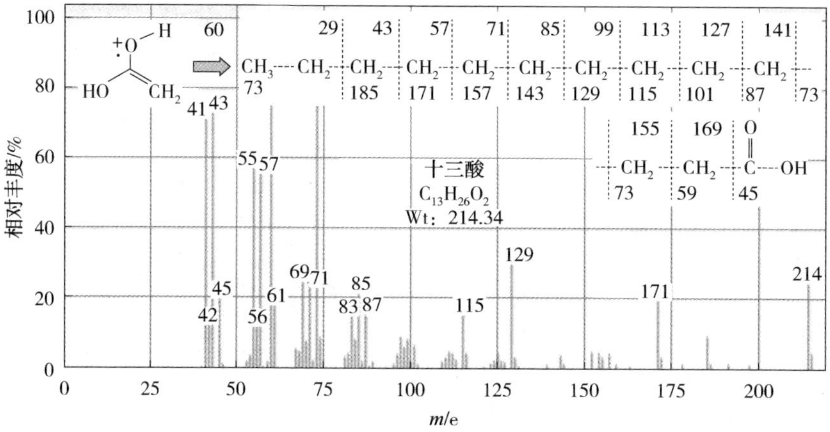

图 4-31　十三烷酸质谱图

表 4-47　十三烷酸质谱分析

测　定	作用区域	备　注
分子离子	[M+1]$^+$较强(m/z 215) [M]$^+$较强(m/z 214)	中等，长链的较强，易于质子化。通常可检测到，易于质子化为[M+1]$^+$
碎片	[M-17]$^+$弱(m/z 197)	短链酸中，M—OH，M—CO_2H 峰是主要的
	[M-45]$^+$很弱(m/z 169)	短链酸中，M—OH，M—CO_2H 峰是主要的
	m/z 45，59，73，87，101，115，129，143，157，171	留在含氧碎片上 $C_nH_{2n+1}O_2$ 系列
	m/z 43，57，71，85，99，113，127	留在烷基碎片上 C_nH_{2n+1} 系列
	m/z 41，42，55，56，69，70	烃类图谱
重排	m/z 60，61	由麦氏重排产生的 $C_nH_{2n}O_2$

③ 核磁谱图

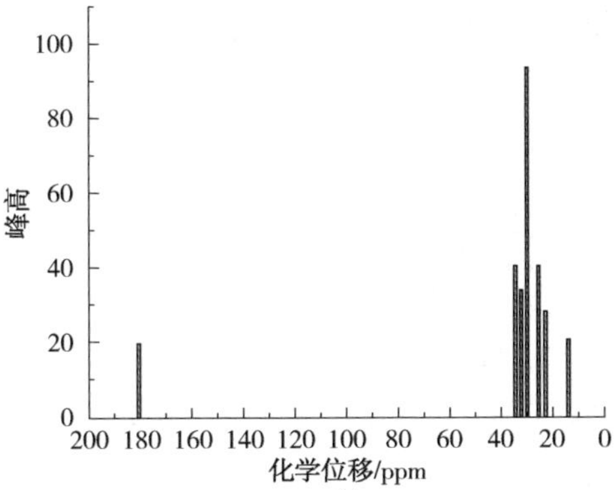

(a)

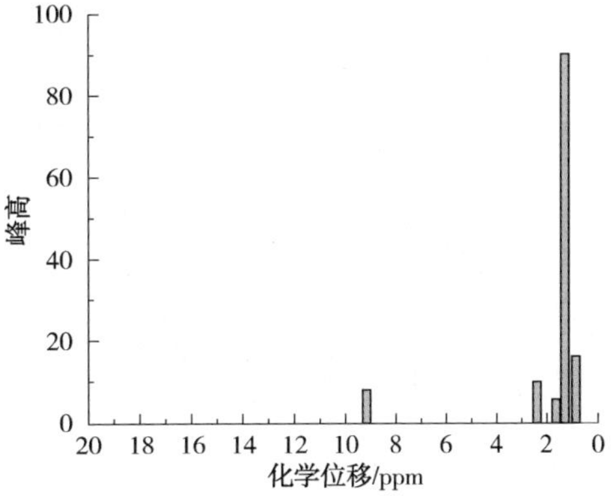

(b)

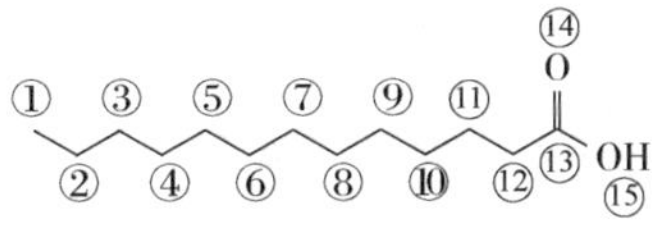

(c)

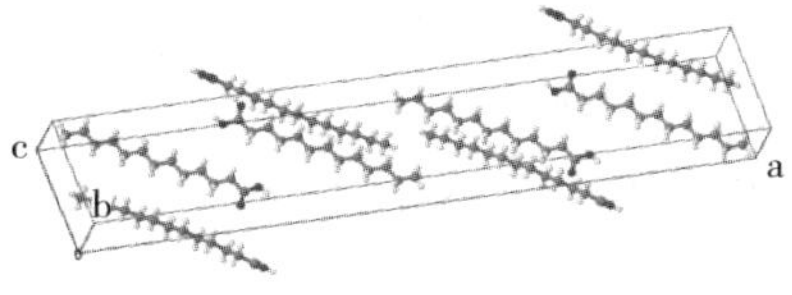

(d)

图 4-32　十三烷酸核磁谱图

(a) ^{13}C 核磁谱图；(b) ^{1}H 核磁谱图；(c) 分子结构式及其编号；(d) 晶体结构

表 4-48　十三烷酸核磁分析

原子序号	^{13}C 核磁化学位移	原子序号	^{13}C 核磁化学位移	原子序号	^{1}H 核磁化学位移	原子序号	^{1}H 核磁化学位移
C1	14. 2	C8	29. 7	H1	0. 89	H8	1. 30
C2	22. 7	C9	29. 7	H2	1. 30	H9	1. 30
C3	32	C10	29. 4	H3	1. 30	H10	1. 30
C4	29. 4	C11	24. 8	H4	1. 30	H11	1. 63
C5	29. 7	C12	34. 2	H5	1. 30	H12	2. 35
C6	29. 7	C13	180. 5	H6	1. 30	H15	9. 15
C7	29. 7			H7	1. 30		

晶体信息

表 4-49　十三烷酸晶体结构数据

晶胞棱长(轴长)	α=90°； β=93. 8±0. 002°； γ=90°	晶胞轴角	a=59. 88±0. 002Å； b=4. 9425±0. 0002Å； c=9. 8118±0. 0005Å
空间群	C12/c1	晶胞体积	2897. 5±0. 2Å^{3}

概况

表 4-50　十三烷酸结构及物化信息

中文名称	十三酸；十三烷酸	SRN	5109647
化学式	$C_{13}H_{26}O_2$	熔点	40~42℃
英文名称	Tridecanoic acid	沸点	236℃
分子量	214.34	测试溶剂	$CDCl_3$
CAS	638-53-9	测试参比	TMS
辛醇/水分配系数：LogP	4.7	重原子数	15
可旋转键数	11	环数	0
sp3 杂化的碳原子比例	0.92	拓扑面积	37.3
氢给体数	1	氢受体数	2

（2）十四烷酸

如图 4-33~图 4-36 和表 4-51~表 4-55 所示，为十四烷酸物化数据和三谱图分析。

① 红外谱图

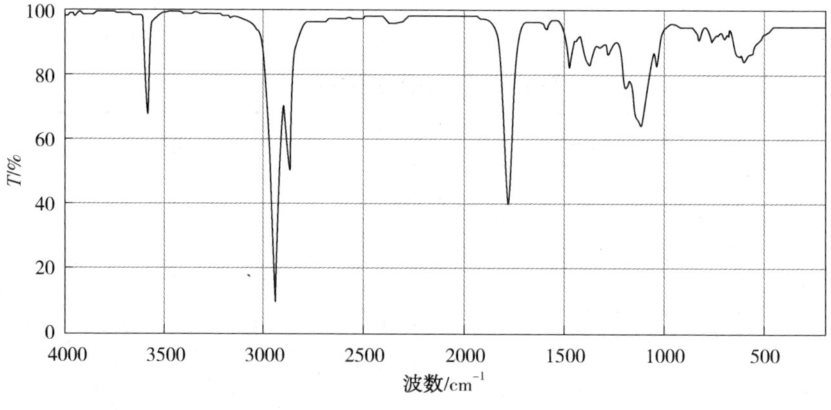

图 4-33　十四烷酸红外气相谱图

表 4-51　十四烷酸红外气相谱图分析

官能团	作用区域	备　注
COO—H st	$3580cm^{-1}$处显示 COO—H 的拉伸振动特征峰	自由，尖
C—H(CH_2) st as	$2932cm^{-1}$处显示—CH_2 的不对称拉伸振动特征峰	各种强度，多重峰
C—H(CH_2) st sy	$2864cm^{-1}$处显示—CH_2 的对称拉伸振动特征峰	各种强度，多重峰
CH_3 δ as	$1444cm^{-1}$是 CH_3 的不对称变形振动	中等，与 CH_2δ 重合

续表

官能团	作用区域	备　　注
CH_3 δ sy	1378cm^{-1}是 CH_3 的对称变形振动	中等
CH_2 γ	723cm^{-1}是 CH_2 的面内摇摆振动	中等
C═O st	1775cm^{-1}为脂肪族酯的 C═O 吸收特征峰	1790～1650cm^{-1} 脂肪族酯，强

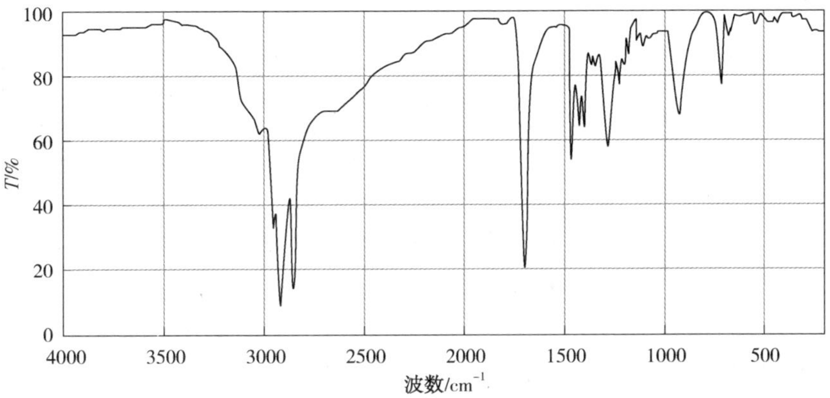

图 4-34　十四烷酸红外谱图

表 4-52　十四烷酸红外谱图分析

官能团	作用区域	备　　注
宽的 O—H 伸缩振动	3300～2500cm^{-1}处显示 O—H 伸缩振动特征峰	通常可以观察到较弱的 C—H 伸缩谱带叠加在宽的 O—H 谱带上
C—H(CH_2) st as	2912cm^{-1}处显示—CH_2 的不对称拉伸振动特征峰	各种强度，多重峰
C—H(CH_2) st sy	2845cm^{-1}处显示—CH_2 的对称拉伸振动特征峰	
CH_3 δ as	1463cm^{-1}是 CH_3 的不对称变形振动	中等，与 CH_2δ 重合
CH_3 δ sy	1384cm^{-1}是 CH_3 的对称变形振动	中等
C—O—H 面内弯曲振动	C—O—H 面内弯曲振动，1401cm^{-1}	
C—O 伸缩振动	二聚体，C—O 伸缩振动，1279cm^{-1}	
O—H 面外弯曲振动	923cm^{-1}处显示 O—H 面外弯曲振动	
CH_2 γ	712cm^{-1}是 CH_2 的面内摇摆振动	中等
C═O st	1696cm^{-1}为脂肪族酯的 C═O 吸收特征峰	1790～1650cm^{-1} 脂肪族酯，强

② 质谱谱图

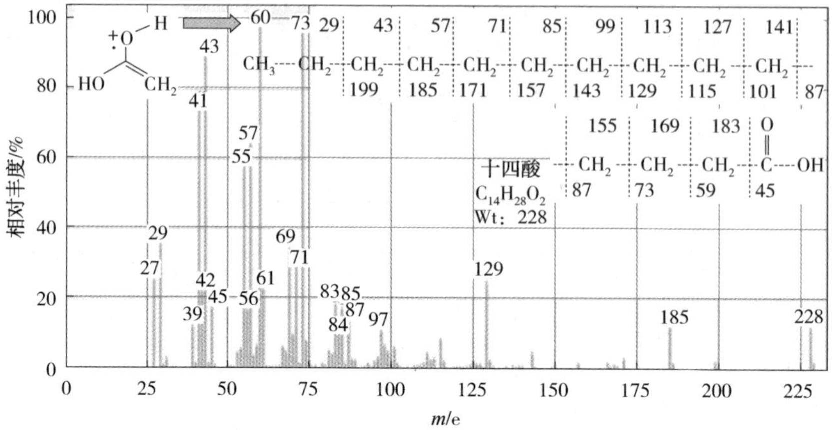

图 4-35　十四烷酸质谱图

表 4-53　十四烷酸质谱分析

测　定	作用区域	备　　注
分子离子	[M+1]⁺较弱(m/z 229) [M]⁺较强(m/z 228)	中等，长链的较强，易于质子化。通常可检测到，易于质子化为[M+1]⁺
碎片	[M-17]⁺很弱(m/z 211)	短链酸中，M—OH，M—CO_2H 峰是主要的
	[M-45]⁺弱(m/z 183)	短链酸中，M—OH，M—CO_2H 峰是主要的
	m/z 45，59，73，87，101，115，129，143，157，171，185	留在含氧碎片上 $C_nH_{2n+1}O_2$ 系列
	m/z 43，57，71，85，99，113，127，141	留在烷基碎片上 C_nH_{2n+1} 系列
	m/z 27，28，41，42，55，56，69，70	烃类图谱
重排	m/z 60，61	由麦氏重排产生的 $C_nH_{2n}O_2$

③ 核磁谱图

表 4-54　十四烷酸核磁分析

原子序号	^{13}C 核磁化学位移	原子序号	^{13}C 核磁化学位移	原子序号	^{1}H 核磁化学位移	原子序号	^{1}H 核磁化学位移
C1	14.1	C8	29.8	H1	0.88	H8	1.27
C2	22.7	C9	29.8	H2	1.27	H9	1.27
C3	32	C10	29.8	H3	1.27	H10	1.27
C4	29.8	C11	29.2	H4	1.27	H11	1.27
C5	29.8	C12	24.8	H5	1.27	H12	1.27
C6	29.8	C13	34.2	H6	1.27	H13	2.35
C7	29.8	C14	180.6	H7	1.27	H16	10.86

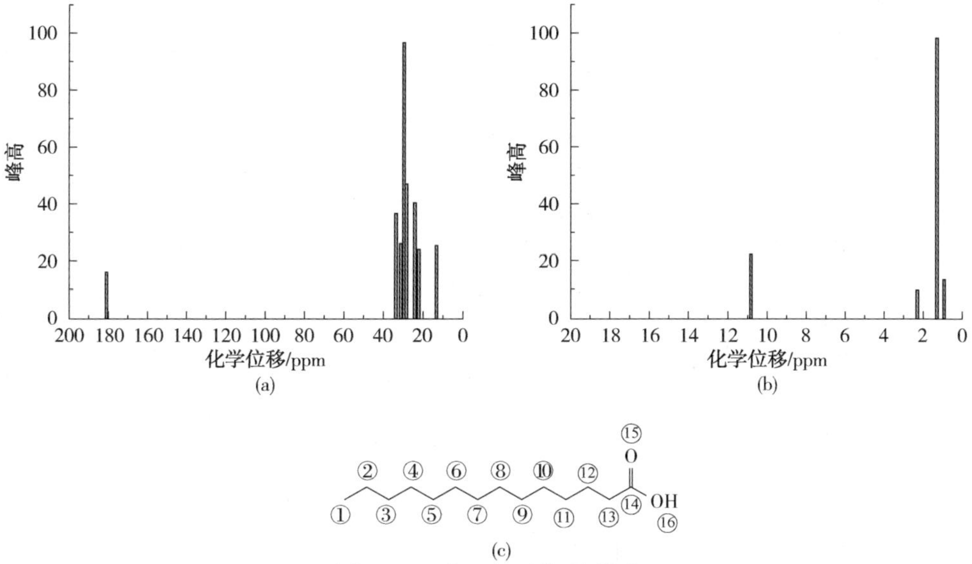

图 4-36 十四烷酸核磁谱图

(a) ^{13}C 核磁谱图；(b) ^{1}H 核磁谱图；(c) 分子结构式及其编号

概况

表 4-55 十四烷酸结构及物化信息

中文名称	肉豆蔻酸；十四烷酸；C14 酸；14 酸；十四酸	SRN	938294
化学式	$C_{14}H_{28}O_2$	熔点	52~53℃
英文名称	Myristic acid	沸点	250℃
分子量	228	测试溶剂	$CDCl_3$
CAS	544-63-8	测试参比	TMS

(3) 十五烷酸

如图 4-37~图 4-40 和表 4-56~表 4-61 所示，为十五烷酸物化数据和三谱图分析。

① 红外谱图

表 4-56 十五烷酸红外气相谱图分析

官能团	作用区域	备 注
COO—H st	$3563cm^{-1}$ 处显示 COO—H 的拉伸振动特征峰	自由，尖
C—H(CH_2) st as	$2931cm^{-1}$ 处显示—CH_2 的不对称拉伸振动特征峰	各种强度，多重峰
C—H(CH_2) st sy	$2862cm^{-1}$ 处显示—CH_2 的对称拉伸振动特征峰	各种强度，多重峰
CH_3 δ as	$1465cm^{-1}$ 是 CH_3 的不对称变形振动	中等，与 CH_2δ 重合

续表

官能团	作用区域	备　注
CH_3 δ sy	1367cm^{-1}是 CH_3 的对称变形振动	中等
CH_2 γ	718cm^{-1}是 CH_2 的面内摇摆振动	中等
C=O st	1778cm^{-1}为脂肪族酯的 C=O 吸收特征峰	1790~1650cm^{-1} 脂肪族酯，强

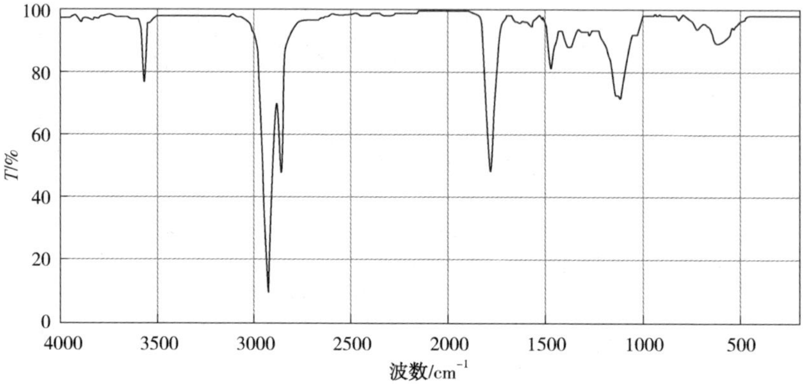

图 4-37　十五烷酸红外气相谱图

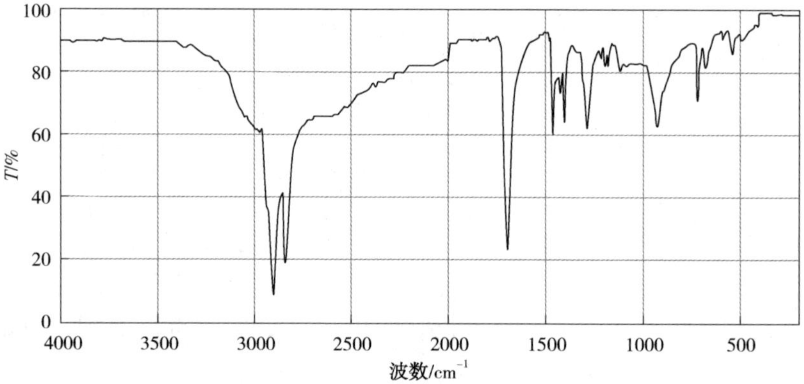

图 4-38　十五烷酸红外谱图

表 4-57　十五烷酸红外谱图分析

官能团	作用区域	备　注
宽的 O—H 伸缩振动	3300~2500cm^{-1}处显示 O—H 伸缩振动特征峰	通常可以观察到较弱的 C—H 伸缩谱带叠加在宽的 O—H 谱带上
C—H(CH_2) st as	2905cm^{-1}处显示—CH_2 的不对称拉伸振动特征峰	各种强度，多重峰
C—H(CH_2) st sy	2839cm^{-1}处显示—CH_2 的对称拉伸振动特征峰	

官能团	作用区域	备　注
CH_3 δ as	1460cm^{-1}是 CH_3 的不对称变形振动	中等，与 CH_2δ 重合
CH_3 δ sy	1338cm^{-1}是 CH_3 的对称变形振动	中等
C—O—H 面内弯曲振动	C—O—H 面内弯曲振动，1401cm^{-1}	
C—O 伸缩振动	二聚体，C—O 伸缩振动，1286cm^{-1}	
O—H 面外弯曲振动	923cm^{-1}处显示 O—H 面外弯曲振动	
CH_2 γ	711cm^{-1}是 CH_2 的面内摇摆振动	中等
C═O st	1693cm^{-1}为脂肪族酯的 C═O 吸收特征峰	1790~1650cm^{-1} 脂肪族酯，强

② 质谱谱图

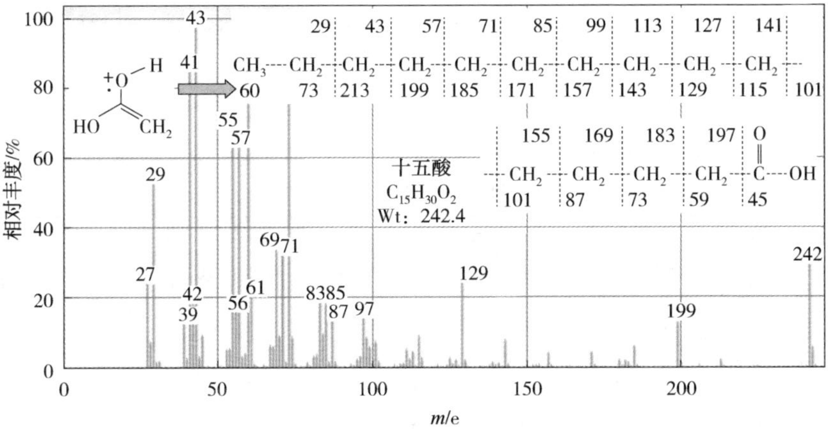

图 4-39　十五烷酸质谱图

表 4-58　十五烷酸质谱分析

测　定	作用区域	备　注
分子离子	[M+1]$^+$较强(m/z 243) [M]$^+$较强(m/z 242)	中等，长链的较强，易于质子化。通常可检测到，易于质子化为[M+1]$^+$
碎片	[M-17]$^+$很弱(m/z 225)	短链酸中，M—OH，M—CO_2H 峰是主要的
	[M-45]$^+$弱(m/z 197)	短链酸中，M—OH，M—CO_2H 峰是主要的
	m/z 45，59，73，87，101，115，129，141，155	留在含氧碎片上 $C_nH_{2n+1}O_2$ 系列
	m/z 43，57，71，85，99	留在烷基碎片上 C_nH_{2n+1} 系列
	m/z 27，28，41，42，55，56，69，70	烃类图谱
重排	m/z 60，61	由麦氏重排产生的 $C_nH_{2n}O_2$

③ 核磁谱图

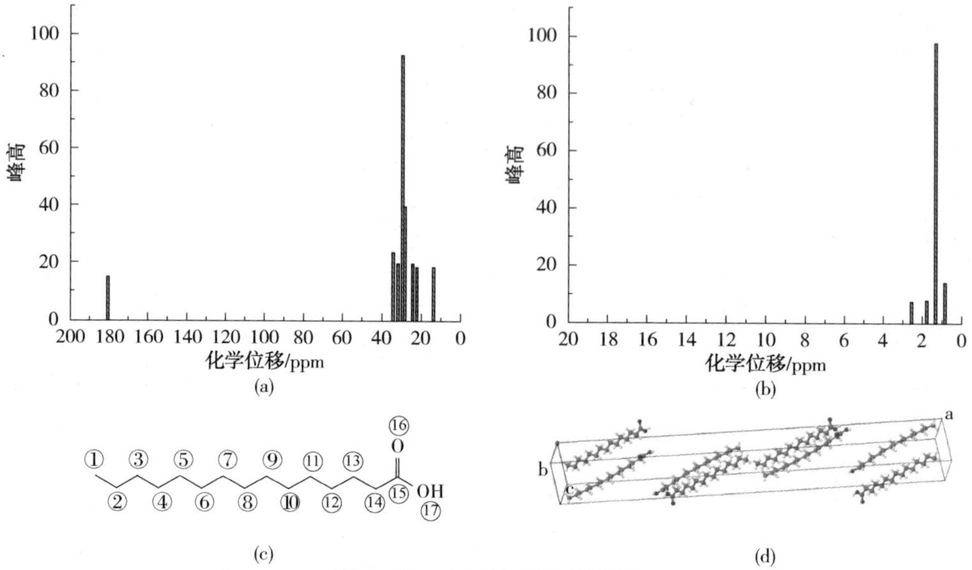

图 4-40　十五烷酸核磁谱图

(a) ^{13}C 核磁谱图；(b) ^{1}H 核磁谱图；(c) 分子结构式及其编号；(d) 晶体结构

表 4-59　十五烷酸核磁分析

原子序号	^{13}C 核磁化学位移	原子序号	^{13}C 核磁化学位移	原子序号	^{1}H 核磁化学位移	原子序号	^{1}H 核磁化学位移
C1	14. 1	C9	29. 8	H1	0. 87	H9	1. 33
C2	22. 8	C10	29. 8	H2	1. 33	H10	1. 33
C3	32. 1	C11	29. 6	H3	1. 33	H11	1. 33
C4	29. 6	C12	29. 3	H4	1. 33	H12	1. 33
C5	29. 8	C13	24. 8	H5	1. 33	H13	1. 75
C6	29. 8	C14	34. 3	H6	1. 33	H14	2. 60
C7	29. 8	C15	180. 7	H7	1. 33	H17	OH 没有被检测到
C8	29. 8			H8	1. 33		

晶体信息

表 4-60　十五烷酸晶体结构数据

晶胞棱长(轴长)	$\alpha=90°$； $\beta=98.024\pm0.002°$； $\gamma=90°$	晶胞轴角	$a=69.258\pm0.003$Å； $b=4.9556\pm0.0002$Å； $c=9.7197\pm0.0004$Å
空间群	C12/c1	晶胞体积	3303.3 ± 0.2Å^3

概况

表 4-61　十五烷酸结构及物化信息

中文名称	十五烷酸	SRN	134958
化学式	$C_{15}H_{30}O_2$	熔点	52.3℃
英文名称	Pentadecanoic acid	沸点	339.1℃
分子量	242.4	测试溶剂	$CDCl_3$
CAS	1002-84-2	测试参比	TMS
辛醇/水分配系数：LogP	5.8	重原子数	17
可旋转键数	13	环数	0
sp3 杂化的碳原子比例	0.933	拓扑面积	37.3
氢给体数	1	氢受体数	2

(4) 软脂酸/棕榈酸(十六烷酸)

如图 4-41~图 4-44 和表 4-62~表 4-67 所示，为十六烷酸物化数据和三谱图分析。

① 红外谱图

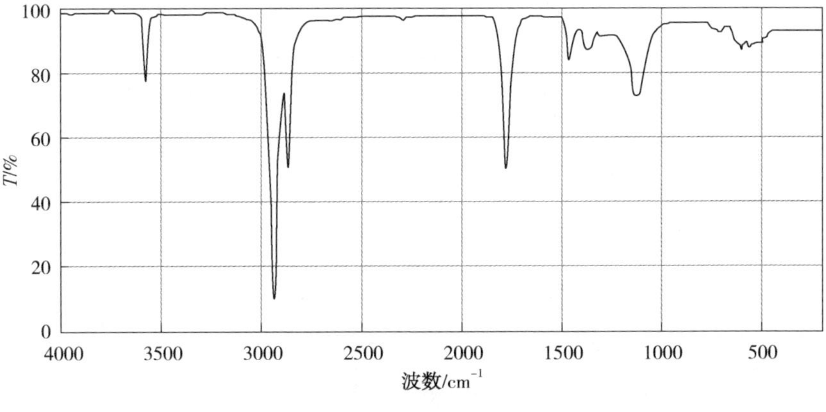

图 4-41　十六烷酸红外气相谱图

表 4-62　十六烷酸红外气相谱图分析

官能团	作用区域	备　注
COO—H st	$3570cm^{-1}$处显示 COO—H 的拉伸振动特征峰	自由，尖
C—H(CH_2) st as	$2931cm^{-1}$处显示—CH_2 的不对称拉伸振动特征峰	各种强度，多重峰
C—H(CH_2) st sy	$2862cm^{-1}$处显示—CH_2 的对称拉伸振动特征峰	各种强度，多重峰
CH_3 δ as	$1461cm^{-1}$是 CH_3 的不对称变形振动	中等，与 CH_2δ 重合

续表

官能团	作用区域	备　注
CH_3 δ sy	1370cm^{-1}是 CH_3 的对称变形振动	中等
CH_2 γ	721cm^{-1}是 CH_2 的面内摇摆振动	中等
C═O st	1775cm^{-1}为脂肪族酯的 C═O 吸收特征峰	1790~1650cm^{-1} 脂肪族酯，强

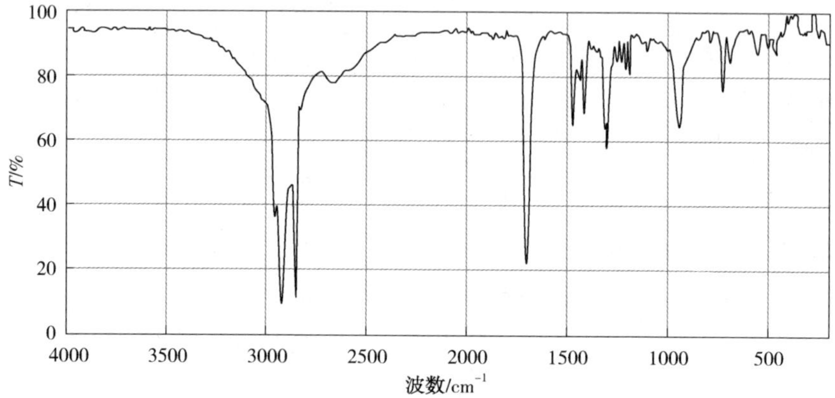

图 4-42　十六烷酸红外谱图

表 4-63　十六烷酸红外谱图分析

官能团	作用区域	备　注
宽的 O—H 伸缩振动	3300~2500cm^{-1}处显示 O—H 伸缩振动特征峰	通常可以观察到较弱的 C—H 伸缩谱带叠加在宽的 O—H 谱带上
C—H(CH_2) st as	2922cm^{-1}处显示—CH_2 的不对称拉伸振动特征峰	各种强度，多重峰
C—H(CH_2) st sy	2852cm^{-1}处显示—CH_2 的对称拉伸振动特征峰	
CH_3 δ as	1468cm^{-1}是 CH_3 的不对称变形振动	中等，与 CH_2δ 重合
CH_3 δ sy	1358cm^{-1}是 CH_3 的对称变形振动	中等
C—O—H 面内弯曲振动	C—O—H 面内弯曲振动，1415cm^{-1}	
C—O 伸缩振动	二聚体，C—O 伸缩振动，1299cm^{-1}	
O—H 面外弯曲振动	942cm^{-1}处显示 O—H 面外弯曲振动	
CH_2 γ	725cm^{-1}是 CH_2 的面内摇摆振动	中等
C═O st	1701cm^{-1}为脂肪族酯的 C═O 吸收特征峰	1790~1650cm^{-1} 脂肪族酯，强

② 质谱谱图

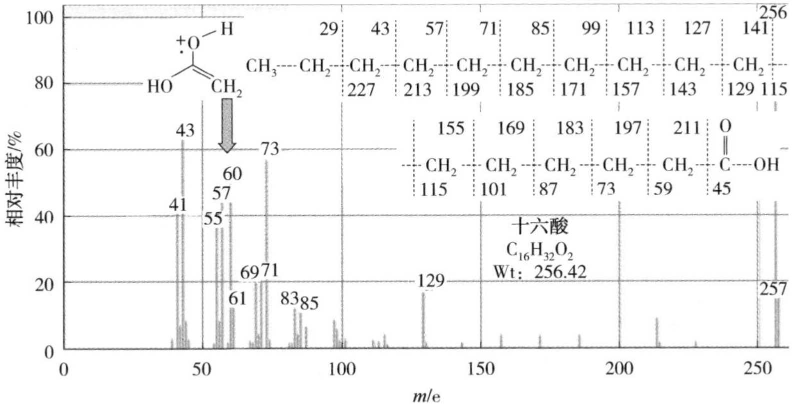

图 4-43　十六烷酸质谱图

表 4-64　十六烷酸质谱分析

测　定	作用区域	备　　注
分子离子	$[M+1]^+$较强（m/z 257） $[M]^+$非常强（m/z 256）	中等，长链的较强，易于质子化。通常可检测到，易于质子化为$[M+1]^+$
碎片	$[M-17]^+$很弱（m/z 239）	短链酸中，M—OH，M—CO_2H 峰是主要的
	$[M-45]^+$弱（m/z 211）	短链酸中，M—OH，M—CO_2H 峰是主要的
	m/z 45，59，73，87，101，115，129，141，155	留在含氧碎片上 $C_nH_{2n+1}O_2$ 系列
	m/z 43，57，71，85	留在烷基碎片上 C_nH_{2n+1} 系列
	m/z 41，42，55，56，69，70	烃类图谱
重排	m/z 60，61	由麦氏重排产生的 $C_nH_{2n}O_2$

③ 核磁谱图

表 4-65　十六烷酸核磁分析

原子序号	^{13}C 核磁化学位移	原子序号	^{13}C 核磁化学位移	原子序号	^{1}H 核磁化学位移	原子序号	^{1}H 核磁化学位移
C1	14.1	C9	29.7	H1	0.9	H9	1.7
C2	22.7	C10	29.7	H2	1.27	H10	1.7
C3	31.9	C11	29.7	H3	1.7	H11	1.7
C4	29.4	C12	29.7	H4	1.7	H12	1.7
C5	29.7	C13	29.4	H5	1.7	H13	1.7
C6	29.7	C14	25	H6	1.7	H14	2.45
C7	29.7	C15	34.2	H7	1.7	H15	2.35
C8	29.7	C16	175.8	H8	1.7	H18	OH 没有被检测到

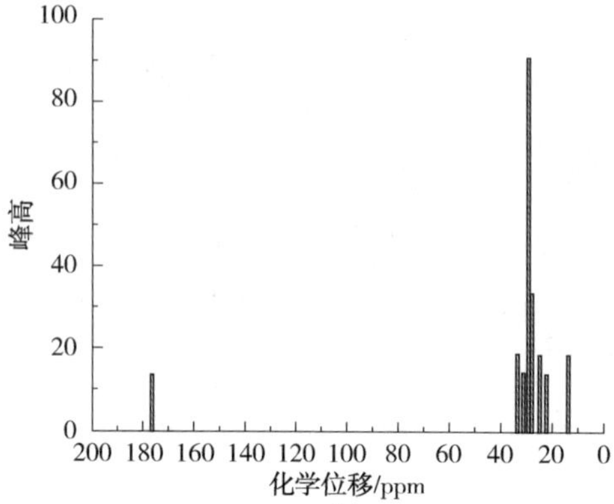

(a)

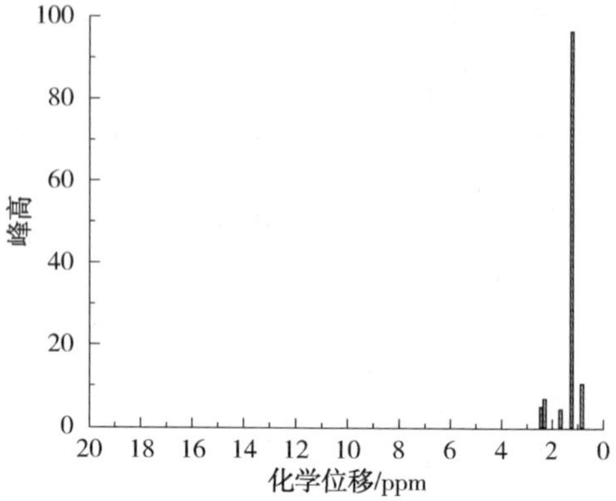

(b)

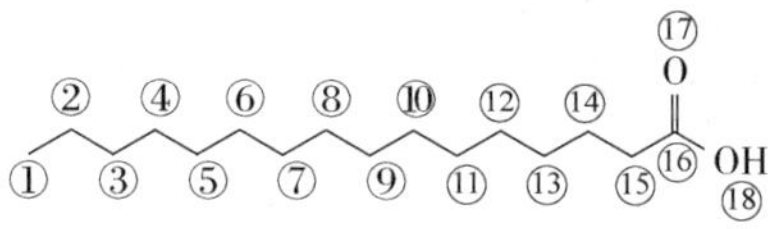

(c)

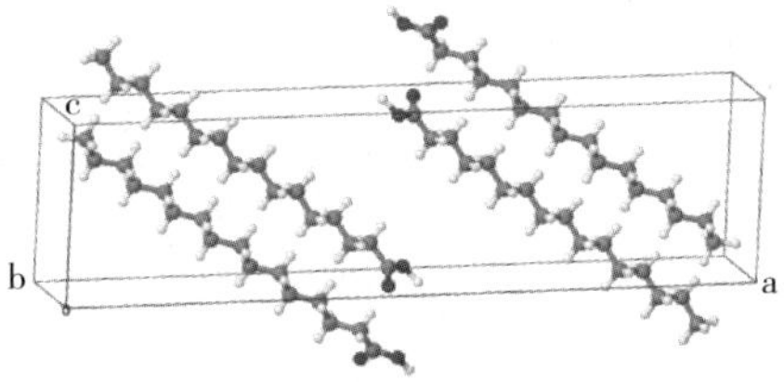

(d)

图 4-44 十六烷酸核磁谱图

(a)^{13}C 核磁谱图；(b)^{1}H 核磁谱图；(c)分子结构式及其编号；(d)晶体结构

晶体信息

表 4-66 十六烷酸晶体结构数据

晶胞棱长(轴长)	α=90°； β=90.447±0.005°； γ=90°	晶胞轴角	a=35.62±0.011Å； b=4.9487±0.0016Å； c=9.406±0.003Å
空间群	P121/c1	晶胞体积	1658±0.9Å^3

概况

表 4-67 十六烷酸结构及物化信息

中文名称	棕榈酸；软脂酸；正十六酸；十六酸； 鲸蜡酸；十六烷酸；16 酸	SRN	352699
化学式	$C_{16}H_{32}O_2$	熔点	62~63℃
英文名称	Palmitic acid；1-hexadecylcarboxylic acid	沸点	272℃
分子量	256.42	测试溶剂	Polysol
CAS	57-10-3	测试参比	TMS

续表

中文名称	棕榈酸；软脂酸；正十六酸；十六酸；鲸蜡酸；十六烷酸；16 酸	SRN	352699
辛醇/水分配系数：LogP	6.4	重原子数	18
可旋转键数	14	环数	0
sp3 杂化的碳原子比例	0.937	拓扑面积	37.3
氢给体数	1	氢受体数	2

(5) 珠光脂酸(十七烷酸)

如图 4-45～图 4-48 和表 4-68～表 4-73 所示，为十七烷酸物化数据和三谱图分析。

① 红外谱图

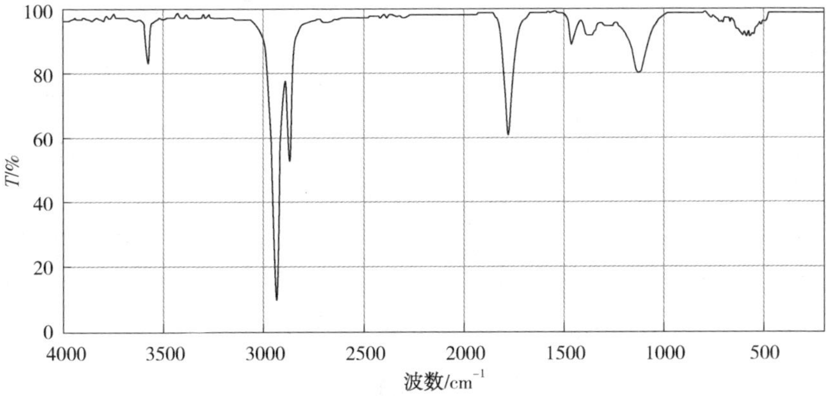

图 4-45　十七烷酸红外气相谱图

表 4-68　十七烷酸红外气相谱图分析

官能团	作用区域	备　注
COO—H st	3574cm^{-1}处显示 COO—H 的拉伸振动特征峰	自由，尖
C—H(CH_2) st as	2932cm^{-1}处显示—CH_2 的不对称拉伸振动特征峰	各种强度，多重峰
C—H(CH_2) st sy	2864cm^{-1}处显示—CH_2 的对称拉伸振动特征峰	各种强度，多重峰
CH_3 δ as	1463cm^{-1}是 CH_3 的不对称变形振动	中等，与 CH_2δ 重合
CH_3 δ sy	1387cm^{-1}是 CH_3 的对称变形振动	中等
CH_2 γ	701cm^{-1}是 CH_2 的面内摇摆振动	中等
C═O st	1776cm^{-1}为脂肪族酯的 C═O 吸收特征峰	1790～1650cm^{-1} 脂肪族酯，强

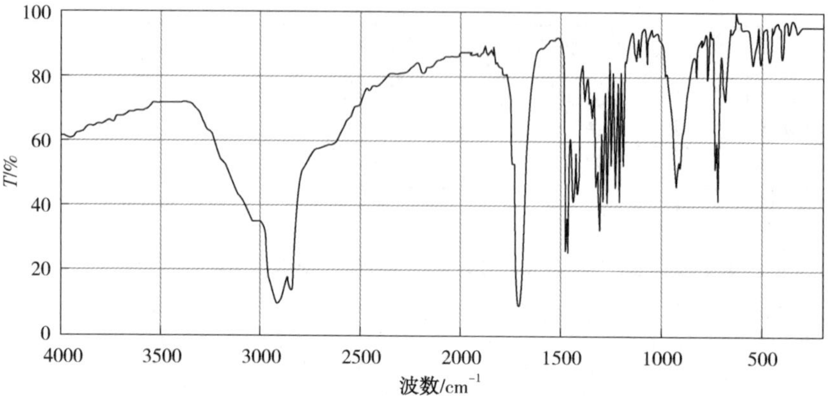

图 4-46　十七烷酸红外谱图

表 4-69　十七烷酸红外谱图分析

官能团	作用区域	备　注
宽的 O—H 伸缩振动	3300~2500cm^{-1}处显示 O—H 伸缩振动特征峰	通常可以观察到较弱的 C—H 伸缩谱带叠加在宽的 O—H 谱带上
C—H(CH_2) st as	2908cm^{-1}处显示—CH_2 的不对称拉伸振动特征峰	各种强度，多重峰
C—H(CH_2) st sy	2843cm^{-1}处显示—CH_2 的对称拉伸振动特征峰	
CH_3 δ as	1469cm^{-1}是 CH_3 的不对称变形振动	中等，与 CH_2δ 重合
CH_3 δ sy	1336cm^{-1}是 CH_3 的对称变形振动	中等
C—O—H 面内弯曲振动	C—O—H 面内弯曲振动，1413cm^{-1}	
C—O 伸缩振动	二聚体，C—O 伸缩振动，1302cm^{-1}	
O—H 面外弯曲振动	922cm^{-1}处显示 O—H 面外弯曲振动	
CH_2 γ	725cm^{-1}是 CH_2 的面内摇摆振动	中等
C═O st	1703cm^{-1}为脂肪族酯的 C═O 吸收特征峰	1790~1650cm^{-1} 脂肪族酯，强

② 质谱谱图

表 4-70　十七烷酸质谱分析

测　定	作用区域	备　注
分子离子	[M+1]$^+$(m/z 271)较强 [M]$^+$(m/z 270)很强	中等，长链的较强，易于质子化。通常可检测到，易于质子化为[M+1]$^+$
碎片	[M-17]$^+$很弱(m/z 253)	短链酸中，M—OH，M—CO_2H 峰是主要的
	[M-45]$^+$弱(m/z 225)	短链酸中，M—OH，M—CO_2H 峰是主要的

测　定	作用区域	备　　注
碎片	m/z 45，59，73，87，101，115，129，141，155，169	留在含氧碎片上 $C_nH_{2n+1}O_2$ 系列
	m/z 43，57，71，85	留在烷基碎片上 C_nH_{2n+1} 系列
	m/z 27，28，41，42，55，56，69，70	烃类图谱
重排	m/z 60，61	由麦氏重排产生的 $C_nH_{2n}O_2$

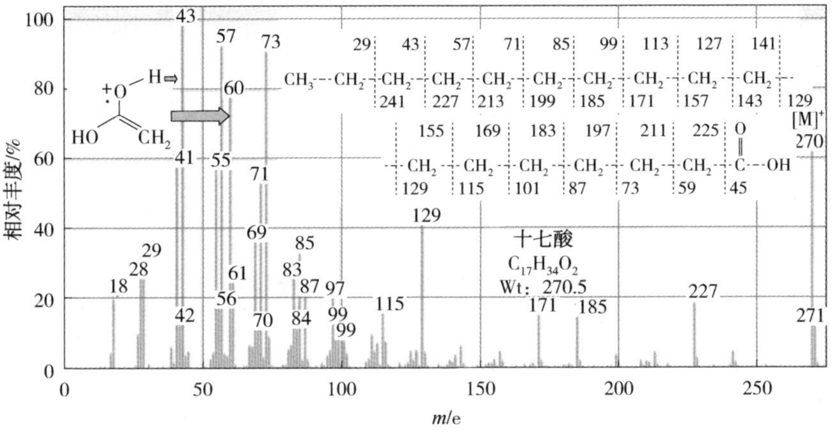

图 4-47　十七烷酸质谱图

③ 核磁谱图

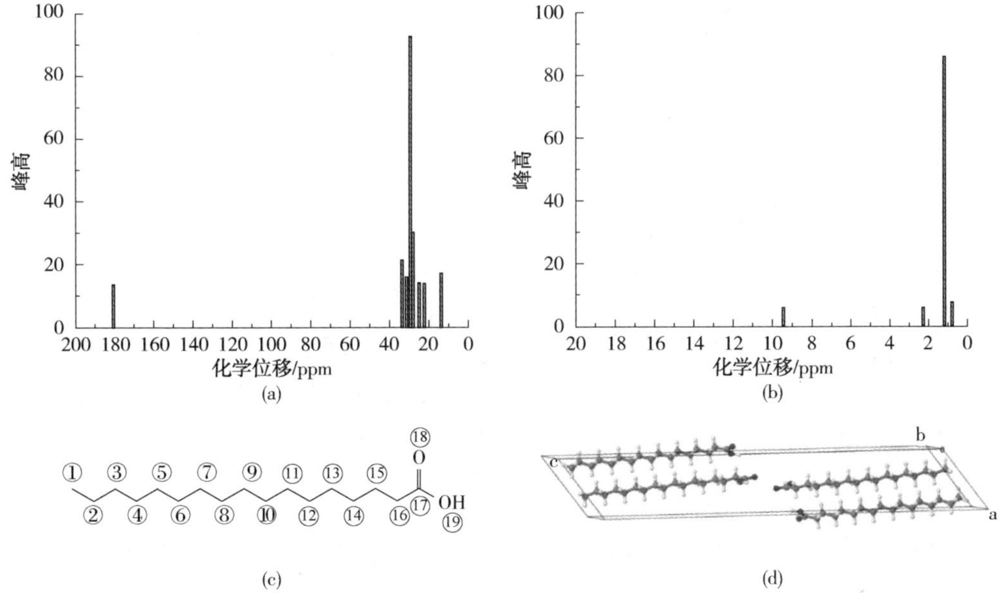

图 4-48　十七烷酸核磁谱图

(a) ^{13}C 核磁谱图；(b) ^{1}H 核磁谱图；(c) 分子结构式及其编号；(d) 晶体结构

表 4-71 十七烷酸核磁分析

原子序号	^{13}C 核磁化学位移	原子序号	^{13}C 核磁化学位移	原子序号	^{1}H 核磁化学位移	原子序号	^{1}H 核磁化学位移
C1	14. 1	C10	29. 7	H1	0. 88	H10	1. 27
C2	22. 7	C11	29. 7	H2	1. 27	H11	1. 27
C3	32	C12	29. 7	H3	1. 27	H12	1. 27
C4	29. 5	C13	29. 5	H4	1. 27	H13	1. 27
C5	29. 7	C14	29. 2	H5	1. 27	H14	1. 27
C6	29. 7	C15	24. 8	H6	1. 27	H15	1. 27
C7	29. 7	C16	34. 2	H7	1. 27	H16	2. 35
C8	29. 7	C17	180. 6	H8	1. 27	H19	9. 5
C9	29. 7			H9	1. 27		

晶体信息

表 4-72 十七烷酸晶体结构数据

晶胞棱长(轴长)	α=90. 0; β=129. 43980000000002; γ=90. 0	晶胞轴角	a=9. 6335; b=4. 9526; c=50. 0322
空间群	P21/a(14)	晶胞体积	—

概况

表 4-73 十七烷酸结构及物化信息

中文名称	十七烷酸	SRN	4313726
化学式	$C_{17}H_{34}O_2$	熔点	61. 3℃
英文名称	Heptadecanoic acid	测试溶剂	363. 8℃
分子量	270. 5	沸点	$CDCl_3$
CAS	506-12-7	测试参比	TMS
辛醇/水分配系数：LogP	6. 9	重原子数	19
可旋转键数	15	环数	0
sp3 杂化的碳原子比例	0. 941	拓扑面积	37. 3
氢给体数	1	氢受体数	2

(6) 硬脂酸(十八烷酸)

如图 4-49~图 4-52 和表 4-74~表 4-79 所示，为十八烷酸物化数据和三谱图分析。

① 红外谱图

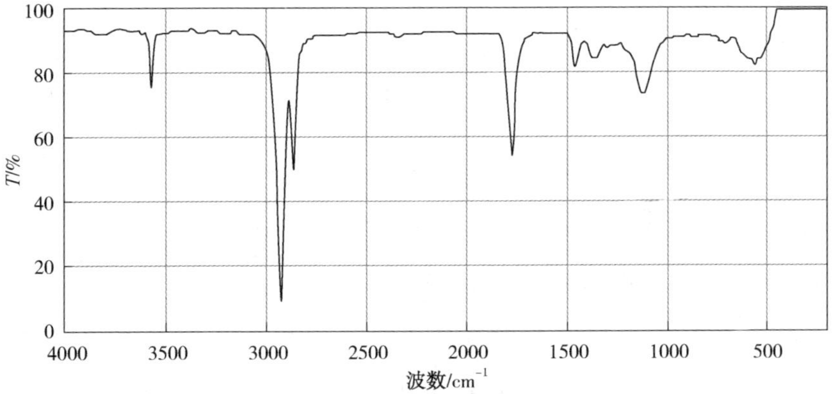

图 4-49　硬脂酸红外气相谱图

表 4-74　硬脂酸红外气相谱图分析

官能团	作用区域	备　注
COO—H st	$3580cm^{-1}$处显示 COO—H 的拉伸振动特征峰	自由，尖
C—H(CH_2) st as	$2932cm^{-1}$处显示—CH_2 的不对称拉伸振动特征峰	各种强度，多重峰
C—H(CH_2) st sy	$2870cm^{-1}$处显示—CH_2 的对称拉伸振动特征峰	各种强度，多重峰
CH_3 δ as	$1463cm^{-1}$是 CH_3 的不对称变形振动	中等，与 CH_2δ 重合
CH_3 δ sy	$1357cm^{-1}$是 CH_3 的对称变形振动	中等
CH_2 γ	$721cm^{-1}$是 CH_2 的面内摇摆振动	中等
C═O st	$1777cm^{-1}$为脂肪族酯的 C═O 吸收特征峰	$1790\sim1650cm^{-1}$ 脂肪族酯，强

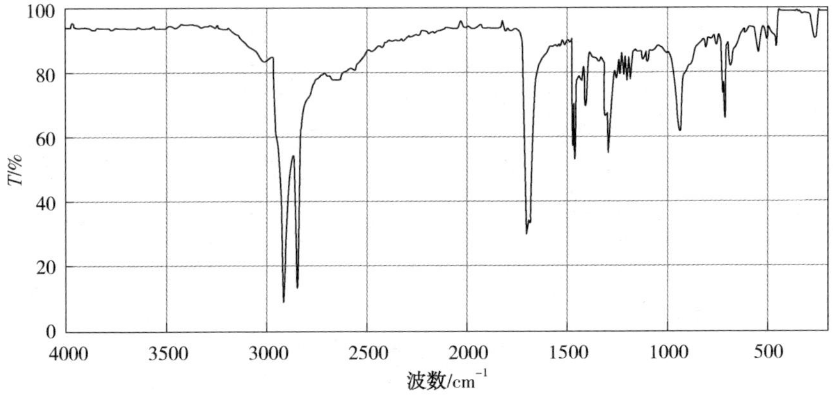

图 4-50　硬脂酸红外谱图

表 4-75　硬脂酸红外谱图分析

官能团	作用区域	备　注
宽的 O—H 伸缩振动	3300~2500cm^{-1}处显示 O—H 伸缩振动特征峰	通常可以观察到较弱的 C—H 伸缩谱带叠加在宽的 O—H 谱带上
C—H(CH_2) st as	2919cm^{-1}处显示—CH_2 的不对称拉伸振动特征峰	各种强度，多重峰
C—H(CH_2) st sy	2851cm^{-1}处显示—CH_2 的对称拉伸振动特征峰	
CH_3 δ as	1465cm^{-1}是 CH_3 的不对称变形振动	中等，与 CH_2δ 重合
CH_3 δ sy	1347cm^{-1}是 CH_3 的对称变形振动	中等
C—O—H 面内弯曲振动	C—O—H 面内弯曲振动，1412cm^{-1}	
C—O 伸缩振动	二聚体，C—O 伸缩振动，1300cm^{-1}	
O—H 面外弯曲振动	942cm^{-1}处显示 O—H 面外弯曲振动	
CH_2 γ	721cm^{-1}是 CH_2 的面内摇摆振动	中等
C═O st	1703cm^{-1}为脂肪族酯的 C═O 吸收特征峰	1790~1650cm^{-1} 脂肪族酯，强

② 质谱谱图

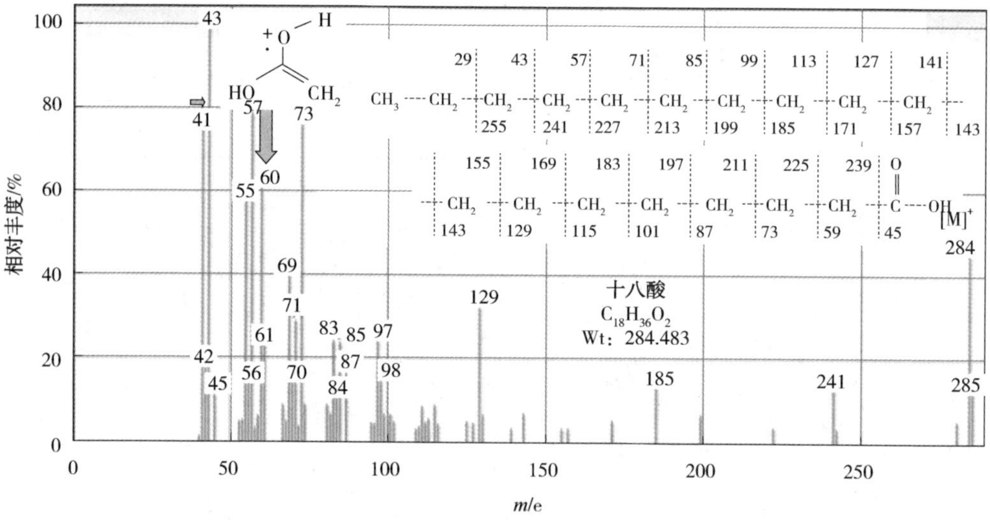

图 4-51　硬脂酸质谱图

表 4-76　硬脂酸质谱分析

测　定	作用区域	备　　注
分子离子	$[M+1]^+$(m/z 285)较强 $[M]^+$(m/z 284)很强	中等，长链的较强，易于质子化。通常可检测到，易于质子化为$[M+1]^+$
碎片	$[M-17]^+$很弱(m/z 253)	短链酸中，M—OH，M—CO_2H 峰是主要的
	$[M-45]^+$弱(m/z 225)	短链酸中，M—OH，M—CO_2H 峰是主要的
	m/z 45，59，73，87，101，115，129，141，155，169	留在含氧碎片上 $C_nH_{2n+1}O_2$ 系列(m/z 45，59，73，87，…)
	m/z 43，57，71，85	留在烷基碎片上 C_nH_{2n+1} 系列
	m/z 27，28，41，42，55，56，69，70	烃类图谱
重排	m/z 60，61	由麦氏重排产生的 $C_nH_{2n}O_2$

③ 核磁谱图

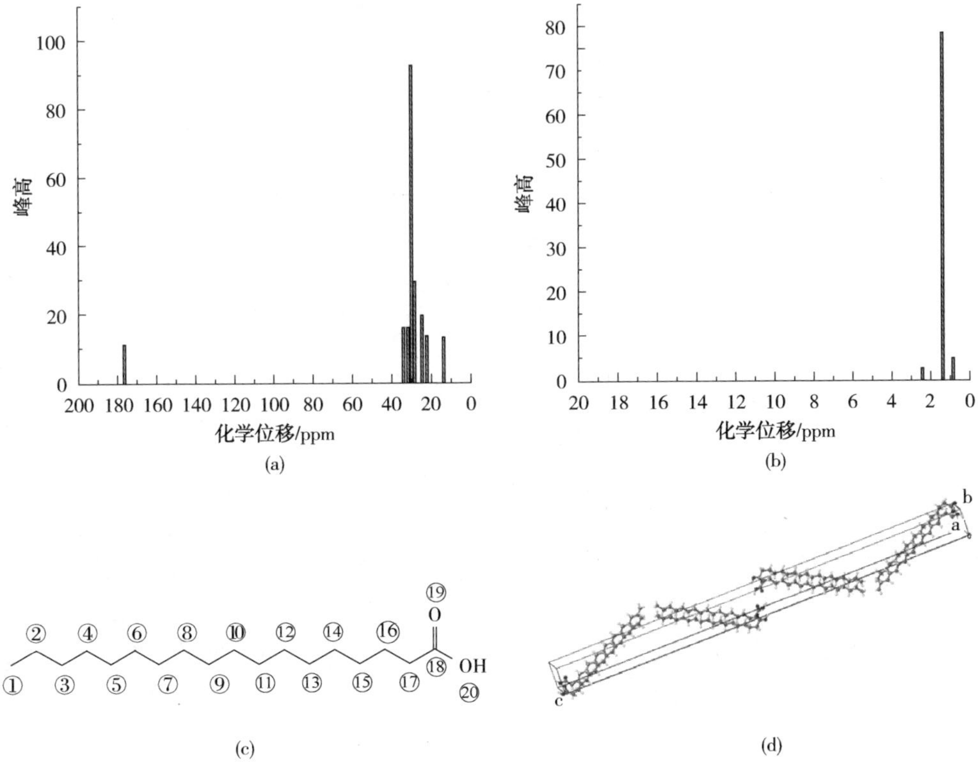

图 4-52　硬脂酸核磁谱图

(a)^{13}C 核磁谱图；(b)^{1}H 核磁谱图；(c)分子结构式及其编号；(d)晶体结构

表 4-77　硬脂酸核磁分析

原子序号	^{13}C 核磁化学位移	原子序号	^{13}C 核磁化学位移	原子序号	^{1}H 核磁化学位移	原子序号	^{1}H 核磁化学位移
C1	14.1	C10	29.7	H1	0.89	H10	1.29
C2	22.6	C11	29.7	H2	1.29	H11	1.29
C3	31.9	C12	29.7	H3	1.29	H12	1.29
C4	29.3	C13	29.7	H4	1.29	H13	1.29
C5	29.7	C14	29.7	H5	1.29	H14	1.29
C6	29.7	C15	29.3	H6	1.29	H15	1.29
C7	29.7	C16	25	H7	1.29	H16	1.29
C8	29.7	C17	34.3	H8	1.29	H17	2.35
C9	29.7	C18	176.3	H9	1.29	H20	OH 没有被检测到

晶体信息

表 4-78　硬脂酸晶体结构数据

晶胞棱长(轴长)	$\alpha=90°$； $\beta=90°$； $\gamma=90°$	晶胞轴角	$a=7.404\pm0.001$Å； $b=5.591\pm0.001$Å； $c=87.662\pm0.009$Å
空间群	Pbca	晶胞体积	3628.8 ± 0.9Å^3

概况

表 4-79　硬脂酸结构及物化信息

中文名称	硬脂酸；十八碳酸	SRN	95101
化学式	$C_{18}H_{36}O_2$	熔点	68.8℃
英文名称	stearic acid	沸点	383℃
分子量	284.483	测试溶剂	$CDCl_3$
CAS	57-11-4	测试参比	TMS
辛醇/水分配系数：LogP	7.4	重原子数	20
可旋转键数	16	环数	0
sp3 杂化的碳原子比例	0.944	拓扑面积	37.3
氢给体数	1	氢受体数	2

（7）12-羟基硬脂酸

如图 4-53～图 4-55 和表 4-80～表 4-84 所示，为 12-羟基硬脂酸物化数据和三谱图分析。

① 红外谱图

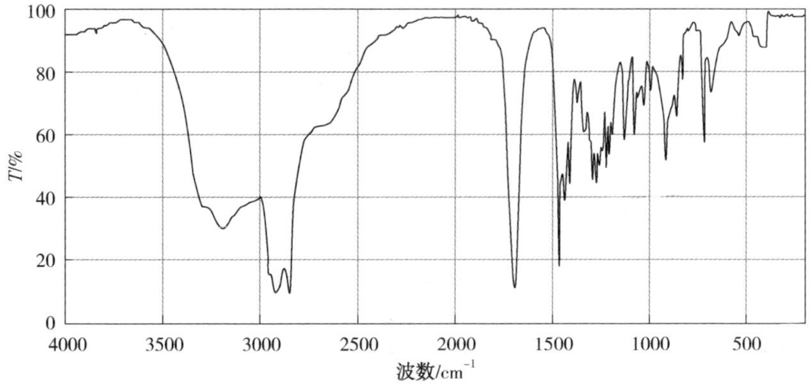

图 4-53 12-羟基硬脂酸红外谱图

表 4-80 12-羟基硬脂酸红外分析

官能团	作用区域	备　注
宽的 O—H 伸缩振动	3300~2500cm^{-1}处显示 O—H 伸缩振动特征峰	通常可以观察到较弱的 C—H 伸缩谱带叠加在宽的 O—H 谱带上
O—H st	3200cm^{-1}处的谱带是 O—H 伸缩振动引起的吸收谱带	各种强度
C—H(CH_2)st as	2925cm^{-1}处显示—CH_2 的不对称拉伸振动特征峰	各种强度，多重峰
C—H(CH_2)st sy	2853cm^{-1}处显示—CH_2 的对称拉伸振动特征峰	
CH_3 δ as	1471cm^{-1}是 CH_3 的不对称变形振动	中等，与 CH_2δ 重合
CH_3 δ sy	1377cm^{-1}是 CH_3 的对称变形振动	中等
C—O—H 面内弯曲振动	C—O—H 面内弯曲振动，1414cm^{-1}	
C—O 伸缩振动	二聚体，C—O 伸缩振动，1297cm^{-1}	
O—H 面外弯曲振动	922cm^{-1}处显示 O—H 面外弯曲振动	
CH_2 γ	721cm^{-1}是 CH_2 的面内摇摆振动	中等
C═O st	1698cm^{-1}为脂肪族酯的 C═O 吸收特征峰	1790~1650cm^{-1} 脂肪族酯，强

② 质谱谱图

表 4-81 12-羟基硬脂酸质谱分析

测　定	作用区域	备　注
分子离子	[M]$^+$(m/z 300)很弱	一元羧酸的分子离子峰很弱
碎片	[M-17]$^+$弱(m/z 283)	短链酸中，M—OH，M—CO_2H 峰是主要的
	[M-45]$^+$弱(m/z 255)	短链酸中，M—OH，M—CO_2H 峰是主要的

续表

测　定	作用区域	备　　注
碎片	m/z 73，115，129	留在含氧碎片上 $C_nH_{2n+1}O_2$ 系列
	m/z 43，57	留在烷基碎片上 C_nH_{2n+1} 系列
	m/z 27，41，42，55，69	烃类图谱

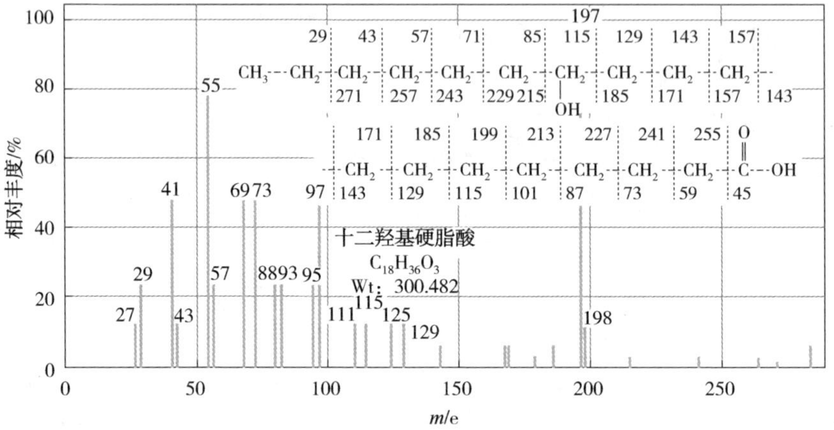

图 4-54　12-羟基硬脂酸质谱图

③ 核磁谱图

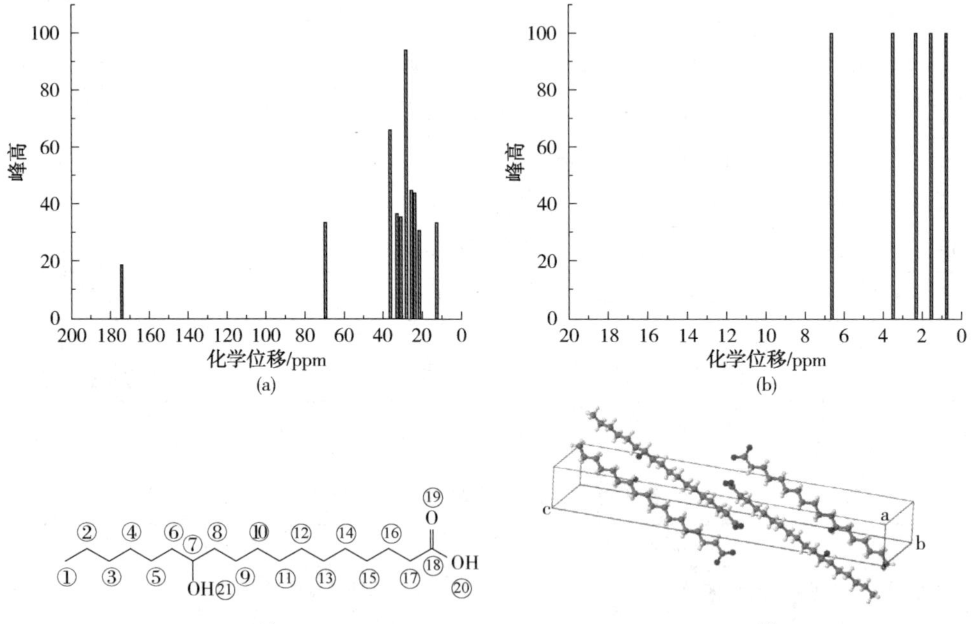

图 4-55　12-羟基硬脂酸核磁谱图

(a)^{13}C 核磁谱图；(b)^{1}H 核磁谱图；(c)分子结构式及其编号；(d)晶体结构

表 4-82　12-羟基硬脂酸核磁分析

原子序号	^{13}C 核磁化学位移	原子序号	^{13}C 核磁化学位移	原子序号	^{1}H 核磁化学位移
C1	14	C10	29.3	H1	0.88
C2	22.4	C11	29.3	H7	3.6
C3	31.7	C12	29.3	H16	1.62
C4	29.3	C13	29.3	H17	2.33
C5	25.5	C14	29.3	H20	6.7
C6	37.4	C15	29.3	H21	OH 没有被检测到
C7	70.3	C16	24.8		
C8	37.4	C17	33.9		
C9	25.5	C18	174.8		

晶体信息

表 4-83　12-羟基硬脂酸晶体结构数据

晶胞棱长(轴长)	α=90.0；β=93.64；γ=90.0	晶胞轴角	a=5.488；b=7.831；c=44.24
空间群	P21/a(14)	晶胞体积	—

概况

表 4-84　12-羟基硬脂酸结构及物化信息

中文名称	12-羟基硬脂酸	SRN	10058
化学式	$C_{18}H_{36}O_3$	熔点	81~82℃
英文名称	12-Hydroxystearic acid	沸点	180℃
分子量	300.482	测试溶剂	Polysol
CAS	106-14-9	测试参比	TMS
辛醇/水分配系数：LogP	6.5	重原子数	21
可旋转键数	16	环数	0
sp3 杂化的碳原子比例	0.94	拓扑面积	57.5
氢给体数	2	氢受体数	3

(8) 十九烷酸

如图 4-56~图 4-59 和表 4-85~表 4-89 所示，为十九烷酸物化数据和三谱图分析。

① 红外谱图

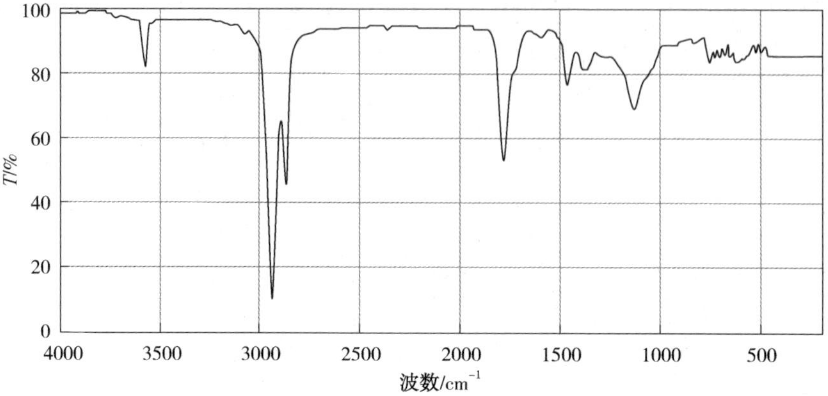

图 4-56　十九烷酸红外气相谱图

表 4-85　十九烷酸红外气相谱图分析

官能团	作用区域	备　注
COO—H st	$3581cm^{-1}$处显示 COO—H 的拉伸振动特征峰	自由，尖
C—H(CH_2) st as	$2933cm^{-1}$处显示—CH_2 的不对称拉伸振动特征峰	各种强度，多重峰
C—H(CH_2) st sy	$2866cm^{-1}$处显示—CH_2 的对称拉伸振动特征峰	各种强度，多重峰
CH_3 δ as	$1463cm^{-1}$是 CH_3 的不对称变形振动	中等，与 CH_2δ 重合
CH_3 δ sy	$1381cm^{-1}$是 CH_3 的对称变形振动	中等
CH_2 γ	$746cm^{-1}$是 CH_2 的面内摇摆振动	中等
C═O st	$1777cm^{-1}$为脂肪族酯的 C═O 吸收特征峰	$1790\sim1650cm^{-1}$ 脂肪族酯，强

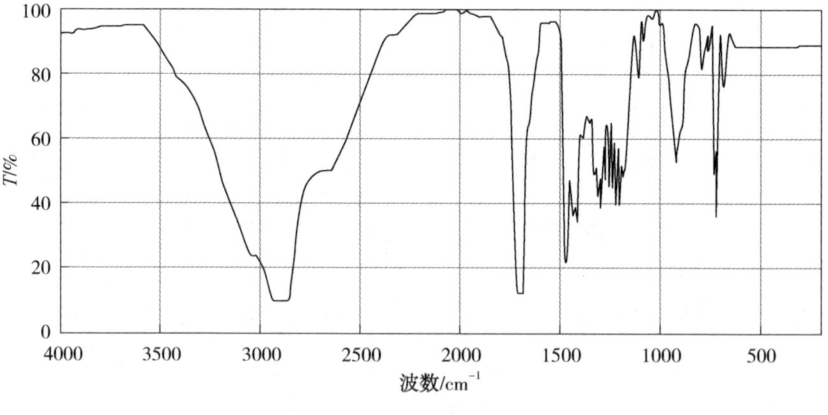

图 4-57　十九烷酸红外谱图

表 4-86　十九烷酸红外谱图分析

官能团	作用区域	备　注
宽的 O—H 伸缩振动	3300~2500cm^{-1}处显示 O—H 伸缩振动特征峰	通常可以观察到较弱的 C—H 伸缩谱带叠加在宽的 O—H 谱带上
C—H(CH_2) st as	2901cm^{-1}处显示—CH_2 的不对称拉伸振动特征峰	各种强度，多重峰
C—H(CH_2) st sy	2868cm^{-1}处显示—CH_2 的对称拉伸振动特征峰	
CH_3 δ as	1472cm^{-1}是 CH_3 的不对称变形振动	中等，与 CH_2δ 重合
CH_3 δ sy	1382cm^{-1}是 CH_3 的对称变形振动	中等
C—O—H 面内弯曲振动	C—O—H 面内弯曲振动，1412cm^{-1}	
C—O 伸缩振动	二聚体，C—O 伸缩振动，1289cm^{-1}	
O—H 面外弯曲振动	919cm^{-1}处显示 O—H 面外弯曲振动	
CH_2 γ	725cm^{-1}是 CH_2 的面内摇摆振动	中等
C═O st	1695cm^{-1}为脂肪族酯的 C═O 吸收特征峰	1790~1650cm^{-1} 脂肪族酯，强

② 质谱谱图

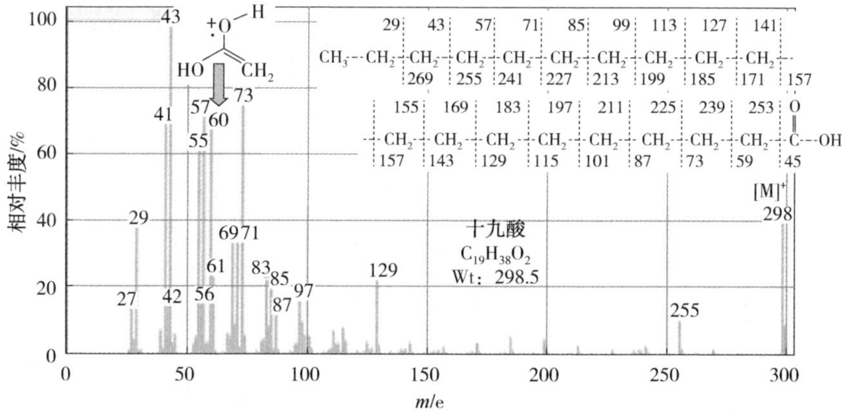

图 4-58　十九烷酸质谱图

表 4-87　十九烷酸质谱分析

测　定	作用区域	备　注
分子离子	[M+1]$^+$(m/z 299)较强 [M]$^+$(m/z 298)很强	中等，长链的较强，易于质子化。通常可检测到，易于质子化为[M+1]$^+$
碎片	[M-17]$^+$很弱(m/z 281)	短链酸中，M—OH，M—CO_2H 峰是主要的
	[M-45]$^+$弱(m/z 253)	短链酸中，M—OH，M—CO_2H 峰是主要的

续表

测　定	作用区域	备　　注
碎片	m/z 45，59，73，87，101，115，129，141，155，169	留在含氧碎片上 $C_nH_{2n+1}O_2$ 系列
	m/z 43，57，71，85	留在烷基碎片上 C_nH_{2n+1} 系列
	m/z 27，28，41，42，55，56，69，70	烃类图谱
重排	m/z 60，61	由麦氏重排产生的 $C_nH_{2n}O_2$

③ 核磁谱图

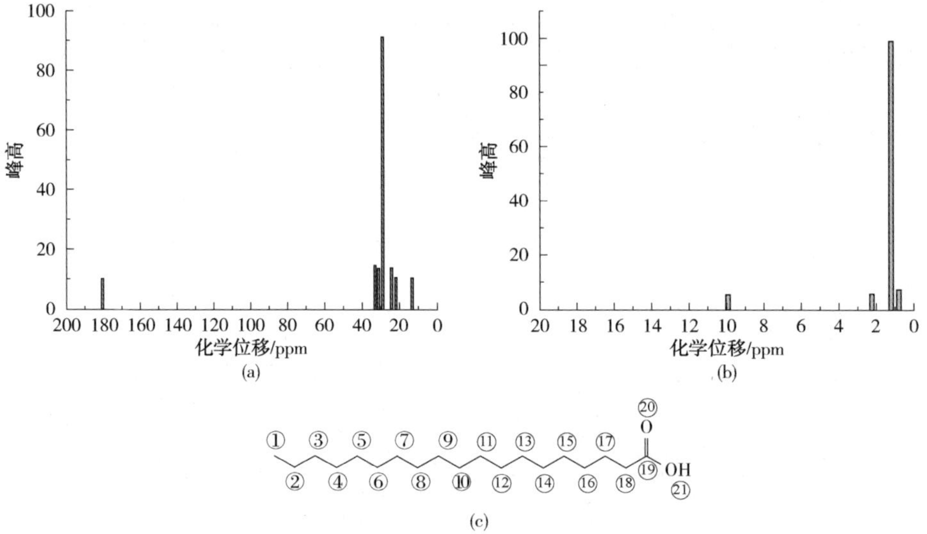

图 4-59　十九烷酸核磁谱图

(a) ^{13}C 核磁谱图；(b) ^{1}H 核磁谱图；(c) 分子结构式及其编号

表 4-88　十九烷酸核磁分析

原子序号	^{13}C 核磁化学位移	原子序号	^{13}C 核磁化学位移	原子序号	^{1}H 核磁化学位移	原子序号	^{1}H 核磁化学位移
C1	14.1	C11	29.7	H1	0.88	H11	1.27
C2	22.8	C12	29.7	H2	1.27	H12	1.27
C3	32.1	C13	29.7	H3	1.27	H13	1.27
C4	29.7	C14	29.7	H4	1.27	H14	1.27
C5	29.7	C15	29.7	H5	1.27	H15	1.27
C6	29.7	C16	29.7	H6	1.27	H16	1.27
C7	29.7	C17	24.7	H7	1.27	H17	1.27
C8	29.7	C18	34.1	H8	1.27	H18	2.35
C9	29.7	C19	180.4	H9	1.27	H21	9.96
C10	29.7			H10	1.27		

概况

表 4-89　十九烷酸结构及物化信息

中文名称	十九烷酸	SRN	35739818
化学式	$C_{19}H_{38}O_2$	熔点	67~69℃
英文名称	Nonadecanoic acid	沸点	298℃
分子量	298.5	测试溶剂	$CDCl_3$
CAS	334-48-5	测试参比	TMS

(9) 花生酸(二十烷酸)

如图 4-60~图 4-63 和表 4-90~表 4-94 所示，为二十烷酸物化数据和三谱图分析。

① 红外谱图

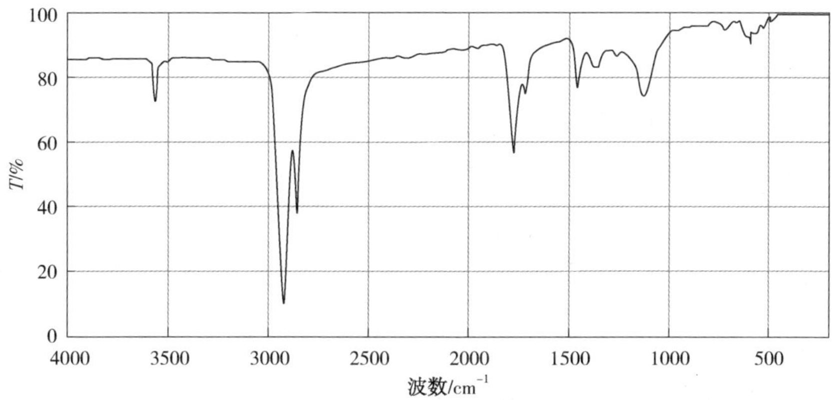

图 4-60　二十烷酸红外气相谱图

表 4-90　二十烷酸红外气相谱图分析

官能团	作用区域	备　注
COO—H st	3566cm^{-1}处显示 COO—H 的拉伸振动特征峰	自由，尖
C—H(CH_2)st as	2925cm^{-1}处显示—CH_2 的不对称拉伸振动特征峰	各种强度，多重峰
C—H(CH_2)st sy	2856cm^{-1}处显示—CH_2 的对称拉伸振动特征峰	各种强度，多重峰
CH_3 δ as	1457cm^{-1}是 CH_3 的不对称变形振动	中等，与 CH_2δ 重合
CH_3 δ sy	1373cm^{-1}是 CH_3 的对称变形振动	中等
CH_2 γ	728cm^{-1}是 CH_2 的面内摇摆振动	中等
C═O st	1774cm^{-1}为脂肪族酯的 C═O 吸收特征峰	1790~1650cm^{-1} 脂肪族酯，强

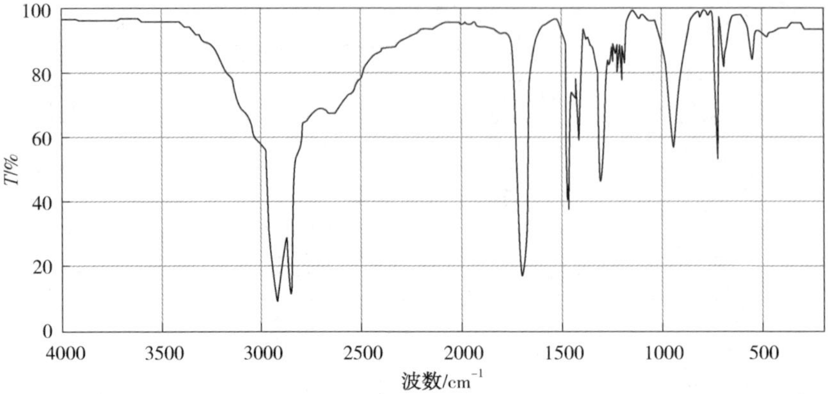

图 4-61　二十烷酸红外谱图

表 4-91　二十烷酸红外谱图分析

官能团	作用区域	备　注
宽的 O—H 伸缩振动	3300~2500cm^{-1}处显示 O—H 伸缩振动特征峰	通常可以观察到较弱的 C—H 伸缩谱带叠加在宽的 O—H 谱带上
C—H(CH_2) st as	2922cm^{-1}处显示—CH_2 的不对称拉伸振动特征峰	各种强度，多重峰
C—H(CH_2) st sy	2851cm^{-1}处显示—CH_2 的对称拉伸振动特征峰	
CH_3 δ as	1466cm^{-1}是 CH_3 的不对称变形振动	中等，与 CH_2δ 重合
CH_3 δ sy	1378cm^{-1}是 CH_3 的对称变形振动	中等
C—O—H 面内弯曲振动	C—O—H 面内弯曲振动，1414cm^{-1}	
C—O 伸缩振动	二聚体，C—O 伸缩振动，1303cm^{-1}	
O—H 面外弯曲振动	943cm^{-1}处显示 O—H 面外弯曲振动	
CH_2 γ	721cm^{-1}是 CH_2 的面内摇摆振动	中等
C═O st	1701cm^{-1}为脂肪族酯的 C═O 吸收特征峰	1790~1650cm^{-1} 脂肪族酯，强

② 质谱谱图

表 4-92　二十烷酸质谱分析

测　定	作用区域	备　注
分子离子	[M+1]$^+$(m/z 313)较强 [M]$^+$(m/z 312)很强	中等，长链的较强，易于质子化。通常可检测到，易于质子化为[M+1]$^+$
碎片	[M-17]$^+$很弱(m/z 295)	短链酸中，M—OH，M—CO_2H 峰是主要的
	[M-45]$^+$弱(m/z 267)	短链酸中，M—OH，M—CO_2H 峰是主要的

续表

测　定	作用区域	备　　注
碎片	m/z 45, 59, 73, 87, 101, 115, 129, 141, 155, 169	留在含氧碎片上 $C_nH_{2n+1}O_2$ 系列
	m/z 43, 57, 71, 85	留在烷基碎片上 C_nH_{2n+1} 系列
	m/z 27, 28, 41, 42, 55, 56, 69, 70	烃类图谱
重排	m/z 60, 61	由麦氏重排产生的 $C_nH_{2n}O_2$

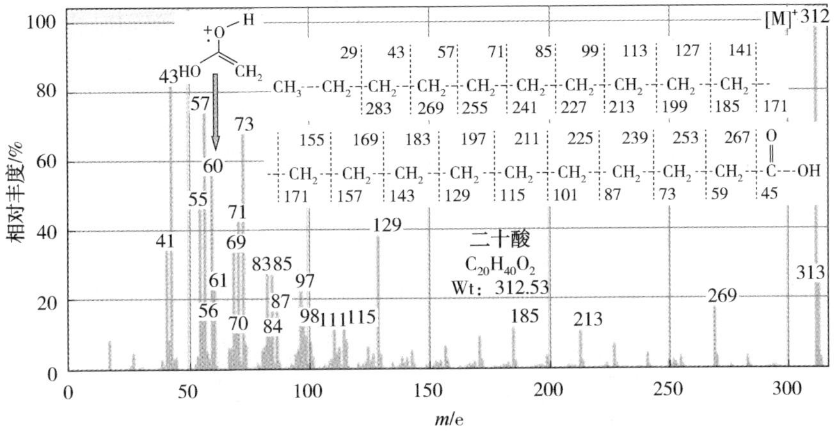

图 4-62　二十烷酸质谱图

③ 核磁谱图

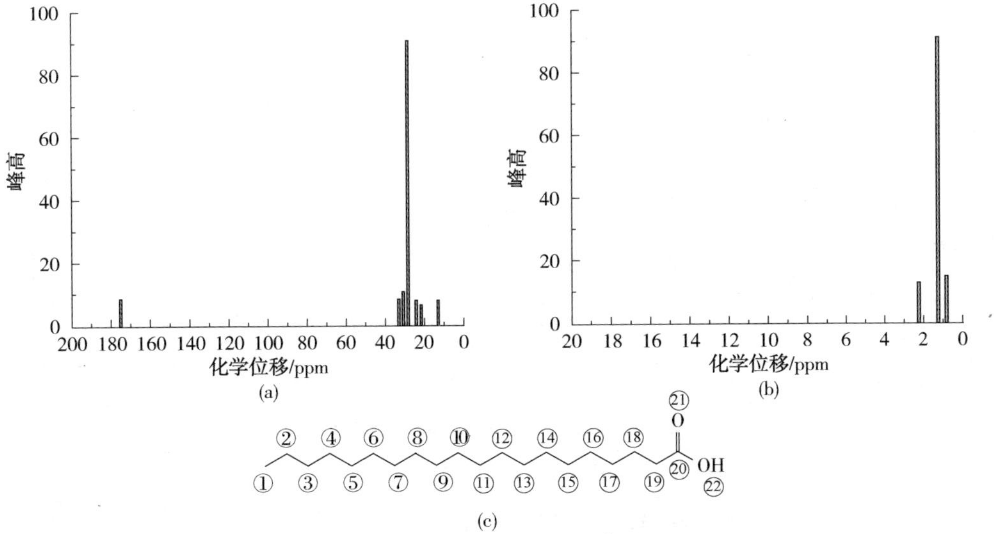

图 4-63　二十烷酸核磁谱图

(a)^{13}C 核磁谱图；(b)^{1}H 核磁谱图；(c)分子结构式及其编号

表 4-93　二十烷酸核磁分析

原子序号	^{13}C 核磁化学位移	原子序号	^{13}C 核磁化学位移	原子序号	^{1}H 核磁化学位移	原子序号	^{1}H 核磁化学位移
C1	14	C11	29.4	H1	0.87	H11	1.24
C2	22.5	C12	29.4	H2	1.24	H12	1.24
C3	31.7	C13	29.4	H3	1.24	H13	1.24
C4	29.4	C14	29.4	H4	1.24	H14	1.24
C5	29.4	C15	29.4	H5	1.24	H15	1.24
C6	29.4	C16	29.4	H6	1.24	H16	1.24
C7	29.4	C17	29.1	H7	1.24	H17	1.24
C8	29.4	C18	34.1	H8	1.24	H18	1.24
C9	29.4	C19	24.8	H9	1.24	H19	2.27
C10	29.4	C20	175.2	H10	1.24	H22	OH 没有被检测到

概况

表 4-94　二十烷酸结构及物化信息

中文名称	二十烷酸	SRN	23518014
化学式	$C_{20}H_{40}O_2$	熔点	74~76℃
英文名称	Eicosanoic acid	沸点	328℃
分子量	312.53	测试溶剂	Polysol
CAS	506-30-9	测试参比	TMS

4.5　超长链脂肪酸

如图 4-64~图 4-67 和表 4-95~表 4-99 所示，为二十二烷酸物化数据和三谱图分析。

① 红外谱图

表 4-95　二十二烷酸红外气相谱图分析

官能团	作用区域	备　注
COO—H st	$3579cm^{-1}$ 处显示 COO—H 的拉伸振动特征峰	自由，尖
C—H(CH_2) st as	$2931cm^{-1}$ 处显示—CH_2 的不对称拉伸振动特征峰	各种强度，多重峰
C—H(CH_2) st sy	$2864cm^{-1}$ 处显示—CH_2 的对称拉伸振动特征峰	各种强度，多重峰
CH_3 δ as	$1467cm^{-1}$ 是 CH_3 的不对称变形振动	中等，与 CH_2δ 重合

续表

官能团	作用区域	备　　注
CH_3 δ sy	$1381cm^{-1}$是 CH_3 的对称变形振动	中等
CH_2 γ	$731cm^{-1}$是 CH_2 的面内摇摆振动	中等
C═O st	$1774cm^{-1}$为脂肪族酯的 C═O 吸收特征峰	$1790\sim1650cm^{-1}$ 脂肪族酯，强

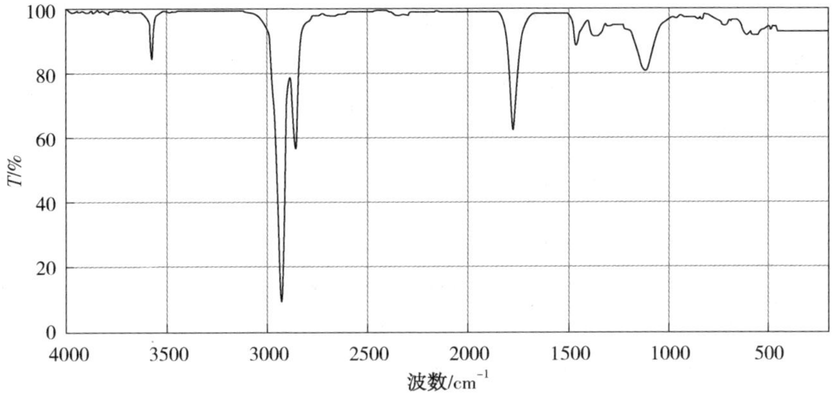

图 4-64　二十二烷酸红外气相谱图

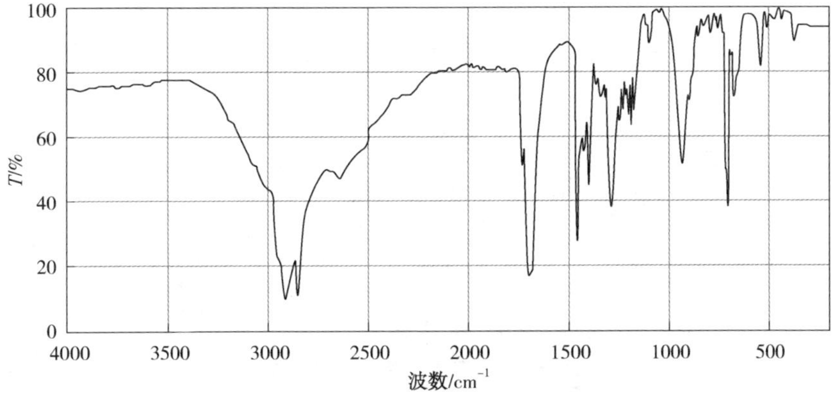

图 4-65　二十二烷酸红外谱图

表 4-96　二十二烷酸红外谱图分析

官能团	作用区域	备　　注
宽的 O—H 伸缩振动	$3300\sim2500cm^{-1}$处显示 O—H 伸缩振动特征峰	通常可以观察到较弱的 C—H 伸缩谱带叠加在宽的 O—H 谱带上

续表

官能团	作用区域	备　注
C—H(CH_2) st as	2914cm^{-1}处显示—CH_2 的不对称拉伸振动特征峰	在宽的 O—H 谱带的长波长处所观察到的精细结构，代表了发生在长波长的基频谱带的倍频和复合频
C—H(CH_2) st sy	2849cm^{-1}处显示—CH_2 的对称拉伸振动特征峰	
CH_3 δ as	1460cm^{-1}是 CH_3 的不对称变形振动	中等，与 CH_2δ 重合
CH_3 δ sy	1371cm^{-1}是 CH_3 的对称变形振动	中等
C—O—H 面内弯曲振动	C—O—H 面内弯曲振动，1404cm^{-1}	
C—O 伸缩振动	二聚体，C—O 伸缩振动，1296cm^{-1}	
O—H 面外弯曲振动	936cm^{-1}处显示 O—H 面外弯曲振动	
CH_2 γ	714cm^{-1}是 CH_2 的面内摇摆振动	中等
C═O st	1734cm^{-1}为脂肪族酯的 C═O 吸收特征峰	1790~1650cm^{-1} 脂肪族酯，强

② 质谱谱图

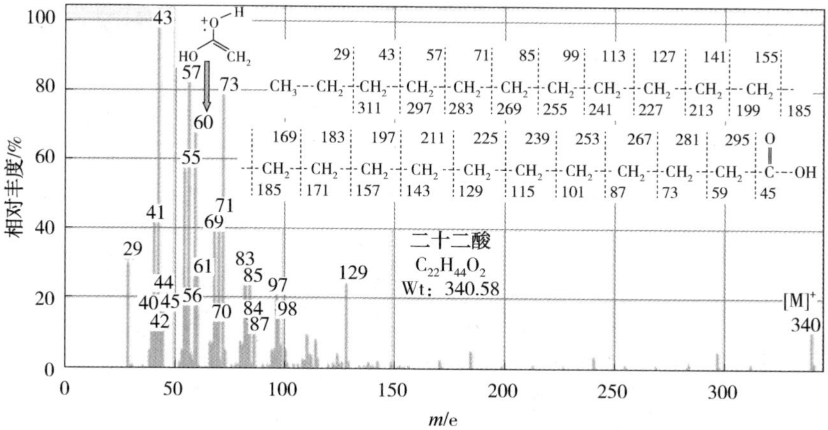

图 4-66　二十二烷酸质谱图

表 4-97　二十二烷酸质谱分析

测　定	作用区域	备　注
分子离子	[M+1]$^+$(m/z 271)较强 [M]$^+$(m/z 270)很强	中等，长链的较强，易于质子化。通常可检测到，易于质子化为[M+1]$^+$
碎片	[M-17]$^+$很弱(m/z 253)	短链酸中，M—OH，M—CO_2H 峰是主要的
	[M-45]$^+$弱(m/z 225)	短链酸中，M—OH，M—CO_2H 峰是主要的
	m/z 45，59，73，87，101，115，129，141，155，169	留在含氧碎片上 $C_nH_{2n+1}O_2$ 系列

续表

测　定	作用区域	备　　注
碎片	m/z 43，57，71，85	留在烷基碎片上 C_nH_{2n+1} 系列
	m/z 27，28，41，42，55，56，69，70	烃类图谱
重排	m/z 60，61	由麦氏重排产生的 $C_nH_{2n}O_2$

③ 核磁谱图

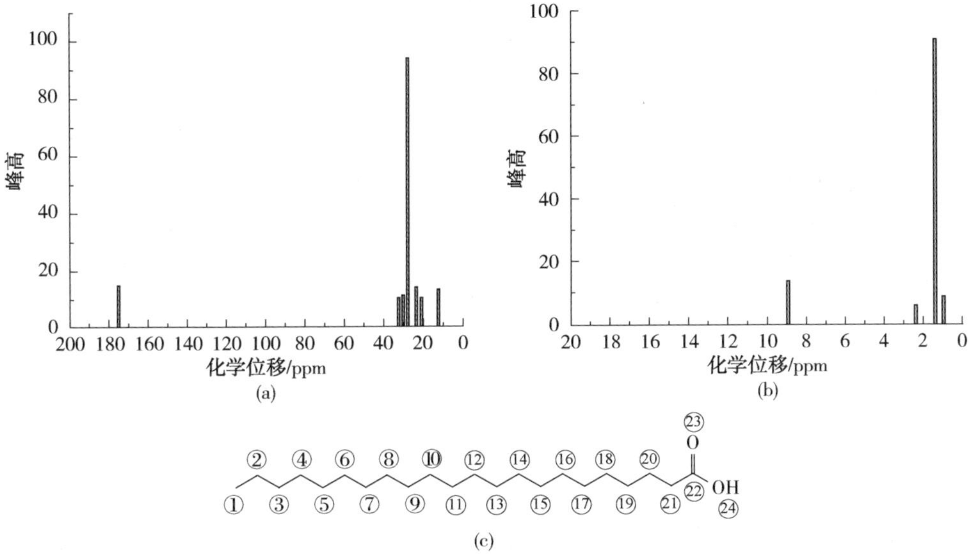

图 4-67　二十二烷酸核磁谱图

(a) ^{13}C 核磁谱图；(b) ^{1}H 核磁谱图；(c) 分子结构式及其编号

表 4-98　二十二烷酸核磁分析

原子序号	^{13}C 核磁化学位移	原子序号	^{13}C 核磁化学位移	原子序号	^{1}H 核磁化学位移	原子序号	^{1}H 核磁化学位移
C1	13. 9	C12	29. 3	H1	0. 9	H12	1. 3
C2	22. 3	C13	29. 3	H2	1. 3	H13	1. 3
C3	31. 5	C14	29. 3	H3	1. 3	H14	1. 3
C4	28. 9	C15	29. 3	H4	1. 3	H15	1. 3
C5	29. 3	C16	29. 3	H5	1. 3	H16	1. 3
C6	29. 3	C17	29. 3	H6	1. 3	H17	1. 3
C7	29. 3	C18	29. 3	H7	1. 3	H18	1. 3
C8	29. 3	C19	28. 9	H8	1. 3	H19	1. 3
C9	29. 3	C20	24. 7	H9	1. 3	H20	1. 3
C10	29. 3	C21	33. 9	H10	1. 3	H21	2. 34
C11	29. 3	C22	174. 7	H11	1. 3	H24	8. 9

概况

表 4-99　二十二烷酸结构及物化信息

中文名称	二十二烷酸	SRN	15852
化学式	$C_{22}H_{44}O_2$	熔点	78~80℃
英文名称	Docosanoic acid	沸点	306℃
分子量	340.58	测试溶剂	Polysol
CAS	112-85-6	测试参比	TMS

4.6　其他一元酸

（1）水杨酸

如图 4-68~图 4-71 和表 4-100~表 4-104 所示，为水杨酸物化数据和三谱图分析。

① 红外谱图

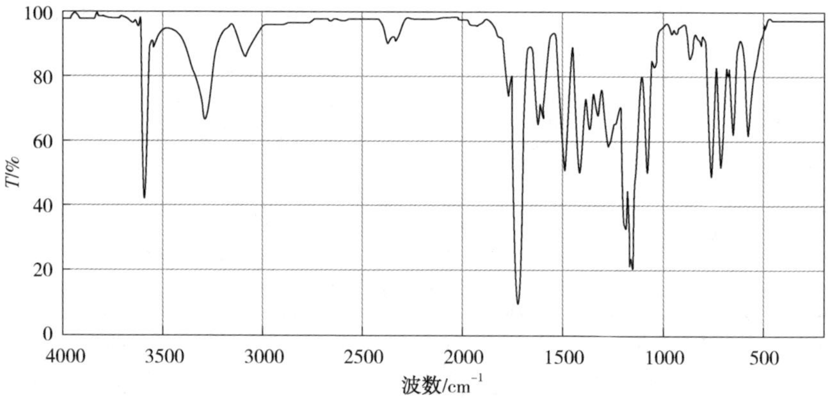

图 4-68　水杨酸红外气相谱图

表 4-100　水杨酸红外气相谱图分析

官能团	作用区域	备　注
COO—H st	$3585cm^{-1}$处显示 COO—H 的拉伸振动特征峰	自由，尖
O—H st	$3283cm^{-1}$处的谱带是 O—H 伸缩振动引起的吸收谱带	各种强度
C—O—H 面内弯曲振动	C—O—H 面内弯曲振动，$1408cm^{-1}$	
C═O st	$1713cm^{-1}$为脂肪族酯的 C═O 吸收特征峰	$1790\sim1650cm^{-1}$ 脂肪族酯，强
C═C 伸缩振动	$1618cm^{-1}$、$1593cm^{-1}$、$1484cm^{-1}$为苯环 C═C 伸缩振动	

续表

官能团	作用区域	备　　注
苯环 C—H 面内变形	$1181cm^{-1}$、$1075cm^{-1}$为苯环 1，2 取代引起的 C—H 面内变形	
苯环 C—H 面外变形振动	$756cm^{-1}$为═CH(4H)的 C—H 面外变形振动	
—OH 面外变形振动	$647cm^{-1}$为—OH 面外变形振动	

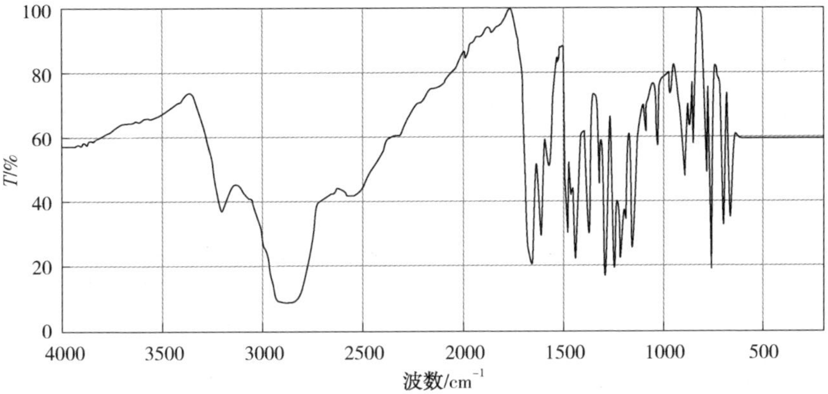

图 4-69　水杨酸红外谱图

表 4-101　水杨酸红外谱图分析

官能团	作用区域	备　　注
宽的 O—H 伸缩振动	3300～$2500cm^{-1}$处显示 O—H 伸缩振动特征峰	通常可以观察到较弱的 C—H 伸缩谱带叠加在宽的 O—H 谱带上
O—H st	$3205cm^{-1}$处的谱带是 O—H 伸缩振动引起的吸收谱带	各种强度
C═O st	$1660cm^{-1}$为芳香族酸的 C═O 吸收特征峰	1790～$1650cm^{-1}$ 芳香族酸，强
C—O 伸缩振动	二聚体，C—O 伸缩振动，$1298cm^{-1}$	
C═C 伸缩振动	$1618cm^{-1}$、$1578cm^{-1}$、$1486cm^{-1}$为苯环 C═C 伸缩振动	
苯环 C—H 面内变形	$1158cm^{-1}$、$1093cm^{-1}$为苯环 1，2 取代引起的 C—H 面内变形	
苯环 C—H 面外变形振动	$765cm^{-1}$为═CH(5H)的 C—H 面外变形振动	
—OH 面外变形振动	$666cm^{-1}$为—OH 面外变形振动	

② 质谱谱图

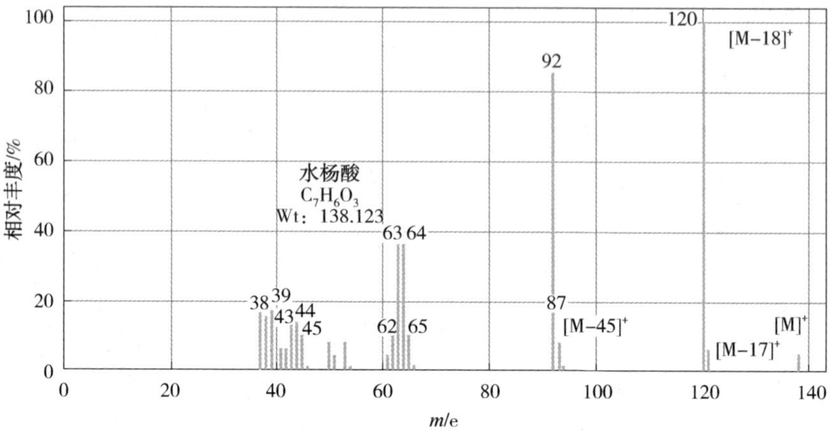

图 4-70　水杨酸质谱图

表 4-102　水杨酸质谱分析

测　定	作用区域	备　　注
分子离子	$[M]^+$(m/z 138)较强	
碎片	$[M-17]^+$较强(m/z 121)	短链酸中，M—OH，M—CO_2H 峰是主要的
	$[M-45]^+$较强(m/z 93)	短链酸中，M—OH，M—CO_2H 峰是主要的
	m/z 39，51，52，53，63，64，65	对应于 C_nH_n 和 $C_nH_{n\pm1}$ 的芳香碳氢碎片
重排	$[M-18]^{+\cdot}$(m/z 120)很强	失去水(M−18)的峰为主要峰

③ 核磁谱图

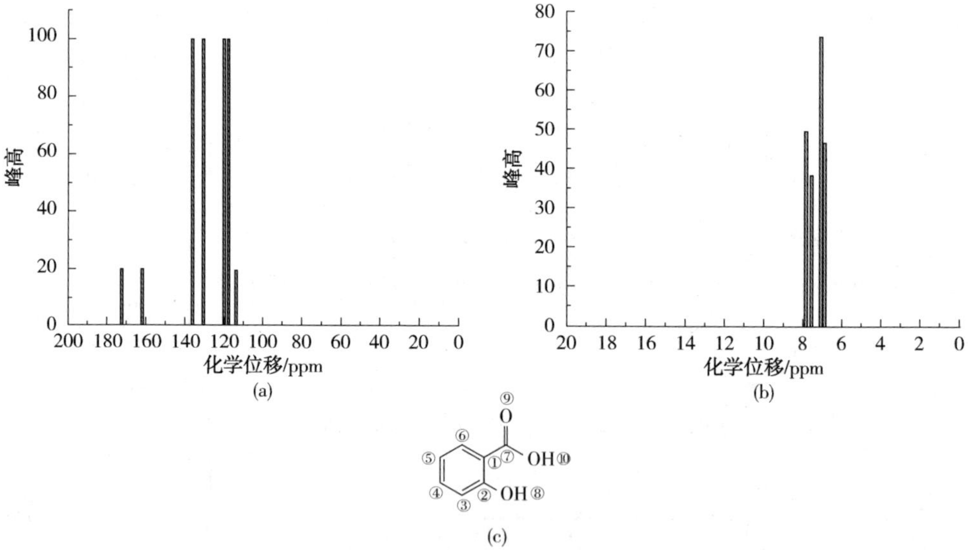

图 4-71　水杨酸核磁谱图

(a)^{13}C 核磁谱图；(b)^{1}H 核磁谱图；(c)分子结构式及其编号

表 4-103　水杨酸核磁分析

原子序号	^{13}C 核磁化学位移	原子序号	^{1}H 核磁化学位移
C1	114.4	H3	7.09
C2	162.9	H4	7.59
C3	118.4	H5	7.02
C4	136.7	H6	8
C5	120.3	H8	OH 没有被检测到
C6	131.7	H10	OH 没有被检测到
C7	173.6		

概况

表 4-104　水杨酸结构及物化信息

中文名称	水杨酸	SRN	5445798
化学式	$C_7H_6O_3$	熔点	159℃
英文名称	salicylic acid	沸点	336.3℃
分子量	138.123	测试溶剂	Trifluoroacetic acid
CAS	69-72-7	测试参比	TMS
辛醇/水分配系数：LogP	2.3	重原子数	10
可旋转键数	1	环数	1
sp3 杂化的碳原子比例	0	拓扑面积	57.5
氢给体数	2	氢受体数	3

（2）苯甲酸

如图 4-72~图 4-75 和表 4-105~表 4-109 所示，为苯甲酸物化数据和三谱图分析。

① 红外谱图

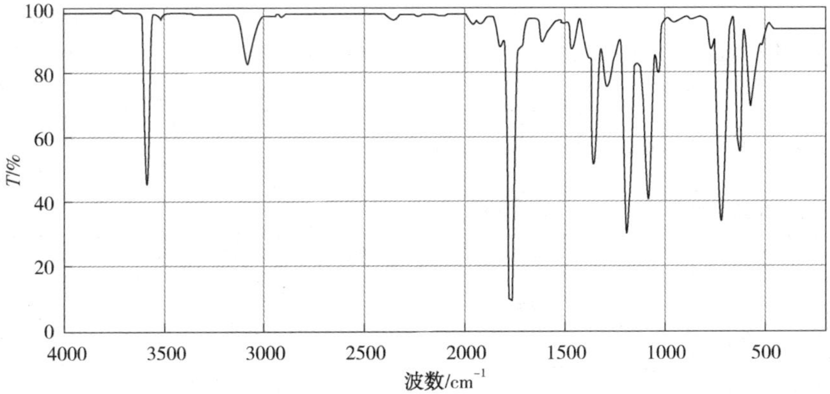

图 4-72　苯甲酸红外气相谱图

表 4-105　苯甲酸红外气相谱图分析

官能团	作用区域	备　注
COO—H st	3587cm^{-1}处显示 COO—H 的拉伸振动特征峰	自由，尖
C—O—H 面内弯曲振动	C—O—H 面内弯曲振动，1408cm^{-1}	
C═O st	1770cm^{-1}为芳香族酸的 C═O 吸收特征峰	1790~1650cm^{-1} 芳香族酸，强
C═C 伸缩振动	1611cm^{-1}、1504cm^{-1}、1458cm^{-1}为苯环 C═C 伸缩振动	
苯环 C—H 面内变形	1182cm^{-1}、1078cm^{-1}为苯环 1，2 取代引起的 C—H 面内变形	
苯环 C—H 面外变形振动	712cm^{-1}为═CH(5H)的 C—H 面外变形振动	

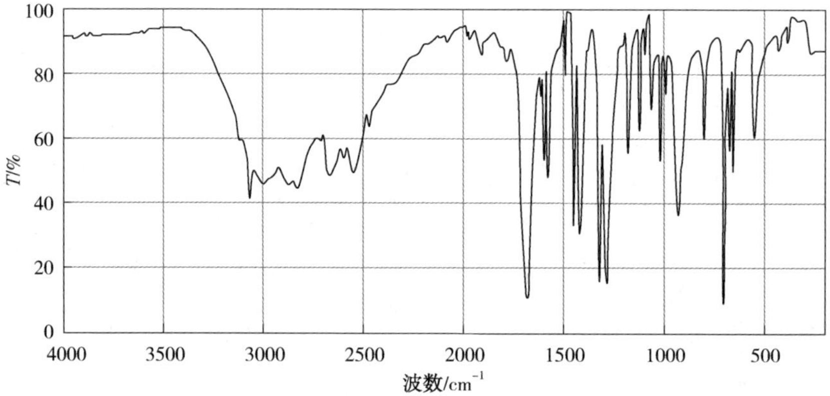

图 4-73　苯甲酸红外谱图

表 4-106　苯甲酸红外谱图分析

官能团	作用区域	备　注
宽的 O—H 伸缩振动	3300~2500cm^{-1}处显示 O—H 伸缩振动特征峰	通常可以观察到较弱的 C—H 伸缩谱带叠加在宽的 O—H 谱带上
C═O st	1683cm^{-1}为芳香族酸的 C═O 吸收特征峰	1790~1650cm^{-1} 芳香族酸，强
C—O 伸缩振动	二聚体，C—O 伸缩振动，1287cm^{-1}	
C═C 伸缩振动	1600cm^{-1}、1580cm^{-1}、1450cm^{-1}为苯环 C═C 伸缩振动	
苯环 C—H 面内变形	1179cm^{-1}、1066cm^{-1}为苯环引起的 C—H 面内变形	
苯环 C—H 面外变形振动	703cm^{-1}为═CH(5H)的 C—H 面外变形振动	

② 质谱谱图

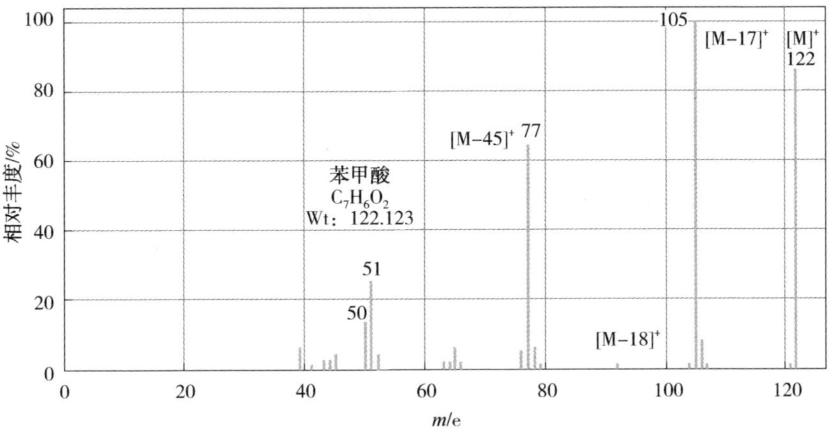

图 4-74　苯甲酸质谱图

表 4-107　苯甲酸质谱分析

测　定	作用区域	备　　注
分子离子	$[M]^+$(m/z 122)很强	芳香酸的分子离子峰很强
碎片	$[M-17]^+$较强(m/z 121)	短链酸中，M—OH，M—CO_2H峰是主要的
	$[M-45]^+$较强(m/z 93)	短链酸中，M—OH，M—CO_2H峰是主要的
	m/z 39，51，52，53，63，64，65	对应于C_nH_n和$C_nH_{n\pm1}$的芳香碳氢碎片
重排	$[M-18]^{+\cdot}$(m/z 120)很强	失去水(M-18)的峰为主要峰

③ 核磁谱图

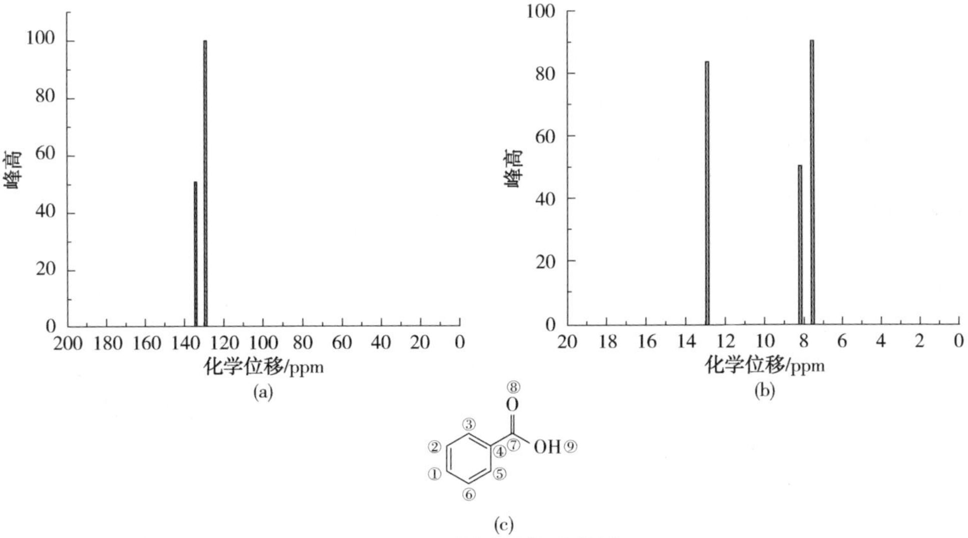

图 4-75　苯甲酸核磁谱图

(a)^{13}C 核磁谱图；(b)^{1}H 核磁谱图；(c)分子结构式及其编号

表 4-108　苯甲酸核磁分析

原子序号	^{13}C 核磁化学位移	原子序号	^{1}H 核磁化学位移
C1	133.81	H1	7.52
C2	128.47	H2	7.52
C3	130.21	H3	8.14
C4	129.34	H5	8.14
C5	130.21	H6	7.52
C6	128.47	H9	12.82
C7	172.54		

概况

表 4-109　苯甲酸结构及物化信息

中文名称	苯甲酸；安息香酸	SRN	65702
化学式	$C_7H_6O_2$	熔点	121℃
英文名称	benzoic acid	沸点	249.2℃
分子量	122.123	测试溶剂	CCl_4
CAS	65-85-0	测试参比	TMS
辛醇/水分配系数：LogP	1.9	重原子数	9
可旋转键数	1	环数	1
sp3 杂化的碳原子比例	0	拓扑面积	37.3
氢给体数	1	氢受体数	2

第五章　高级二元酸波谱

复合锂基润滑脂是一类新型的多效润滑脂，具有优异的性能，自出现以来在国内外受到重视并得到广泛应用。复合锂基润滑脂的研究始于20世纪60年代，1962年美国第一个复合锂基润滑脂产品通过现场试验，自20世纪70年代以来复合锂基润滑脂获得迅速发展，含二元酸、硼酸、水杨酸的复合锂基润滑脂被称为“新一代”锂基脂，在美国复合锂基脂用作工业多效脂、汽车多效脂、抗摩轴承脂。我国从20世纪70年代开始复合锂基润滑脂的研究工作，自20世纪90年代以来迅速发展，但2024年其产量仅占中国润滑脂总产量的17.6%；而同期美国的复合锂基润滑脂的产量占到北美地区总产量的40%以上，目前复合锂基润滑脂的研究主要集中在基础油、添加剂和复合组分方面。长期以来，国产复合锂基润滑脂产品的理化性能与国外高端产品相当，但是实际使用寿命短，导致高端市场长期被国外产品所垄断。润滑脂的老化机制归纳为两方面：(1)机械(物理)老化，主要是润滑脂分油和润滑脂稠化剂结构的劣化；(2)化学老化，主要指氧化。其中，分油和氧化可以通过基础油和添加剂配方进行调节，而稠化剂结构的优劣主要与制备工艺和稠化剂组成有关。

稠化剂在润滑脂中具有决定性作用，它可以吸附并固定基础油构成稳定体系形成伪凝胶形式的润滑脂。复合锂基脂主要使用的是由大分子酸、小分子酸(复合剂)与氢氧化锂共同作用生成的复合锂皂。目前国内生产高温复合锂基脂主要采用12-羟基硬脂酸-癸二酸稠化体系、12-羟基硬脂酸-癸二酸-硼酸稠化体系及12-羟基硬脂酸-癸二酸及氢氧化锂-氢氧化钙体系，也有少部分采用12-羟基硬脂酸-己二酸稠化体系。如表5-1所示。

随着环保和减排的压力加大，国内癸二酸工厂生产受到很大限制，加上癸二酸的原料蓖麻油主要原料来源地——印度受天气影响大量减产，导致癸二酸在国内的市场价格不断攀升，价格几乎翻倍，且波动较大。国内壬二酸由于其制备工艺(臭氧裂解油酸或工业蓖麻油)，原材料及生产工艺装置的原因：产量及纯度均偏低，因此高纯度的壬二酸(纯度>94%)价格偏高，未能实现在润滑脂中的大批量应用；国外近几年由于美国、英国和意大利等国家的壬二酸制备装置和工艺的相继升级扩产及投产，尤其是意大利 Matrica 公司选用稳定的原材料葵花籽油为原料，采用专有生物制剂技术生产出的高品质、高纯度的价格及供应稳定的壬二酸，国内的销售价格与目前癸二酸价格接近，为壬二酸在复合锂基润滑脂中的大批量地应用提供了前期条件。

表 5-1 不同复合锂基润滑脂体系性能对比

12-羟基硬脂酸-己二酸稠化体系	总体成本较低，但是其制备的复合锂基润滑脂滴点仅 260℃左右	其他机械安定性及极压抗磨性能等综合性能均较差
12-羟基硬脂酸-癸二酸-硼酸稠化体系	其制备的复合锂基润滑脂滴点能达到 300℃以上，同时由于硼酸盐的存在，能有效改善润滑脂的极压抗磨性能	缺点是生产工艺过程相对复杂，工艺控制难度加大，同时生产过程中由于含有硼酸，生产及使用过程中可能会有含硼废水及污染物的产生，对环境造成一定的影响
12-羟基硬脂酸-癸二酸及氢氧化锂-氢氧化钙体系	由于引进了钙皂，所以复合锂-钙基润滑脂的抗水性能和极压抗磨性能要优于复合锂基润滑脂	但是钙皂的引入会降低稠化剂的稠化能力
12-羟基硬脂酸-壬二酸稠化体系	由于壬二酸的引入，所制备的复合锂基脂形成的皂纤维结构相对长且细，因而形成的碳链骨架结构更致密，缠绕更紧凑，能够在摩擦表面形成更致密的油膜，润滑脂能够获得更强的稠化能力(润滑脂的稠度提高)、更好的机械安定性能和更高的极压抗磨性能	采用壬二酸制备复合锂基润滑脂对工艺设备条件有一定的要求，可通过对工艺提升及设备的改进进行弥补

5.1 复合锂稠化剂进展

(1) 复合组分的影响

① 己二酸、壬二酸、癸二酸、硼酸、水杨酸、苯甲酸与 12-羟基硬脂酸复合对复合锂基润滑脂性能的影响见表 5-2。可以看出，二元酸或硼酸与 12-羟基硬脂酸复合效果较好。在二组分复合的基础上，进一步考察了三组分复合对复合锂基润滑脂性能的影响。可以看出，三组分复合的效果优于二组分复合，尤其是 12-羟基硬脂酸-二元酸-硼酸三组分的复合效果最好。

② 采用癸二酸、硼酸-氢氧化锂稠化体系制备复合锂，具有好的耐高温性能和极压抗磨性能，能延长润滑脂的使用寿命。采用癸二酸-氢氧化锂-氢氧化钙稠化体系制备的复合锂，具有好的抗水淋性能，可以提高润滑脂的防水性能，润滑脂在润滑部位的存续时间变长，润滑脂的使用寿命延长。采用壬二酸-氢氧化锂稠化体系制备的复合锂，具有良好的机械安定性能、极压抗磨性能和低温性能的同时还具有较好的抗水淋和耐高温性能，复合锂基润滑脂具有更好的综合性能。

③ 对苯二甲酸型复合锂基脂的耐高温性能较癸二酸型复合锂基脂更好，高温稠度变化及高温钢网分油小；采用对苯二甲酸锂皂替代部分癸二酸锂皂，可提高癸二酸型复合锂基脂的耐高温性能。如表 5-2 所示。

表 5-2　复合组分对复合锂基润滑脂性能的影响

项　　目	锥入度/0.1mm	滴点/℃	钢网分油（100℃，24h）/%	锥入度变化值	四球磨斑/mm	水淋流失量（79℃，1h）/%	高温锥入度变化值（150℃，4h）/0.1mm
12-羟基硬脂酸-硼酸-氢氧化锂	264	238	3.2	—	—	—	—
12-羟基硬脂酸-水杨酸-氢氧化锂	309	185	6.7	—	—	—	—
12-羟基硬脂酸-苯甲酸-氢氧化锂	317	186	8.2	—	—	—	—
12-羟基硬脂酸-己二酸-硼酸-氢氧化锂	245	276	3.2	—	—	—	—
12-羟基硬脂酸-壬二酸-硼酸-氢氧化锂	238	282	2.3	—	—	—	—
12-羟基硬脂酸-水杨酸-硼酸-氢氧化锂	279	251	3.8	—	—	—	—
12-羟基硬脂酸-苯甲酸-硼酸-氢氧化锂	317	196	6.2	—	—	—	—
12-羟基硬脂酸-壬二酸-水杨酸-氢氧化锂	279	242	3.8	—	—	—	—
12-羟基硬脂酸-癸二酸-水杨酸-氢氧化锂	275	241	3.6	—	—	—	—
二羟基硬脂酸-癸二酸-氢氧化锂	262	295	1.8	—	—	—	—
二羟基硬脂酸-壬二酸-氢氧化锂	288	298	2.71	—	—	—	—
二羟基硬脂酸-硼酸-氢氧化锂	312	271	3	—	—	—	—
12-羟基硬脂酸-己二酸-氢氧化锂	281	260	3.5	50	0.59	2.89	—
12-羟基硬脂酸-癸二酸-氢氧化锂	277	293	2.3	40	0.49	2.75	—
12-羟基硬脂酸-癸二酸-硼酸-氢氧化锂	272	315	2.1	29	0.41	2.16	—
12-羟基硬脂酸-癸二酸-氢氧化锂-氢氧化钙	274	295	2	32	0.46	1	—

续表

项　　目	锥入度/0.1mm	滴点/℃	钢网分油(100℃，24h)/%	锥入度变化值	四球磨斑/mm	水淋流失量(79℃，1h)/%	高温锥入度变化值(150℃，4h)/0.1mm
12-羟基硬脂酸-壬二酸-氢氧化锂	265	309	2.3	19	0.425	1.73	
12-羟基硬脂酸-对苯二甲酸-氢氧化锂	273	285	0.7	—	—	—	56
12-羟基硬脂酸-对苯二甲酸-癸二酸-氢氧化锂	275	292	0.9	—	—	—	59

(2) 12-羟基硬脂酸纯度的影响

复合锂基/钙基润滑脂是最重要的润滑脂品种。生产复合锂基/钙基脂的主要原料有12-羟基硬脂酸、单水氢氧化锂、氢氧化钙和癸二酸等。其中，单水氢氧化锂的质量检验执行GB/T 8766—2013标准，标准中详细规定了单水氢氧化锂的牌号、化学成分、试验方法和检验规则，癸二酸的质量指标执行GB/T 2092—1992标准。在相同的工艺条件下按照相同的配方，分别使用三家12-羟基硬脂酸生产的复合锂基润滑脂，对复合锂基润滑脂的理化性能进行了分析评价，结果见表5-3。可以看出，12-羟基硬脂酸原料的纯度越高，低分子酸的含量越低，生产的复合锂基脂的滴点越高，相同皂分生产的脂的稠度越大。C厂家比A厂家的滴点高了29个单位、工作锥入度小了22个单位，如果生产同样稠度的复合锂基润滑脂，使用A厂家的原料要比A厂家的皂分低，可以说在润滑脂的生产中12-羟基硬脂酸的质量优劣直接体现在脂的皂分含量上，皂分量低可以降低润滑脂的生产成本。使用A厂家生产的脂的机械安定性也较差，滚筒和十万次剪切后稠度变化最大，分油也最大，说明胶体安定性也较差。另外，氧化安定性数据说明，A厂家生产的复合锂基润滑脂的氧化安定性差。

表5-3　不同产地十二羟基硬脂酸对润滑脂性能影响

项　　目	A厂家	B厂家	C厂家	试验方法
滴点/℃	252	276	281	GB/T 3498—2008
工作锥入度/0.1mm	330	313	308	GB/T 269—1991
延长工作锥入度/0.1mm	341	321	319	GB/T 269—1991
滚筒安定性/0.1mm	32	22	17	SH/T 0122—1992
氧化安定/kPa	20.4	11.6	10.0	SH/T 0325—1992
钢网分油/%	5.14	3.96	2.57	NB/SH/T 0324—2010
润滑脂抗水喷雾/%	33.5	11.2	11.8	SH/T 0643—1997

从分析数据可以看出，12-羟基硬脂酸原料的质量严重影响了复合锂基润滑脂的理化性能，因此，在复合锂基润滑脂的生产中，工业12-羟基硬脂酸、癸二酸、壬二酸等复合组分应当进行筛选，结合生产成本选择合适的原料。

（3）小分子二元酸的影响

从表5-4和图5-1可以看出，不同二元酸制备的复合锂基润滑脂性能差异较大，其中戊二酸制备的复合锂基润滑脂综合性能最优。

表5-4　不同二元酸对润滑脂性能影响

二元酸种类	不工作锥入度/0.1mm	工作锥入度/0.1mm	差值	滚筒安定性/0.1mm	滴点/℃
A：丁二酸（C_4）	229	219	-10	20	206
B：戊二酸（C_5）	237	221	-16	12	280
C：己二酸（C_6）	219	203	-16	22	262
D：己二酸/戊二酸（$90\%C_6/10\%C_5$）	250	237	-13	10	251
E：壬二酸（C_9）	337	343	6	46	>300

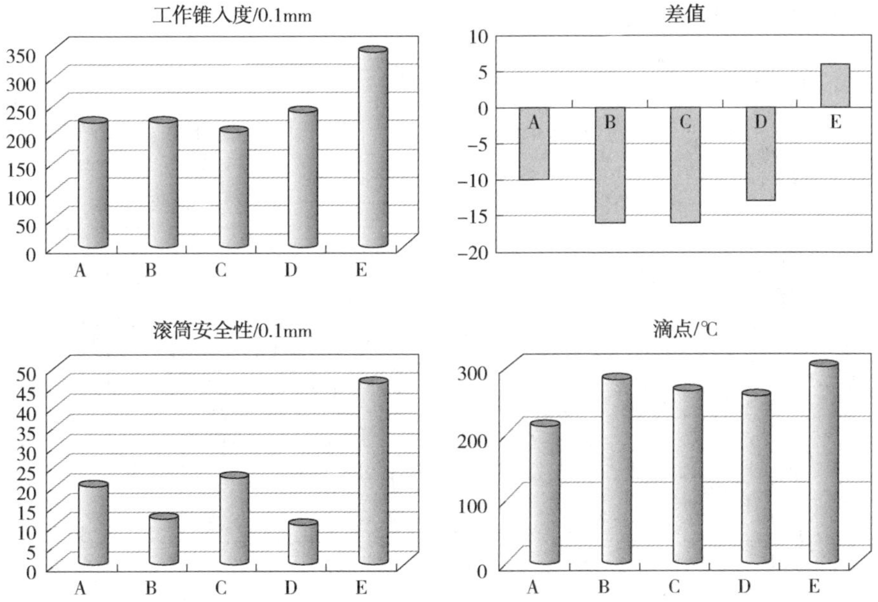

图5-1　不同复合锂基润滑脂性能对比

（4）不同脂肪酸熔点对比

分子晶体熔、沸点的高低，取决于分子间作用力的大小。一般来说，组成和结构相似的物质，其分子量越大，分子间作用力越强，熔、沸点就越高。图 5-2 为 2-21 碳链的高级二元脂肪酸的熔点对比。可以看出，二元脂肪酸随着碳链增加，熔点增加。奇数碳脂肪酸比相邻偶数碳脂肪酸的熔点小，说明奇数碳脂肪酸的分子间作用力比相邻偶数碳脂肪酸小。

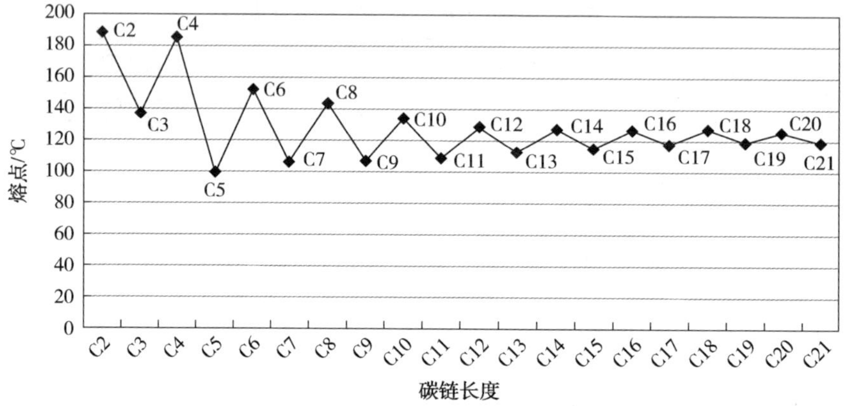

图 5-2　不同脂肪二元酸熔点对比

5.2　短链脂肪二元酸

（1）丁二酸

如图 5-3～图 5-5 和表 5-5～表 5-8 所示，为丁二酸物化数据和三谱图分析。

① 红外谱图

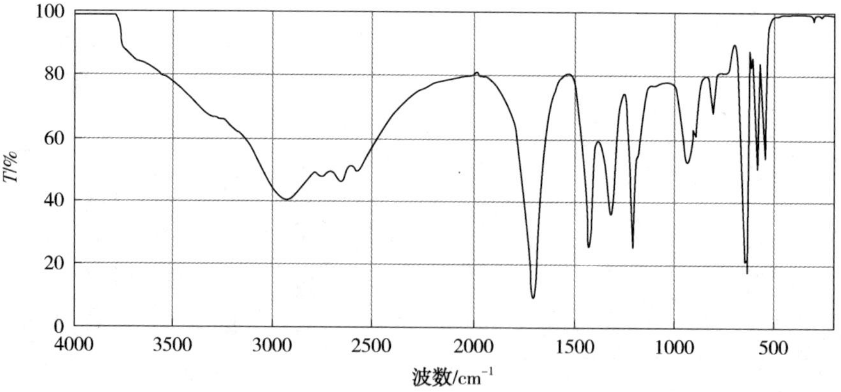

图 5-3　丁二酸红外谱图

表 5-5　丁二酸红外分析

官能团	作用区域	备　注
宽的 O—H 伸缩振动	$3300 \sim 2500cm^{-1}$处显示 O—H 伸缩振动特征峰	通常可以观察到较弱的 C—H 伸缩谱带叠加在宽的 O—H 谱带上
C—H(CH_2) st as	$2928cm^{-1}$处显示—CH_2 的 st as 不对称拉伸振动特征峰	各种强度，多重峰
CH_2 δ sy	$1318cm^{-1}$是 CH_2 的对称变形振动	中等
C—O—H 面内弯曲振动	C—O—H 面内弯曲振动，$1424cm^{-1}$	
C—O 伸缩振动	二聚体，C—O 伸缩振动，$1203cm^{-1}$	
O—H 面外弯曲振动	$931cm^{-1}$处显示 O—H 面外弯曲振动	
CH_2 γ	$726cm^{-1}$是 CH_2 的面内摇摆振动	中等
C═O st	$1701cm^{-1}$为脂肪族酸的 C═O 吸收特征峰	$1790 \sim 1650cm^{-1}$脂肪族酸，强

② 质谱谱图

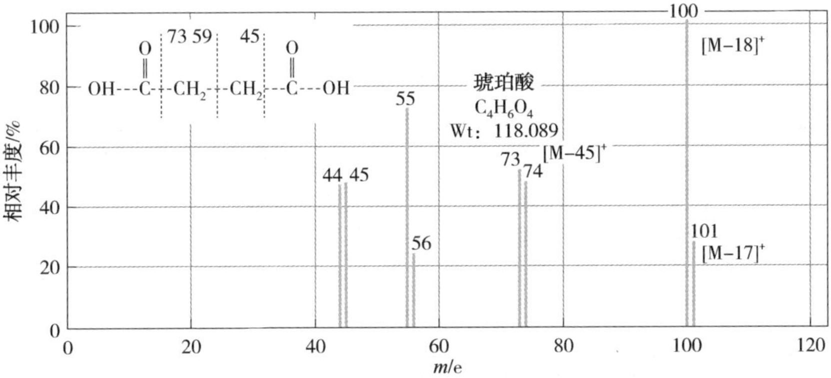

图 5-4　丁二酸质谱图

表 5-6　丁二酸质谱分析

测　定	作用区域	备　注
分子离子	$[M+1]^+$(m/z 119)很弱 $[M]^+$(m/z 118)很弱	脂肪族：直链一元羧酸的分子离子峰很弱
碎片	$[M-17]^+$(m/z 101)很强	短链酸中，M-OH，M-CO_2H 峰是主要的
	$[M-45]^+$(m/z 73)很强	短链酸中，M-OH，M-CO_2H 峰是主要的
	m/z 45，73	留在含氧碎片上 $C_nH_{2n+1}O_2$ 系列
重排	$[M-18]^{+\cdot}$(m/z 100)很强	脱水给出$[M-18]^{+\cdot}$接着可能脱羰

③ 核磁谱图

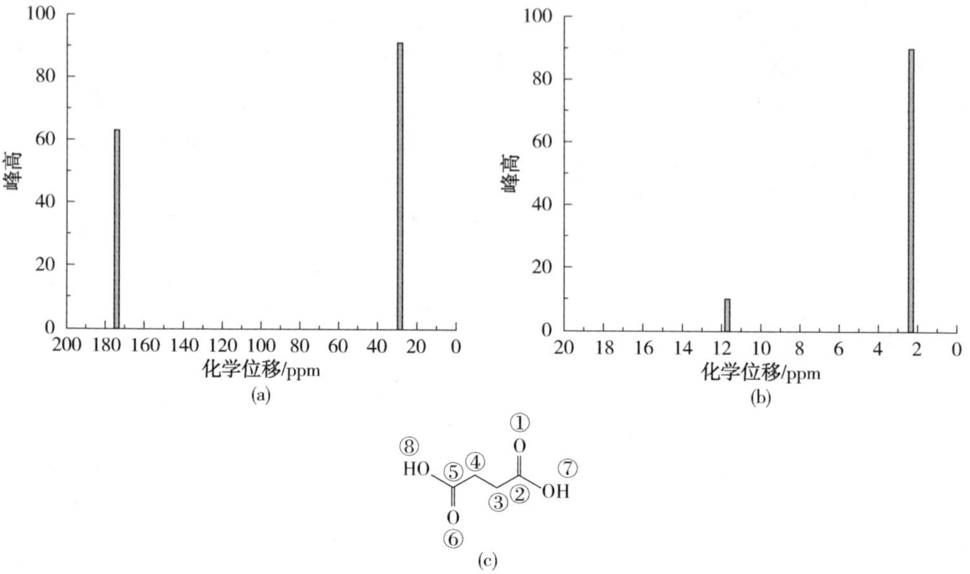

图 5-5　丁二酸核磁谱图

(a) ^{13}C 核磁谱图；(b) ^{1}H 核磁谱图；(c) 分子结构式及其编号

表 5-7　丁二酸核磁分析

原子序号	^{13}C 核磁化学位移	原子序号	^{1}H 核磁化学位移
C2	174.1	H3	2.43
C3	28.9	H4	2.43
C4	28.9	H7	11.8
C5	174.1	H8	11.8

概况

表 5-8　丁二酸结构及物化信息

中文名称	丁二酸	SRN	13523
化学式	$C_4H_6O_4$	熔点	189~190℃
英文名称	succinic acid	沸点	235℃
分子量	118.089	测试溶剂	Polysol
CAS	110-15-6	测试参比	TMS
辛醇/水分配系数：LogP	-0.6	重原子数	8
可旋转键数	3	环数	0

续表

中文名称	丁二酸	SRN	13523
sp3 杂化的碳原子比例	0.5	拓扑面积	74.6
氢给体数	2	氢受体数	4

(2) 戊二酸

如图 5-6~图 5-8 和表 5-9~表 5-12 所示，为戊二酸物化数据和三谱图分析。

① 红外谱图

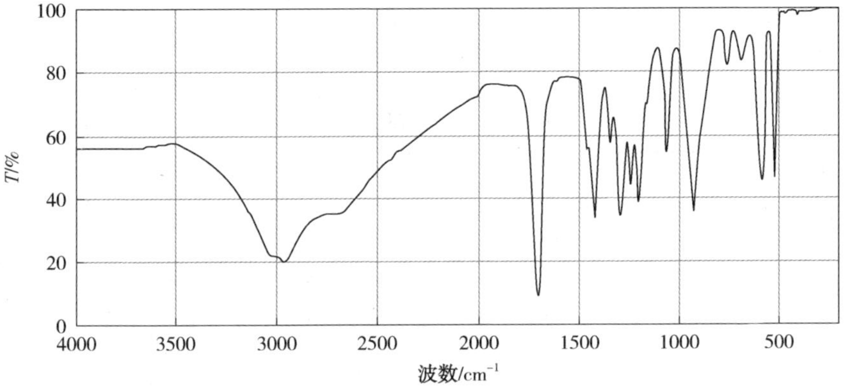

图 5-6 戊二酸红外谱图

表 5-9 戊二酸红外分析

官能团	作用区域	备 注
宽的 O—H 伸缩振动	3300~2500cm^{-1} 处显示 O—H 伸缩振动特征峰	通常可以观察到较弱的 C—H 伸缩谱带叠加在宽的 O—H 谱带上
C—H(CH_2) st as	2976cm^{-1} 处显示—CH_2 的不对称拉伸振动特征峰	各种强度，多重峰
CH_2 δ as	1462cm^{-1} 是 CH_2 的不对称变形振动	中等
CH_2 δ sy	1347cm^{-1} 是 CH_2 的对称变形振动	中等
C—O—H 面内弯曲振动	C—O—H 面内弯曲振动，1418cm^{-1}	
C—O 伸缩振动	二聚体，C—O 伸缩振动，1293cm^{-1}	
O—H 面外弯曲振动	926cm^{-1} 处显示 O—H 面外弯曲振动	
CH_2 γ	755cm^{-1} 是 CH_2 的面内摇摆振动	中等
C═O st	1705cm^{-1} 为脂肪族酸的 C═O 吸收特征峰	1790~1650cm^{-1} 脂肪族酸，强

② 质谱谱图

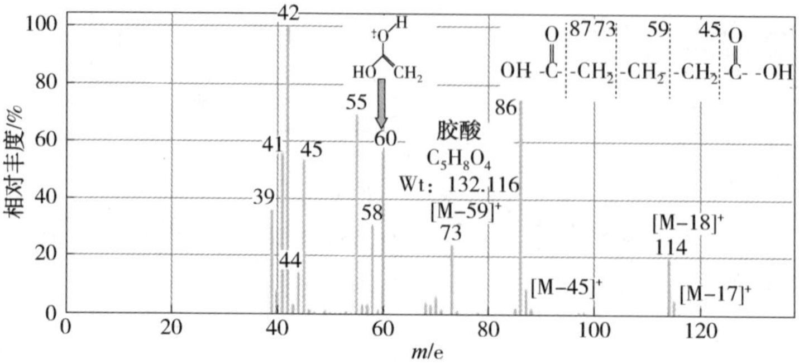

图 5-7　戊二酸质谱图

表 5-10　戊二酸质谱分析

测　定	作用区域	备　　注
分子离子	$[M+1]^+$(m/z 133)很弱 $[M]^+$(m/z 132)很弱	脂肪族：直链一元羧酸的分子离子峰很弱
碎片	$[M-17]^+$(m/z 115)较强	短链酸中，M-OH，M-CO_2H 峰是主要的
	$[M-45]^+$(m/z 87)较强	短链酸中，M-OH，M-CO_2H 峰是主要的
	m/z 45，59，73，87	留在含氧碎片上 $C_nH_{2n+1}O_2$ 系列
重排	m/z 60	由麦氏重排产生的 $C_nH_{2n}O_2$
	$[M-18]^{+\cdot}$(m/z 114)较强	脱水给出$[M-18]^{+\cdot}$

③ 核磁谱图

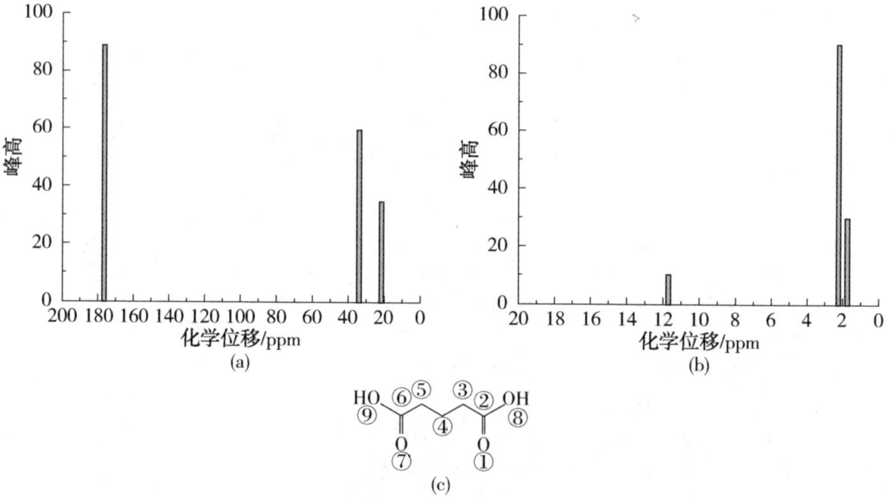

图 5-8　戊二酸核磁谱图

(a) ^{13}C 核磁谱图；(b) ^{1}H 核磁谱图；(c) 分子结构式及其编号

表 5-11　戊二酸核磁分析

原子序号	^{13}C 核磁化学位移	原子序号	^{1}H 核磁化学位移
C2	175. 5	H2	2. 26
C3	33. 8	H3	1. 8
C4	21	H4	2. 26
C5	33. 8	H7	11. 74
C6	175. 5	H9	11. 74

概况

表 5-12　戊二酸结构及物化信息

中文名称	1,3-丙烷二羧酸；草酸	SRN	14180
化学式	$C_5H_8O_4$	熔点	97. 8℃
英文名称	Glutaric acid；pentanedioic acid	沸点	302~304℃
分子量	132. 116	测试溶剂	DMSO-d
CAS	110-94-1	测试参比	Dioxane
辛醇/水分配系数：LogP	-0. 3	重原子数	9
可旋转键数	4	环数	0
sp3 杂化的碳原子比例	0. 6	拓扑面积	74. 6
氢给体数	2	氢受体数	4

5. 3　中链脂肪二元酸

（1）己二酸

如图 5-9~图 5-12 和表 5-13~表 5-17 所示，为己二酸物化数据和三谱图分析。

① 红外谱图

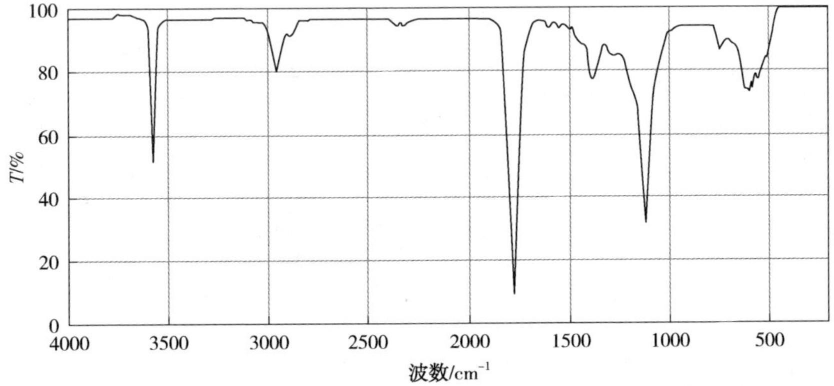

图 5-9　己二酸红外气相谱图

表 5-13　己二酸红外气相谱图分析

官能团	作用区域	备　注
COO—H st	3581cm^{-1}处显示 COO—H 的拉伸振动特征峰	自由，尖
C—H(CH_2) st as	2959cm^{-1}处显示—CH_2 的不对称拉伸振动特征峰	各种强度，多重峰
C—H(CH_2) st sy	2891cm^{-1}处显示—CH_2 的对称拉伸振动特征峰	各种强度，多重峰
CH_2 δ as	1434cm^{-1}是 CH_2 的不对称变形振动	中等
CH_2 δ sy	1390cm^{-1}是 CH_2 的对称变形振动	中等
CH_2 γ	745cm^{-1}是 CH_2 的面内摇摆振动	中等
C═O st	1778cm^{-1}为脂肪酸的 C═O 吸收特征峰	1790~1650cm^{-1}脂肪族酸，强

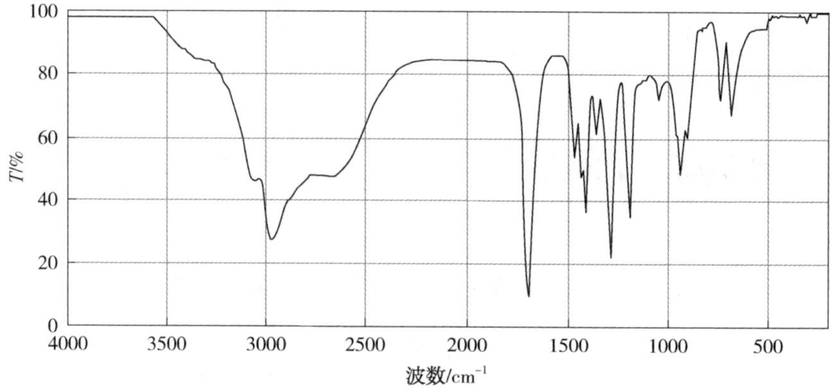

图 5-10　己二酸红外谱图

表 5-14　己二酸红外谱图分析

官能团	作用区域	备　注
宽的 O—H 伸缩振动	3300~2500cm^{-1}处显示 O—H 伸缩振动特征峰	通常可以观察到较弱的 C—H 伸缩谱带叠加在宽的 O—H 谱带上
C—H(CH_2) st as	2971cm^{-1}处显示—CH_2 的不对称拉伸振动特征峰	各种强度，多重峰
CH_2 δ as	1462cm^{-1}是 CH_2 的不对称变形振动	中等

续表

官能团	作用区域	备　注
CH_2 δ sy	1355cm^{-1}是 CH_2 的对称变形振动	中等
C—O—H 面内弯曲振动	C—O—H 面内弯曲振动，1408cm^{-1}	
C—O 伸缩振动	二聚体，C—O 伸缩振动，1279cm^{-1}	
O—H 面外弯曲振动	931cm^{-1}处显示 O—H 面外弯曲振动	
CH_2 γ	731cm^{-1}是 CH_2 的面内摇摆振动	中等
C═O st	1690cm^{-1}为脂肪族酸的 C═O 吸收特征峰	1790~1650cm^{-1}脂肪族酸，强

② 质谱谱图

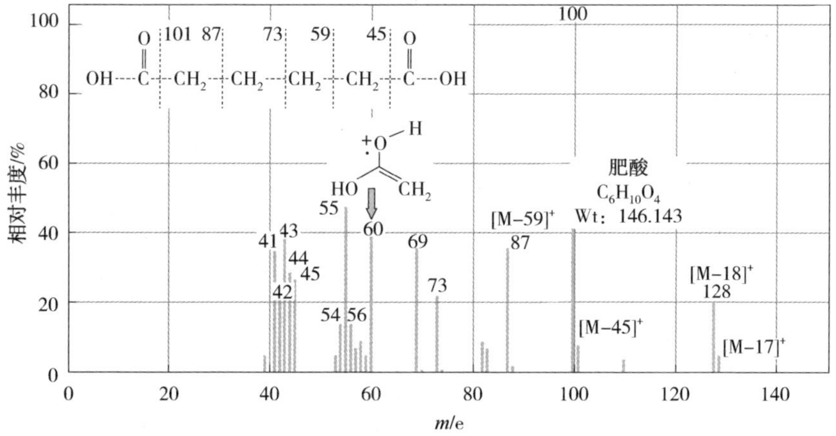

图 5-11　己二酸质谱图

表 5-15　己二酸质谱分析

测　定	作用区域	备　注
分子离子	$[M+1]^+$(m/z 147)很弱 $[M]^+$(m/z 146)很弱	脂肪族：直链一元羧酸的分子离子峰很弱
碎片	$[M-17]^+$(m/z 129)较强	短链酸中，M-OH，M-CO_2H 峰是主要的
	$[M-45]^+$(m/z 101)较强	短链酸中，M-OH，M-CO_2H 峰是主要的
	m/z 45，59，73，87，101	留在含氧碎片上 $C_nH_{2n+1}O_2$ 系列
重排	m/z 60	由麦氏重排产生的 $C_nH_{2n}O_2$
	$[M-18]^{+\cdot}$(m/z 128)较强	脱水给出$[M-18]^{+\cdot}$

③ 核磁谱图

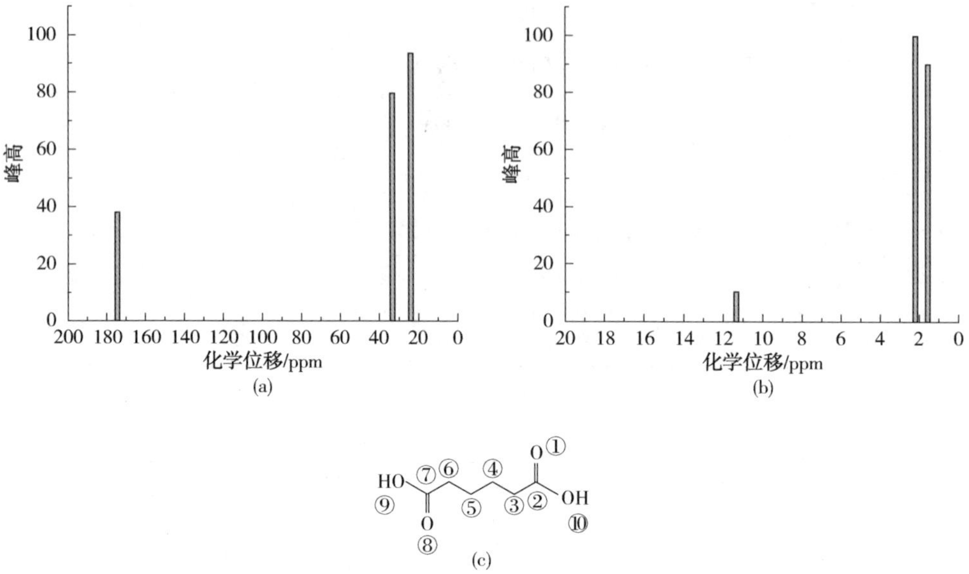

图 5-12　己二酸核磁谱图

(a) ^{13}C 核磁谱图；(b) ^{1}H 核磁谱图；(c) 分子结构式及其编号

表 5-16　己二酸核磁分析

原子序号	^{13}C 核磁化学位移	原子序号	^{1}H 核磁化学位移
C2	174.8	H3	38
C3	33.6	H4	80
C4	24.3	H5	94
C5	24.3	H6	94
C6	33.6	H9	80
C7	174.8	H10	38

概况

表 5-17　己二酸结构及物化信息

中文名称	己二酸；肥酸	SRN	40530
化学式	$C_6H_{10}O_4$	熔点	152℃
英文名称	Adipic acid	沸点	265℃
分子量	146.143	测试溶剂	Polysol
CAS	124-04-9	测试参比	TMS
辛醇/水分配系数：LogP	0.1	重原子数	10

续表

中文名称	己二酸；肥酸	SRN	40530
可旋转键数	5	环数	0
sp3 杂化的碳原子比例	0.666	拓扑面积	74.6
氢给体数	2	氢受体数	4

(2) 庚二酸

如图 5-13~图 5-15 和表 5-18~表 5-21 所示，为庚二酸物化数据和三谱图分析。

① 红外谱图

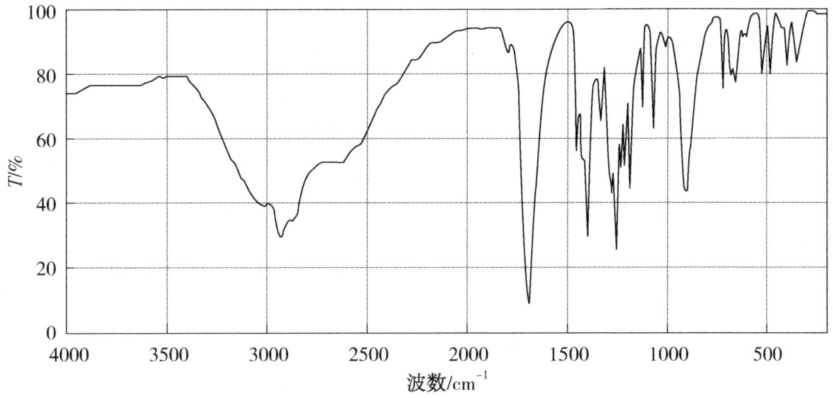

图 5-13　庚二酸红外谱图

表 5-18　庚二酸红外分析

官能团	作用区域	备　注
宽的 O—H 伸缩振动	3300~2500cm^{-1} 处显示 O—H 伸缩振动特征峰	通常可以观察到较弱的 C—H 伸缩谱带叠加在宽的 O—H 谱带上
C—H(CH_2) st as	2932cm^{-1} 处显示—CH_2 的不对称拉伸振动特征峰	各种强度，多重峰
CH_2 δ as	1460cm^{-1} 是 CH_2 的不对称变形振动	中等
CH_2 δ sy	1337cm^{-1} 是 CH_2 的对称变形振动	中等
C—O—H 面内弯曲振动	C—O—H 面内弯曲振动，1402cm^{-1}	
C—O 伸缩振动	二聚体，C—O 伸缩振动，1283cm^{-1}	
O—H 面外弯曲振动	911cm^{-1} 处显示 O—H 面外弯曲振动	
CH_2 γ	725cm^{-1} 是 CH_2 的面内摇摆振动	中等
C═O st	1692cm^{-1} 为脂肪族酸的 C═O 吸收特征峰	1790~1650cm^{-1} 脂肪族酸，强

② 质谱谱图

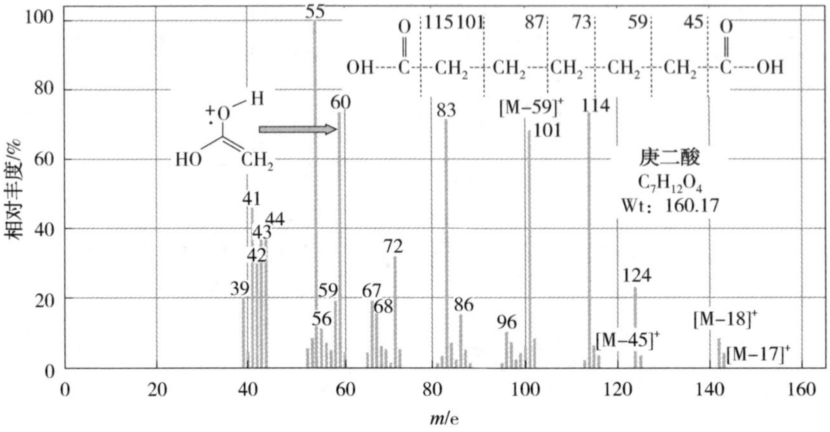

图 5-14　庚二酸质谱图

表 5-19　庚二酸质谱分析

测　定	作用区域	备　　注
分子离子	$[M+1]^+$(m/z 161)很弱 $[M]^+$(m/z 160)很弱	脂肪族：直链二元羧酸的分子离子峰很弱
碎片	$[M-17]^+$(m/z 143)较强	短链酸中，M-OH，M-CO_2H 峰是主要的
	$[M-45]^+$(m/z 115)较强	短链酸中，M-OH，M-CO_2H 峰是主要的
	m/z 45，59，73，87，101，115	留在含氧碎片上 $C_nH_{2n+1}O_2$ 系列
重排	m/z 60	由麦氏重排产生的 $C_nH_{2n}O_2$
	$[M-18]^{+\cdot}$(m/z 144)较强	脱水给出$[M-18]^{+\cdot}$

③ 核磁谱图

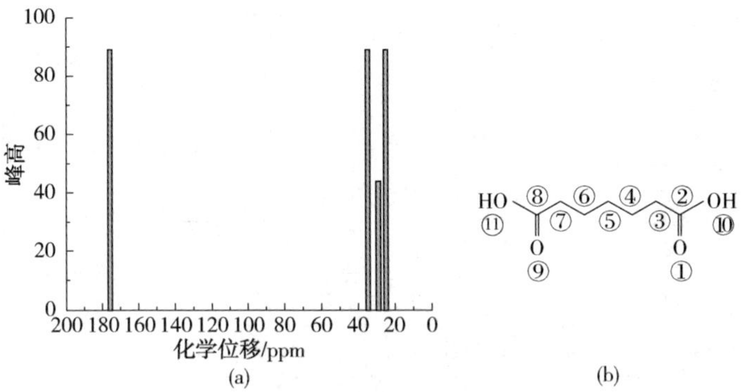

图 5-15　庚二酸核磁谱图

(a)^{13}C 核磁谱图；(b)分子结构式及其编号

表 5-20 庚二酸核磁分析

原子序号	^{13}C 核磁化学位移	原子序号	^{13}C 核磁化学位移
C2	175.4	C6	25.3
C3	34.5	C7	34.5
C4	25.3	C8	175.4
C5	29.2		

概况

表 5-21 庚二酸结构及物化信息

中文名称	庚二酸；蒲桃酸	SRN	14340
化学式	$C_7H_{12}O_4$	熔点	103~105℃
英文名称	heptanedioic acid	沸点	212℃
分子量	160.17	测试溶剂	DMSO-d
CAS	111-16-0	测试参比	Dioxane
辛醇/水分配系数：LogP	0.5	重原子数	11
可旋转键数	6	环数	0
sp3 杂化的碳原子比例	0.714	拓扑面积	74.6
氢给体数	2	氢受体数	4

(3) 辛二酸

如图 5-16~图 5-19 和表 5-22~表 5-26 所示，为辛二酸物化数据和三谱图分析。

① 红外谱图

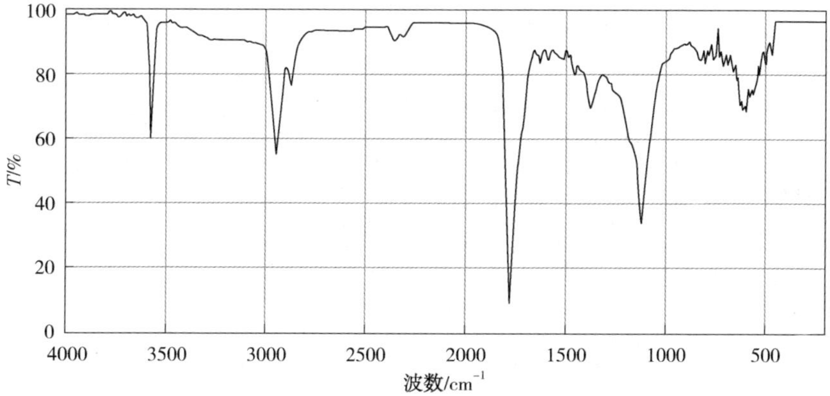

图 5-16 辛二酸红外气相谱图

表 5-22　辛二酸红外气相谱图分析

官能团	作用区域	备　注
COO—H st	3579cm^{-1} 处显示 COO—H 的拉伸振动特征峰	自由，尖
C—H(CH_2)st as	2949cm^{-1}处显示—CH_2 的不对称拉伸振动特征峰	各种强度，多重峰
C—H(CH_2)st sy	2870cm^{-1}处显示—CH_2 的对称拉伸振动特征峰	各种强度，多重峰
CH_2 δ as	1462cm^{-1}是 CH_2 的不对称变形振动	中等
CH_2 δ sy	1383cm^{-1}是 CH_2 的对称变形振动	中等
CH_2 γ	718cm^{-1}是 CH_2 的面内摇摆振动	中等
C═O st	1778cm^{-1}为脂肪酸的 C═O 吸收特征峰	1790~1650cm^{-1}脂肪族酸，强

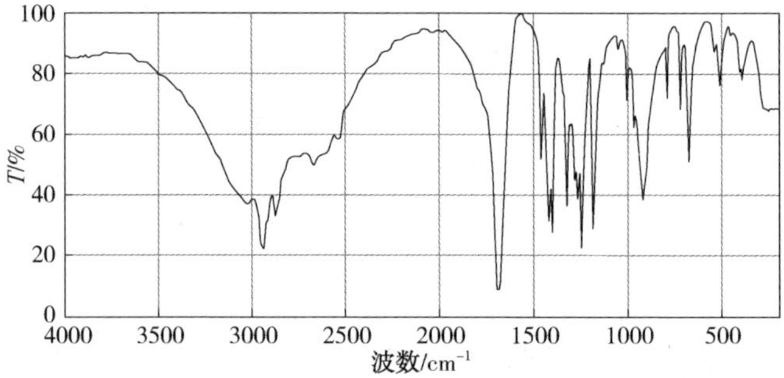

图 5-17　辛二酸红外谱图

表 5-23　辛二酸红外谱图分析

官能团	作用区域	备　注
宽的 O—H 伸缩振动	3300~2500cm^{-1}处显示 O—H 伸缩振动特征峰	通常可以观察到较弱的 C—H 伸缩谱带叠加在宽的 O—H 谱带上
C—H(CH_2)st as	2935cm^{-1}处显示—CH_2 的不对称拉伸振动特征峰	各种强度，多重峰
C—H(CH_2)st sy	2869cm^{-1}处显示—CH_2 的对称拉伸振动特征峰	各种强度，多重峰
CH_2 δ as	1455cm^{-1}是 CH_2 的不对称变形振动	中等
CH_2 δ sy	1398cm^{-1}是 CH_2 的对称变形振动	中等
C—O—H 面内弯曲振动	C—O—H 面内弯曲振动，1412cm^{-1}	
C—O 伸缩振动	二聚体，C—O 伸缩振动，1244cm^{-1}	
O—H 面外弯曲振动	917cm^{-1}处显示 O—H 面外弯曲振动	
CH_2 γ	716cm^{-1}是 CH_2 的面内摇摆振动	中等
C═O st	1684cm^{-1}为脂肪族酸的 C═O 吸收特征峰	1790~1650cm^{-1}脂肪族酸，强

② 质谱谱图

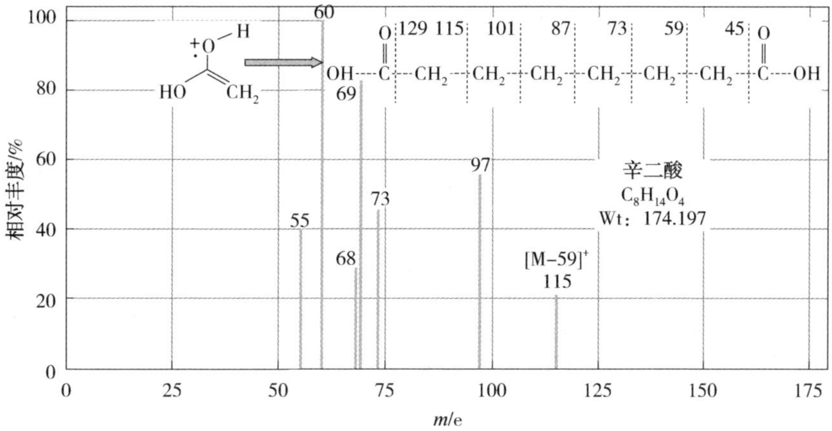

图 5-18　辛二酸质谱图

表 5-24　辛二酸质谱分析

测　定	作用区域	备　　注
分子离子	$[M]^+$(m/z 174)很弱	脂肪族：直链二元羧酸的分子离子峰很弱
碎片	m/z 73，115	留在含氧碎片上 $C_nH_{2n+1}O_2$ 系列
重排	m/z 60	由麦氏重排产生的 $C_nH_{2n}O_2$

③ 核磁谱图

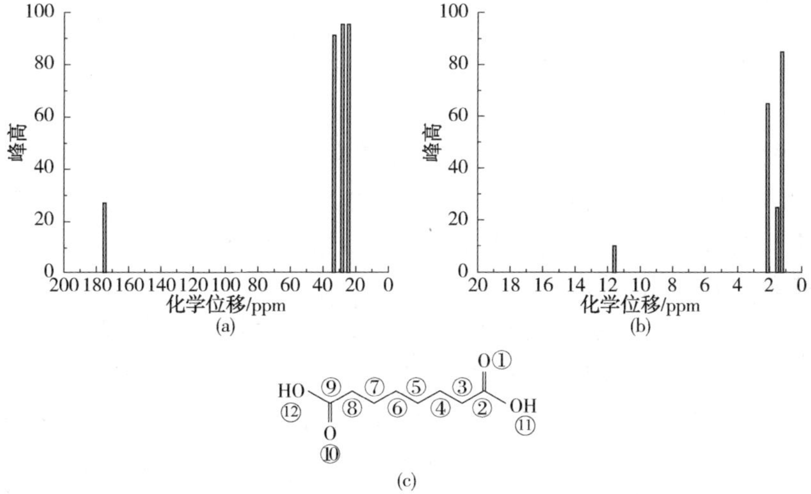

图 5-19　辛二酸核磁谱图

(a) ^{13}C 核磁谱图；(b) ^{1}H 核磁谱图；(c) 分子结构式及其编号

表 5-25　辛二酸核磁分析

原子序号	^{13}C 核磁化学位移	原子序号	^{1}H 核磁化学位移
C2	175.1	H3	2.2
C3	33.8	H4	1.62
C4	24.5	H5	1.35
C5	28.5	H6	1.35
C6	28.5	H7	1.62
C7	24.5	H8	2.2
C8	33.8	H11	11.67
C9	175.1	H12	11.67

概况

表 5-26　辛二酸结构及物化信息

中文名称	辛二酸；软木酸	SRN	1067187
化学式	$C_8H_{14}O_4$	熔点	142～144℃
英文名称	Suberic acid	沸点	230℃
分子量	174.197	测试溶剂	Polysol
CAS	505-48-6	测试参比	TMS
辛醇/水分配系数：LogP	1	重原子数	12
可旋转键数	7	环数	0
sp3 杂化的碳原子比例	0.75	拓扑面积	74.6
氢给体数	2	氢受体数	4

(4) 壬二酸

壬二酸由硝酸氧化蓖麻油获得。壬二酸又叫杜鹃花酸，是一种白色单斜棱晶、针状晶体或粉末，易溶于热水、热苯及醇，微溶于水、苯和醚。壬二酸作为重要的化工中间体，主要用于生产壬二酸二辛酯增塑剂，也可作为生产香料、润滑油脂和聚酰胺树脂的原料。

以不饱和脂肪酸或其衍生物为原料，经臭氧氧化制备壬酸与壬二酸，是最早工业化的生产方法。常用的不饱和脂肪酸有油酸、亚油酸、红油、蓖麻油等，其中以油酸最为常见。以油酸为原料氧化制备壬二酸，按其氧化剂的不同主要分为：高锰酸钾氧化法、臭氧氧化法和过氧化法等。壬二酸及其衍生物是重要的精细化工中间体，开发前景十分广阔。近年来，我国在技术引进和消化吸收的基础上，针对油酸制备壬二酸氧化剂选择方面进行了大量研究。以高锰酸钾为氧化剂的油酸氧化法，虽然收率较高，但是需要添加大量相转移剂和乳化剂，消耗大量的硫酸和高锰酸钾，不仅成本较高而且污染严重。油酸臭氧氧化法是目前国内唯一的工业化生产方法，由美国的 Emery 开发。虽然该法具有反应条件温和、无污染等优点，但其反应收率不是太高，生产规模也受到臭氧的限制，催化剂的选择和产品的分离纯化方面还有待于进一步改进。双氧水作为一种价格低廉、清洁环保的绿色氧化剂，引起了研究人员的广泛关注，并取得了较快的发展。开发以油酸为原料双氧水氧化制备壬二酸的工艺，具有生产成本低、产品收率高、清洁环保等优点，不仅可以填补国内壬二酸产能的不足，而且对我国油酸制备壬二酸自主研发技术的发展将起到巨大的推动作用。

如图 5-20～图 5-23 和表 5-27～表 5-32 所示，为壬二酸物化数据和三谱图分析。

① 红外谱图

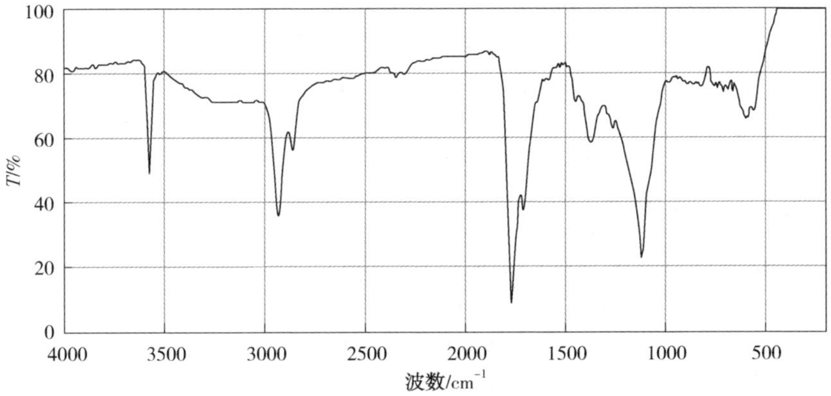

图 5-20　壬二酸红外气相谱图

表 5-27　壬二酸红外气相谱图分析

官能团	作用区域	备　　注
COO—H st	$3576cm^{-1}$ 处显示 COO—H 的拉伸振动特征峰	自由，尖
C—H(CH_2) st as	$2937cm^{-1}$ 处显示-CH_2 的不对称拉伸振动特征峰	各种强度，多重峰
C—H(CH_2) st sy	$2865cm^{-1}$ 处显示-CH_2 的对称拉伸振动特征峰	各种强度，多重峰
CH_2 δ as	$1470cm^{-1}$ 是 CH_2 的不对称变形振动	中等
CH_2 δ sy	$1379cm^{-1}$ 是 CH_2 的对称变形振动	中等
CH_2 γ	$726cm^{-1}$ 是 CH_2 的面内摇摆振动	中等
C═O st	$1776cm^{-1}$ 为脂肪酸的 C═O 吸收特征峰	$1790～1650cm^{-1}$ 脂肪族酸，强

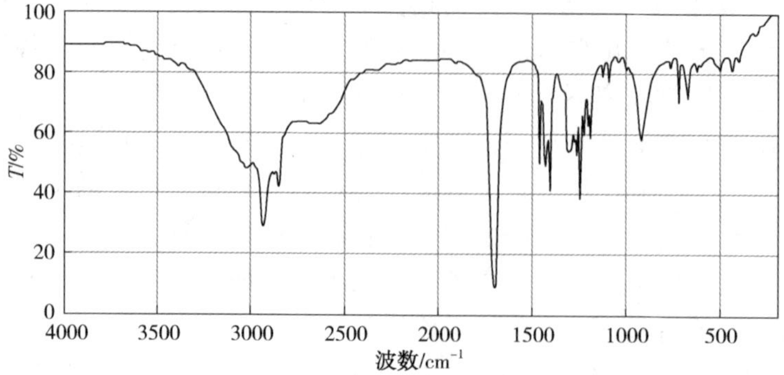

图 5-21　壬二酸红外谱图

表 5-28　壬二酸红外谱图分析

官能团	作用区域	备　注
宽的 O—H 伸缩振动	$3300\sim2500cm^{-1}$ 处显示 O—H 伸缩振动特征峰	通常可以观察到较弱的 C—H 伸缩谱带叠加在宽的 O—H 谱带上
C—H(CH_2) st as	$2931cm^{-1}$ 处显示—CH_2 的不对称拉伸振动特征峰	各种强度，多重峰
CH_2 δ as	$1460cm^{-1}$ 是 CH_2 的不对称变形振动	中等
CH_2 δ sy	$1331cm^{-1}$ 是 CH_2 的对称变形振动	中等
C—O—H 面内弯曲振动	C—O—H 面内弯曲振动，$1403cm^{-1}$	
C—O 伸缩振动	二聚体，C—O 伸缩振动，$1302cm^{-1}$	
O—H 面外弯曲振动	$917cm^{-1}$ 处显示 O—H 面外弯曲振动	
CH_2 γ	$720cm^{-1}$ 是 CH_2 的面内摇摆振动	中等
C═O st	$1699cm^{-1}$ 为脂肪族酸的 C═O 吸收特征峰	$1790\sim1650cm^{-1}$ 脂肪族酸，强

② 质谱谱图

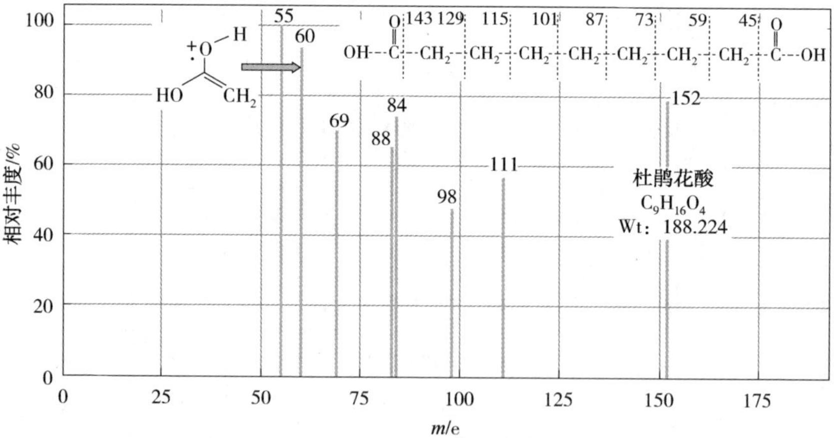

图 5-22　壬二酸质谱图

表 5-29　壬二酸质谱分析

测　定	作用区域	备　　注
分子离子	$[M]^+$(m/z 188)很弱	脂肪族：直链二元羧酸的分子离子峰很弱
重排	m/z 60	由麦氏重排产生的 $C_nH_{2n}O_2$

③ 核磁谱图

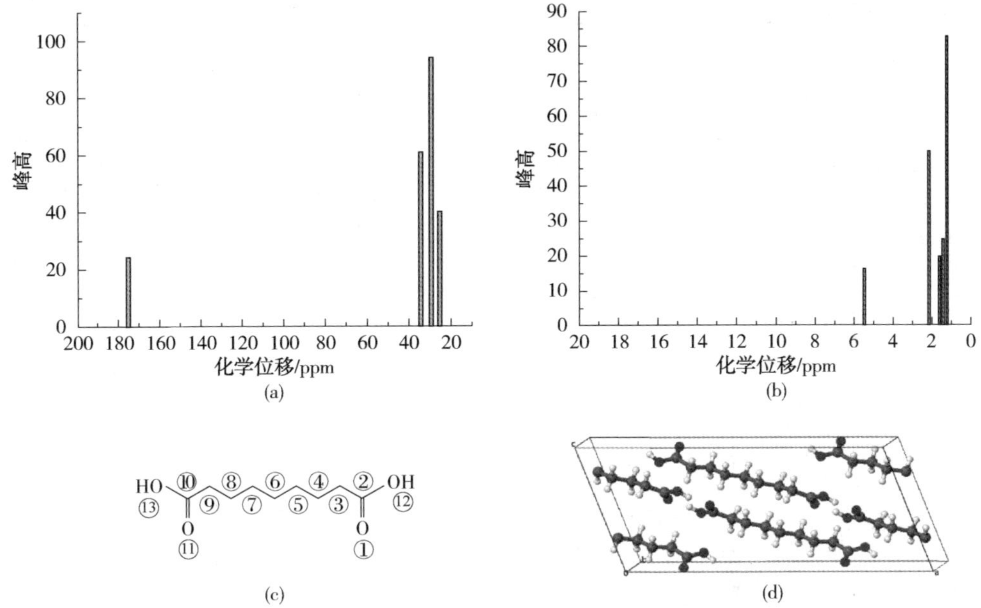

图 5-23　壬二酸核磁谱图

(a) ^{13}C 核磁谱图；(b) ^{1}H 核磁谱图；(c)分子结构式及其编号；(d)晶体结构

表 5-30　壬二酸核磁分析

原子序号	^{13}C 核磁化学位移	原子序号	^{1}H 核磁化学位移
C2	175.1	H3	2.2
C3	33.9	H4	1.65
C4	24.7	H5	1.5
C5	28.8	H6	1.33
C6	28.8	H7	1.5
C7	28.8	H8	1.65
C8	24.7	H9	2.2
C9	33.9	H12	5.55
C10	175.1	H13	5.55

晶体信息

表 5-31　壬二酸晶体结构数据

晶胞棱长(轴长)	$\alpha=90°$；$\beta=110.559\pm0.003°$；$\gamma=90°$	晶胞轴角	$a=22.622\pm0.002Å$；$b=4.7348\pm0.0002Å$；$c=9.6864\pm0.0007Å$
空间群	C12/c1	晶胞体积	$971.44\pm0.12Å^3$

概况

表 5-32　壬二酸结构及物化信息

中文名称	壬二酸；杜鹃花酸	SRN	40484
化学式	$C_9H_{16}O_4$	熔点	106℃
英文名称	azelaic acid	沸点	360℃
分子量	188.224	测试溶剂	Polysol
CAS	123-99-9	测试参比	TMS
辛醇/水分配系数：LogP	1.6	重原子数	13
可旋转键数	8	环数	0
sp3 杂化的碳原子比例	0.777	拓扑面积	74.6
氢给体数	2	氢受体数	4

(5) 癸二酸

由蓖麻油裂解产生癸二酸是其主要制备途径，目前世界上工业生产的癸二酸几乎全部都是用蓖麻油作原料生产的。近几年，随着绿色化工的兴起，世界上各化工巨头都把关注点放在了以非化石原料(非化石能源，指非煤炭、石油、天然气等经长时间地质变化形成，只供一次性使用的能源类型外的能源。我国明确规定到 2020 年，非化石能源占一次能源消费总量的比重达到 15%左右，到 2030 年达到 20%左右)为基础的新兴化工业。据统计，世界化工前 50 强中，有约 30 家都把癸二酸的衍生品作为战略产品品牌。以美国杜邦公司为例，2017 年与癸二酸相关的聚合物产量增长了 50%。高纯癸二酸是技术含量较高的蓖麻油衍生产品，我国目前生产的高纯癸二酸及其衍生产品质量达到国际先进水平，是重要的化工原料。通过质量指标对比，高纯癸二酸的 C10 酸含量高于美国、日本公司的技术指标，因此产品质量优于国外产品。

如图 5-24~图 5-27 和表 5-33~表 5-38 所示，为癸二酸物化数据和三谱图分析。

① 红外谱图

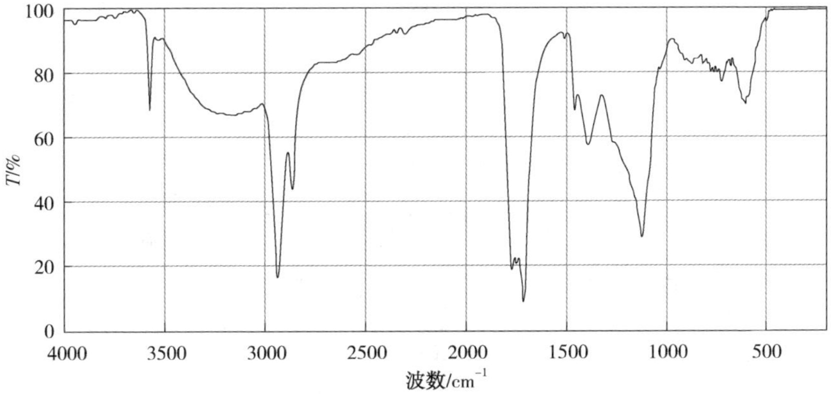

图 5-24　癸二酸红外气相谱图

表 5-33　癸二酸红外气相谱图分析

官能团	作用区域	备　　注
COO—H st	$3570cm^{-1}$ 处显示 COO—H 的拉伸振动特征峰	自由，尖
C—H(CH_2)st as	$2931cm^{-1}$ 处显示-CH_2 的不对称拉伸振动特征峰	各种强度，多重峰
C—H(CH_2)st sy	$2860cm^{-1}$ 处显示-CH_2 的对称拉伸振动特征峰	各种强度，多重峰
CH_2 δ as	$1459cm^{-1}$ 是 CH_2 的不对称变形振动	中等
CH_2 δ sy	$1389cm^{-1}$ 是 CH_2 的对称变形振动	中等
CH_2 γ	$724cm^{-1}$ 是 CH_2 的面内摇摆振动	中等
C═O st	$1773cm^{-1}$ 为脂肪酸的 C═O 吸收特征峰	$1790\sim1650cm^{-1}$ 脂肪族酸，强

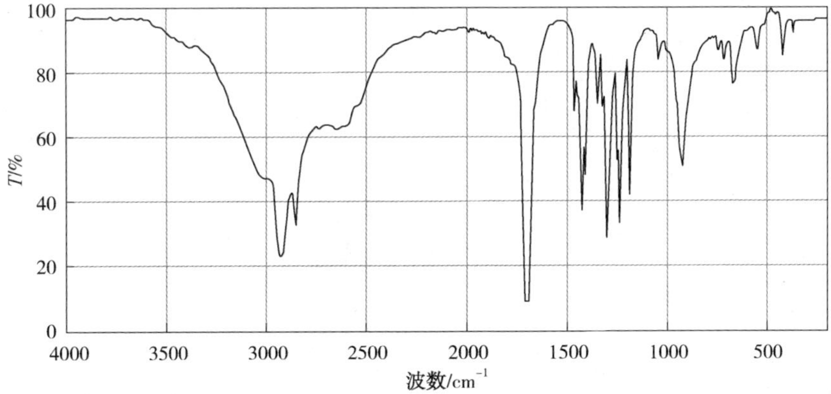

图 5-25　癸二酸红外谱图

表 5-34 癸二酸红外谱图分析

官能团	作用区域	备　注
宽的 O—H 伸缩振动	3300～2500cm^{-1}处显示 O—H 伸缩振动特征峰	通常可以观察到较弱的 C—H 伸缩谱带叠加在宽的 O—H 谱带上
C—H(CH_2) st as	2925cm^{-1}处显示—CH_2 的不对称拉伸振动特征峰	各种强度，多重峰
C—H(CH_2) st sy	2851cm^{-1}处显示—CH_2 的对称拉伸振动特征峰	各种强度，多重峰
CH_2 δ as	1463cm^{-1}是 CH_2 的不对称变形振动	中等
CH_2 δ sy	1321cm^{-1}是 CH_2 的对称变形振动	中等
C—O—H 面内弯曲振动	C—O—H 面内弯曲振动，1410cm^{-1}	
C—O 伸缩振动	二聚体，C—O 伸缩振动，1302cm^{-1}	
O—H 面外弯曲振动	924cm^{-1}处显示 O—H 面外弯曲振动	
CH_2 γ	716cm^{-1}是 CH_2 的面内摇摆振动	中等
C═O st	1699cm^{-1}为脂肪族酸的 C═O 吸收特征峰	1790～1650cm^{-1}脂肪族酸，强

② 质谱谱图

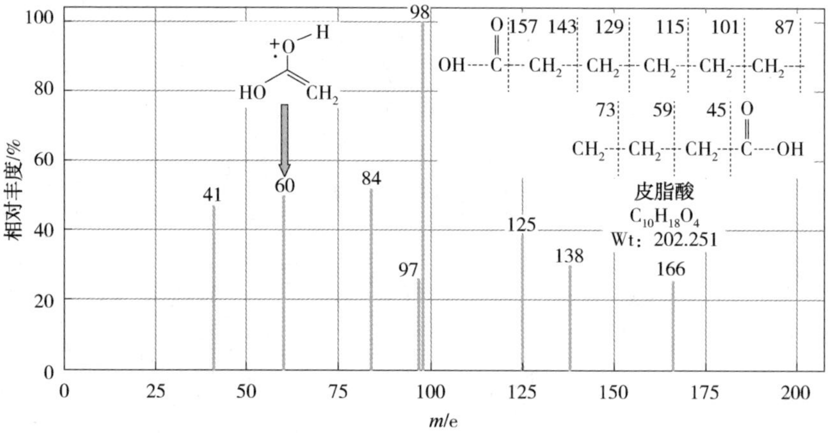

图 5-26　癸二酸质谱图

表 5-35 癸二酸质谱分析

测　定	作用区域	备　注
分子离子	$[M]^+$(m/z 202)很弱	脂肪族：直链二元羧酸的分子离子峰很弱
重排	m/z 60	由麦氏重排产生的 $C_nH_{2n}O_2$

③ 核磁谱图

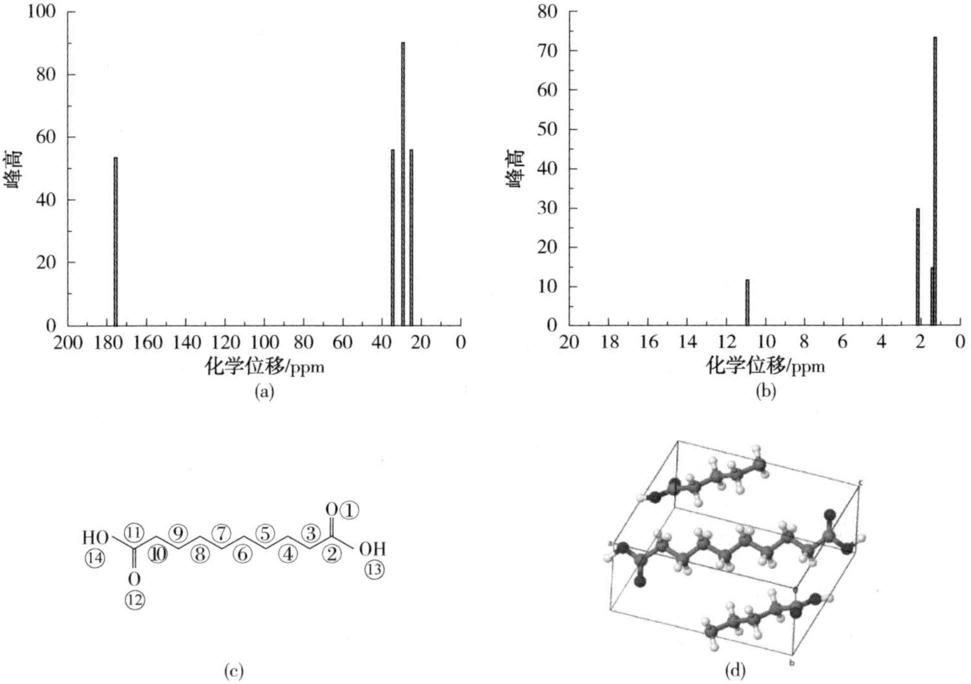

图 5-27　癸二酸核磁谱图

(a) ^{13}C 核磁谱图；(b) ^{1}H 核磁谱图；(c) 分子结构式及其编号；(d) 晶体结构

表 5-36　癸二酸核磁分析

原子序号	^{13}C 核磁化学位移	原子序号	^{1}H 核磁化学位移
C2	175. 5	H2	2. 22
C3	34. 6	H3	1. 5
C4	25. 5	H4	1. 32
C5	29. 7	H5	1. 32
C6	29. 7	H6	1. 32
C7	29. 7	H7	1. 32
C8	29. 7	H8	1. 5
C9	25. 5	H9	2. 22
C10	34. 6	H12	11. 05
C11	175. 5	H14	11. 05

晶体信息

表 5-37　癸二酸晶体结构数据

晶胞棱长(轴长)	$\alpha=90°$；$\beta=92.273\pm0.006°$；$\gamma=90°$	晶胞轴角	$a=10.9197\pm0.0007$Å；$b=4.9876\pm0.0006$Å；$c=9.964\pm0.001$Å
空间群	P121/c1	晶胞体积	542.24 ± 0.09Å^3

概况

表 5-38　癸二酸结构及物化信息

中文名称	癸二酸；皮脂酸	SRN	14382
化学式	$C_{10}H_{18}O_4$	熔点	130℃
英文名称	decanedioic acid	沸点	294℃
分子量	202.251	测试溶剂	DMS-d
CAS	111-20-6	测试参比	Dioxane
辛醇/水分配系数：LogP	2.1	重原子数	14
可旋转键数	9	环数	0
sp3 杂化的碳原子比例	0.8	拓扑面积	74.6
氢给体数	2	氢受体数	4

(6) 十一烷二酸

如图 5-28、图 5-29 和表 5-39~表 5-42 所示，为十一烷二酸物化数据和二谱图分析。

① 红外谱图

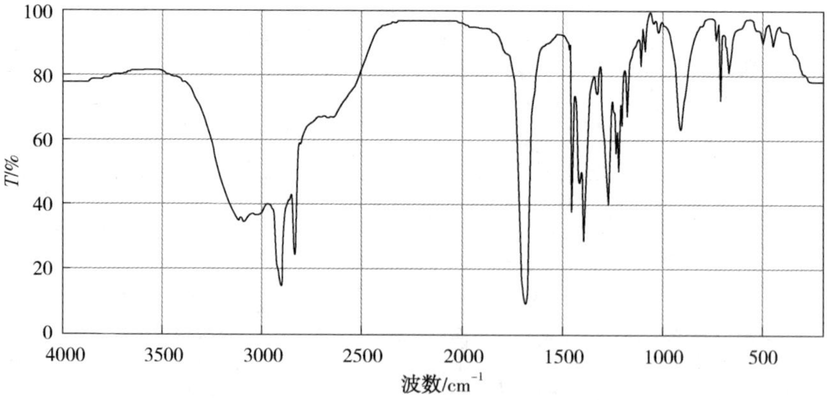

图 5-28　十一烷二酸红外谱图

表 5-39　十一烷二酸红外分析

官能团	作用区域	备　　注
宽的 O—H 伸缩振动	$3300 \sim 2500cm^{-1}$ 处显示 O—H 伸缩振动特征峰	通常可以观察到较弱的 C—H 伸缩谱带叠加在宽的 O—H 谱带上
C—H(CH_2)st as	$2906cm^{-1}$ 处显示—CH_2 的不对称拉伸振动特征峰	各种强度，多重峰
C—H(CH_2)st sy	$2837cm^{-1}$ 处显示—CH_2 的对称拉伸振动特征峰	各种强度，多重峰
CH_2 δ as	$1457cm^{-1}$ 是 CH_2 的不对称变形振动	中等
CH_2 δ sy	$1398cm^{-1}$ 是 CH_2 的对称变形振动	中等
C—O—H 面内弯曲振动	C—O—H 面内弯曲振动，$1419cm^{-1}$	
C—O 伸缩振动	二聚体，C—O 伸缩振动，$1273cm^{-1}$	
O—H 面外弯曲振动	$913cm^{-1}$ 处显示 O—H 面外弯曲振动	
CH_2 γ	$720cm^{-1}$ 是 CH_2 的面内摇摆振动	中等
C═O st	$1688cm^{-1}$ 为脂肪族酸的 C═O 吸收特征峰	$1790 \sim 1650cm^{-1}$ 脂肪族酸，强

② 核磁谱图

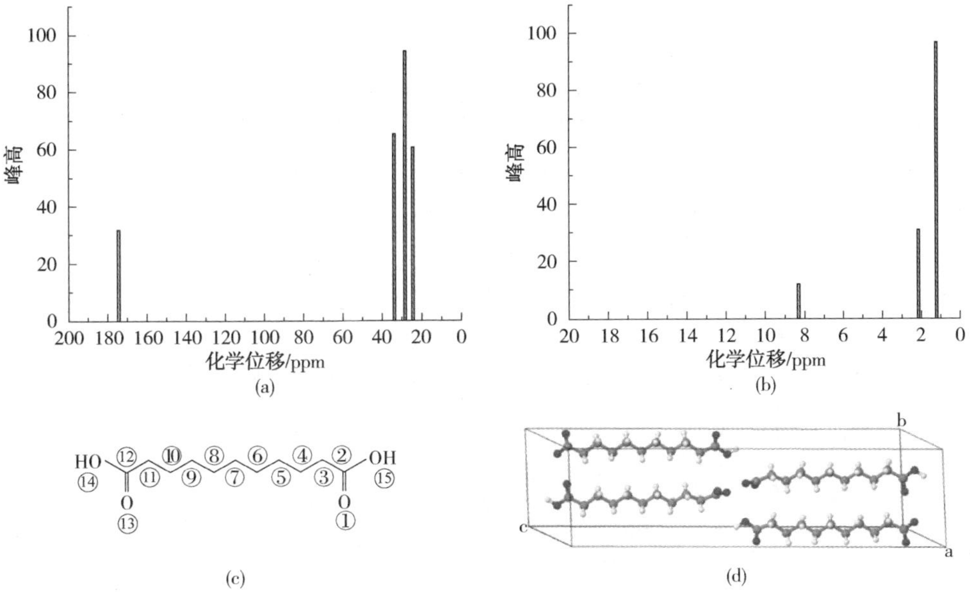

图 5-29　十一烷二酸核磁谱图

(a) ^{13}C 核磁谱图；(b) ^{1}H 核磁谱图；(c) 分子结构式及其编号；(d) 晶体结构

表 5-40 十一烷二酸核磁分析

原子序号	^{13}C 核磁化学位移	原子序号	^{13}C 核磁化学位移	原子序号	^{1}H 核磁化学位移	原子序号	^{1}H 核磁化学位移
C2	174.8	C8	28.9	H3	2.2	H9	1.28
C3	33.9	C9	28.9	H4	1.28	H10	1.28
C4	24.8	C10	24.8	H5	1.28	H11	2.2
C5	28.9	C11	33.9	H6	1.28	H14	8.37
C6	28.9	C12	174.8	H7	1.28	H15	8.37
C7	28.9			H8	1.28		

晶体信息

表 5-41 十一烷二酸晶体结构数据

晶胞棱长(轴长)	$\alpha=90.0$；$\beta=136.0$；$\gamma=90.0$	晶胞轴角	$a=5.61$；$b=9.55$；$c=32.54$
空间群	P21/c(14)	晶胞体积	—

概况

表 5-42 十一烷二酸结构及物化信息

中文名称	十一烷二酸	SRN	237973
化学式	$C_{11}H_{20}O_4$	熔点	110℃
英文名称	undecanedioic acid	沸点	389.33℃
分子量	216.277	测试溶剂	DMSO-d6
CAS	1852-04-6	测试参比	TMS
辛醇/水分配系数：LogP	2.7	重原子数	15
可旋转键数	10	环数	0
sp3 杂化的碳原子比例	0.818	拓扑面积	74.6
氢给体数	2	氢受体数	4

(7) 十二碳二酸

如图 5-30～图 5-33 和表 5-43～表 5-48 所示，为十二烷二酸物化数据和三谱图分析。

① 红外谱图

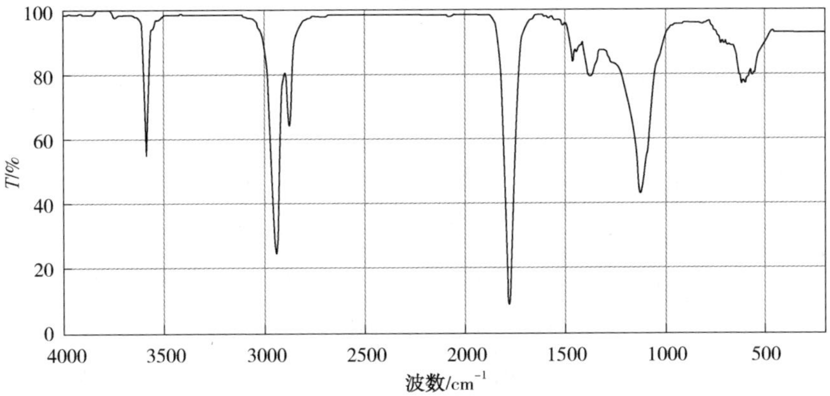

图 5-30　十二碳二酸红外气相谱图

表 5-43　十二碳二酸红外气相谱图分析

官能团	作用区域	备　注
COO—H st	3580cm^{-1}处显示 COO—H 的拉伸振动特征峰	自由，尖
C—H(CH_2) st as	2940cm^{-1}处显示-CH_2 的不对称拉伸振动特征峰	各种强度，多重峰
C—H(CH_2) st sy	2873cm^{-1}处显示-CH_2 的对称拉伸振动特征峰	各种强度，多重峰
CH_2 δ as	1460cm^{-1}是 CH_2 的不对称变形振动	中等
CH_2 δ sy	1384cm^{-1}是 CH_2 的对称变形振动	中等
CH_2 γ	721cm^{-1}是 CH_2 的面内摇摆振动	中等
C═O st	1779cm^{-1}为脂肪酸的 C═O 吸收特征峰	1790～1650cm^{-1}脂肪族酸，强

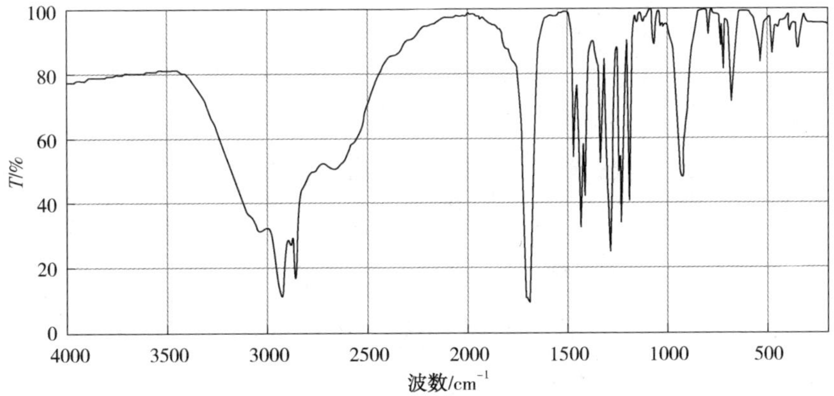

图 5-31　十二碳二酸红外谱图

表 5-44　十二碳二酸红外谱图分析

官能团	作用区域	备　注
宽的 O—H 伸缩振动	$3300\sim2500cm^{-1}$处显示 O—H 伸缩振动特征峰	通常可以观察到较弱的 C—H 伸缩谱带叠加在宽的 O—H 谱带上
C—H(CH_2) st as	$2926cm^{-1}$处显示-CH_2 的不对称拉伸振动特征峰	各种强度，多重峰
C—H(CH_2) st sy	$2860cm^{-1}$处显示-CH_2 的对称拉伸振动特征峰	各种强度，多重峰
CH_2 δ as	$1470cm^{-1}$是 CH_2 的不对称变形振动	中等
CH_2 δ sy	$1336cm^{-1}$是 CH_2 的对称变形振动	中等
C—O—H 面内弯曲振动	C—O—H 面内弯曲振动，$1414cm^{-1}$	
C—O 伸缩振动	二聚体，C—O 伸缩振动，$1287cm^{-1}$	
O—H 面外弯曲振动	$931cm^{-1}$处显示 O—H 面外弯曲振动	
CH_2 γ	$727cm^{-1}$是 CH_2 的面内摇摆振动	中等
C═O st	$1695cm^{-1}$为脂肪族酸的 C═O 吸收特征峰	$1790\sim1650cm^{-1}$脂肪族酸，强

② 质谱谱图

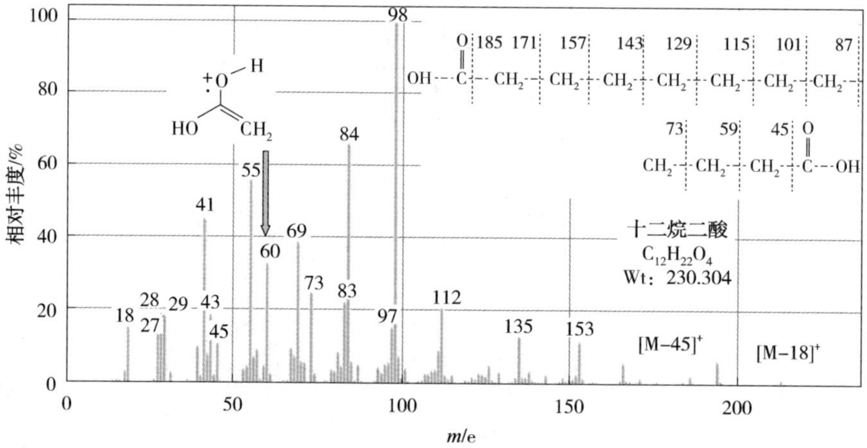

图 5-32　十二碳二酸质谱图

表 5-45　十二碳二酸质谱分析

测　定	作用区域	备　注
分子离子	$[M]^+$(m/z 231)很弱 $[M+1]^+$(m/z 230)很弱	脂肪族：直链二元羧酸的分子离子峰很弱

续表

测　定	作用区域	备　　注
碎片	[M-17]$^+$(m/z 213)很弱	短链酸中，M-OH，M-CO_2H 峰是主要的
	[M-45]$^+$(m/z 185)弱	短链酸中，M-OH，M-CO_2H 峰是主要的
	m/z 45，59，73，87，101，115，129，143，157	留在含氧碎片上 $C_nH_{2n+1}O_2$ 系列
重排	m/z 60	由麦氏重排产生的 $C_nH_{2n}O_2$
	[M-18]$^{+\cdot}$(m/z212)较弱	脱水给出[M-18]$^{+\cdot}$

③ 核磁谱图

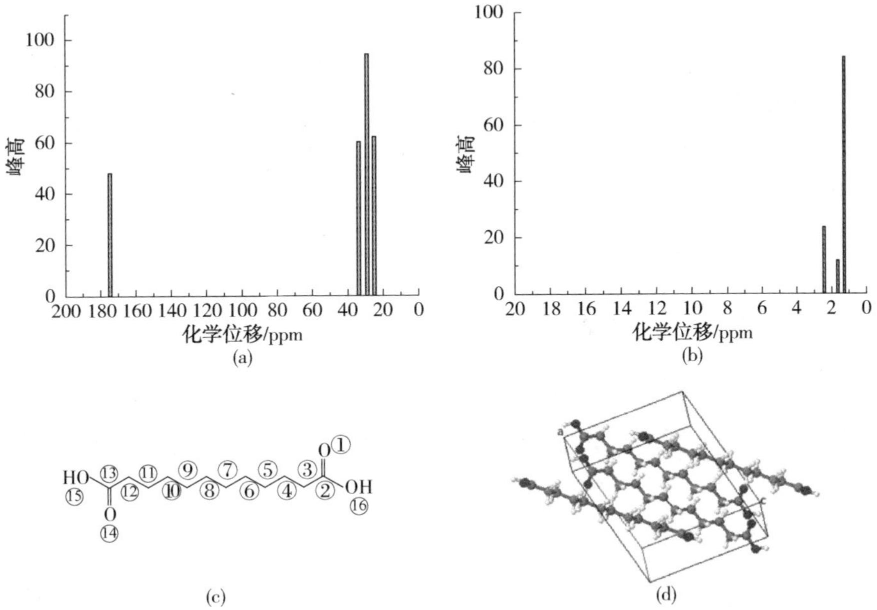

图 5-33　十二碳二酸核磁谱图

(a)^{13}C 核磁谱图；(b)^{1}H 核磁谱图；(c)分子结构式及其编号；(d)晶体结构

表 5-46　十二碳二酸核磁分析

原子序号	^{13}C 核磁化学位移	原子序号	^{13}C 核磁化学位移	原子序号	^{1}H 核磁化学位移	原子序号	^{1}H 核磁化学位移
C1	33.9	C7	29.1	H3	2.51	H9	1.38
C2	24.8	C8	29.1	H4	1.72	H10	1.38
C3	29.1	C9	24.8	H5	1.38	H11	1.72
C4	29.1	C10	33.9	H6	1.38	H12	2.51
C5	29.1	C11	174.8	H7	1.38	H15	OH 没有被检测到
C6	29.1	C12	174.8	H8	1.38	H16	OH 没有被检测到

晶体信息

表 5-47　十二碳二酸晶体结构数据

晶胞棱长(轴长)	$\alpha=90$；$\beta=97.4$；$\gamma=90$	晶胞轴角	$a=13.105$；$b=4.921$；$c=10.183$
空间群	P21/c	晶胞体积	—

概况

表 5-48　十二碳二酸结构及物化信息

中文名称	十二烷二酸；月桂二酸	SRN	27590494
化学式	$C_{12}H_{22}O_4$	熔点	128℃
英文名称	dodecanedioic acid	沸点	245℃
分子量	230.304	测试溶剂	Polysol
CAS	693-23-2	测试参比	TMS
辛醇/水分配系数：LogP	3.2	重原子数	16
可旋转键数	11	环数	0
sp3 杂化的碳原子比例	0.833	拓扑面积	74.6
氢给体数	2	氢受体数	4

5.4　长链脂肪二元酸

(1) 十三碳二酸

如图 5-34~图 5-37 和表 5-49~表 5-54 所示，为十三烷二酸物化数据和三谱图分析。

① 红外谱图

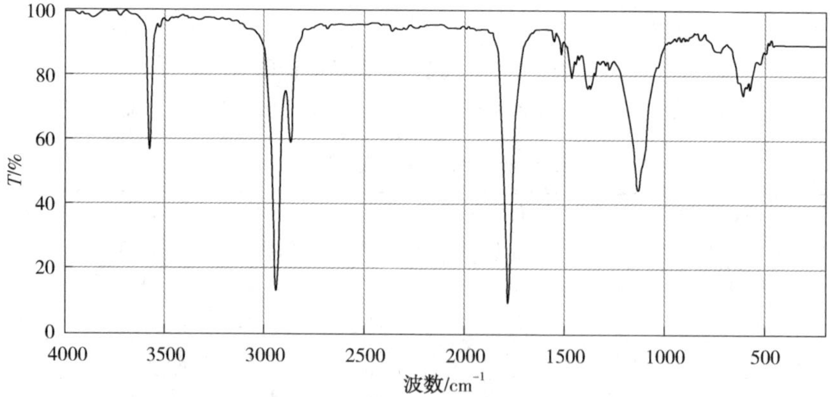

图 5-34　十三碳二酸红外气相谱图

表 5-49　十三碳二酸红外气相谱图分析

官能团	作用区域	备　注
COO—H st	$3577cm^{-1}$ 处显示 COO—H 的拉伸振动特征峰	自由，尖
C—H(CH_2) st as	$2937cm^{-1}$ 处显示—CH_2 的不对称拉伸振动特征峰	各种强度，多重峰
C—H(CH_2) st sy	$2866cm^{-1}$ 处显示—CH_2 的对称拉伸振动特征峰	各种强度，多重峰
CH_2 δ as	$1470cm^{-1}$ 是 CH_2 的不对称变形振动	中等
CH_2 δ sy	$1383cm^{-1}$ 是 CH_2 的对称变形振动	中等
CH_2 γ	$716cm^{-1}$ 是 CH_2 的面内摇摆振动	中等
C═O st	$1777cm^{-1}$ 为脂肪酸的 C═O 吸收特征峰	$1790\sim1650cm^{-1}$ 脂肪族酸，强

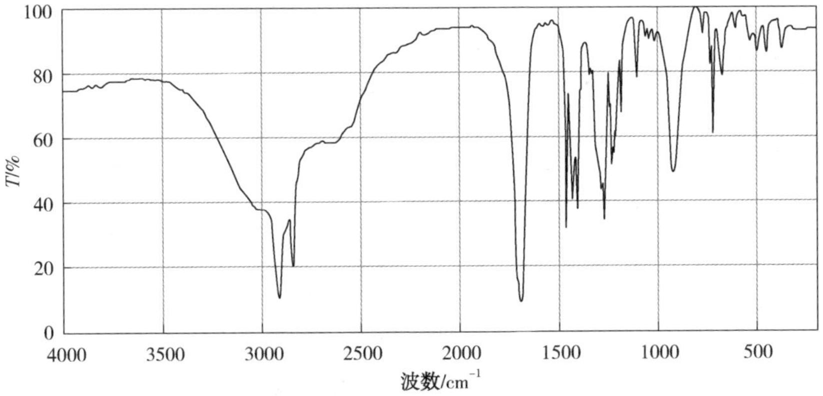

图 5-35　十三碳二酸红外谱图

表 5-50　十三碳二酸红外谱图分析

官能团	作用区域	备　注
宽的 O—H 伸缩振动	$3300\sim2500cm^{-1}$ 处显示 O—H 伸缩振动特征峰	通常可以观察到较弱的 C—H 伸缩谱带叠加在宽的 O—H 谱带上
C—H(CH_2) st as	$2916cm^{-1}$ 处显示—CH_2 的不对称拉伸振动特征峰	各种强度，多重峰
C—H(CH_2) st sy	$2844cm^{-1}$ 处显示—CH_2 的对称拉伸振动特征峰	各种强度，多重峰

续表

官能团	作用区域	备　　注
CH_2 δ as	1464cm^{-1}是 CH_2 的不对称变形振动	中等
CH_2 δ sy	1349cm^{-1}是 CH_2 的对称变形振动	中等
C—O—H 面内弯曲振动	C—O—H 面内弯曲振动，1407cm^{-1}	
C—O 伸缩振动	二聚体，C—O 伸缩振动，1272cm^{-1}	
O—H 面外弯曲振动	920cm^{-1}处显示 O—H 面外弯曲振动	
CH_2 γ	720cm^{-1}是 CH_2 的面内摇摆振动	中等
C═O st	1693cm^{-1}为脂肪族酸的 C═O 吸收特征峰	1790~1650cm^{-1}脂肪族酸，强

② 质谱谱图

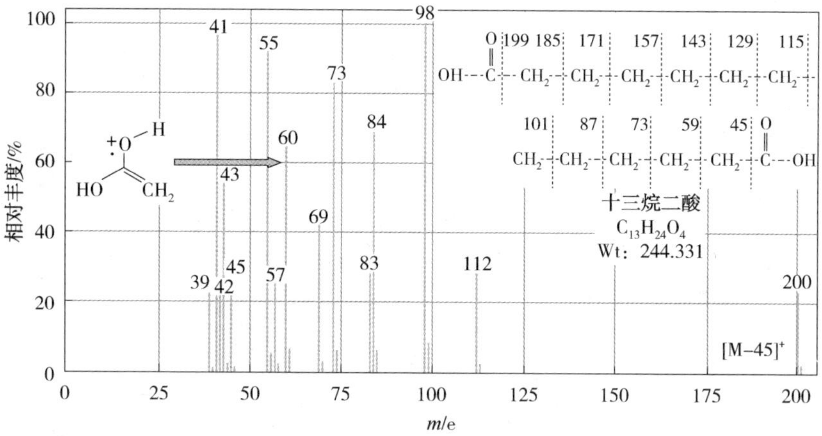

图 5-36　十三碳二酸质谱图

表 5-51　十三碳二酸质谱分析

测　定	作用区域	备　　注
分子离子	[M]$^+$(m/z 245)很弱 [M+1]$^+$(m/z 244)很弱	脂肪族：直链二元羧酸的分子离子峰很弱
碎片	[M−17]$^+$(m/z 227)很弱	短链酸中，M-OH，M-CO_2H 峰是主要的
	[M−45]$^+$(m/z 199)很弱	短链酸中，M-OH，M-CO_2H 峰是主要的
	m/z 45，59，73	留在含氧碎片上 $C_nH_{2n+1}O_2$ 系列
	m/z 43，57，85	留在烷基碎片上 C_nH_{2n+1} 系列
重排	m/z60	由麦氏重排产生的 $C_nH_{2n}O_2$
	[M−18]$^{+\cdot}$(m/z 226)较弱	脱水给出[M−18]$^{+\cdot}$

③ 核磁谱图

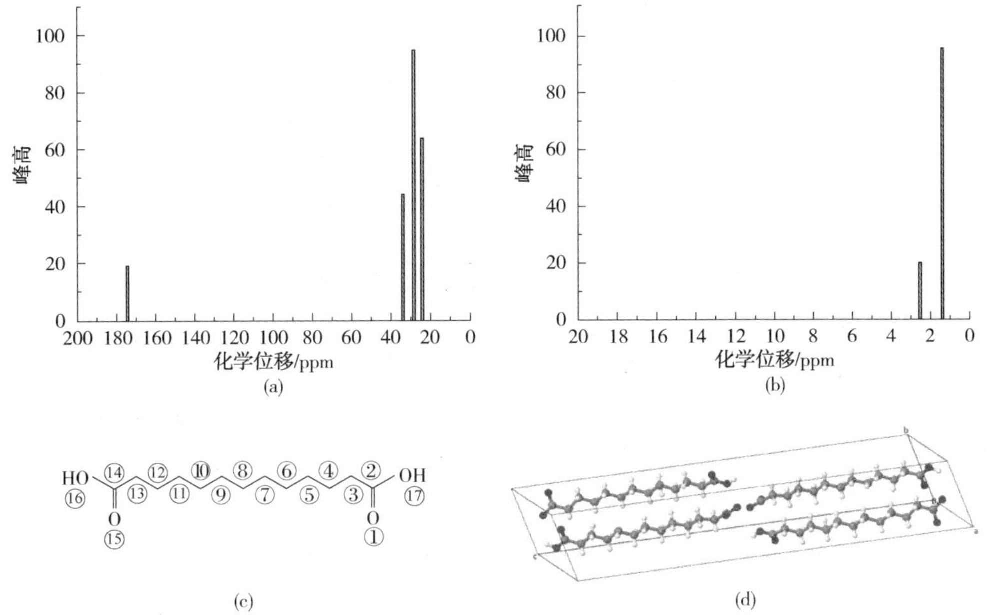

图 5-37　十三碳二酸核磁谱图

(a) ^{13}C 核磁谱图；(b) ^{1}H 核磁谱图；(c) 分子结构式及其编号；(d) 晶体结构

表 5-52　十三碳二酸核磁分析

原子序号	^{13}C 核磁化学位移	原子序号	^{13}C 核磁化学位移	原子序号	^{1}H 核磁化学位移	原子序号	^{1}H 核磁化学位移
C1	175	C8	29. 1	H3	2. 53	H10	1. 4
C2	34	C9	29. 1	H4	1. 4	H11	1. 4
C3	24. 8	C10	29. 1	H5	1. 4	H12	1. 4
C4	29. 1	C11	24. 8	H6	1. 4	H13	2. 53
C5	29. 1	C12	34	H7	1. 4	H16	OH 没有被检测到
C6	29. 1	C13	175	H8	1. 4	H17	OH 没有被检测到
C7	29. 1			H9	1. 4		

晶体信息

表 5-53　十三碳二酸晶体结构数据

晶胞棱长(轴长)	α=90. 0；β=135. 17；γ=90. 0	晶胞轴角	a=5. 588；b=9. 502；c=37. 55
空间群	P21/c(14)	晶胞体积	—

概况

表 5-54　十三碳二酸结构及物化信息

中文名称	十三碳二元酸；巴西基酸	SRN	39148185
化学式	$C_{13}H_{24}O_4$	熔点	111℃
英文名称	brassylic acid；tridecanedioic acid	沸点	259℃
分子量	244. 331	测试溶剂	TFA
CAS	505-52-2	测试参比	TMS
辛醇/水分配系数：LogP	3. 7	重原子数	17
可旋转键数	12	环数	0
sp3 杂化的碳原子比例	0. 846	拓扑面积	74. 6
氢给体数	2	氢受体数	4

（2）十四碳二酸

如图 5-38～图 5-41 和表 5-55～表 5-59 所示，为十四烷二酸物化数据和三谱图分析。

① 红外谱图

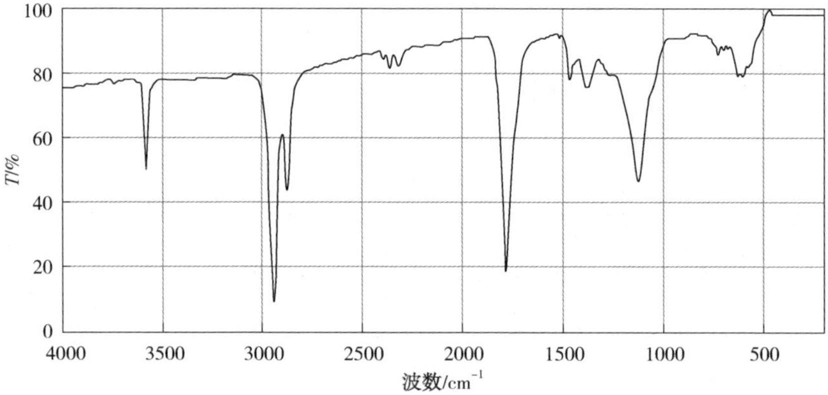

图 5-38　十四碳二酸红外气相谱图

表 5-55　十四碳二酸红外气相谱图分析

官能团	作用区域	备　注
COO—H st	3585cm^{-1} 处显示 COO—H 的拉伸振动特征峰	自由，尖，仅出现在高度稀释的溶液中
C—H(CH_2) st as	2940cm^{-1} 处显示-CH_2 的不对称拉伸振动特征峰	各种强度，多重峰
C—H(CH_2) st sy	2875cm^{-1} 处显示-CH_2 的对称拉伸振动特征峰	各种强度，多重峰
CH_2 δ as	1467cm^{-1} 是 CH_2 的不对称变形振动	中等

续表

官能团	作用区域	备　注
CH_2 δ sy	1385cm^{-1}是 CH_2 的对称变形振动	中等
CH_2 γ	722cm^{-1}是 CH_2 的面内摇摆振动	中等
C═O st	1779cm^{-1}为脂肪酸的 C═O 吸收特征峰	1790~1650cm^{-1}脂肪族酸，强

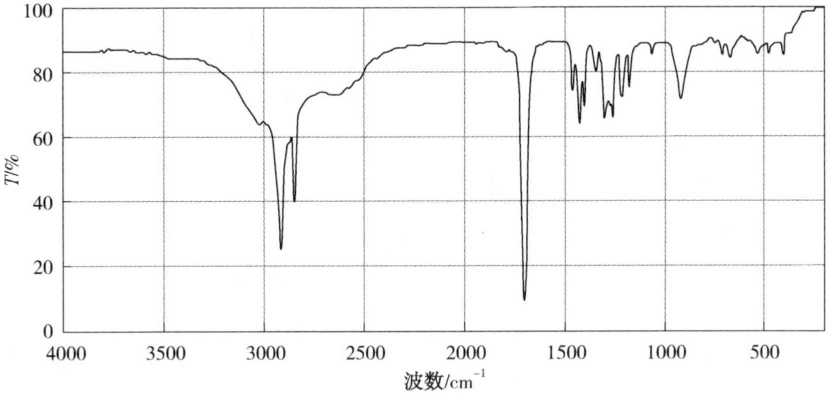

图 5-39　十四碳二酸红外谱图

表 5-56　十四碳二酸红外谱图分析

官能团	作用区域	备　注
宽的 O—H 伸缩振动	3300~2500cm^{-1}处显示 O—H 伸缩振动特征峰	通常可以观察到较弱的 C—H 伸缩谱带叠加在宽的 O—H 谱带上
C—H(CH_2)st as	2918cm^{-1}处显示—CH_2 的不对称拉伸振动特征峰	各种强度，多重峰
C—H(CH_2)st sy	2849cm^{-1}处显示—CH_2 的对称拉伸振动特征峰	各种强度，多重峰
CH_2 δ as	1464cm^{-1}是 CH_2 的不对称变形振动	中等
CH_2 δ sy	1348cm^{-1}是 CH_2 的对称变形振动	中等
C—O—H 面内弯曲振动	C—O—H 面内弯曲振动，1405cm^{-1}	
C—O 伸缩振动	二聚体，C—O 伸缩振动，1304cm^{-1}	
O—H 面外弯曲振动	924cm^{-1}处显示 O—H 面外弯曲振动	
CH_2 γ	711cm^{-1}是 CH_2 的面内摇摆振动	中等
C═O st	1704cm^{-1}为脂肪族酸的 C═O 吸收特征峰	1790~1650cm^{-1}脂肪族酸，强

② 质谱谱图

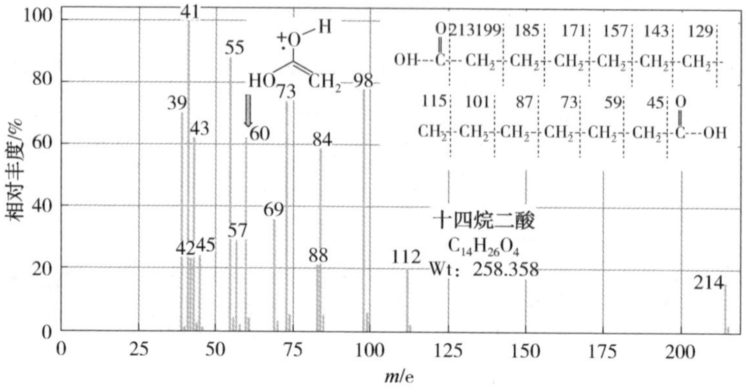

图 5-40　十四碳二酸质谱图

表 5-57　十四碳二酸质谱分析

测　定	作用区域	备　　注
分子离子	[M+1]$^+$(m/z 259)很弱	脂肪族：直链二元羧酸的分子离子峰很弱
	[M]$^+$(m/z 258)很弱	
碎片	[M-17]$^+$(m/z 241)很弱	短链酸中，M-OH，M-CO_2H 峰是主要的
	[M-45]$^+$(m/z 213)很弱	短链酸中，M-OH，M-CO_2H 峰是主要的
	m/z 45，73	留在含氧碎片上 $C_nH_{2n+1}O_2$ 系列
	m/z 43，57，85	留在烷基碎片上 C_nH_{2n+1} 系列
重排	m/z 60	由麦氏重排产生的 $C_nH_{2n}O_2$
	[M-18]$^{+\cdot}$(m/z 240)较弱	脱水给出[M-18]$^{+\cdot}$

③ 核磁谱图

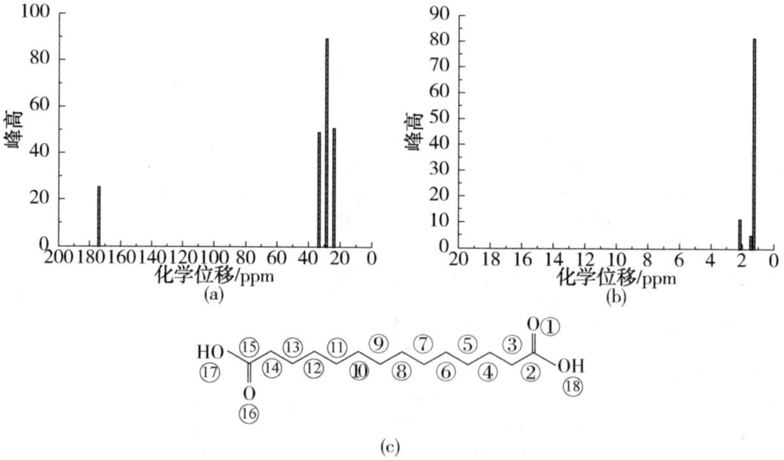

图 5-41　十四碳二酸核磁谱图

(a)^{13}C 核磁谱图；(b)^{1}H 核磁谱图；(c)分子结构式及其编号

表 5-58　十四碳二酸核磁分析

原子序号	^{13}C 核磁化学位移	原子序号	^{13}C 核磁化学位移	原子序号	^{1}H 核磁化学位移	原子序号	^{1}H 核磁化学位移
C1	174.7	C8	29.3	H3	2.2	H10	1.3
C2	33.9	C9	29.3	H4	1.52	H11	1.3
C3	24.8	C10	29.3	H5	1.3	H12	1.3
C4	29.3	C11	29.3	H6	1.3	H13	1.52
C5	29.3	C12	24.8	H7	1.3	H14	2.2
C6	29.3	C13	33.9	H8	1.3	H17	OH 没有被检测到
C7	29.3	C14	174.7	H9	1.3	H18	OH 没有被检测到

概况

表 5-59　十四碳二酸结构及物化信息

中文名称	十四烷二酸	SRN	37619537
化学式	$C_{14}H_{26}O_4$	熔点	124~125℃
英文名称	tetradecandioic acid	沸点	434.07℃
分子量	258.358	测试溶剂	Polysol-d
CAS	821-38-5	测试参比	TMS
辛醇/水分配系数：LogP	4.3	重原子数	18
可旋转键数	13	环数	0
sp3 杂化的碳原子比例	0.857	拓扑面积	74.6
氢给体数	2	氢受体数	4

(3) 十六碳二酸

如图 5-42~图 5-45 和表 5-60~表 5-64 所示，为十六烷二酸物化数据和三谱图分析。

① 红外谱图

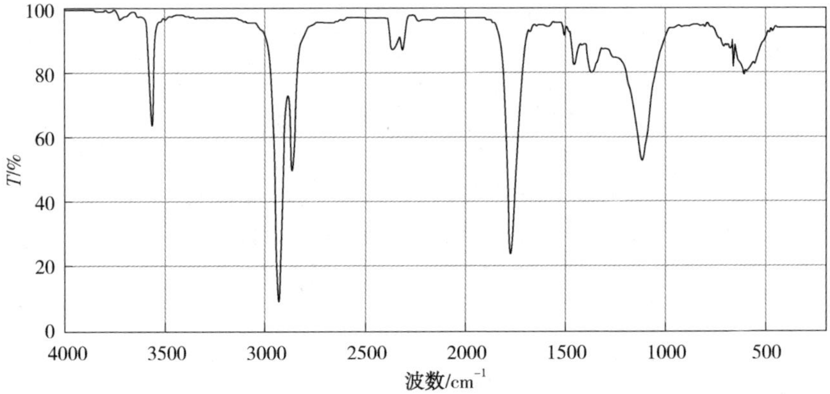

图 5-42　十六碳二酸红外气相谱图

表 5-60　十六碳二酸红外气相谱图分析

官能团	作用区域	备　注
COO—H st	3572cm^{-1}处显示 COO—H 的拉伸振动特征峰	自由，尖
C—H(CH_2)st as	2935cm^{-1}处显示-CH_2 的不对称拉伸振动特征峰	各种强度，多重峰
C—H(CH_2)st sy	2865cm^{-1}处显示-CH_2 的对称拉伸振动特征峰	各种强度，多重峰
CH_2 δ as	1460cm^{-1}是 CH_2 的不对称变形振动	中等
CH_2 δ sy	1372cm^{-1}是 CH_2 的对称变形振动	中等
CH_2 γ	720cm^{-1}是 CH_2 的面内摇摆振动	中等
C═O st	1777cm^{-1}为脂肪酸的 C═O 吸收特征峰	1790~1650cm^{-1}脂肪族酸，强

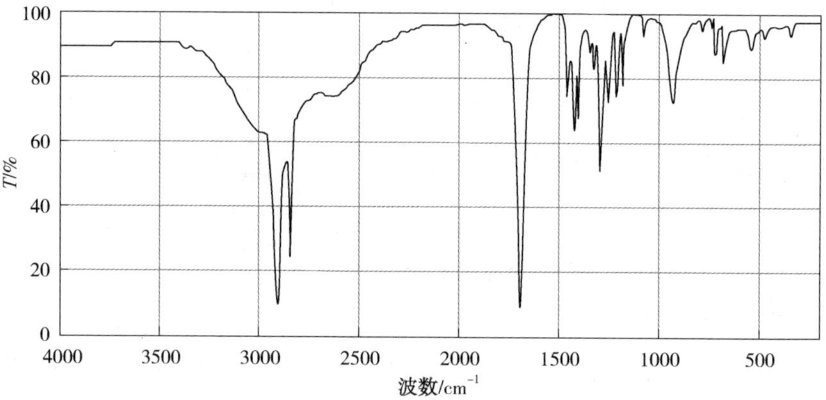

图 5-43　十六碳二酸红外谱图

表 5-61　十六碳二酸红外谱图分析

官能团	作用区域	备　注
宽的 O—H 伸缩振动	3300~2500cm^{-1}处显示 O—H 伸缩振动特征峰	通常可以观察到较弱的 C—H 伸缩谱带叠加在宽的 O—H 谱带上
C—H(CH_2)st as	2911cm^{-1}处显示—CH_2 的不对称拉伸振动特征峰	各种强度，多重峰
C—H(CH_2)st sy	2842cm^{-1}处显示—CH_2 的对称拉伸振动特征峰	各种强度，多重峰
CH_2 δ as	1460cm^{-1}是 CH_2 的不对称变形振动	中等

续表

官能团	作用区域	备　注
CH_2 δ sy	1350cm^{-1}是 CH_2 的对称变形振动	中等
C—O—H 面内弯曲振动	C—O—H 面内弯曲振动，1405cm^{-1}	
C—O 伸缩振动	二聚体，C—O 伸缩振动，1293cm^{-1}	
O—H 面外弯曲振动	934cm^{-1}处显示 O—H 面外弯曲振动	
CH_2 γ	722cm^{-1}是 CH_2 的面内摇摆振动	中等
C═O st	1694cm^{-1}为脂肪族酸的 C═O 吸收特征峰	1790~1650cm^{-1}脂肪族酸，强

② 质谱谱图

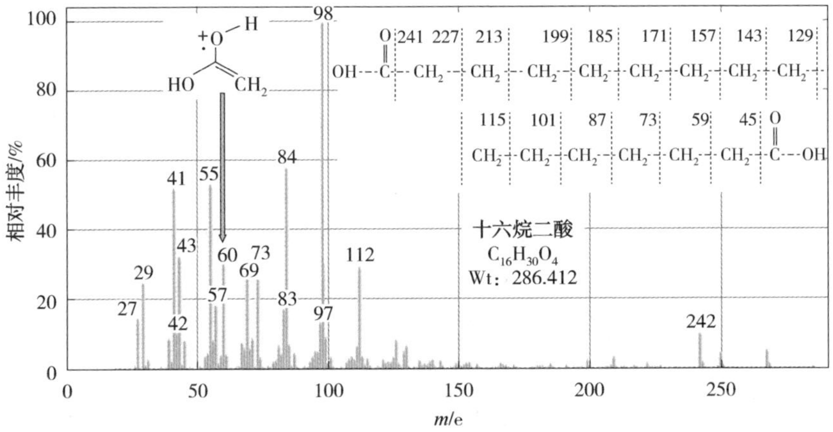

图 5-44　十六碳二酸质谱图

表 5-62　十六碳二酸质谱分析

测　定	作用区域	备　注
分子离子	[M+1]$^+$(m/z 286)很弱 [M]$^+$(m/z 285)很弱	脂肪族：直链二元羧酸的分子离子峰很弱
碎片	[M-17]$^+$(m/z 268)很弱	短链酸中，M-OH，M-CO_2H 峰是主要的
	[M-45]$^+$(m/z 240)很弱	短链酸中，M-OH，M-CO_2H 峰是主要的
	m/z 45，59，73，87，101，115，115，129，143	留在含氧碎片上 $C_nH_{2n+1}O_2$ 系列
	m/z 43，57，71，85	留在烷基碎片上 C_nH_{2n+1} 系列
重排	m/z 60	由麦氏重排产生的 $C_nH_{2n}O_2$
	[M-18]$^{+\cdot}$(m/z 267)较弱	脱水给出[M-18]$^{+\cdot}$

③ 核磁谱图

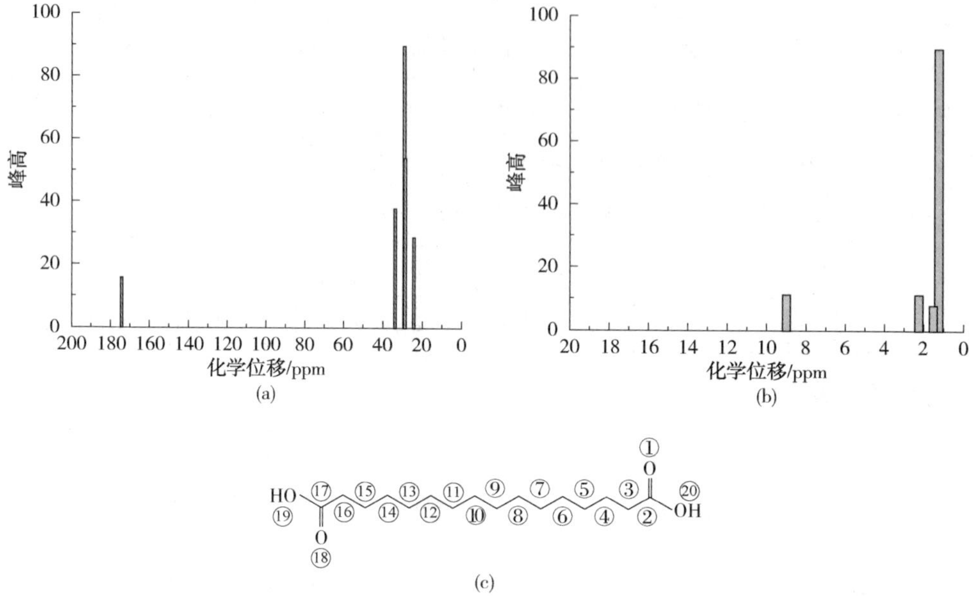

图 5-45　十六碳二酸核磁谱图

(a) ^{13}C 核磁谱图；(b) ^{1}H 核磁谱图；(c) 分子结构式及其编号

表 5-63　十六碳二酸核磁分析

原子序号	^{13}C 核磁化学位移	原子序号	^{13}C 核磁化学位移	原子序号	^{1}H 核磁化学位移	原子序号	^{1}H 核磁化学位移
C1	174.6	C9	29.4	H3	2.27	H11	1.29
C2	33.9	C10	29.4	H4	1.58	H12	1.29
C3	24.8	C11	29.4	H5	1.29	H13	1.29
C4	29	C12	29.4	H6	1.29	H14	1.29
C5	29.4	C13	29	H7	1.29	H15	1.58
C6	29.4	C14	24.8	H8	1.29	H16	2.27
C7	29.4	C15	33.9	H9	1.29	H19	8.97
C8	29.4	C16	174.6	H10	1.29	H20	8.97

概况

表 5-64　十六碳二酸结构及物化信息

中文名称	十六碳二酸	SRN	39148193
化学式	$C_{16}H_{30}O_4$	熔点	123℃
英文名称	Hexadecanedioic acid	沸点	457.5℃
分子量	286.412	测试溶剂	Polysol

续表

中文名称	十六碳二酸	SRN	39148193
CAS	505-54-4	测试参比	TMS
辛醇/水分配系数：LogP	5.4	重原子数	20
可旋转键数	15	环数	0
sp3 杂化的碳原子比例	0.875	拓扑面积	74.6
氢给体数	2	氢受体数	4

(4) 十八碳二酸

如图 5-46~图 5-48 和表 5-65~表 5-68 所示，为十八烷二酸物化数据和三谱图分析。

① 红外谱图

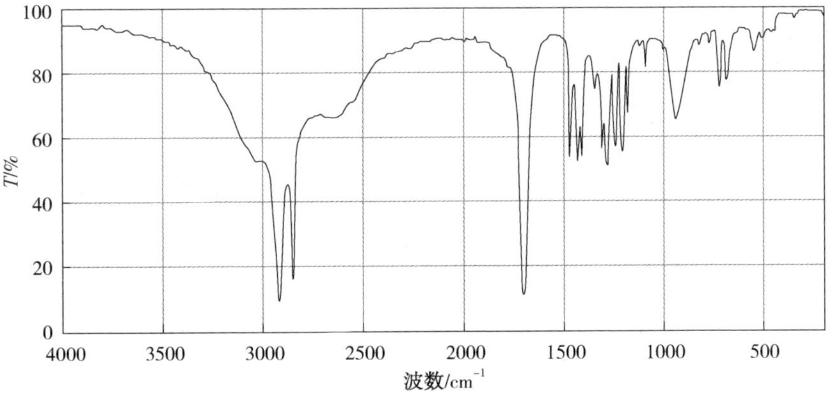

图 5-46　十八碳二酸红外谱图

表 5-65　十八碳二酸红外分析

官能团	作用区域	备　注
宽的 O—H 伸缩振动	3300~2500cm^{-1}处显示 O—H 伸缩振动特征峰	通常可以观察到较弱的 C—H 伸缩谱带叠加在宽的 O—H 谱带上
C—H(CH_2)st as	2919cm^{-1}处显示—CH_2 的不对称拉伸振动特征峰	各种强度，多重峰
C—H(CH_2)st sy	2850cm^{-1}处显示—CH_2 的对称拉伸振动特征峰	各种强度，多重峰
CH_2 δ as	1473cm^{-1}是 CH_2 的不对称变形振动	中等
CH_2 δ sy	1314cm^{-1}是 CH_2 的对称变形振动	中等

官能团	作用区域	备　注
C—O—H 面内弯曲振动	C—O—H 面内弯曲振动，1412cm^{-1}	
C—O 伸缩振动	二聚体，C—O 伸缩振动，1284cm^{-1}	
O—H 面外弯曲振动	943cm^{-1}处显示 O—H 面外弯曲振动	
CH_2 γ	727cm^{-1}是 CH_2 的面内摇摆振动	中等
C═O st	1702cm^{-1}为脂肪族酸的 C═O 吸收特征峰	1790~1650cm^{-1}脂肪族酸，强

② 质谱谱图

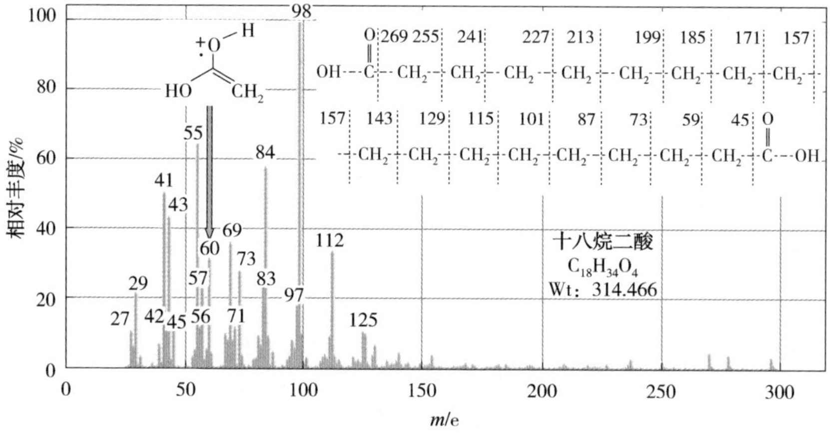

图 5-47　十八碳二酸质谱图

表 5-66　十八碳二酸质谱分析

测　定	作用区域	备　注
分子离子	[M+1]$^+$(m/z 315)很弱 [M]$^+$(m/z 314)很弱	脂肪族：直链二元羧酸的分子离子峰很弱
碎片	[M-17]$^+$(m/z 297)很弱	短链酸中，M-OH，M-CO_2H 峰是主要的
	[M-45]$^+$(m/z 269)很弱	短链酸中，M-OH，M-CO_2H 峰是主要的
	m/z 45，59，73，87，101，115，115，129，143	留在含氧碎片上 $C_nH_{2n+1}O_2$ 系列
	m/z 43，57，71，85	留在烷基碎片上 C_nH_{2n+1}系列
重排	m/z 60	由麦氏重排产生的 $C_nH_{2n}O_2$
	[M-18]$^{+\cdot}$(m/z 296)较弱	脱水给出[M-18]$^{+\cdot}$

③ 核磁谱图

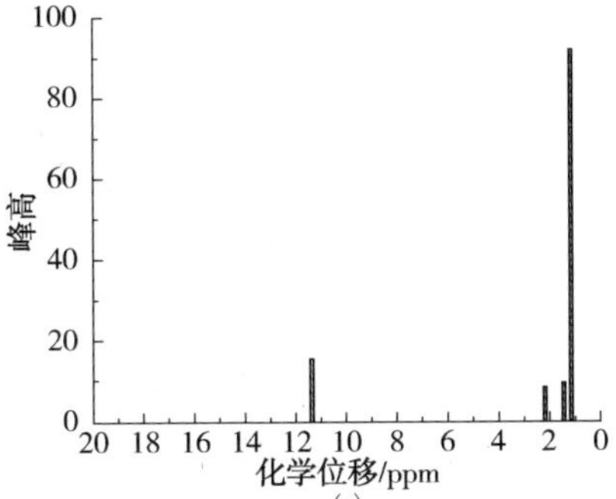

(a)

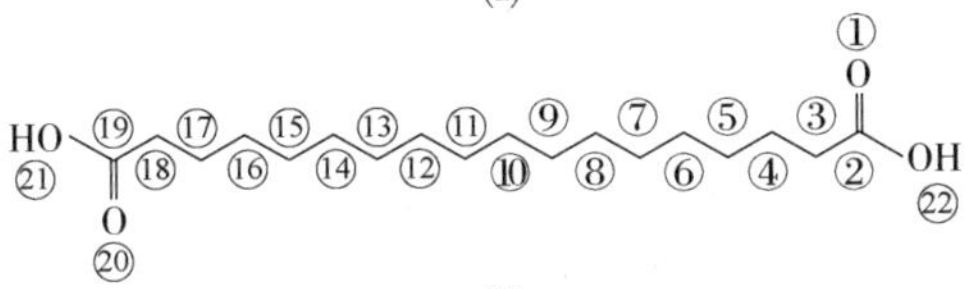

(b)

图 5-48　十八碳二酸核磁谱图

(a)[1]H 核磁谱图；(b)分子结构式及其编号

表 5-67　十八碳二酸核磁分析

原子序号	^{1}H 核磁化学位移	原子序号	^{1}H 核磁化学位移
H3	2. 28	H12	1. 25
H4	1. 48	H13	1. 25
H5	1. 25	H14	1. 25
H6	1. 25	H15	1. 25
H7	1. 25	H16	1. 25
H8	1. 25	H17	1. 48
H9	1. 25	H18	2. 28
H10	1. 25	H21	11. 4
H11	1. 25	H21	11. 4

概况

表 5-68　十八碳二酸结构及物化信息

中文名称	十八烷二酸	SRN	60139363
化学式	$C_{18}H_{34}O_4$	熔点	125℃
英文名称	octadecandioic acid	沸点	480. 9℃
分子量	314. 466	测试溶剂	DMSO-d6
CAS	871-70-5	测试参比	TMS
辛醇/水分配系数：LogP	6. 4	重原子数	22
可旋转键数	17	环数	0
sp3 杂化的碳原子比例	0. 89	拓扑面积	74. 6
氢给体数	2	氢受体数	4

第六章 聚脲关键原料波谱

当代世界轴承产业随着现代工业技术的迅猛发展，逐步摆脱了过去被动响应主机需求、仓促进行攻关研发的局面。著名轴承企业集团并不局限于市场对轴承产品数量、品种、性能等需求，还广泛调研主机数量、品种、性能、寿命等潜在需求，以便超前预测、研发轴承新产品。故而在轴承技术领域，新型轴承产品纷纷涌现，技术领域日益拓宽，在材料学、摩擦学、机械工程及机电一体化等诸多学科范畴内的技术水平处于世界前沿。

当代世界轴承产业新产品开发及相关技术发展有如下特点：

(1) 轴承产品研发向个性化、多样化方向发展

现代技术的快速进步，促使工业、交通、航空、航天以及日常生活用具对轴承产品提出了越来越苛刻的条件，轴承工业早期的通用化、系列化产品已经不能满足时代的要求。为了减少主机设计空间，或为适应特殊工况(防腐蚀、防污染等)，需要设计出特殊的轴承或轴承单元、组件，如汽车轴承轮毂轴承单元、滚轮轴承单元等，航天用真空环境下的自润滑轴承、耐高温的陶瓷轴承等。

(2) 产品质量向高精密、高性能和长寿命、高可靠性方向发展

随着主机工业对轴承质量的要求越来越高，世界著名轴承企业集团在轴承零部件制造上、在轴承结构设计上，特别是在润滑、新材料技术以及热处理和表面处理技术等方面投入巨资，不断提高轴承的技术性能。如 SKF 公司对轴承工业涉及的摩擦磨损理论、疲劳断裂等进行了深入研究，NSK 等研究中心对新材料技术、润滑技术等进行了研究。

随着工业快速发展，各类机械设备在高温、高速、高载荷等严苛工况下运转，对润滑提出了更高要求。润滑脂中的基础油被包络在稠化剂所构筑的三维网络结构中，是一种稳定的胶体分散体系，从而在承载能力、密封性、防腐性、半永久性润滑等方面均优于润滑油。润滑脂种类繁多，其中聚脲润滑脂属非皂基类润滑脂中的一种，自 1954 年首次研发成功以来，已陆续开发了系列聚脲脂产品并应用于各领域。聚脲脂的优势主要体现在耐高温、适用温度变化范围宽、使用寿命长、抗水性好、静音等。此外，其性能优点还包括抗氧化性能强、机械安定性良好、极压抗磨性能良好、基础油不易流失、高温下基础油蒸发损失小等。这些优点使聚脲脂广泛

应用于冶金、纺织、电气、汽车、农业机械等行业中各类机械设备的润滑领域。某些设备安装好后需终身密封，聚脲脂便是长效润滑脂的一个良好选择。

2024 年全球润滑脂产量为 117.9 万吨，中国润滑脂产量达 53.6 万吨，占全球润滑脂产量的 45.4%。从 20 世纪 50 年代问世到 20 世纪七八十年代取得较大的技术进步，近年来聚脲脂已获得一定程度的应用，在全球润滑脂总产量中，聚脲脂在 12.1 万吨左右，占比约 6%。2021 年中国聚脲脂产量为 6.1 万吨，占全球聚脲脂总产量的 10.3%。从结构分析，2024 年中国聚脲脂产量占其润滑脂总产量的 11.38%，占全球润滑脂总产量的 5.2%。2024 年日本聚脲脂产量为 2.4 万吨，略低于我国。

尽管聚脲润滑脂性能相当全面，在国内高滴点润滑脂中发展潜力很大，但目前也还存在一些不足之处。首先聚脲润滑脂剪切安定性差，有时限制了它的应用，其次润滑脂的性能是由其内部结构所决定的。由于现阶段我国的润滑脂的结构参差不齐，以低质、杂乱居多，高品质的产品的品种和数量较少。我国对聚脲润滑脂高性能综合的研究与世界水平仍存在较大的差距，缺少有效的测试设备和评价标准，再加上我国对润滑脂的研究不够深入，不能规模化生产高性能产品，这使得高性能的润滑脂市场被国外产品所占据。为了满足现代工业各种不同的使用要求，需要多角度、全方位的途径方法以对脲基润滑脂技术更深入地研究和剖析。

在当前"碳达峰、碳中和"发展要求驱动下，聚脲脂应向高效、绿色、智能润滑的方向高质量发展，实现燃油消耗、装备能耗的有效降低，延长使用周期并减少排放，从而助力实现节能减排、降耗环保的目标。

6.1 聚脲润滑脂研究进展

自 20 世纪中叶，就有学者在考察硅油在稠化剂中应用时，制备出了聚脲润滑脂。但是中国的润滑脂直至 20 世纪末迎来技术突破后才建成比较齐全润滑脂产品体系。进入 21 世纪，我国聚脲润滑脂研发与产业化进程加快，科研团队在稠化剂结构、基础油匹配及添加剂复配等方面持续优化，逐步实现产品系列化与标准化。同时，环保需求也推动了绿色润滑脂的开发。人工智能辅助配方设计与润滑状态监测技术的应用，使聚脲润滑脂向智能化、定制化方向发展。

稠化剂是聚脲润滑脂的重要部分，由异氰酸酯与有机胺类聚合而成，有时也可使用某些碱类氧化物。选择不同种类的异氰酸酯和胺类制备稠化剂，决定着稠化剂分子结构，也对聚脲润滑脂的性能产生较大的影响。聚脲润滑脂稠化剂的分子则是通过分子间氢键的相互作用，使整体处于稳定的体系，同时氮的孤对电子增加了极性，使聚脲润滑脂与金属具有极强的亲和力。从根本上影响了聚脲润滑脂的黏稠度、机械安定性、负荷能力等性能。

(1) 不同类型聚脲脂制备方法

由于聚脲润滑脂稠化剂具有许多优良性能，在进一步研究中通过不同的异氰酸酯和有机胺类反应合成了大量的稠化剂并由此制备了一系列优良的聚脲润滑脂产品。这种稠化剂制备的聚脲润滑脂存在高滴点，以环烷胺和芳香胺组合制备的二脲滴点最高，最高可达 200℃。制备脲基稠化剂的方法较多，用得最广泛的方法是通过异氰酸酯和有机胺反应制备。

$$\underset{\text{有机胺}}{R^2NH_2} + \underset{\text{异氰酸酯}}{R^1NCO} \longrightarrow \underset{\text{脲基化合物}}{R^2NH\overset{\overset{\displaystyle O}{\|}}{C}NHR^1}$$

式中，R^1 为异氰酸酯中的芳香基，R^2 为有机胺的烃链。

该反应是强放热反应，反应速率很快，在制备脲基润滑脂的过程中可以明显观察到，当异氰酸酯与有机胺在 50℃ 反应时，3min 内该反应物系的温度可上升到 80℃ 以上。此时取样进行红外分析与质谱分析发现反应物系中已经基本不存在反应物，而脲产物占绝大多数，此后再进行的热处理过程是对脲基润滑脂结构优化的过程。

聚脲润滑脂脲基稠化剂分子结构示意图如下：

$$(R^1{-}NH{-}\overset{\overset{\displaystyle O}{\|}}{C}{-}NH{-}R^2)_n$$

式中，$n=1$ 称为单脲，$n=2$ 称为双脲，$n=3$ 称为三脲，$n=4$ 称为四脲，以此类推。

① 聚脲润滑脂双脲稠化剂

由二胺和两个异氰酸酯反应生成的聚脲润滑脂稠化剂，也是聚脲润滑脂稠化剂中最早被研发出来的，随后在日本得以工业化生产。该方法简单且容易控制、副反应较少，并且所需的原料种类也易得到，但是稠化能力较差，稠化剂用量较多。

$$\underset{\text{异氰酸酯1}}{R^1NCO} + \underset{\text{二胺}}{H_2NR^2NH_2} + \underset{\text{异氰酸酯2}}{R^3NCO} \longrightarrow \underset{\text{双脲稠化剂}}{R^1NH\overset{\overset{\displaystyle O}{\|}}{C}NHR^2NH\overset{\overset{\displaystyle O}{\|}}{C}NHR^3}$$

式中，R^1、R^2、R^3 可以是烷基、烯基、炔基、芳基等。

当 R^1、R^2、R^3 都是芳基时，称为芳基脲（ASU），是早期制备聚脲脂的主要稠化剂类型。

② 聚脲润滑脂三脲稠化剂

由于聚脲润滑脂三脲稠化剂反应不好控制，副反应居多，因此关于聚脲润滑脂三脲稠化剂的研究少之又少，只有少数的日本学者发表过类似的报道研究。而聚脲润滑脂三脲稠化剂制备的聚脲润滑脂在热稳定性和抗氧化安定性等方面特别突出，因而也是非常优秀的聚脲润滑脂稠化剂。同时聚脲润滑脂三脲稠化剂也存在着稠化能力较弱、稠化剂剂用量大、稠化剂原料少等问题，并且制备聚脲润滑脂三脲工艺较复杂、很难控制。合成聚脲润滑脂三脲稠化剂的反应如下：

$$R^1NCO + H_2NR^2NH_2 \xrightarrow{\text{溶剂}} R^1NH\overset{O}{\overset{\|}{C}}NHR^2NH_2$$

$$R^1NH\overset{O}{\overset{\|}{C}}NHR^2NH_2 + OCNR^3NCO + H_2NR^4 \longrightarrow R^1NH\overset{O}{\overset{\|}{C}}NHR^2NH\overset{O}{\overset{\|}{C}}NHR^3NH\overset{O}{\overset{\|}{C}}NHR^4$$

式中，R^1、R^2、R^3、R^4 可以是烷基、烯基、炔基、芳基等。

③ 聚脲润滑脂四脲稠化剂

由于聚脲润滑脂四脲稠化剂制备的方法简单，易于控制，因此得到了广泛的运用，成为目前运用最多的聚脲润滑脂稠化剂品种之一。聚脲润滑脂四脲稠化剂存在着许多不同的制备工艺，主要是按下述反应进行制备：

$$2R^1NH_2 + H_2NR^2NH_2 + 2OCNR^3NCO \longrightarrow R^1NH\overset{O}{\overset{\|}{C}}NHR^3NH\overset{O}{\overset{\|}{C}}NHR^2NH\overset{O}{\overset{\|}{C}}NHR^3NH\overset{O}{\overset{\|}{C}}NHR^1$$

$$2R^1NH_2 + 2H_2NR^2NH_2 + OCNR^3NCO \longrightarrow R^1NH\overset{O}{\overset{\|}{C}}NHR^3NH\overset{O}{\overset{\|}{C}}NHR^2NH\overset{O}{\overset{\|}{C}}NHR^3NH\overset{O}{\overset{\|}{C}}NHR^1$$

在合成聚脲润滑脂四脲稠化剂时，可以根据不同的应用需要，采用不同的原料，制备不同类型的聚脲润滑脂四脲稠化剂。虽然有不同的脲分子(双脲、三脲、四脲和多脲)都能构成聚脲润滑脂稠化剂，但是事实上聚脲润滑脂稠化剂是不同的脲分子组成的混合物，和原料与原料之间的比例、参与反应的快慢、产物的选择性有很大的关系。例如制备如下结构：

$$R^1NH(\overset{O}{\overset{\|}{C}}NHR^2NH\overset{O}{\overset{\|}{C}}NHR^3NH)_n\overset{O}{\overset{\|}{C}}NHR^4NH\overset{O}{\overset{\|}{C}}NHR^5$$

按照下面列出的参加反应的各种原料的三种比例进行反应，都可以得到上述结构的四脲稠化剂：

二异氰酸酯：单胺：二胺 =（n+1）：2：n

二异氰酸酯：二胺：单异氰酸酯 = n ：（n+1）：2

二异氰酸酯：二胺：单异氰酸酯：单胺 = n ：n ：1：1

当 n = 1 时，为四脲；当 n = 2 时，为六脲；当 n = 3 时，为八脲。

在研究中发现，当二异氰酸酯稍微过量时有利于反应成脂，制得的产物的聚脲润滑脂稠度大，滴点高，但二异氰酸酯有毒性，可用水除去过量的二异氰酸酯。

④ 聚脲润滑脂六脲稠化剂

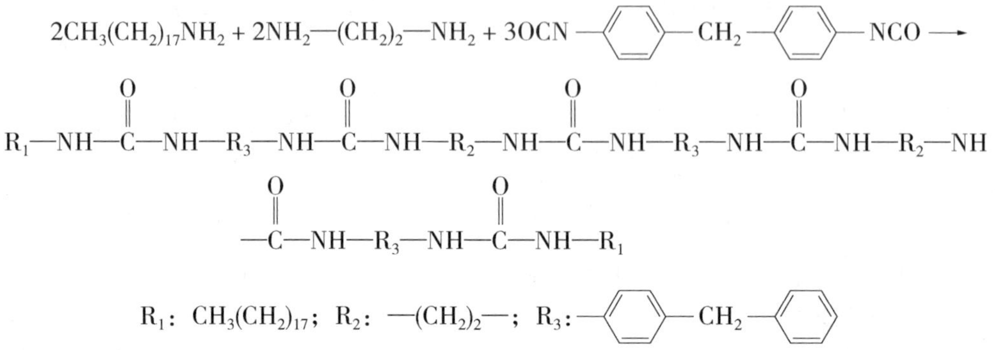

⑤聚脲润滑脂八脲稠化剂

八脲润滑脂反应方程式见下式。八脲润滑脂制备工艺：称取 435g 基础油，平均分三份备用。将 145g 基础油与 37.8g MDI 加入反应釜中，加热至 50℃；缓慢加入 908g 乙二胺，升温至 80℃反应 30min；缓慢加入 454g 乙二胺，升温至 80℃反应 30min；将 2037g 十八胺溶于另一份 145g 基础油并加热到 60℃，而后将其加入反应釜中，在 80℃下反应 30min；继续升温至 210℃，再加入余下的 145g 基础油，冷却至室温，研磨三次即得到目标产物。

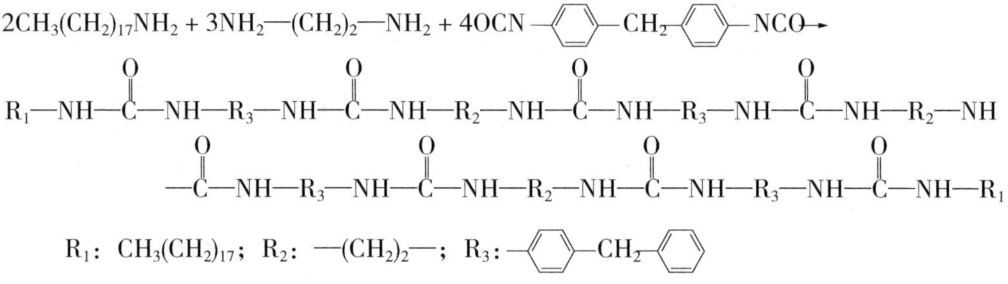

(2) 聚脲稠化剂类别

聚脲稠化剂制备方法较多，通过异氰酸酯和有机胺反应是广泛使用的方法，如式所示。聚脲稠化剂通过稠化基础油制备聚脲脂，再添加各类添加剂，使聚脲脂性能得以完善与强化。

$$R^1\text{-NCO}+R^2\text{-NH}_2 \longrightarrow R^2\text{-NH-CO-NH-}R^1$$

异氰酸酯　有机胺　　　　　　脲化合物

反应式为强放热反应，反应速率快。异氰酸酯与有机胺在 50℃时反应，3min 内体系温度便升至 80℃以上，此时红外与质谱分析发现反应物几乎全部转化为脲产物。

若以—NCO 基团数量分类时，异氰酸酯包括单异氰酸酯 R—N═C═O、二异氰酸酯 O═C═N—R—N═C═O 及多异氰酸酯等；以—NH_2 基团数量分类时，有机胺分为单胺、二胺及多胺等。R^1、R^2 基可以是脂肪基、脂环烃基、芳香基等。常用二异氰酸酯包括甲苯二异氰酸酯（TDI）、二苯甲烷二异氰酸酯（MDI）等，常用有机胺有十八胺、苯胺等。如表 6-1 所示。

表 6-1　不同胺分类

单胺	妥尔油胺，动植物胺，长链脂肪胺混合物，十八胺，十六胺，十四胺，十二胺，十六碳烯胺，硬脂胺，环己胺，苯胺，对甲苯胺，对氯苯胺，对十二烷基苯胺
二胺	1,6-己二胺，乙二胺，丙二胺，哌嗪 4,4′-联苯二胺，3,3′-二胺基丙醚
多胺	二乙烯三胺，三乙烯四胺，二丙烯三胺
单异氰酸酯	苯基异氰酸酯（PDI），十八烷基异氰酸酯（ODI），环己烷基异氰酸酯（NDI）
二异氰酸酯	甲苯二异氰酸酯（TDI），二苯甲烷二异氰酸酯（MDI），1,6-己二异氰酸酯（HDI），3,3′-二甲基联苯-4,4′-二异氰酸酯（TODI）
多异氰酸酯	多亚甲基多亚苯基多异氰酸酯（PAPI）

（3）聚脲稠化剂结构与性能的关系

不同异氰酸酯和有机胺原料组合可生成不同化学结构（基团类型）的聚脲分子，进料摩尔比的不同又会使分子中脲基数量不同（基团数量）。因此，从排列组合观点来看，有机胺和异氰酸酯组合可合成多种聚脲。不同类型的聚脲稠化剂在基础油中会排布形成不同的立体纤维结构，进而影响聚脲脂物理性能。

不同脲基稠化剂纤维结构的差异会影响聚脲脂的理化性质。由表 6-3 可知，脂肪胺/MDI 合成的脲基稠化剂的稠化能力相当（60 次工作锥入度均低于 290 个单位），其制备的聚脲脂滴点相对较高，均在 280℃以上；环己胺/MDI 合成的脂环族脲基稠化剂的稠化能力强（60 次工作锥入度为 266 个单位），但其制备的聚脲脂滴点相对较低（279℃）；短纤维结构的对甲苯胺/MDI 脲基稠化剂的稠化能力弱，其所制备的聚脲脂稠度小（60 次工作锥入度为 302 个单位），但其制备的聚脲脂滴点较高（340℃）。此外，10×10^4 次工作锥入度与 60 次工作锥入度的差值可反映聚脲脂的抗剪切性能，与脲基稠化剂纤维结构是否容易被剪切破坏有关。

在一定范围内，可通过控制原料配比调节聚脲脂性能。通过调节 MDI 和有机单胺之间的摩尔比组合，实现了聚脲脂抗磨性和承载能力的控制。以脂肪胺和芳香胺组合合成具有较好稠化能力的聚脲稠化剂，从而调控制备出具有良好胶体安定性、机械安定性和高温性能的聚脲脂。并且，脲基数量也会影响聚脲分子化学组成及微观结构，进而影响润滑脂理化性能。脲基数量增多会造成非极性基团比例下降，烷基链之间相互作用力降低、距离增大，导致稠化能力降低，润滑脂锥入度增大。聚脲脂在使用过程中，工作温度升高会导致 N—H 和 C═O 基团被破坏而改变脲基结构，造成聚脲脂发生硬化现象。多脲稠化剂的热稳定性明显高于普通二脲润滑脂，其中六脲基润滑脂在高温下因结构较为稳定而硬化程度最小。值得注意的是，目前直接对聚脲稠化剂立体纤维空间结构与聚脲脂性能之间的关系研究较少，其关联性还不甚明确。未来应加强聚脲脂构效关系的系统性研究，打通"原料分子结构—稠化剂纤维结构—聚脲脂性能"之间的关系，将聚脲脂的宏观性能与微观结构关联起来，更好地指导研发工作。

脲基稠化剂分子之间可通过氢键连接成管状纤维，各管状纤维在空间中交联进一步形成网络结构。随着脲基数量增加而形成了致密空间网状结构，使得聚脲脂胶体结构趋于稳定，从而抗剪切性能得以增强。同时，稠化剂分子中的氨原子的孤电子对强化了分子极性，使聚脲脂对金属的亲和力增强，从而具备防锈、抗磨性能。聚脲脂的微观结构决定了其具有较高的滴点、优异的热稳定性、抗水性、泵送性和较长的轴承运转寿命。如表 6-2 和表 6-3 所示。

表 6-2　不同原料制备的稠化剂立体空间结构

稠化剂类型	结构形态描述
癸胺/MDI	呈粗细均匀、长短相似的条状或棒状结构纽带状、螺旋管状纤维结构
十二胺/MDI	云团状结构/缠绕的纤维结构
十八胺/MDI	棒状/短针状结构
环已胺/MDI	棒状结构
苯胺/MDI	短纤维结构
对甲苯胺/MDI	以单根纤维形式存在，或多根纤维合为一股纤维条状、长短相似的针状结构
十八胺+对甲苯胺/MDI	纤维状结构，脲基数量为 8 时可形成致密的空间网状结构
脂环胺+芳香胺/MDI	结构形态描述
十八胺+乙二胺/MDI	呈粗细均匀、长短相似的条状或棒状结构纽带状、螺旋管状纤维结构

表 6-3　不同胺制备聚脲润滑脂的理化数据

原　料	滴点/℃	60 次工作锥入度/0. 1mm	钢网分油（100℃，24h）/%	10×10^4 次延长工作锥入度/0. 1mm
癸胺	280	286	—	352
十二胺	317	267	0. 26	314
十八胺	284	284	0. 03	321
环已胺	279	266	0. 9	318
对苯甲胺	340	302	1. 01	349
乙二胺	294	268	1. 6	320
己二胺	286	264	1. 5	312

续表

原　　料	滴点/℃	60 次工作锥入度/0.1mm	钢网分油(100℃，24h)/%	10×10^4 次延长工作锥入度/0.1mm
间苯二胺	302	257	1.8	299
对苯二胺	252	317	—	—
十八胺：乙二胺：环己胺(1：1：1)	270	225	0.3	—
十八胺：乙二胺：环己胺(1：1：1)	261	335	1.57	—

6.2　单异氰酸酯波谱分析

(1) 苯基异氰酸酯(PDI)

如图 6-1～图 6-4 和表 6-4～表 6-8 所示，为苯基异氰酸酯物化数据和三谱图分析。

① 红外谱图

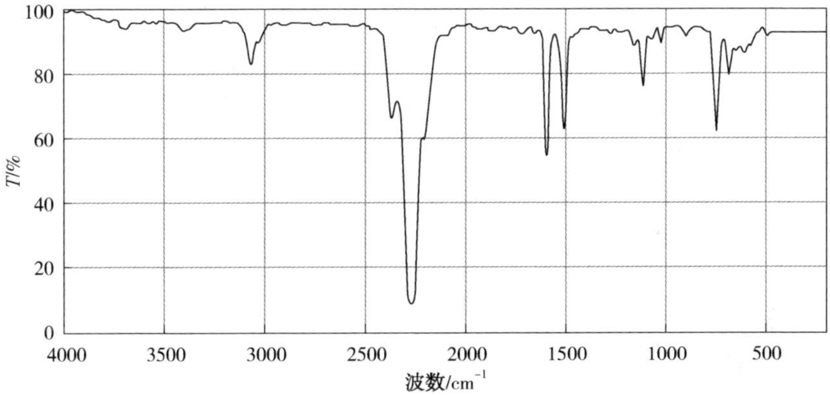

图 6-1　苯基异氰酸酯红外气相谱图

表 6-4　苯基异氰酸酯红外气相谱图分析

官能团	作用区域	备　　注
—N═C═O st	$2275cm^{-1}$为异氰酸酯的 N═C═O 吸收特征峰	异氰酸酯(R—N═C═O)化合物在 2280～$2000cm^{-1}$区域吸收，这是由累积双键的伸缩振动引起的。强、尖
C═C 伸缩振动	$1600cm^{-1}$、$1512cm^{-1}$为苯环 C═C 伸缩振动	
苯环 C—H 面外变形振动	$752cm^{-1}$为═CH(4H)的 C—H 面外变形振动	

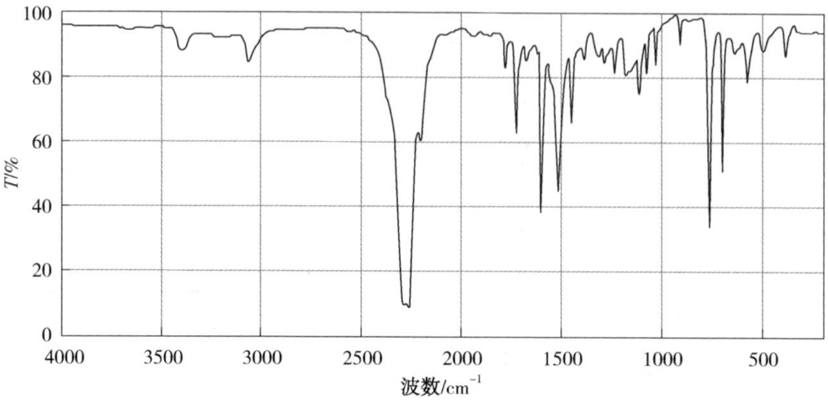

图 6-2　苯基异氰酸酯红外谱图

表 6-5　苯基异氰酸酯红外谱图分析

官能团	作用区域	备　注
—N═C═O st as	$2265cm^{-1}$为异氰酸酯的 N═C═O 吸收特征峰	异氰酸酯(R—N═C═O)化合物在 $2280\sim2000cm^{-1}$区域吸收，这是由累积双键的伸缩振动引起的。强、尖
—N═C═O st sy	$1443cm^{-1}$	$1450\sim1380cm^{-1}$弱
C═C 伸缩振动	$1600cm^{-1}$为苯环 C═C 伸缩振动	
苯环 C—H 面内变形	$1107cm^{-1}$、$1027cm^{-1}$为苯环 1，2 取代引起的 C—H 面内变形	
苯环 C—H 面外变形振动	$695cm^{-1}$、$756cm^{-1}$为═CH（5H）的 C—H 面外变形振动	苯环单取代引起的 C—H 面外变形振动

② 质谱谱图

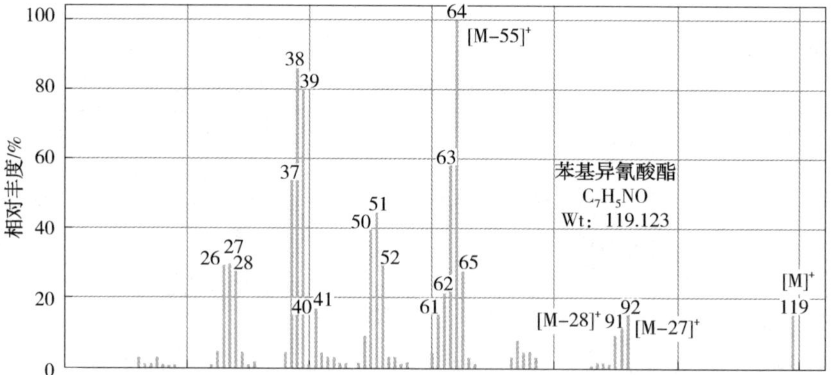

图 6-3　苯基异氰酸酯质谱图

表 6-6　苯基异氰酸酯质谱分析

测　定	作用区域	备　　注
分子离子	[M]$^+$(m/z 119)较强	强、苯基异氰酸酯为基峰
碎片	[M-27]$^+$(m/z 92)较强	丢失 HCN(Δm27)
	[M-28]$^+$(m/z 91)较强	丢失 CO(Δm28)
	[M-55]$^+$(m/z 64)很强	连串丢失 CO(Δm28)和 HCN(Δm27)
	m/z 39，51，52，53，63，64，65	芳香碳氢碎片 C_nH_n 和 $C_nH_{n\pm1}$
灵敏度		较多峰位于高质量区域

③ 核磁谱图

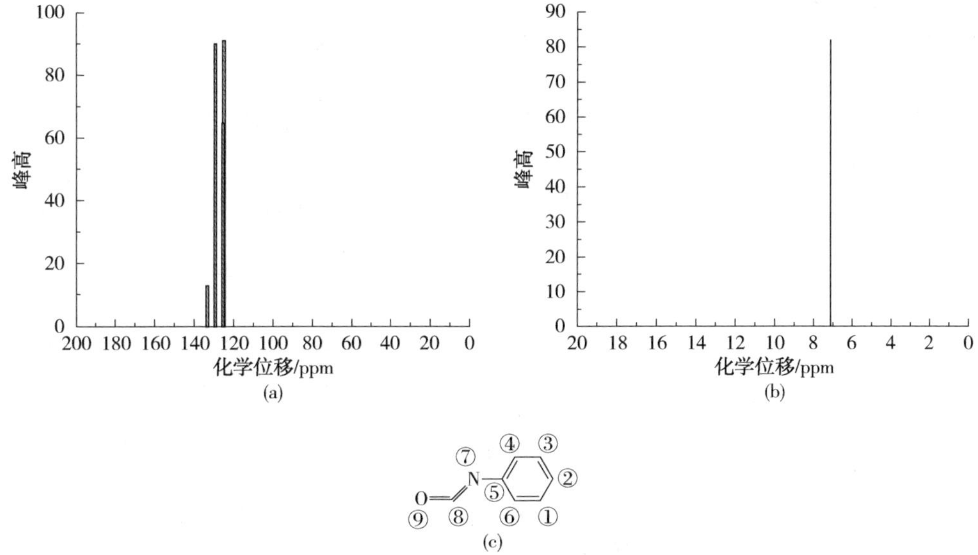

图 6-4　苯基异氰酸酯核磁谱图

(a)^{13}C 核磁谱图；(b)^{1}H 核磁谱图；(c)分子结构式及其编号

表 6-7　苯基异氰酸酯核磁分析

原子序号	^{13}C 核磁化学位移	原子序号	^{1}H 核磁化学位移
C1	129.6	H1	7.13
C2	125.8	H2	7.13
C3	129.6	H3	7.13
C4	124.8	H4	7.13
C5	133.8	H6	7.13
C6	124.8		
C8	129.6		

概况

表 6-8　苯基异氰酸酯结构及物化信息

中文名称	异氰酸苯酯；异氰酸苯酯（0311 禁止空运）	SRN	8118
化学式	C_7H_5NO	熔点	-30℃
英文名称	isocyanatobenzene	沸点	164℃
分子量	119.123	测试溶剂	$CDCl_3$
CAS	103-71-9	测试参比	TMS
辛醇/水分配系数：LogP	2.7	重原子数	9
可旋转键数	1	环数	1
sp3 杂化的碳原子比例	0	拓扑面积	29.4
氢给体数	0	氢受体数	2

（2）十八烷基异氰酸酯（ODI）

如图 6-5～图 6-8 和表 6-9～表 6-13 所示，为十八烷基异氰酸酯物化数据和三谱图分析。

① 红外谱图

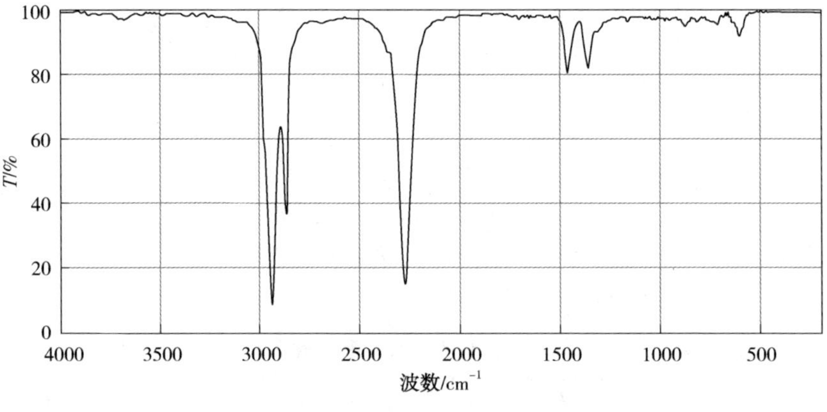

图 6-5　十八烷基异氰酸酯红外气相谱图

表 6-9　十八烷基异氰酸酯红外气相谱图分析

官能团	作用区域	备　注
—N═C═O st as	$2273cm^{-1}$为异氰酸酯的 N ═C═O 吸收特征峰	异氰酸酯（R—N ═C ═O）化合物在 $2280\sim2000cm^{-1}$区域吸收，这是由累积双键的伸缩振动引起的。强、尖

续表

官能团	作用区域	备　　注
C—H(CH_2)st as	2935cm^{-1}处显示—CH_2 的不对称拉伸振动特征峰	各种强度，多重峰
C—H(CH_2)st sy	2865cm^{-1}处显示—CH_2 的对称拉伸振动特征峰	
CH_3 δ as	1467cm^{-1}是 CH_3 的不对称变形振动	中等，与 CH_2δ 重合
CH_3 δ sy	1361cm^{-1}是 CH_3 的对称变形振动	中等，带偕甲基基团的化合物为二重峰
CH_2 γ	717cm^{-1}是 CH_2 的面内摇摆振动	中等

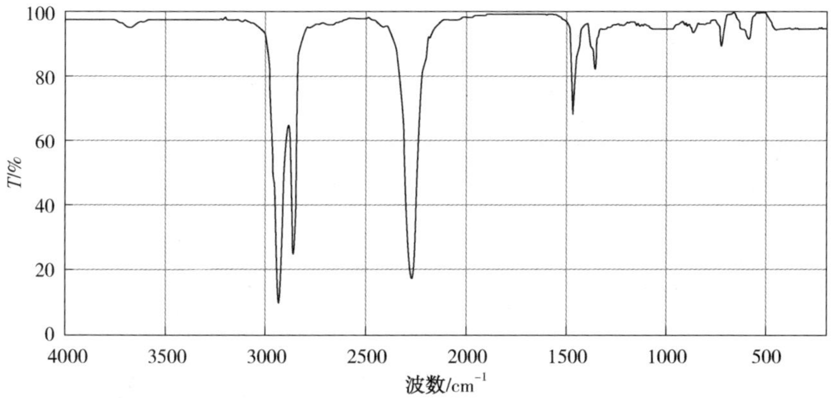

图 6-6　十八烷基异氰酸酯红外谱图

表 6-10　十八烷基异氰酸酯红外谱图分析

官能团	作用区域	备　　注
—N═C═O st as	2275cm^{-1}为异氰酸酯的 N═C═O 吸收特征峰	异氰酸酯(R—N═C═O)化合物在 2280~2000cm^{-1}区域吸收，这是由累积双键的伸缩振动引起的。强、尖
—N═C═O st sy	1443cm^{-1}	1450~1380cm^{-1}弱
C—H(CH_2)st as	2931cm^{-1}处显示—CH_2 的不对称拉伸振动特征峰	各种强度，多重峰
C—H(CH_2)st sy	2855cm^{-1}处显示—CH_2 的对称拉伸振动特征峰	
CH_3 δ as	1469cm^{-1}是 CH_3 的不对称变形振动	中等，与 CH_2δ 重合
CH_3 δ sy	1357cm^{-1}是 CH_3 的对称变形振动	中等
CH_2 γ	726cm^{-1}是 CH_2 的面内摇摆振动	中等

② 质谱谱图

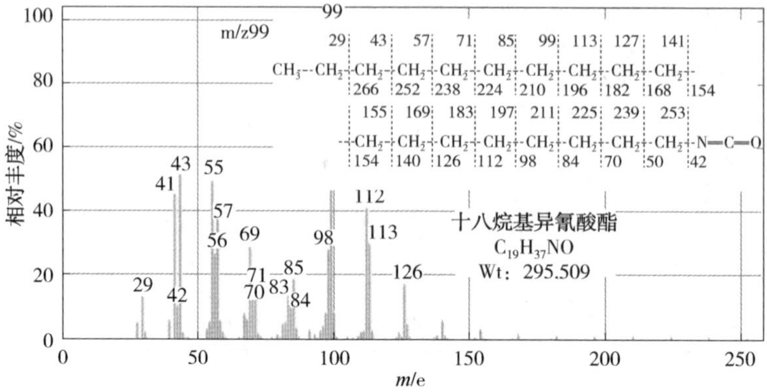

图 6-7　十八烷基异氰酸酯质谱图

表 6-11　十八烷基异氰酸酯质谱分析

测定	作用区域	备　注
分子离子	$[M]^+$(m/z 295)很弱	往往弱或缺失
碎片	$\cdot CH_2OCN$ m/z 56 较强	电荷保留在 $\cdot CH_2OCN$ m/z 56
	$HCNO^{+\cdot}$ m/z 43 较强	C—N 键裂解伴随有 H 转移给出 $HCNO^{+\cdot}$
	m/z 99 很强	消除烯烃给出 m/z 99
离子系列	m/z 29，43，57，71，85，99，113，127，141	对应于 C_nH_{2n+1} 烷基离子
离子系列	m/z 27，41，55，69，83，97，111，125	对应于 C_nH_{2n-1} 烷基离子
离子系列	m/z 42，56，70，84，98，112，126	C_nH_{2n} 和等量的 $C_nH_{2n}NCO$ 类离子
灵敏度		较强峰位于低质量区域

③ 核磁谱图

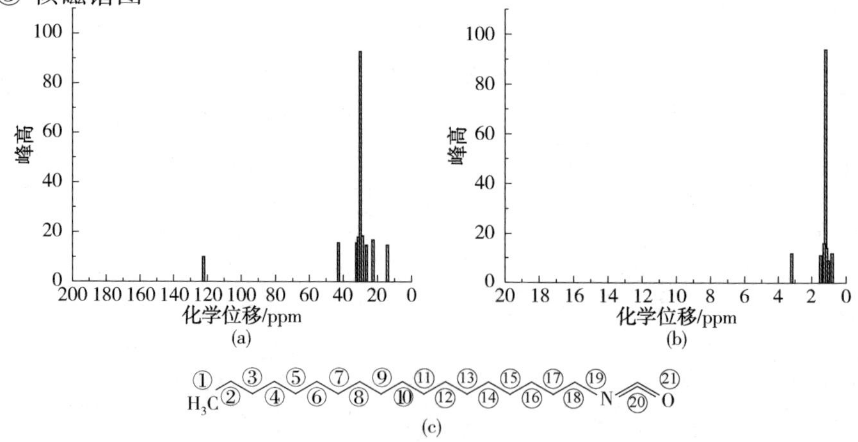

图 6-8　十八烷基异氰酸酯核磁谱图

(a) ^{13}C 核磁谱图；(b) ^1H 核磁谱图；(c)分子结构式及其编号

表 6-12　十八烷基异氰酸酯核磁分析

原子序号	^{13}C 核磁化学位移	原子序号	^{13}C 核磁化学位移	原子序号	^{1}H 核磁化学位移	原子序号	^{1}H 核磁化学位移
C1	14. 1	C11	29. 9	H1	0. 9	H11	1. 4
C2	22. 8	C12	29. 9	H2	1. 08	H12	1. 4
C3	32. 1	C13	29. 9	H3	1. 18	H13	1. 4
C4	29. 9	C14	29. 9	H4	1. 29	H14	1. 4
C5	29. 9	C15	29. 2	H5	1. 3	H15	1. 4
C6	29. 9	C16	26. 7	H6	1. 4	H16	1. 4
C7	29. 9	C17	31. 6	H7	1. 4	H17	1. 5
C8	29. 9	C18	43. 1	H8	1. 4	H18	3. 28
C9	29. 9	C20	122. 5	H9	1. 4		
C10	29. 9			H10	1. 4		

概况

表 6-13　十八烷基异氰酸酯结构及物化信息

中文名称	异氰酸十八酯	SRN	15941
化学式	$C_{19}H_{37}NO$	熔点	20℃
英文名称	isocyanatooctadecane	沸点	300℃
分子量	295. 509	测试溶剂	$CDCl_3$
CAS	112-96-9	测试参比	TMS
辛醇/水分配系数：LogP	9. 8	重原子数	21
可旋转键数	17	环数	0
sp3 杂化的碳原子比例	0. 947	拓扑面积	29. 4
氢给体数	0	氢受体数	2

(3) 环己烷基异氰酸酯(NDI)

如图 6-9～图 6-12 和表 6-14～表 6-18 所示，为环己烷基异氰酸酯物化数据和三谱图分析。

① 红外谱图

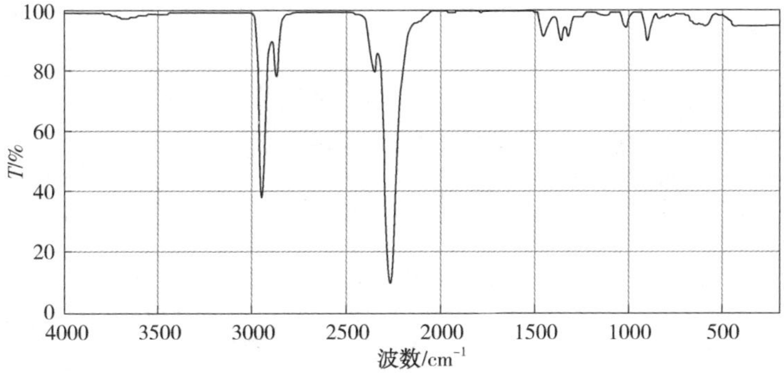

图 6-9　环己烷基异氰酸酯红外气相谱图

表 6-14　环己烷基异氰酸酯红外气相谱图分析

官能团	作用区域	备　　注
—N═C═O st as	$2271cm^{-1}$为异氰酸酯的 N═C═O 吸收特征峰	异氰酸酯(R—N═C═O)化合物在 2280~$2000cm^{-1}$区域吸收，这是由累积双键的伸缩振动引起的。强、尖
—N═C═O st sy	$1440cm^{-1}$	1450~$1380cm^{-1}$弱
C—H(CH_2)st as	$2951cm^{-1}$处显示—CH_2 的不对称拉伸振动特征峰	各种强度，多重峰
C—H(CH_2)st sy	$2870cm^{-1}$处显示—CH_2 的对称拉伸振动特征峰	
CH_2 δ as	$1467cm^{-1}$是 CH_2 的不对称变形振动	环化会使 CH_2 剪式振动频率减小。环己烷的吸收在 $1452cm^{-1}$，而正己烷的吸收在 $1468cm^{-1}$
CH_2 δ sy	$1365cm^{-1}$是 CH_2 的对称变形振动	中等
CH_2 γ	$905cm^{-1}$是 CH_2 的面内摇摆振动	中等

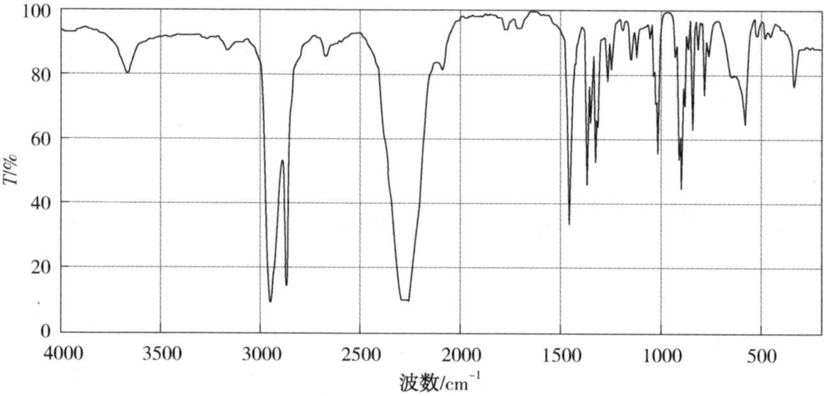

图 6-10　环己烷基异氰酸酯红外谱图

表 6-15　环己烷基异氰酸酯红外谱图分析

官能团	作用区域	备　　注
—N═C═O st as	$2254cm^{-1}$为异氰酸酯的 N═C═O 吸收特征峰	异氰酸酯(R-N═C═O)化合物在 2280~$2000cm^{-1}$区域吸收，这是由累积双键的伸缩振动引起的。强、尖

续表

官能团	作用区域	备　　注
—N═C═O st sy	$1438cm^{-1}$	$1450 \sim 1380cm^{-1}$弱
C—H(CH_2)st as	$2945cm^{-1}$处显示—CH_2 的不对称拉伸振动特征峰	各种强度，多重峰
C—H(CH_2)st sy	$2866cm^{-1}$处显示—CH_2 的对称拉伸振动特征峰	
CH_2 δ as	$1453cm^{-1}$是 CH_2 的不对称变形振动	环化会使 CH_2 剪式振动频率减小
CH_2 γ	$895cm^{-1}$是 CH_2 的面内摇摆振动	中等

② 质谱谱图

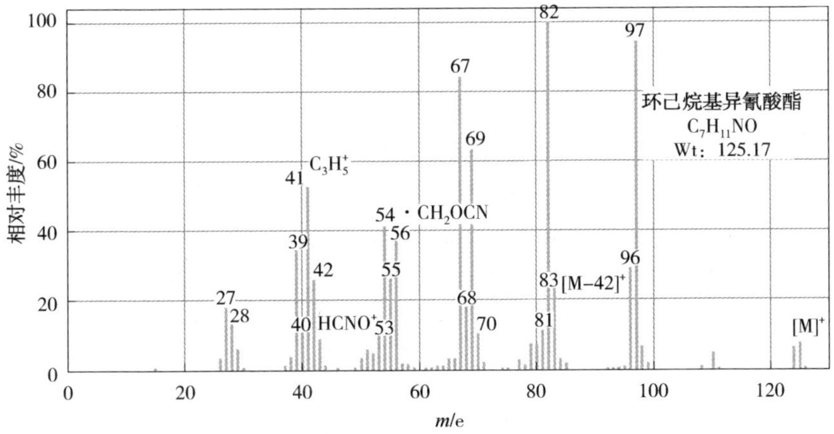

图 6-11　环己烷基异氰酸酯质谱图

表 6-16　环己烷基异氰酸酯质谱分析

测　定	作用区域	备　　注
分子离子	$[M]^+$(m/z 125)较强	往往弱或缺失
碎片	· CH_2OCN m/z 56 较强	电荷保留在 · CH_2OCN m/z 56
	$HCNO^{+\cdot}$ m/z 43 较强	C—N 键裂解伴随有 H 转移给出 $HCNO^{+\cdot}$
离子系列	m/z 29，43，57，71，85，99	对应于 C_nH_{2n+1}烷基离子
离子系列	m/z 27，41，55，69，83，97	对应于 C_nH_{2n-1}烷基离子
离子系列	m/z 42，56，70，84，98	C_nH_{2n}和等量的 $C_nH_{2n}NCO$ 类离子
灵敏度		环己烷的质谱中含有比无环烃强的分子离子，因为它的断裂需要两个 C—C 键同时断裂

③ 核磁谱图

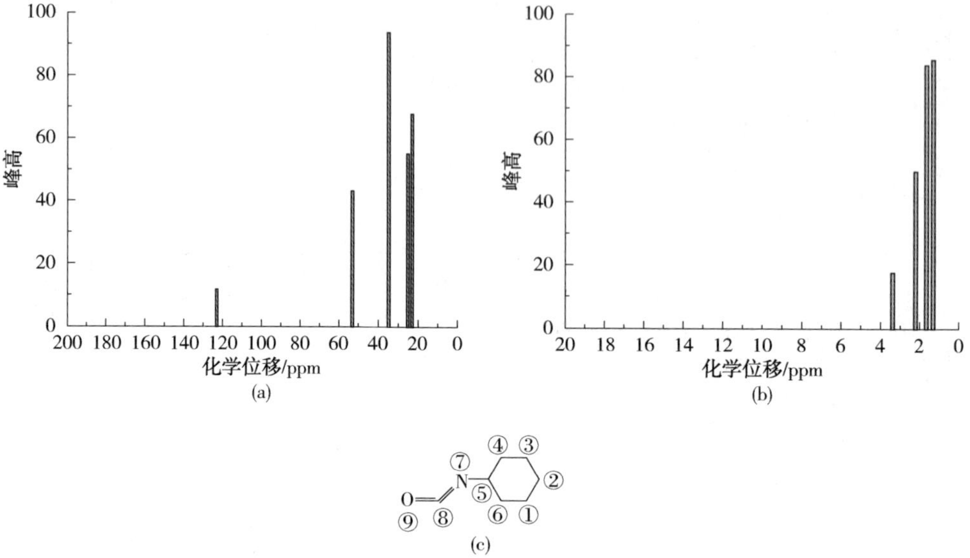

图 6-12　环己烷基异氰酸酯核磁谱图

(a) ^{13}C 核磁谱图；(b) ^{1}H 核磁谱图；(c) 分子结构式及其编号

表 6-17　环己烷基异氰酸酯核磁分析

原子序号	^{13}C 核磁化学位移	原子序号	^{1}H 核磁化学位移
C1	24. 1	H1	1. 6
C2	25. 6	H2	1. 3
C3	24. 1	H3	1. 6
C4	35. 1	H4	2. 2
C5	53. 6	H5	3. 4
C6	35. 1	H6	2. 2
C8	123. 2		

概况

表 6-18　环己烷基异氰酸酯结构及物化信息

中文名称	环己烷基异氰酸酯	SRN	60196317
化学式	$C_7H_{11}NO$	熔点	−80℃
英文名称	cyclohexyl isocyante	沸点	168～170℃

续表

中文名称	环己烷基异氰酸酯	SRN	60196317
分子量	125.17	测试溶剂	$CDCl_3$
CAS	3173-53-3	测试参比	TMS
辛醇/水分配系数：LogP	2.8	重原子数	9
可旋转键数	1	环数	1
sp3 杂化的碳原子比例	0.86	拓扑面积	29.4
氢给体数	0	氢受体数	2

6.3 二异氰酸酯波谱分析

(1) 甲苯二异氰酸酯

如图 6-13~图 6-16 和表 6-19~表 6-23 所示，为甲苯二异氰酸酯物化数据和三谱图分析。

① 红外谱图

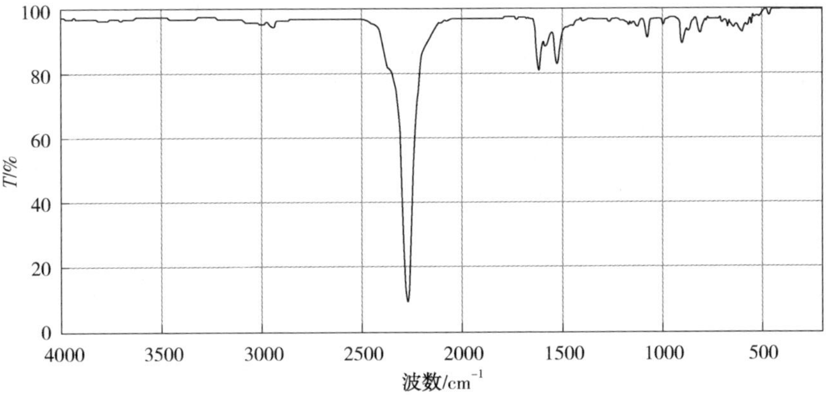

图 6-13　甲苯二异氰酸酯红外气相谱图

表 6-19　甲苯二异氰酸酯红外气相谱图分析

官能团	作用区域	备　　注
—N═C═O st as	$2270cm^{-1}$为异氰酸酯的 N═C═O 吸收特征峰	异氰酸酯(R—N═C═O)化合物在 2280~$2000cm^{-1}$区域吸收，这是由累积双键的伸缩振动引起的。强、尖

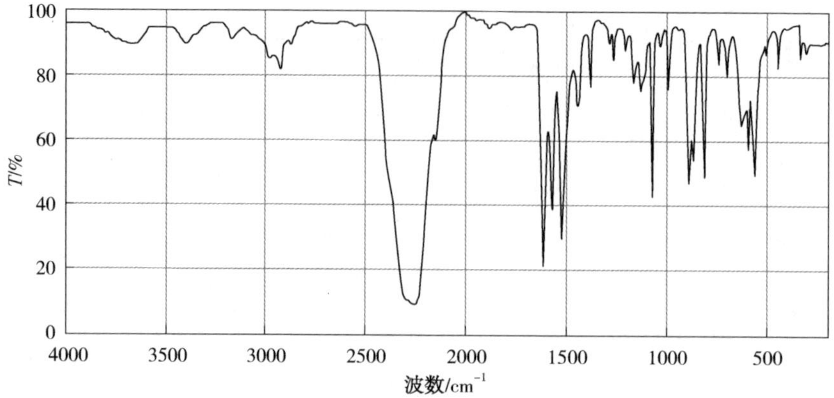

图 6-14　甲苯二异氰酸酯红外谱图

表 6-20　甲苯二异氰酸酯红外谱图分析

官能团	作用区域	备　注
—N═C═O st as	2265cm^{-1}为异氰酸酯的 N═C═O 吸收特征峰	异氰酸酯(R—N═C═O)化合物在 2280~2000cm^{-1}区域吸收，这是由累积双键的伸缩振动引起的。强、尖
—N═C═O st sy	1448cm^{-1}	1450~1380cm^{-1}弱
C═C 伸缩振动	1600cm^{-1}为苯环 C═C 伸缩振动	骨架振动通常以双峰形式出现，受环上取代基的性质影响
苯环 C—H 面内变形	1167cm^{-1}、1075cm^{-1}为苯环引起的 C—H 面内变形	
苯环 C—H 面外变形振动	891cm^{-1}、869cm^{-1}、701cm^{-1}为═CH(3H)的 C—H 面外变形振动	苯环引起的 C—H 面外变形振动

② 质谱谱图

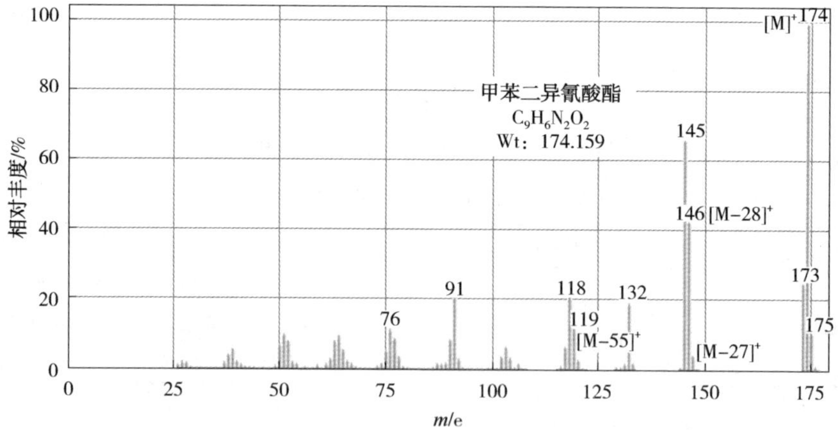

图 6-15　甲苯二异氰酸酯质谱图

表 6-21 甲苯二异氰酸酯质谱分析

测 定	作用区域	备 注
分子离子	[M]$^+$(m/z 174)较强	强、苯基异氰酸酯为基峰
碎片	[M-27]$^+$(m/z 147)较强	丢失 HCN(Δm27)
	[M-28]$^+$(m/z 146)较强	丢失 CO(Δm28)
	[M-55]$^+$(m/z 119)很强	连串丢失 CO(Δm28)和 HCN(Δm27)
	m/z 39，51，52，53，63，64，65，75，76，77	芳香碳氢碎片 C_nH_n 和 $C_nH_{n\pm1}$
灵敏度		较多峰位于高质量区域

③ 核磁谱图

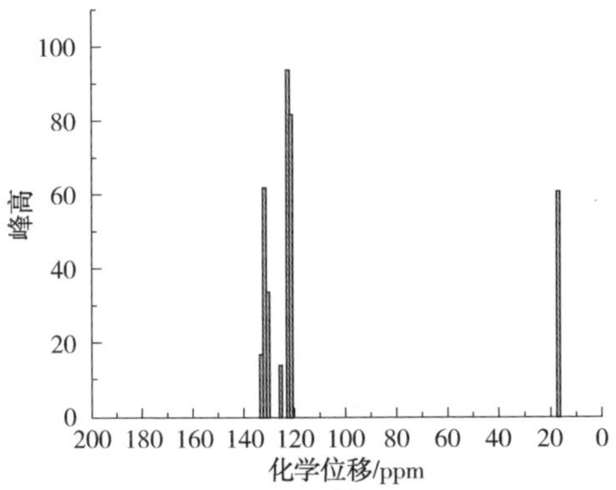

(a)

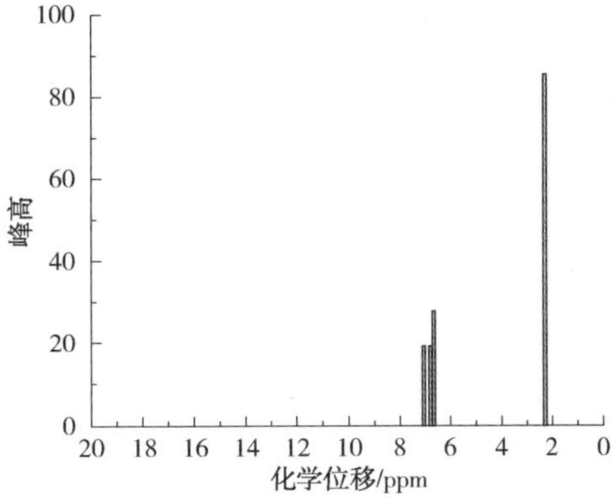

(b)

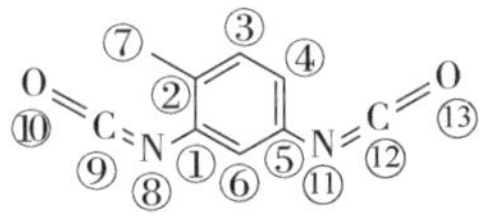

(c)

图 6-16 甲苯二异氰酸酯核磁谱图

(a)^{13}C 核磁谱图；(b)^{1}H 核磁谱图；(c)分子结构式及其编号

表 6-22 甲苯二异氰酸酯核磁分析

原子序号	^{13}C 核磁化学位移	原子序号	^{1}H 核磁化学位移
C1	133. 5	H3	7. 1
C2	130. 7	H4	6. 79
C3	131. 6	H6	6. 71
C4	122. 3	H7	2. 29
C5	132. 4		

续表

原子序号	^{13}C 核磁化学位移	原子序号	^{1}H 核磁化学位移
C6	121.1		
C9	17.7		
C12	131.6		

概况

表 6-23　甲苯二异氰酸酯结构及物化信息

中文名称	甲苯二异氰酸酯	SRN	60118811
化学式	$C_9H_6N_2O_2$	熔点	17~20℃
英文名称	2,4-Toluene diisocyanate；2,4-TDI	沸点	120℃
分子量	174.159	测试溶剂	$CDCl_3$
CAS	584-84-9	测试参比	TMS
辛醇/水分配系数：LogP	3.9	重原子数	13
可旋转键数	2	环数	1
sp3 杂化的碳原子比例	0.111	拓扑面积	58.9
氢给体数	0	氢受体数	4

(2) 己二异氰酸酯(HDI)

如图 6-17~图 6-19 和表 6-24~表 6-27 所示，为己二异氰酸酯物化数据和三谱图分析。

① 红外谱图

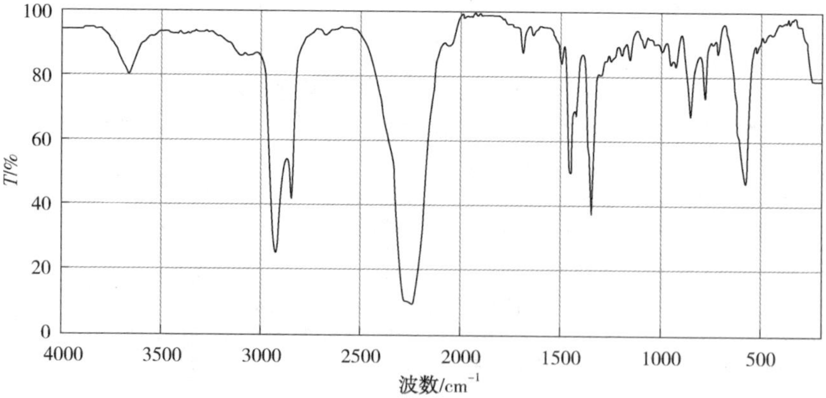

图 6-17　己二异氰酸酯红外谱图

表 6-24　己二异氰酸酯红外分析

官能团	作用区域	备　注
—N=C=O st as	$2251cm^{-1}$为异氰酸酯的 N=C=O 吸收特征峰	异氰酸酯（R—N=C=O）化合物在 $2280\sim2000cm^{-1}$区域吸收。强、尖
—N=C=O st sy	$1440cm^{-1}$	$1450\sim1380cm^{-1}$弱
C—H（CH_2）st as	$2930cm^{-1}$处显示—CH_2 的不对称拉伸振动特征峰	各种强度，多重峰
C—H（CH_2）st sy	$2852cm^{-1}$处显示—CH_2 的对称拉伸振动特征峰	
CH_2 δ as	$1455cm^{-1}$是 CH_2 的不对称变形振动	
CH_2 γ	$723cm^{-1}$是 CH_2 的面内摇摆振动	中等

② 质谱谱图

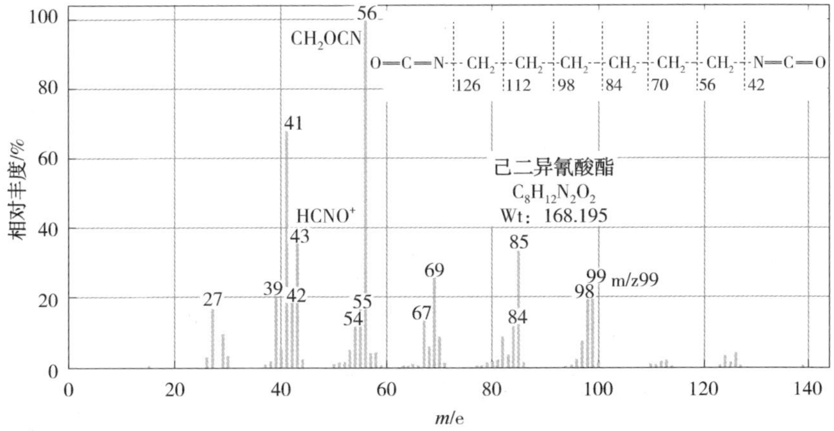

图 6-18　己二异氰酸酯质谱图

表 6-25　己二异氰酸酯质谱分析

测　定	作用区域	备　注
分子离子	$[M]^+$(m/z 168)很弱	往往弱或缺失
碎片	·CH_2OCN m/z 56 很强	电荷保留在·CH_2OCN m/z 56
	$HCNO^{+\cdot}$ m/z 43 较强	H 转移给出 $HCNO^{+\cdot}$
	m/z 99 很强	消除烯烃给出 m/z 99
离子系列	m/z 29，43，57，71，85，99	对应于 C_nH_{2n+1}烷基离子
离子系列	m/z 27，41，55，69，83，97，111，125	对应于 C_nH_{2n-1}(m/z 27，41，55，…)烷基离子

续表

测　定	作用区域	备　　注
离子系列	m/z 42，56，70，84，98，112，126	C_nH_{2n}和等量的 C_nH_{2n}NCO 类离子
灵敏度		较强峰位于低质量区域

③ 核磁谱图

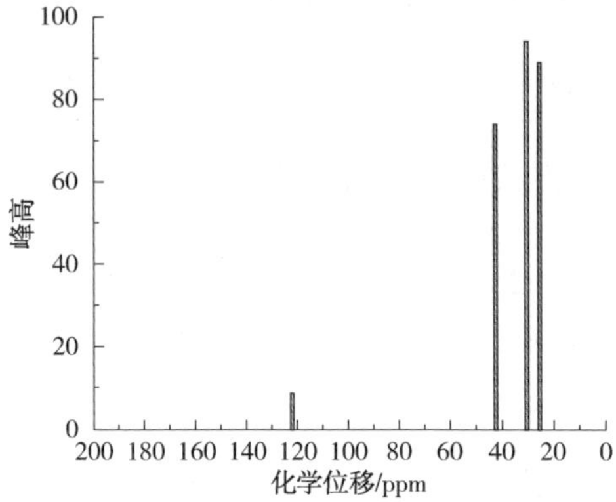

(a)

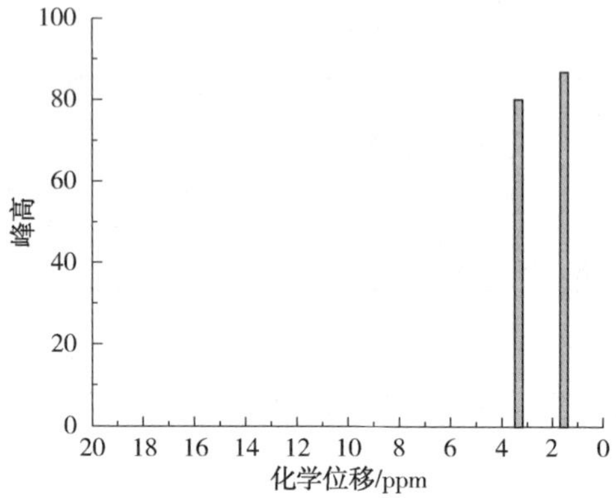

(b)

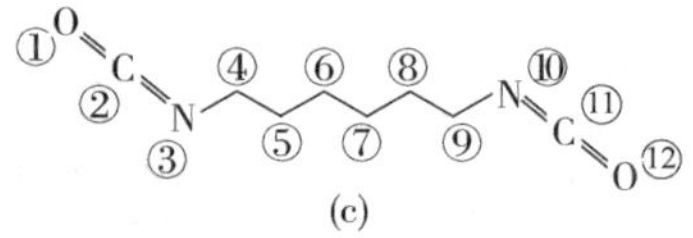
(c)

图 6-19　己二异氰酸酯核磁谱图

(a)^{13}C 核磁谱图；(b)^{1}H 核磁谱图；(c)分子结构式及其编号

表 6-26　己二异氰酸酯核磁分析

原子序号	^{13}C 核磁化学位移	原子序号	^{1}H 核磁化学位移
C2	122. 6	H4	3. 31
C4	43. 1	H5	1. 49
C5	31. 3	H6	1. 49
C6	26. 2	H7	1. 49
C7	26. 2	H8	1. 49
C8	31. 3	H9	3. 31
C9	43. 1		
C11	122. 6		

概况

表 6-27　己二异氰酸酯结构及物化信息

中文名称	1,6-己二异氰酸酯	SRN	36509846
化学式	$C_8H_{12}N_2O_2$	熔点	-67℃
英文名称	1,6-hexane diisocynanate	沸点	76~85℃
分子量	168.195	测试溶剂	$CDCl_3$
CAS	822-06-0	测试参比	TMS
辛醇/水分配系数：LogP	3.2	重原子数	12
可旋转键数	7	环数	0
sp3 杂化的碳原子比例	0.75	拓扑面积	58.9
氢给体数	0	氢受体数	4

(3) 二苯甲烷二异氰酸酯(MDI)

如图 6-20~图 6-23 和表 6-28~表 6-32 所示，为二苯甲烷二异氰酸酯物化数据和三谱图分析。

① 红外谱图

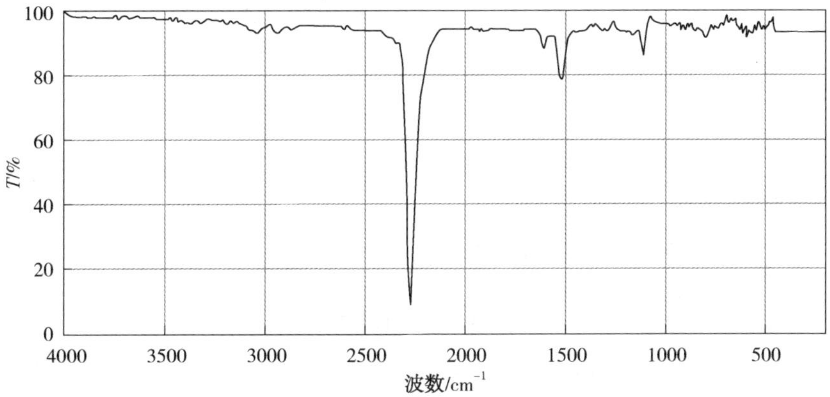

图 6-20　MDI 红外气相谱图

表 6-28　MDI 红外气相谱图分析

官能团	作用区域	备　　注
—N═C═O st as	2271cm^{-1}为异氰酸酯的 N═C═O 吸收特征峰。	异氰酸酯(R—N═C═O)化合物在 2280~2000cm^{-1}区域吸收。强、尖
C═C 伸缩振动	1606cm^{-1}为苯环 C═C 伸缩振动	中等
C═C 伸缩振动	1527cm^{-1}为苯环 C═C 伸缩振动	中等
苯环 C—H 面内变形	1112cm^{-1}为苯环 1，2 取代引起的 C—H 面内变形	

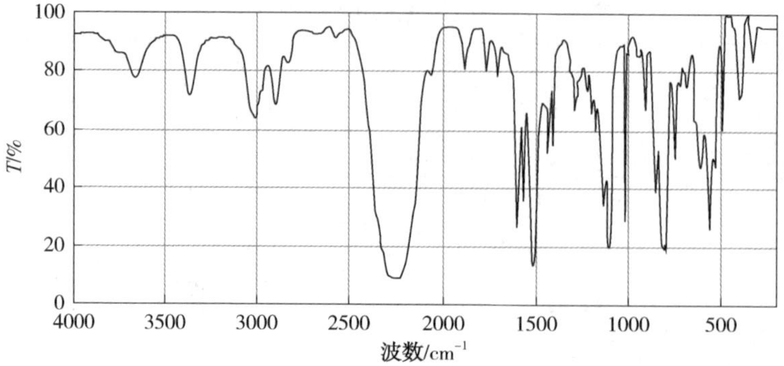

图 6-21　MDI 红外谱图

表 6-29　MDI 红外谱图分析

官能团	作用区域	备　注
arC—H st	$3022cm^{-1}$处显示 arC—H 伸缩振动特征峰	芳环上的 C—H 伸缩振动谱带出现在 $3100 \sim 3000cm^{-1}$多重峰
C—H(CH_2) st as	$2906cm^{-1}$处显示-CH_2 的不对称拉伸振动特征峰	各种强度，多重峰
—N═C═O st as	$2264cm^{-1}$为异氰酸酯的 N═C═O 吸收特征峰	异氰酸酯(R—N═C═O)化合物在 $2280 \sim 2000cm^{-1}$区域吸收。强、尖
—N═C═O st sy	$1446cm^{-1}$	弱
C═C 伸缩振动	$1606cm^{-1}$、$1575cm^{-1}$为苯环 C═C 伸缩振动	中等
C═C 伸缩振动	$1523cm^{-1}$、$1436cm^{-1}$为苯环 C═C 伸缩振动	中等
苯环 C—H 面内变形	$1182cm^{-1}$、$1020cm^{-1}$为苯环 1，2 取代引起的 C—H 面内变形	
苯环 C—H 面外变形振动	$802cm^{-1}$为═CH(4H)的 C—H 面外变形振动	环上氢原子的同相面外弯曲振动会与相邻氢原子产生强偶合

② 质谱谱图

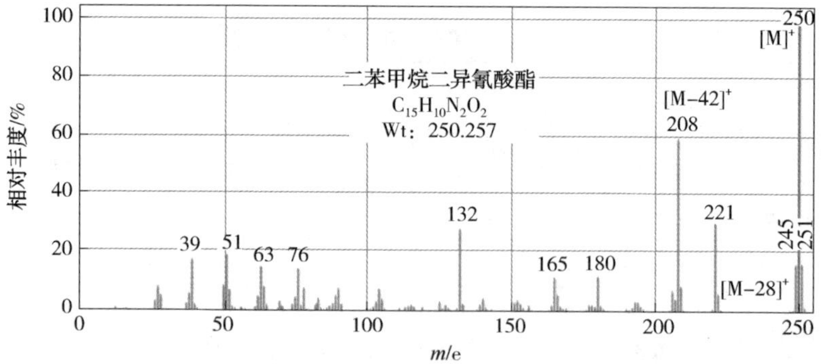

图 6-22　MDI 质谱图

表 6-30 MDI 质谱分析

测　定	作用区域	备　　注
分子离子	[M]$^+$(m/z 250)较强	强、苯基异氰酸酯为基峰
碎片	[M-28]$^+$(m/z 220)较强	丢失 CO(Δm28)
	[M-42]$^+$(m/z 208)很强	NCO 的消除(Δm42)
	m/z 39, 51, 52, 53, 63, 64, 65, 75, 76, 77	芳香碳氢碎片 C_nH_n和 $C_nH_{n\pm1}$
灵敏度		较多峰位于高质量区域

③ 核磁谱图

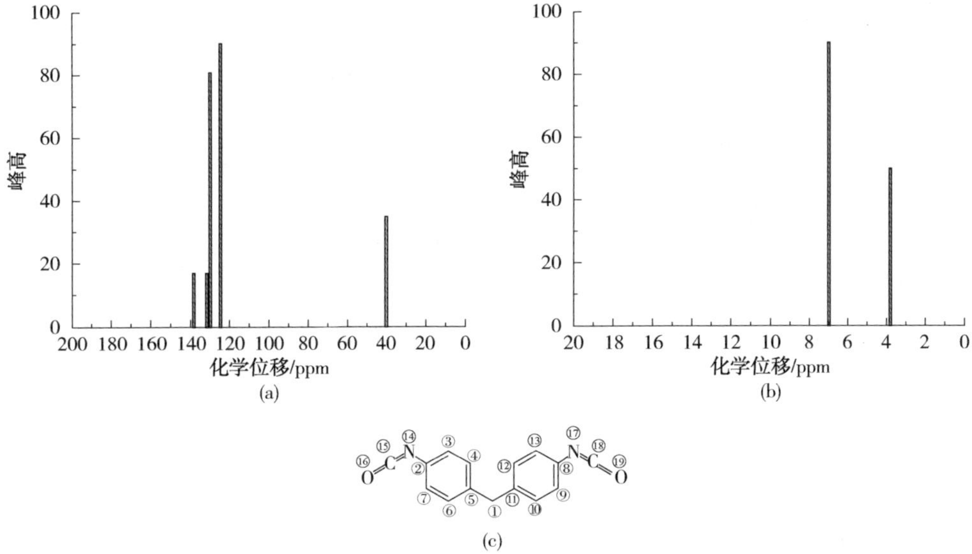

图 6-23 MDI 核磁谱图

(a)^{13}C 核磁谱图;(b)^{1}H 核磁谱图;(c)分子结构式及其编号

表 6-31 MDI 核磁分析

原子序号	^{13}C 核磁化学位移	原子序号	^{13}C 核磁化学位移	原子序号	^{1}H 核磁化学位移	原子序号	^{1}H 核磁化学位移
C1	40.74	C9	124.88	H1	3.87	H13	6.98
C2	131.76	C10	130.06	H3	6.98		
C3	124.88	C11	138.54	H4	7.07		
C4	130.06	C12	130.06	H6	7.07		
C5	138.54	C13	124.88	H7	6.98		
C6	130.06	C15	124.88	H9	6.98		
C7	124.88	C18	124.88	H10	7.07		
C8	131.76			H12	7.07		

概况

表 6-32　MDI 结构及物化信息

中文名称	4,4′-二苯甲烷二异氰酸酯	SRN	6593
化学式	$C_{15}H_{10}N_2O_2$	熔点	38℃
英文名称	MDI	沸点	190℃
分子量	250.257	测试溶剂	$CDCl_3$
CAS	101-68-8	测试参比	TMS
辛醇/水分配系数：LogP	5.4	重原子数	19
可旋转键数	4	环数	2
sp3 杂化的碳原子比例	0.066	拓扑面积	58.9
氢给体数	0	氢受体数	4

6.4　单有机胺波谱分析

（1）十六胺

如图 6-24~图 6-27 和表 6-33~表 6-37 所示，为十六胺物化数据和三谱图分析。

① 红外谱图

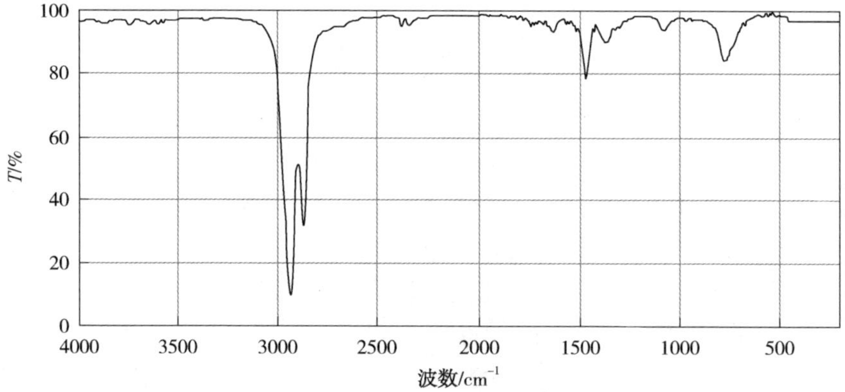

图 6-24　十六胺红外气相谱图

表 6-33　十六胺红外气相谱图分析

官能团	作用区域	备　注
NH_2 st	单胺在 3500~3300cm^{-1}处特征峰很弱	有两个弱的吸收谱带：一个是在 3500cm^{-1}附近，另一个则在 3400cm^{-1}附近

续表

官能团	作用区域	备　注
C—H(CH_2)st as	$2938cm^{-1}$处显示-CH_2 的不对称拉伸振动特征峰	各种强度，多重峰
C—H(CH_2)st sy	$2872cm^{-1}$处显示-CH_2 的对称拉伸振动特征峰	
N—H 振动	N—H 弯曲(剪式)振动，$1625cm^{-1}$	胺的弯曲振动(剪式)出现在光谱的 $1650\sim1580cm^{-1}$处
CH_3 δ as	$1464cm^{-1}$是 CH_3 的不对称变形振动	中等，与 CH_2δ 重合
CH_3 δ sy	$1367cm^{-1}$是 CH_3 的对称变形振动	中等
C—N st	C—N 伸缩振动，$1081cm^{-1}$	出现非共轭的 C—N 键吸收谱带，其强度中等到弱
N—H 面内摇摆振动	$776cm^{-1}$是 N—H 的面内摇摆振动	这个谱带的位置受形成氢键程度的影响

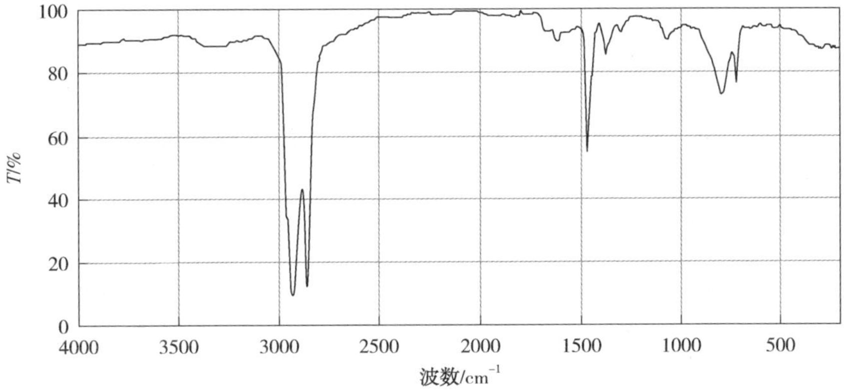

图 6-25　十六胺红外谱图

表 6-34　十六胺红外谱图分析

官能团	作用区域	备　注
NH_2 st	单胺在 $3500\sim3300cm^{-1}$处特征峰很弱	伯胺有两个弱的吸收谱带：一个是在 $3500cm^{-1}$附近，另一个则在 $3400cm^{-1}$附近
C—H(CH_2)st as	$2935cm^{-1}$处显示—CH_2 的不对称拉伸振动特征峰	各种强度，多重峰
C—H(CH_2)st sy	$2866cm^{-1}$处显示—CH_2 的对称拉伸振动特征峰	

续表

官能团	作用区域	备　注
N—H 振动	N—H 弯曲(剪式)振动，$1615cm^{-1}$	胺的弯曲振动(剪式)出现在光谱的 $1650 \sim 1580cm^{-1}$ 处
CH_3 δ as	$1464cm^{-1}$ 是 CH_3 的不对称变形振动	中等，与 CH_2δ 重合
CH_3 δ sy	$1374cm^{-1}$ 是 CH_3 的对称变形振动	中等
C—N st	C—N 伸缩振动，$1071cm^{-1}$	在 $1250 \sim 1020cm^{-1}$ 区域内出现非共轭的 C—N 键吸收谱带，其强度中等到弱
CH_2 γ	$717cm^{-1}$ 是 CH_2 的面内摇摆振动	中等
N—H 面内摇摆振动	$794cm^{-1}$ 是 N—H 的面内摇摆振动	这个谱带的位置受形成氢键程度的影响

② 质谱谱图

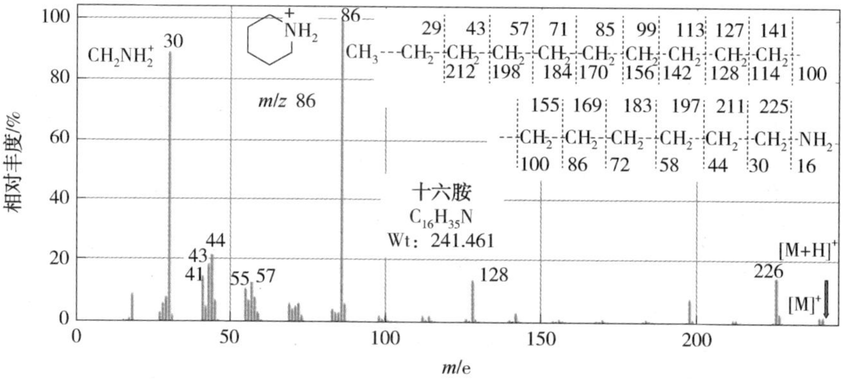

图 6-26　十六胺质谱图

表 6-35　十六胺质谱分析

测　定	作用区域	备　注
分子离子	$[M+H]^+$(m/z 242)较弱 $[M]^+$(m/z 241)较弱	分子离子：通常较弱或缺损
碎片	$CH_2NH_2^+$ m/z 30 很强	
	$C_5H_{12}N^+$ m/z 86 很强	对 RNH_2(质子化吡啶，六元环)，最大峰在 m/z 86($C_5H_{12}N^+$)
离子系列	m/z 30，44，58	$C_nH_{2n+2}N$ 电荷保留在含氮碎片上

续表

测　定	作用区域	备　　注
离子系列	m/z 43，57，71 m/z 42，56，70 m/z 41，55，69	C_nH_{2n+1}、C_nH_{2n}和C_nH_{2n-1}离子的烃类图谱
灵敏度		由于很容易断裂形成基峰，故在高质量区碎片图形变得很弱。主要在低质量区域

③ 核磁谱图

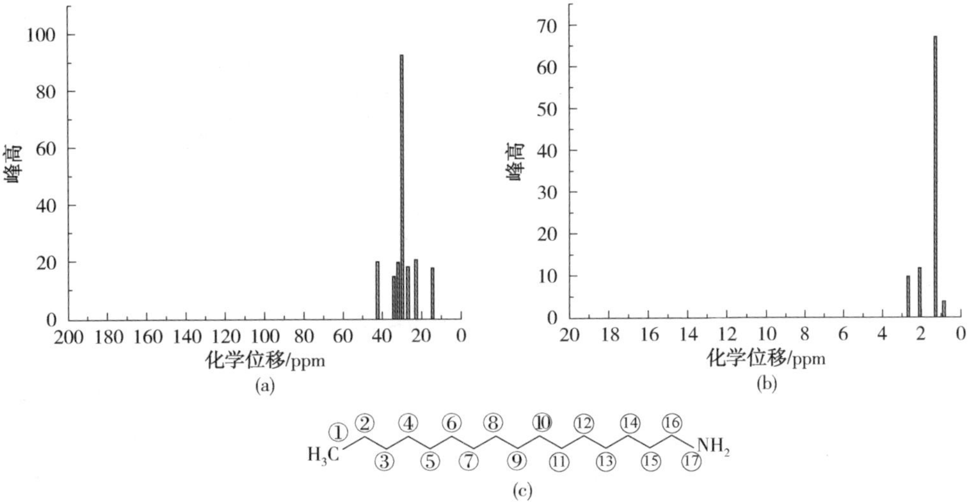

图 6-27　十六胺核磁谱图

(a) ^{13}C 核磁谱图；(b) ^{1}H 核磁谱图；(c) 分子结构式及其编号

表 6-36　十六胺核磁分析

原子序号	^{13}C 核磁化学位移	原子序号	^{13}C 核磁化学位移	原子序号	^{1}H 核磁化学位移	原子序号	^{1}H 核磁化学位移
C1	14. 1	C10	29. 7	H1	0. 91	H10	1. 3
C2	22. 7	C11	29. 7	H2	1. 3	H11	1. 3
C3	31. 9	C12	29. 7	H3	1. 3	H12	1. 3
C4	29. 7	C13	29. 7	H4	1. 3	H13	1. 3
C5	29. 7	C14	26. 9	H5	1. 3	H14	1. 3
C6	29. 7	C15	33. 8	H6	1. 3	H15	1. 3
C7	29. 7	C16	42. 2	H7	1. 3	H16	2. 7
C8	29. 7			H8	1. 3	H17	2. 12
C9	29. 7			H9	1. 3		

概况

表 6-37　十六胺结构及物化信息

中文名称	十六胺	SRN	48532
化学式	$C_{16}H_{35}N$	熔点	40~42℃
英文名称	hexadecylamine	沸点	330℃
分子量	241.461	测试溶剂	$CDCl_3$
CAS	143-27-1	测试参比	TMS
辛醇/水分配系数：LogP	7.4	重原子数	17
可旋转键数	14	环数	0
sp3 杂化的碳原子比例	1	拓扑面积	26
氢给体数	1	氢受体数	1

(2) 十四胺

如图 6-28~图 6-31 和表 6-38~表 6-42 所示，为十四胺物化数据和三谱图分析。

① 红外谱图

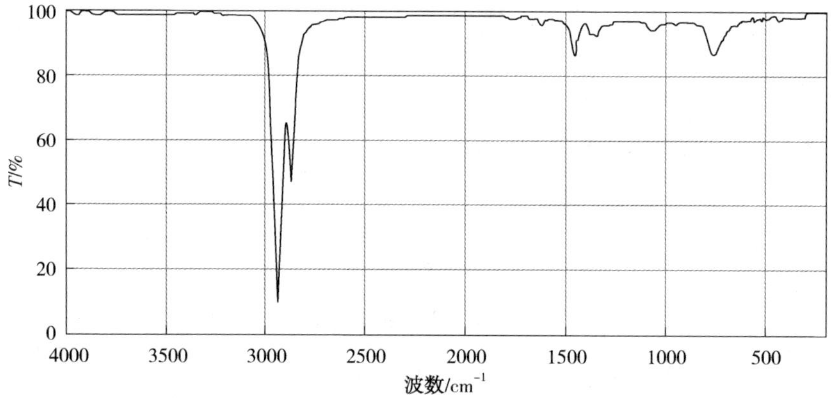

图 6-28　十四胺红外气相谱图

表 6-38　十四胺红外气相谱图分析

官能团	作用区域	备　注
NH_2 st	单胺在 3500~3300cm^{-1}处特征峰很弱	伯胺有两个弱的吸收谱带：一个是在 3500cm^{-1}附近，另一个则在 3400cm^{-1}附近
C—H(CH_2) st as	2938cm^{-1}处显示—CH_2 的不对称拉伸振动特征峰	各种强度，多重峰
C—H(CH_2) st sy	2870cm^{-1}处显示—CH_2 的对称拉伸振动特征峰	

续表

官能团	作用区域	备　　注
N—H 振动	N—H 弯曲(剪式)振动，$1625cm^{-1}$	胺的弯曲振动(剪式)出现在光谱的 $1650 \sim 1580cm^{-1}$ 处
CH_3 δ as	$1457cm^{-1}$ 是 CH_3 的不对称变形振动	中等，与 CH_2δ 重合
CH_3 δ sy	$1347cm^{-1}$ 是 CH_3 的对称变形振动	中等
C—N st	C—N 伸缩振动，$1078cm^{-1}$	在脂肪族伯胺、仲胺和叔胺中，在 $1250 \sim 1020cm^{-1}$ 区域内出现非共轭的 C—N 键吸收谱带，其强度中等到弱
N—H 面内摇摆振动	$756cm^{-1}$ 是 N—H 的面内摇摆振动	这个谱带的位置受形成氢键程度的影响

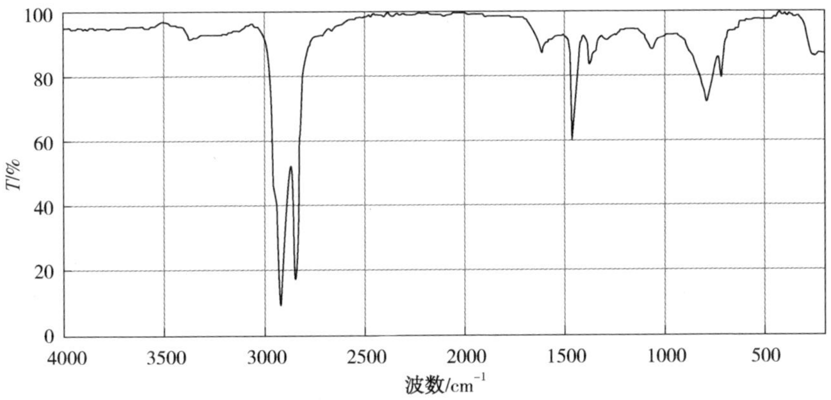

图 6-29　十四胺红外谱图

表 6-39　十四胺红外谱图分析

官能团	作用区域	备　　注
NH_2 st	单胺在 $3500 \sim 3300cm^{-1}$ 处特征峰很弱	伯胺有两个弱的吸收谱带：一个是在 $3500cm^{-1}$ 附近，另一个则在 $3400cm^{-1}$ 附近
C—H(CH_2) st as	$2924cm^{-1}$ 处显示—CH_2 的不对称拉伸振动特征峰	各种强度，多重峰
C—H(CH_2) st sy	$2850cm^{-1}$ 处显示—CH_2 的对称拉伸振动特征峰	
N—H 振动	N—H 弯曲(剪式)振动，$1613cm^{-1}$	胺的弯曲振动(剪式)出现在光谱的 $1650 \sim 1580cm^{-1}$ 处
CH_3 δ as	$1462cm^{-1}$ 是 CH_3 的不对称变形振动	中等，与 CH_2δ 重合

官能团	作用区域	备　注
CH_3 δ sy	1369cm^{-1}是 CH_3 的对称变形振动	中等
C—N st	C—N 伸缩振动，1059cm^{-1}	在 1250~1020cm^{-1}区域内出现非共轭的 C—N 键吸收谱带，其强度中等到弱
CH_2 γ	715cm^{-1}是 CH_2 的面内摇摆振动	中等
N—H 面内摇摆振动	782cm^{-1}是 N—H 的面内摇摆振动	这个谱带的位置受形成氢键程度的影响

② 质谱谱图

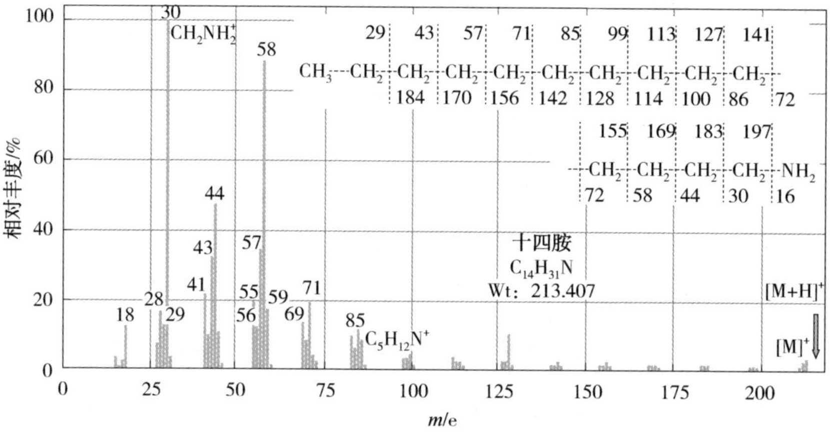

图 6-30　十四胺质谱图

表 6-40　十四胺质谱分析

测　定	作用区域	备　注
分子离子	$[M+H]^+$(m/z 214)较弱 $[M]^+$(m/z 213)较弱	分子离子：通常较弱或缺损
碎片	$CH_2NH_2^+$ m/z 30 很强	
	$C_5H_{12}N^+$ m/z 86 较强	对 RNH_2（质子化吡啶，六元环），峰在 m/z 86（$C_5H_{12}N^+$）
离子系列	m/z 30，44，58	在直链伯胺中会产生 $C_nH_{2n+2}N$ 电荷保留在含氮碎片上
离子系列	m/z 43，57，71 m/z 42，56，70 m/z 41，55，69	C_nH_{2n+1}、C_nH_{2n} 和 C_nH_{2n-1} 离子的烃类图谱
灵敏度		由于很容易断裂形成基峰，故在高质量区碎片图形变得很弱。主要在低质量区域

③ 核磁谱图

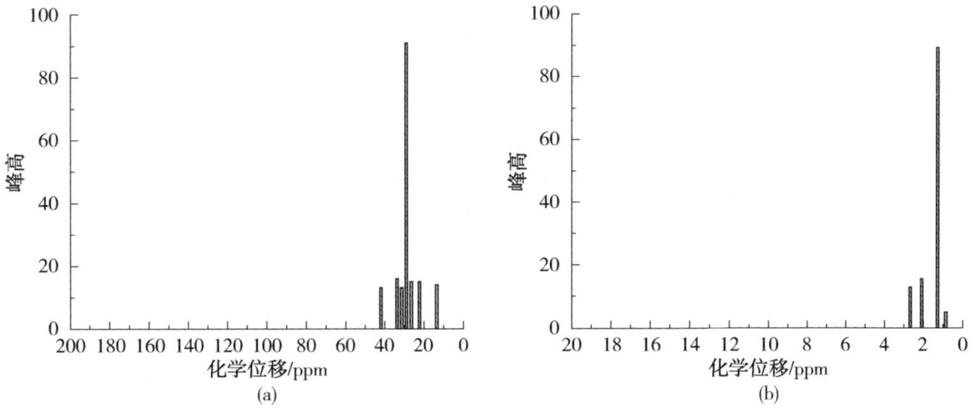

(c)

图 6-31 十四胺核磁谱图

(a) ^{13}C 核磁谱图；(b) ^{1}H 核磁谱图；(c) 分子结构式及其编号

表 6-41 十四胺核磁分析

原子序号	^{13}C 核磁化学位移	原子序号	^{13}C 核磁化学位移	原子序号	^{1}H 核磁化学位移	原子序号	^{1}H 核磁化学位移
C1	14.2	C9	29.8	H1	0.89	H9	1.28
C2	22.8	C10	29.8	H2	1.28	H10	1.28
C3	32.1	C11	29.8	H3	1.28	H11	1.28
C4	29.8	C12	27.1	H4	1.28	H12	1.28
C5	29.8	C13	34.1	H5	1.28	H13	1.28
C6	29.8	C14	42.4	H6	1.28	H14	2.68
C7	29.8			H7	1.28	H15	1.28
C8	29.8			H8	1.28		

概况

表 6-42 十四胺结构及物化信息

中文名称	十四胺	SRN	255143
化学式	$C_{14}H_{31}N$	熔点	37℃
英文名称	tetradecylamine	沸点	291℃
分子量	213.407	测试溶剂	$CDCl_3$

续表

中文名称	十四胺	SRN	255143
CAS	2016-42-4	测试参比	TMS
辛醇/水分配系数：LogP	6.4	重原子数	15
可旋转键数	12	环数	0
sp3 杂化的碳原子比例	1	拓扑面积	26
氢给体数	1	氢受体数	1

(3) 十二胺

如图6-32~图6-35和表6-43~表6-47所示，为十二胺物化数据和三谱图分析。

① 红外谱图

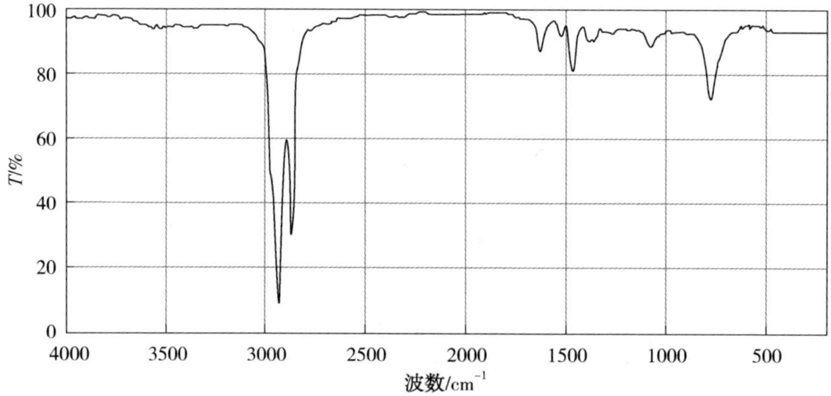

图6-32　十二胺红外气相谱图

表6-43　十二胺红外气相谱图分析

官能团	作用区域	备　注
NH_2 st	单胺在3500~3300cm^{-1}处特征峰很弱	伯胺有两个弱的吸收谱带：一个是在3500cm^{-1}附近，另一个则在3400cm^{-1}附近
C—H(CH_2) st as	2937cm^{-1}处显示—CH_2的不对称拉伸振动特征峰	各种强度，多重峰
C—H(CH_2) st sy	2872cm^{-1}处显示—CH_2的对称拉伸振动特征峰	
N—H 振动	N—H 弯曲(剪式)振动，1632cm^{-1}	胺的弯曲振动(剪式)出现在光谱的1650~1580cm^{-1}处
CH_3 δ as	1471cm^{-1}是CH_3的不对称变形振动	中等，与CH_2δ重合

续表

官能团	作用区域	备　　注
CH_3 δ sy	1385cm^{-1}是 CH_3 的对称变形振动	中等
C—N st	C—N 伸缩振动，1074cm^{-1}	在 1250~1020cm^{-1}区域内出现非共轭的 C—N 键吸收谱带，其强度中等到弱
N—H 面内摇摆振动	778cm^{-1}是 N—H 的面内摇摆振动	这个谱带的位置受形成氢键程度的影响

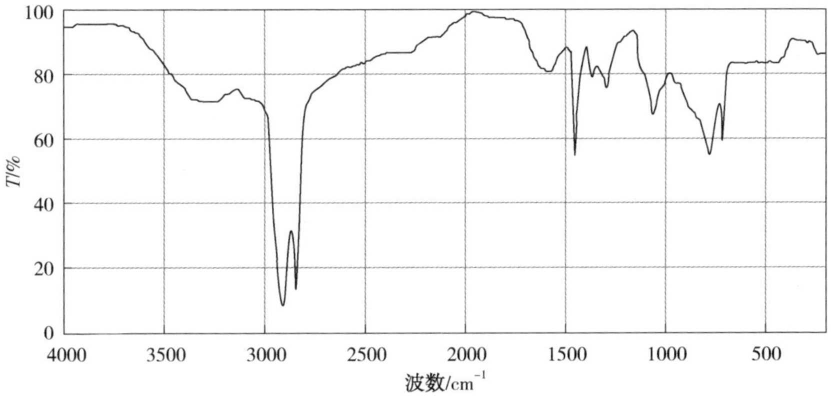

图 6-33　十二胺红外谱图

表 6-44　十二胺红外谱图分析

官能团	作用区域	备　　注
NH_2 st	单胺在 3500~3300cm^{-1}处特征峰很弱	伯胺有两个弱的吸收谱带：一个是在 3500cm^{-1}附近，另一个则在 3400cm^{-1}附近
C—H(CH_2)st as	2911cm^{-1}处显示—CH_2 的不对称拉伸振动特征峰	各种强度，多重峰
C—H(CH_2)st sy	2845cm^{-1}处显示—CH_2 的对称拉伸振动特征峰	
N—H 振动	N—H 弯曲(剪式)振动，1611cm^{-1}	胺的弯曲振动(剪式)出现在光谱的 1650~1580cm^{-1}处
CH_3 δ as	1453cm^{-1}是 CH_3 的不对称变形振动	中等，与 CH_2δ 重合
CH_3 δ sy	1369cm^{-1}是 CH_3 的对称变形振动	中等

续表

官能团	作用区域	备　注
C—N st	C—N 伸缩振动，$1058cm^{-1}$	在 $1250\sim1020cm^{-1}$ 区域内出现非共轭的 C—N 键吸收谱带，其强度中等到弱
CH_2 γ	$716cm^{-1}$ 是 CH_2 的面内摇摆振动	中等
N—H 面内摇摆振动	$785cm^{-1}$ 是 N—H 的面内摇摆振动	这个谱带的位置受形成氢键程度的影响

② 质谱谱图

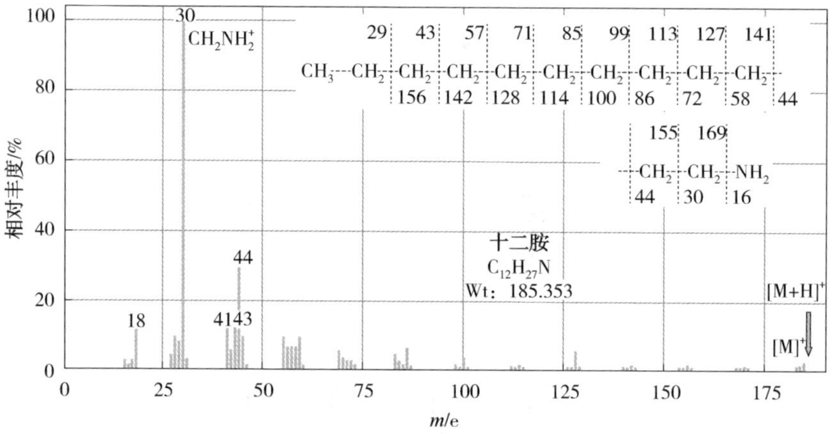

图 6-34　十二胺质谱图

表 6-45　十二胺质谱分析

测定	作用区域	备　注
分子离子	$[M+H]^+$(m/z 186)较弱 $[M]^+$(m/z 185)较弱	分子离子：通常较弱或缺损
碎片	$CH_2NH_2^+$ m/z 30 很强	
	$C_5H_{12}N^+$ m/z 86 较强	对 RNH_2(质子化吡啶，六元环)，峰在 m/z 86 ($C_5H_{12}N^+$)
离子系列	m/z 30，44，58	在直链伯胺中会产生 $C_nH_{2n+2}N$ 电荷保留在含氮碎片上
离子系列	m/z 43 m/z 42 m/z 41	C_nH_{2n+1}、C_nH_{2n} 和 C_nH_{2n-1} 离子的烃类图谱
灵敏度		由于很容易断裂形成基峰，故在高质量区碎片图形变得很弱。主要在低质量区域

③ 核磁谱图

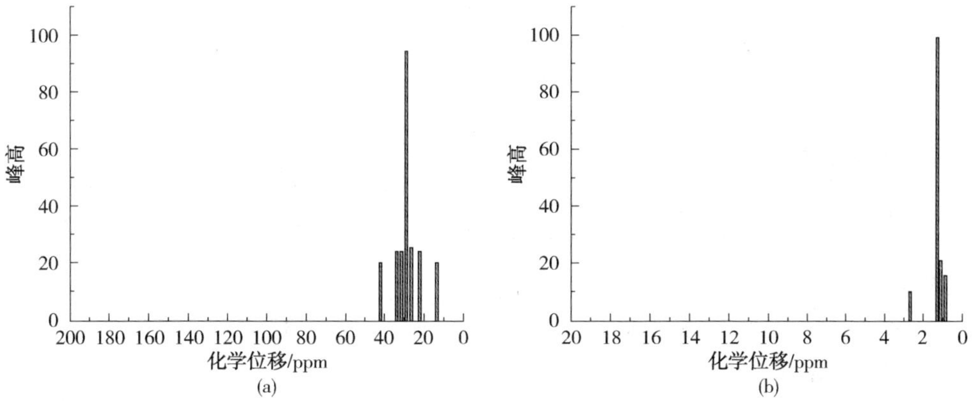

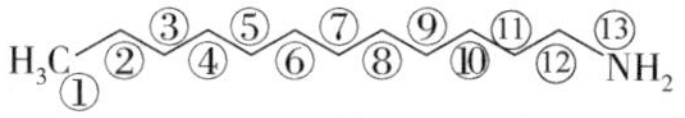

图 6-35　十二胺核磁谱图

(a) ^{13}C 核磁谱图；(b) ^{1}H 核磁谱图；(c) 分子结构式及其编号

表 6-46　十二胺核磁分析

原子序号	^{13}C 核磁化学位移	原子序号	^{13}C 核磁化学位移	原子序号	^{1}H 核磁化学位移	原子序号	^{1}H 核磁化学位移
C1	14. 2	C8	29. 9	H1	0. 89	H8	1. 29
C2	22. 9	C9	29. 6	H2	1. 29	H9	1. 29
C3	32. 1	C10	27. 2	H3	1. 29	H10	1. 29
C4	29. 9	C11	34. 1	H4	1. 29	H11	1. 29
C5	29. 9	C12	42. 4	H5	1. 29	H12	2. 69
C6	29. 9			H6	1. 29	H13	1. 16
C7	29. 9			H7	1. 29		

概况

表 6-47　十二胺结构及物化信息

中文名称	十二烷基伯胺	SRN	40687
化学式	$C_{12}H_{27}N$	熔点	27~28℃
英文名称	Dodecylamine	沸点	247~249℃
分子量	185. 353	测试溶剂	$CDCl_3$
CAS	124-22-1	测试参比	TMS

续表

中文名称	十二烷基伯胺	SRN	40687
辛醇/水分配系数：LogP	5.3	重原子数	13
可旋转键数	10	环数	0
sp3 杂化的碳原子比例	1	拓扑面积	26
氢给体数	1	氢受体数	1

(4) 辛胺

如图 6-36~图 6-39 和表 6-48~表 6-52 所示，为辛胺物化数据和三谱图分析。

① 红外谱图

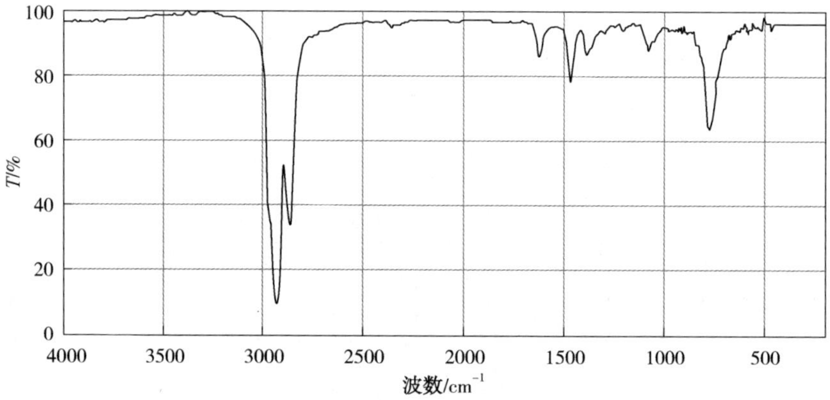

图 6-36　辛胺红外气相谱图

表 6-48　辛胺红外气相谱图分析

官能团	作用区域	备　注
NH_2 st	单胺在 3500~3300cm^{-1}处特征峰很弱	伯胺有两个弱的吸收谱带：一个是在 3500cm^{-1} 附近，另一个则在 3400cm^{-1} 附近
C—H(CH_2) st as	2934cm^{-1}处显示—CH_2 的不对称拉伸振动特征峰	各种强度，多重峰
C—H(CH_2) st sy	2868cm^{-1}处显示—CH_2 的对称拉伸振动特征峰	
N—H 振动	N—H 弯曲(剪式)振动，1625cm^{-1}	胺的弯曲振动(剪式)出现在光谱的 1650~1580cm^{-1}处
CH_3 δ as	1467cm^{-1}是 CH_3 的不对称变形振动	中等，与 CH_2δ 重合

续表

官能团	作用区域	备　注
CH_3 δ sy	1384cm^{-1}是 CH_3 的对称变形振动	中等，带偕甲基基团的化合物为二重峰
C—N st	C—N 伸缩振动，1078cm^{-1}	在 1250~1020cm^{-1}区域内出现非共轭的 C—N 键吸收谱带，其强度中等到弱
N—H 面内摇摆振动	771cm^{-1}是 N—H 的面内摇摆振动	这个谱带的位置受形成氢键程度的影响

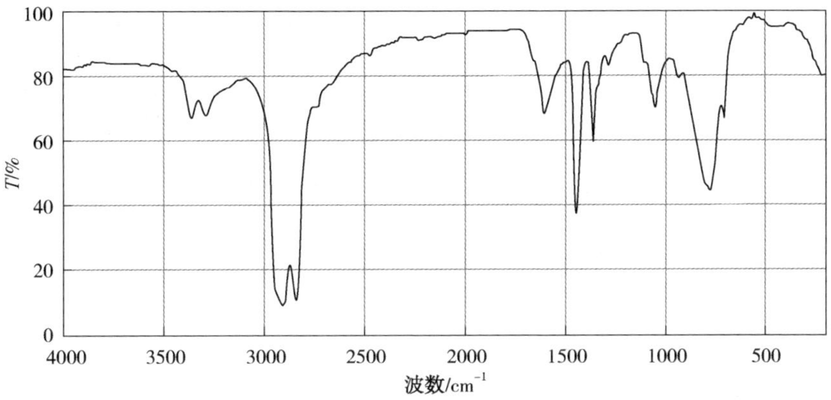

图 6-37　辛胺红外谱图

表 6-49　辛胺红外谱图分析

官能团	作用区域	备　注
NH_2 st	在 3364cm^{-1}和 3290cm^{-1}处显示 N—H 的伸缩振动特征峰	由于氢键的影响，这些谱带出现在 3350cm^{-1}和 3180cm^{-1}附近
C—H(CH_2)st as	2912cm^{-1}处显示—CH_2 的不对称拉伸振动特征峰	各种强度，多重峰
C—H(CH_2)st sy	2845cm^{-1}处显示—CH_2 的对称拉伸振动特征峰	
CH_3 δ as	1454cm^{-1}是 CH_3 的不对称变形振动	中等，与 CH_2δ 重合
CH_3 δ sy	1366cm^{-1}是 CH_3 的对称变形振动	中等
N—H 弯曲振动	1606cm^{-1}是 N—H 弯曲振动的特征峰	胺的弯曲振动(剪式)出现在光谱的 1650~1580cm^{-1}处
C—N st	C—N 伸缩振动，1059cm^{-1}	在 1250~1020cm^{-1}区域内出现非共轭的 C—N 键吸收谱带，其强度中等到弱

续表

官能团	作用区域	备　　注
CH_2 γ	715cm^{-1}是 CH_2 的面内摇摆振动	中等
N—H 面内摇摆振动	787cm^{-1}是 N—H 的面内摇摆振动	这个谱带的位置受形成氢键程度的影响

② 质谱谱图

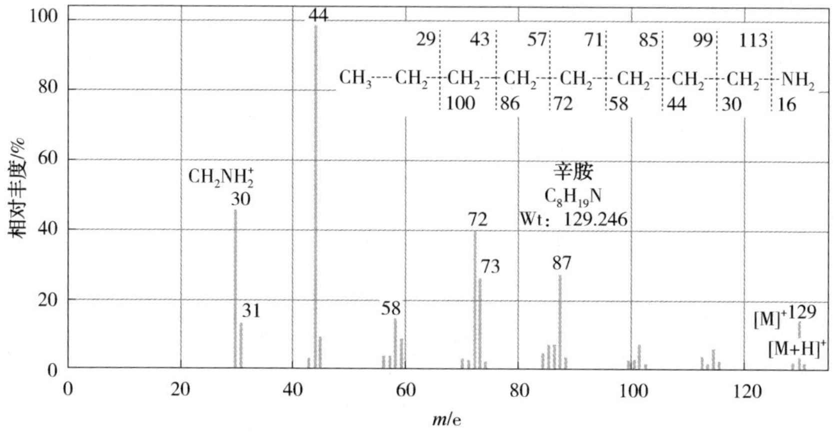

图 6-38　辛胺质谱图

表 6-50　辛胺质谱分析

测　定	作用区域	备　　注
分子离子	[M+H]$^+$(m/z 130)较弱 [M]$^+$(m/z 129)较强	分子离子：通常较弱或缺损
碎片	$CH_2NH_2{}^+$m/z 30 很强	
	$C_5H_{12}N^+$m/z 86 较强	对 RNH_2(质子化吡啶，六元环)，最大峰在 m/z 86 ($C_5H_{12}N^+$)
离子系列	m/z 30，44，58，72，86，100	在直链伯胺中会产生 $C_nH_{2n+2}N$ 电荷保留在含氮碎片上
离子系列	m/z 43，57，71，85	C_nH_{2n+1}离子的烃类图谱
灵敏度		由于很容易断裂形成基峰，故在高质量区碎片图形变得很弱。主要在低质量区域

③ 核磁谱图

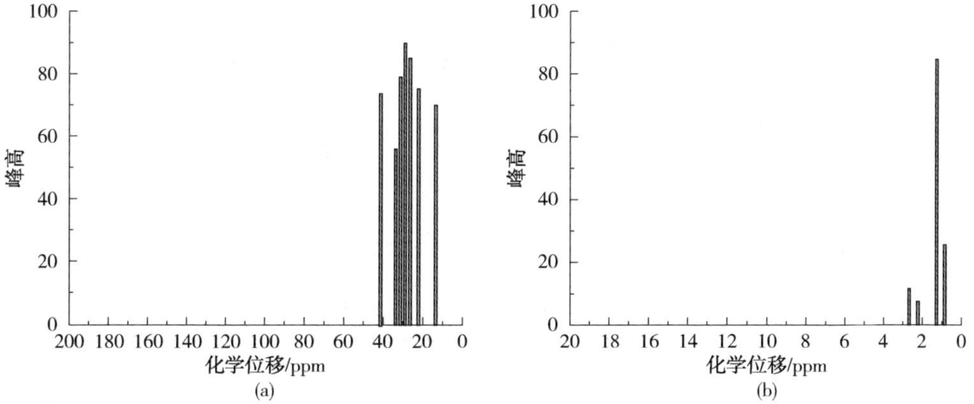

图 6-39　辛胺核磁谱图

(a) ^{13}C 核磁谱图；(b) ^{1}H 核磁谱图；(c) 分子结构式及其编号

表 6-51　辛胺核磁分析

原子序号	^{13}C 核磁化学位移	原子序号	^{1}H 核磁化学位移
C1	14. 1	H1	0. 92
C2	22. 9	H2	1. 32
C3	32. 1	H3	1. 32
C4	29. 5	H4	1. 32
C5	29. 7	H5	1. 32
C6	27. 2	H6	1. 32
C7	34	H7	1. 32
C8	42. 3	H8	2. 69
		H9	2. 28

概况

表 6-52　辛胺结构及物化信息

中文名称	辛胺	SRN	15019
化学式	$C_8H_{19}N$	熔点	-5℃
英文名称	*n*-Octylamine	沸点	178~181℃

续表

中文名称	辛胺	SRN	15019
分子量	129.246	测试溶剂	$CDCl_3$
CAS	111-86-4	测试参比	TMS
辛醇/水分配系数：LogP	3.1	重原子数	9
可旋转键数	6	环数	0
sp3 杂化的碳原子比例	1	拓扑面积	26
氢给体数	1	氢受体数	1

（5）十八胺

如图 6-40~图 6-43 和表 6-53~表 6-57 所示，为十八胺物化数据和三谱图分析。

① 红外谱图

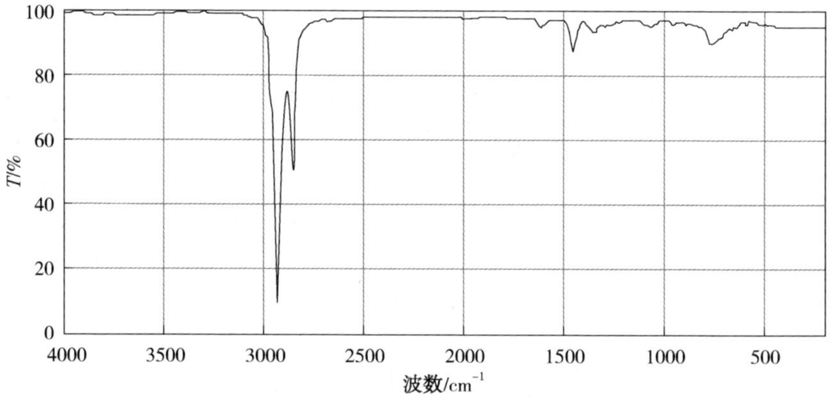

图 6-40　十八胺红外气相谱图

表 6-53　十八胺红外气相谱图分析

官能团	作用区域	备　注
NH_2 st	单胺在 3500~3300cm^{-1}处特征峰很弱	伯胺有两个弱的吸收谱带：一个是在 3500cm^{-1}附近，另一个则在 3400cm^{-1}附近
C—H(CH_2) st as	2932cm^{-1}处显示—CH_2 的不对称拉伸振动特征峰	各种强度，多重峰
C—H(CH_2) st sy	2861cm^{-1}处显示—CH_2 的对称拉伸振动特征峰	

续表

官能团	作用区域	备　注
N—H 振动	N—H 弯曲(剪式)振动，$1617cm^{-1}$	胺的弯曲振动(剪式)出现在光谱的 $1650\sim1580cm^{-1}$处
CH_3 δ as	$1459cm^{-1}$是 CH_3 的不对称变形振动	中等，与 CH_2δ 重合
CH_3 δ sy	$1349cm^{-1}$是 CH_3 的对称变形振动	中等
C—N st	C—N 伸缩振动，$1066cm^{-1}$	在 $1250\sim1020cm^{-1}$区域内出现非共轭的 C—N 键吸收谱带，其强度中等到弱
CH_2 γ	$718cm^{-1}$是 CH_2 的面内摇摆振动	中等
N—H 面内摇摆振动	$761cm^{-1}$是 N—H 的面内摇摆振动	这个谱带的位置受形成氢键程度的影响

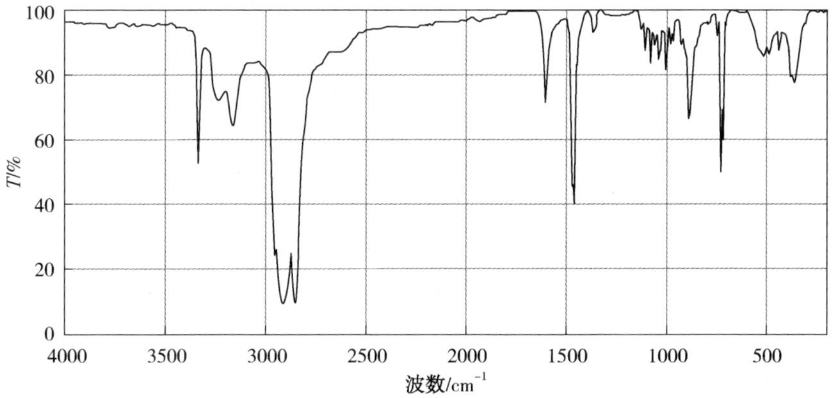

图 6-41　十八胺红外谱图

表 6-54　十八胺红外谱图分析

官能团	作用区域	备　注
NH_2 st	在 $3339cm^{-1}$和 $3168cm^{-1}$处显示 N—H 的伸缩振动特征峰	由于氢键的影响，这些谱带出现在 $3350cm^{-1}$和 $3180cm^{-1}$附近
C—H(CH_2)st as	$2919cm^{-1}$处显示—CH_2 的不对称拉伸振动特征峰	各种强度，多重峰
C—H(CH_2)st sy	$2856cm^{-1}$处显示—CH_2 的对称拉伸振动特征峰	
CH_3 δ as	$1466cm^{-1}$是 CH_3 的不对称变形振动	中等，与 CH_2δ 重合

续表

官能团	作用区域	备　注
CH_3 δ sy	1368cm^{-1}是 CH_3 的对称变形振动	中等
N—H 弯曲振动	1608cm^{-1}是 N—H 弯曲振动的特征峰	胺的弯曲振动(剪式)出现在光谱的 1650~1580cm^{-1}处
C—N st	C—N 伸缩振动，1010cm^{-1}	在 1250~1020cm^{-1}区域内出现非共轭的 C—N 键吸收谱带，其强度中等到弱
CH_2 γ	721cm^{-1}是 CH_2 的面内摇摆振动	中等
N—H 面内摇摆振动	896cm^{-1}是 N—H 的面内摇摆振动	这个谱带的位置受形成氢键程度的影响

② 质谱谱图

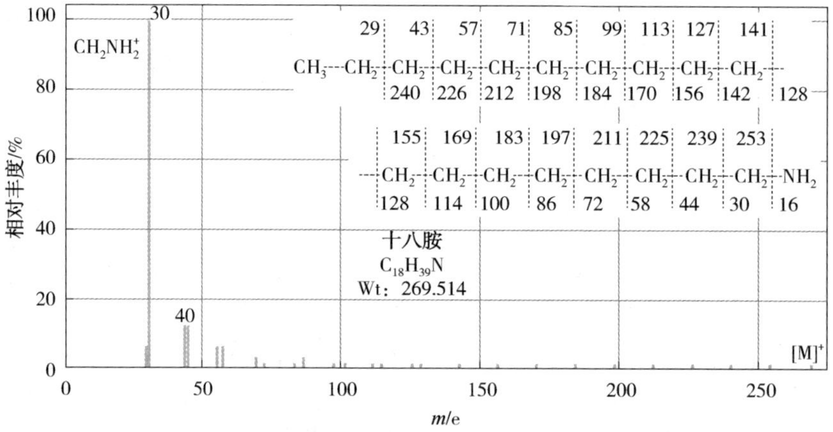

图 6-42　十八胺质谱图

表 6-55　十八胺质谱分析

测定	作用区域	备　注
分子离子	$[M]^+$(m/z 269)较弱	分子离子：通常较弱或缺损
碎片	$CH_2NH_2^+$ m/z 30 很强	
离子系列	m/z 30，44，58	在直链伯胺中会产生 $C_nH_{2n+2}N$ 电荷保留在含氮碎片上
灵敏度		由于很容易断裂形成基峰，故在高质量区碎片图形变得很弱。主要在低质量区域

续表

官能团	作用区域	备　注
CH_2 δ as	$1456cm^{-1}$是 CH_2 的不对称变形振动	环化会使 CH_2 剪式振动频率减小
N—H 弯曲振动	$1624cm^{-1}$是 N—H 弯曲振动的特征峰	胺的弯曲振动(剪式)出现在光谱的 $1650 \sim 1580cm^{-1}$处
C—N st	C—N 伸缩振动，$1098cm^{-1}$	在 $1250 \sim 1020cm^{-1}$区域内出现非共轭的 C—N 键吸收谱带，其强度中等到弱
N—H 面内摇摆振动	$799cm^{-1}$是 N—H 的面内摇摆振动	这个谱带的位置受形成氢键程度的影响

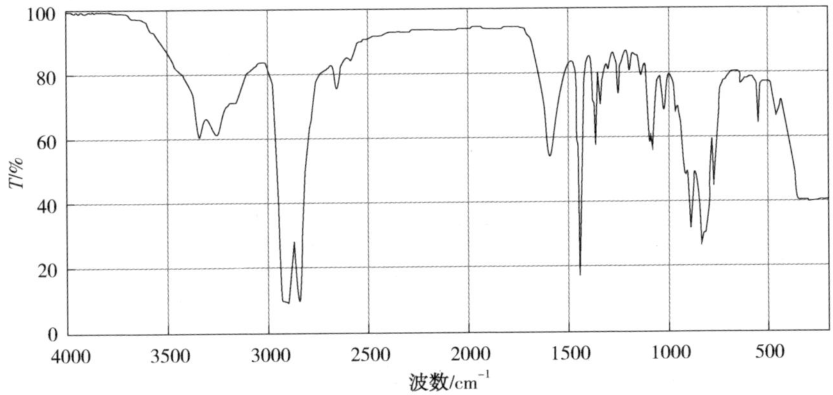

图 6-45　环己胺红外谱图

表 6-59　环己胺红外谱图分析

官能团	作用区域	备　注
NH_2 st	在 $3345cm^{-1}$和 $3264cm^{-1}$处显示 N—H 的伸缩振动特征峰	由于氢键的影响，这些谱带出现在 $3350cm^{-1}$和 $3180cm^{-1}$附近
C—H(CH_2) st as	$2917cm^{-1}$处显示—CH_2 的不对称拉伸振动特征峰	各种强度，多重峰
C—H(CH_2) st sy	$2852cm^{-1}$处显示—CH_2 的对称拉伸振动特征峰	
CH_2 δ as	$1444cm^{-1}$是 CH_2 的不对称变形振动	环化会使 CH_2 剪式振动频率减小
N—H 弯曲振动	$1591cm^{-1}$是 N—H 弯曲振动的特征峰	胺的弯曲振动(剪式)出现在光谱的 $1650 \sim 1580cm^{-1}$处
C—N st	C—N 伸缩振动，$1028cm^{-1}$	出现非共轭的 C—N 键吸收谱带，其强度中等到弱

续表

官能团	作用区域	备　注
CH_2 γ	721cm^{-1}是 CH_2 的面内摇摆振动	中等
N—H 面内摇摆振动	838cm^{-1}是 N—H 的面内摇摆振动	这个谱带的位置受形成氢键程度的影响

② 质谱谱图

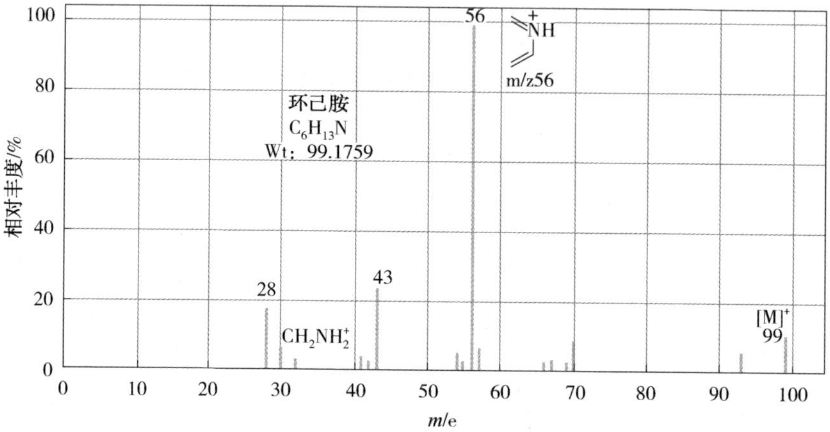

图 6-46　环己胺质谱图

表 6-60　环己胺质谱分析

测　定	作用区域	备　注
分子离子	$[M]^+$(m/z 99)强	分子离子：与非环胺相反，环胺的分子离子峰是很强的，通常是较重要的
碎片	$CH_2NH_2^+$ m/z 30 弱	基峰主要来自于氮原子相邻的 C—C 键断裂；a-碳上无支链的伯胺的基峰是 m/z 30($CH_2NH_2^+$)
	$\cdot CH_2-^+NH=CH_2$ m/z 43 强 $CH_2=N=CH_2$ m/z 42 弱	与氮原子相连的键的初始断裂会导致失去一个 a-氢原子得到 M-1 峰或导致开环。后者会失去乙烯得到 $\cdot CH_2-^+NH=CH_2$(m/z 43，基峰)离子，进而失去一个氢给出 $CH_2=N=CH_2$(m/z 42)离子
	m/z 56 很强	最重要的基本反应是与 N 原子相连的环开裂，接着 H 重排和丢失烷基残片。它的质谱峰为 m/z 56 一个强峰
离子系列	m/z 42，56，70	离子系列：$C_nH_{2n}N$(m/z 42，56，70，84，…)的偶数碎片
灵敏度		灵敏度：局部丛状最强峰均匀地分布于整个谱图

③ 核磁谱图

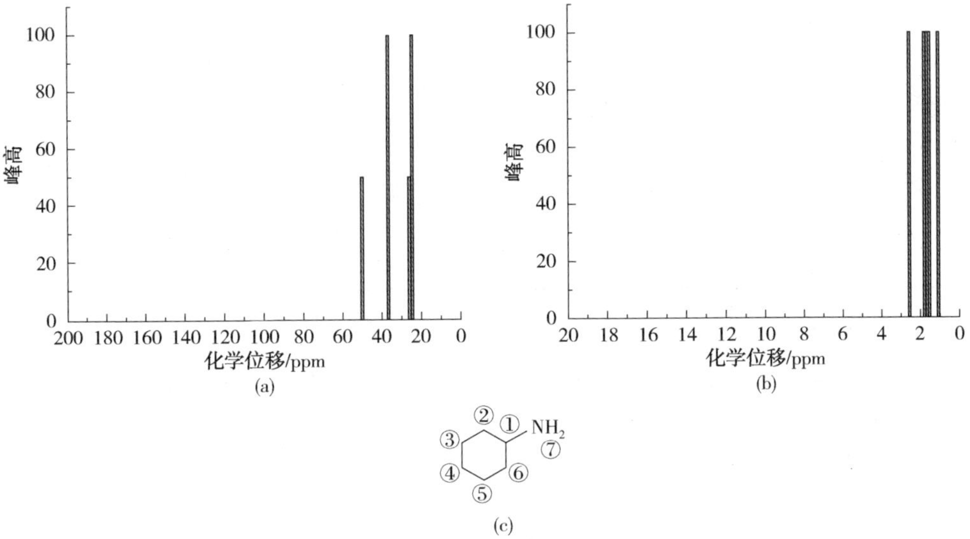

图 6-47　环己胺核磁谱图

(a) ^{13}C 核磁谱图；(b) ^{1}H 核磁谱图；(c) 分子结构式及其编号

表 6-61　环己胺核磁分析

原子序号	^{13}C 核磁化学位移	原子序号	^{1}H 核磁化学位移
C1	50. 6	H1	2. 615
C2	37. 2	H2	1. 813
C3	25. 4	H3	1. 71
C4	26. 1	H4	1. 596
C5	25. 4	H5	1. 71
C6	37. 2	H6	1. 813
		H7	1. 15

概况

表 6-62　环己胺结构及物化信息

中文名称	环己胺	SRN	12521
化学式	$C_6H_{13}N$	熔点	−17℃
英文名称	cyclohexylamine	沸点	133℃
分子量	99. 1759	测试溶剂	$CDCl_3$

续表

中文名称	环己胺	SRN	12521
CAS	108-91-8	测试参比	TMS
辛醇/水分配系数：LogP	1.5	重原子数	7
可旋转键数	0	环数	1
sp3 杂化的碳原子比例	1	拓扑面积	26
氢给体数	1	氢受体数	1

(7) 十六碳烯胺

如图 6-48~图 6-51 和表 6-63~表 6-67 所示，为十六碳烯胺物化数据和三谱图分析。

① 红外谱图

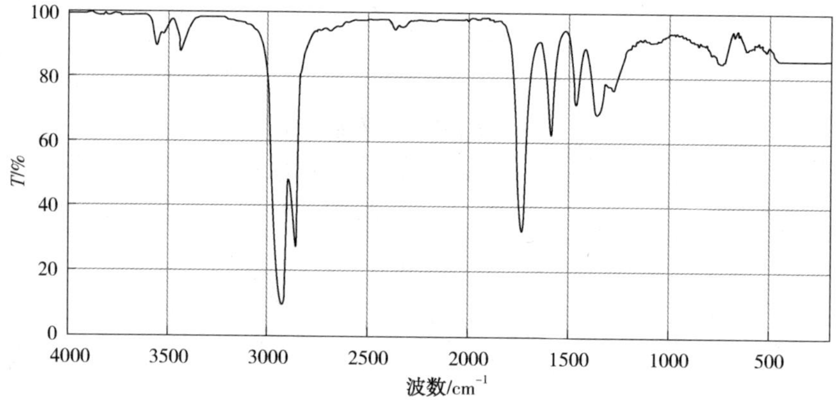

图 6-48　十六碳烯胺红外气相谱图

表 6-63　十六碳烯胺红外气相谱图分析

官能团	作用区域	备　注
NH_2 st	在 3557cm^{-1} 和 3436cm^{-1} 处显示 N—H 的伸缩振动特征峰	于不对称和对称的 N—H 伸缩振动分别在 3250cm^{-1} 和 3400cm^{-1} 附近
C—H(CH_2) st as	2929cm^{-1} 处显示—CH_2 的不对称拉伸振动特征峰	各种强度，多重峰
C—H(CH_2) st sy	2864cm^{-1} 处显示—CH_2 的对称拉伸振动特征峰	

官能团	作用区域	备　注
C═O st(酰胺Ⅰ)	$1732cm^{-1}$处显示C═O伸缩振动(酰胺Ⅰ谱带)特征峰	因为共振效应的影响，酰胺的C—O吸收出现在比“标准”羰基吸收更低一些的频率处
N—H δ	$1592cm^{-1}$处显示酰胺Ⅱ谱带特征峰	其频率要比C═O谱带略低。谱带的强度约为羰基吸收谱带的1/2~1/3
CH_3 δ as	$1461cm^{-1}$是CH_3的不对称变形振动	中等，与CH_2δ重合
CH_3 δ sy	$1355cm^{-1}$是CH_3的对称变形振动	中等
N—H面内摇摆振动	$745cm^{-1}$是N—H的面内摇摆振动	有一个宽的中等强度吸收谱带出现在750~$600cm^{-1}$区域

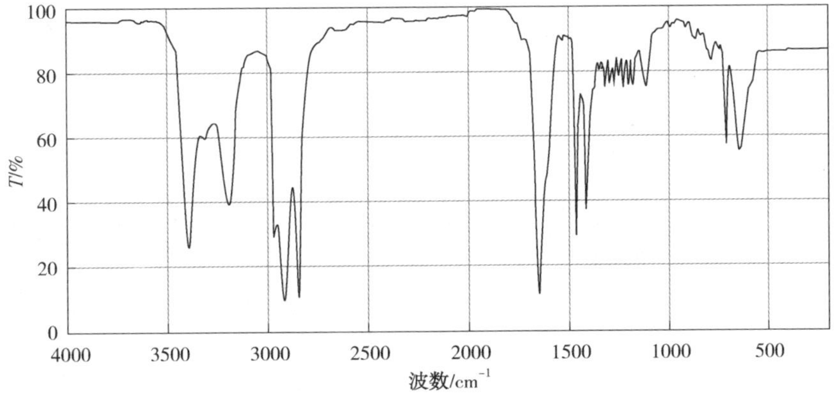

图 6-49　十六碳烯胺红外谱图

表 6-64　十六碳烯胺红外谱图分析

官能团	作用区域	备　注
NH_2 st	在$3395cm^{-1}$和$3195cm^{-1}$处显示N—H的伸缩振动特征峰	由于氢键的影响，这些谱带出现在$3350cm^{-1}$和$3180cm^{-1}$附近
C—H(CH_3) st as	$2964cm^{-1}$处显示—CH_3的不对称拉伸振动特征峰	
C—H(CH_2) st as	$2921cm^{-1}$处显示—CH_2的不对称拉伸振动特征峰	各种强度，多重峰
C—H(CH_2) st sy	$2844cm^{-1}$处显示—CH_2的对称拉伸振动特征峰	

续表

官能团	作用区域	备　注
C═O st(酰胺Ⅰ)	1644cm^{-1}处显示C═O伸缩振动(烯胺Ⅰ谱带)特征峰	因为共振效应的影响，烯胺的C—O吸收出现在比"标准"羰基吸收更低一些的频率处
N—H δ	烯胺Ⅱ谱带在1655～1620cm^{-1}附近，被烯胺Ⅰ谱带覆盖	这个谱带在1655～1620cm^{-1}附近，而且常常被烯胺Ⅰ谱带覆盖
CH_3 δ as	1464cm^{-1}是CH_3的不对称变形振动	中等，与CH_2δ重合
CH_3 δ sy	1376cm^{-1}是CH_3的对称变形振动	中等
C—N st	C—N伸缩振动，1414cm^{-1}	烯胺的C—N伸缩振动谱带在1400cm^{-1}附近
CH_2 γ	711cm^{-1}是CH_2的面内摇摆振动	中等
N—H面内摇摆振动	642cm^{-1}是N—H的面内摇摆振动	有一个宽的中等强度吸收谱带出现在750～600cm^{-1}区域

② 质谱谱图

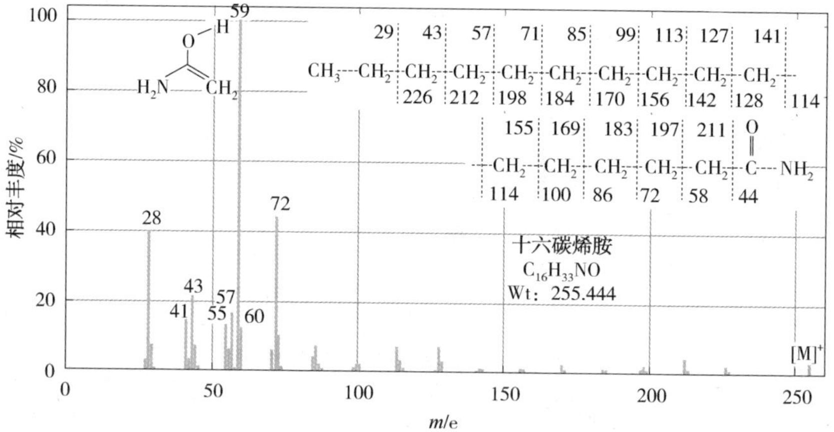

图6-50　十六碳烯胺质谱图

表6-65　十六碳烯胺质谱分析

测定	作用区域	备　注
分子离子	$[M]^+$(m/z 255)强	分子离子：直链一元酰胺的分子离子峰通常是可以辨认的
碎片	m/z 59 强	$H_2NC(═OH^+)CH_2$·是由Mclafferty重排而产生的
灵敏度		灵敏度：主要在低质量区域

③ 核磁谱图

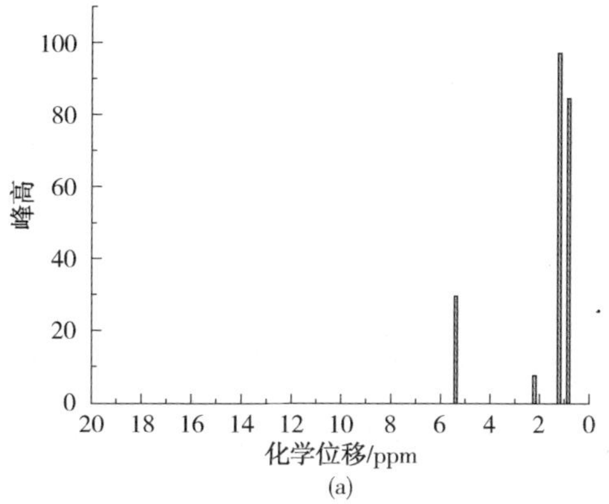

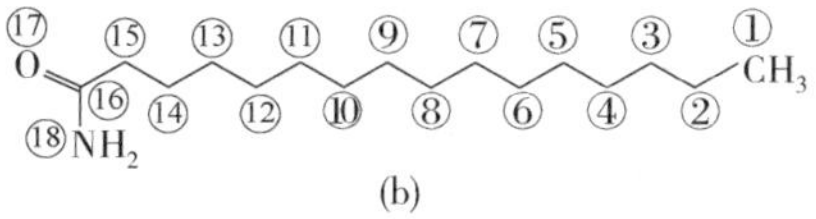

图 6-51 十六碳烯胺核磁谱图

(a)[1]H 核磁谱图；(b)分子结构式及其编号

表 6-66 十六碳烯胺核磁分析

原子序号	^{1}H 核磁化学位移	原子序号	^{1}H 核磁化学位移
H1	0. 88	H9	1. 25
H2	1. 25	H10	1. 25
H3	1. 25	H11	1. 25
H4	1. 25	H12	1. 25
H5	1. 25	H13	1. 25
H6	1. 25	H14	1. 25
H7	1. 25	H15	2. 22
H8	1. 25	H18	5. 43

概况

表 6-67 十六碳烯胺结构及物化信息

中文名称	十六碳烯胺；棕榈酰胺	SRN	60077764
化学式	$C_{16}H_{33}NO$	熔点	107℃
英文名称	Palmitamide	沸点	392. 4℃
分子量	255. 444	测试溶剂	$CDCl_3$
CAS	629-54-9	测试参比	TMS

续表

中文名称	十六碳烯胺；棕榈酰胺	SRN	60077764
辛醇/水分配系数：LogP	5.7	重原子数	18
可旋转键数	14	环数	0
sp3 杂化的碳原子比例	0.937	拓扑面积	43.1
氢给体数	1	氢受体数	1

(8) 对甲苯胺

如图 6-52~图 6-55 和表 6-68~表 6-72 所示，为对甲苯胺物化数据和三谱图分析。

① 红外谱图

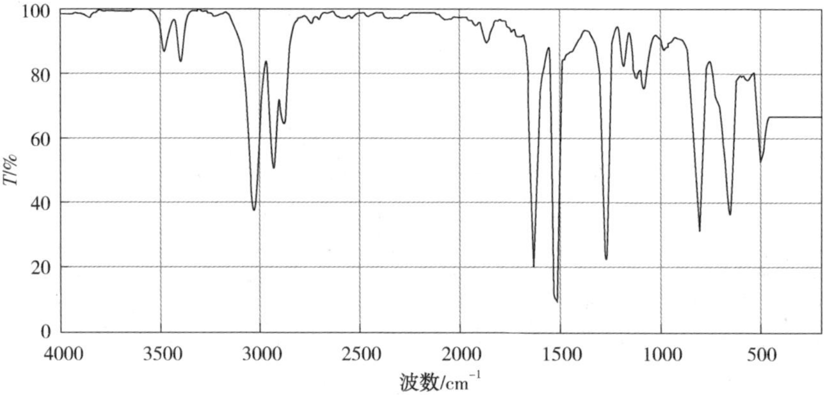

图 6-52　对甲苯胺红外气相谱图

表 6-68　对甲苯胺红外气相谱图分析

官能团	作用区域	备　注
NH_2 st	在 $3473cm^{-1}$、$3400cm^{-1}$ 处这两个谱带分别代表"游离"的不对称和对称 N—H 伸缩振动的特征峰	在 $3400\sim3330cm^{-1}$ 和 $3330\sim3250cm^{-1}$ 处有吸收
arC—H st	$3026cm^{-1}$ 处显示 arC—H 伸缩振动特征峰	芳环上的 C—H 伸缩振动谱带出现在 $3100\sim3000cm^{-1}$ 多重峰
C—H(CH_3) st as	$2932cm^{-1}$ 处显示—CH_3 的不对称拉伸振动特征峰	各种强度，多重峰
C—H(CH_3) st sy	$2878cm^{-1}$ 处显示—CH_3 的对称拉伸振动特征峰	
C═C 伸缩振动	$1625cm^{-1}$ 为苯环 C═C 伸缩振动	$1625\sim1575cm^{-1}$，中等，常是二重峰，对称性的苯环衍生物较弱

续表

官能团	作用区域	备　　注
C═C 伸缩振动	$1515cm^{-1}$为苯环 C═C 伸缩振动	$1525\sim1475cm^{-1}$，中等，常为二重峰
CH_3 δ as	$1453cm^{-1}$是 CH_3 的不对称变形振动	中等，与 CH_2δ 重合
C—N st	C—N 伸缩振动，$1268cm^{-1}$	芳香族胺在 $1342\sim1266cm^{-1}$范围内出现强的 C—N 伸缩振动谱带
N—H 面内摇摆振动	$647cm^{-1}$是 N—H 的面内摇摆振动	这个谱带的位置受形成氢键程度的影响
苯环 C—H 面外变形振动	$802cm^{-1}$为═CH(4H)的 C—H 面外变形振动	由于环上氢原子的同相面外弯曲振动会与相邻氢原子产生强偶合

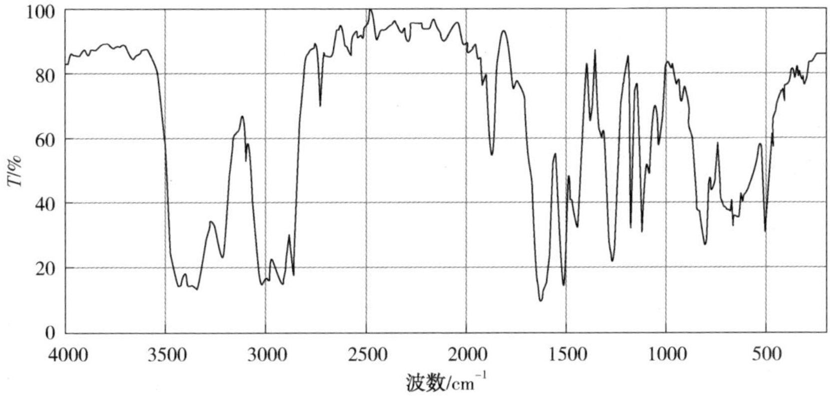

图 6-53　对甲苯胺红外谱图

表 6-69　对甲苯胺红外谱图分析

官能团	作用区域	备注
NH_2 st	在 $3343cm^{-1}$、$3215cm^{-1}$处这两个谱带分别代表“游离”的不对称和对称 N—H 伸缩振动的特征峰	在 $3400\sim3330cm^{-1}$和 $3330\sim3250cm^{-1}$处有吸收
arC—H st	$3020cm^{-1}$处显示 arC—H 伸缩振动特征峰	芳环上的 C—H 伸缩振动谱带出现在 $3100\sim3000cm^{-1}$多重峰
C—H(CH_3)st as	$2920cm^{-1}$处显示—CH_3 的不对称拉伸振动特征峰	各种强度，多重峰
C—H(CH_3)st sy	$2864cm^{-1}$处显示—CH_3 的对称拉伸振动特征峰	

续表

官能团	作用区域	备注
C═C 伸缩振动	1626cm^{-1}为苯环 C═C 伸缩振动	1625～1575cm^{-1}，中等，常是二重峰，对称性的苯环衍生物较弱
C═C 伸缩振动	1515cm^{-1}为苯环 C═C 伸缩振动	1525～1475cm^{-1}，中等，常为二重峰
CH_3 δ as	1441cm^{-1}是 CH_3 的不对称变形振动	中等，与 CH_2δ 重合
CH_3 δ sy	1376cm^{-1}是 CH_3 的对称变形振动	中等
C—N st	C—N 伸缩振动，1268cm^{-1}	芳香族胺在 1342～1266cm^{-1}范围内出现强的 C—N 伸缩振动谱带
N—H 面内摇摆振动	769cm^{-1}是 N—H 的面内摇摆振动	这个谱带的位置受形成氢键程度的影响
苯环 C—H 面外变形振动	810cm^{-1}为═CH(4H)的 C—H 面外变形振动	由于环上氢原子的同相面外弯曲振动会与相邻氢原子产生强偶合

② 质谱谱图

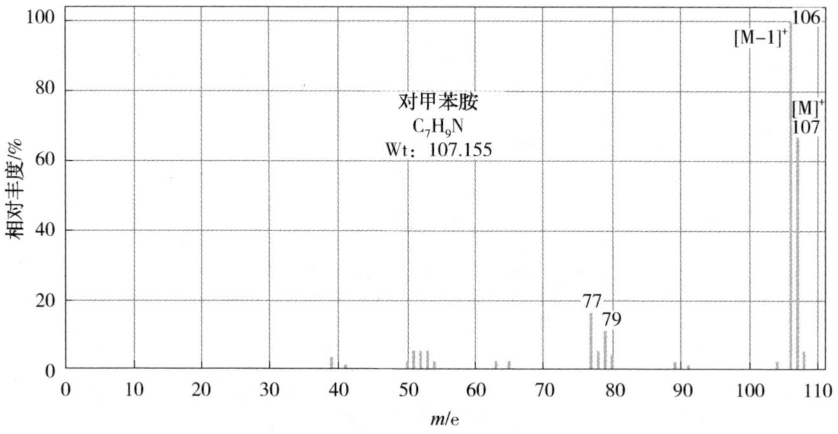

图 6-54　对甲苯胺质谱图

表 6-70　对甲苯胺质谱分析

测　定	作用区域	备　　注
分子离子	[M]$^+$(m/z 107)很强 [M−1]$^+$(m/z 106)很强	分子离子：芳香一元胺的分子离子峰(奇数)是很强的
灵敏度		灵敏度：主要在高质量区域

③ 核磁谱图

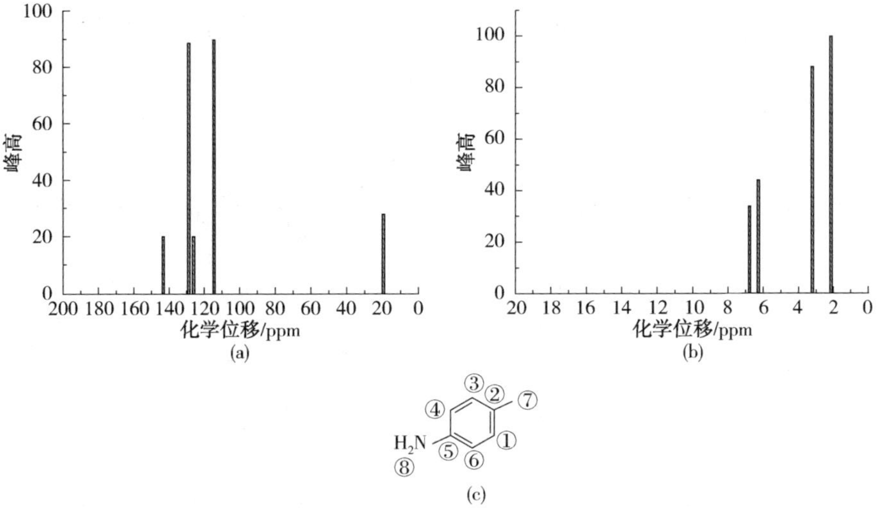

图 6-55　对甲苯胺核磁谱图

(a) ^{13}C 核磁谱图；(b) ^{1}H 核磁谱图；(c) 分子结构式及其编号

表 6-71　对甲苯胺核磁分析

原子序号	^{13}C 核磁化学位移	原子序号	^{1}H 核磁化学位移
C1	129. 7	H1	6. 33
C2	127. 2	H3	6. 33
C3	129. 7	H4	6. 79
C4	115. 2	H6	6. 79
C5	144. 3	H7	3. 25
C6	115. 2	H8	2. 18
C7	20. 3		

概况

表 6-72　对甲苯胺结构及物化信息

中文名称	对甲苯胺	SRN	10382
化学式	C_7H_9N	熔点	43. 7℃
英文名称	p-toluidine	沸点	200℃
分子量	107. 155	测试溶剂	$CDCl_3$
CAS	106-49-0	测试参比	TMS
辛醇/水分配系数：LogP	1. 4	重原子数	8
可旋转键数	0	环数	1
sp3 杂化的碳原子比例	0. 142	拓扑面积	26
氢给体数	1	氢受体数	1

(9) 对氯苯胺

如图 6-56~图 6-58 和表 6-73~表 6-76 所示，为对氯苯胺物化数据和三谱图分析。

① 红外谱图

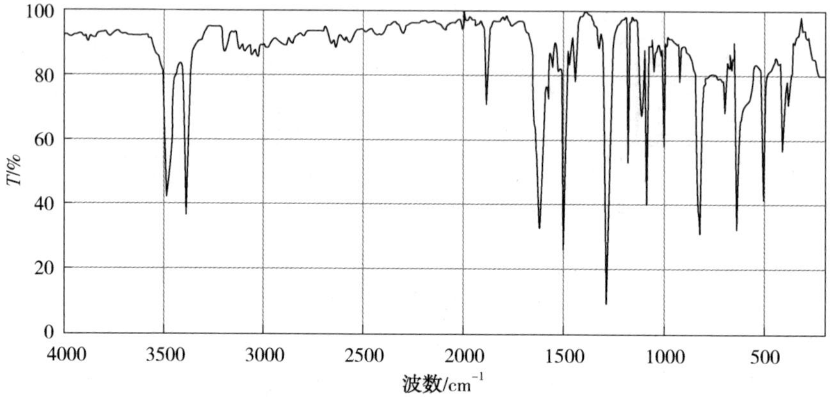

图 6-56　对氯苯胺红外谱图

表 6-73　对氯苯胺红外分析

官能团	作用区域	备　注
NH_2 st	在 3485cm^{-1}、3389cm^{-1} 处这两个谱带分别代表“游离”的不对称和对称 N—H 伸缩振动的特征峰	在 3400~3330cm^{-1} 和 3330~3250cm^{-1} 处有吸收
C═C 伸缩振动	1621cm^{-1} 为苯环 C═C 伸缩振动	1625~1575cm^{-1}，中等，常是二重峰，对称性的苯环衍生物较弱
C═C 伸缩振动	1498cm^{-1} 为苯环 C═C 伸缩振动	1525~1475cm^{-1}，中等，常为二重峰
C—N st	C—N 伸缩振动，1290cm^{-1}	芳香族胺在 1342~1266cm^{-1} 范围内出现强的 C—N 伸缩振动谱带
苯环 C—H 面内弯曲振动	1115cm^{-1}、1179cm^{-1} 为苯环 C—H 面内弯曲振动特征峰	面内弯曲振动谱带则出现在 1300~1000cm^{-1} 范围内
C—Cl st	1087cm^{-1} 为 C—Cl 振动特征峰	1100~1020cm^{-1} 强，窄或中等宽氯代芳烃
N—H 面内摇摆振动	642cm^{-1} 是 N—H 的面内摇摆振动	这个谱带的位置受形成氢键程度的影响
苯环 C—H 面外变形振动	823cm^{-1} 为═CH(4H) 的 C—H 面外变形振动	由于环上氢原子的同相面外弯曲振动会与相邻氢原子产生强偶合

② 质谱谱图

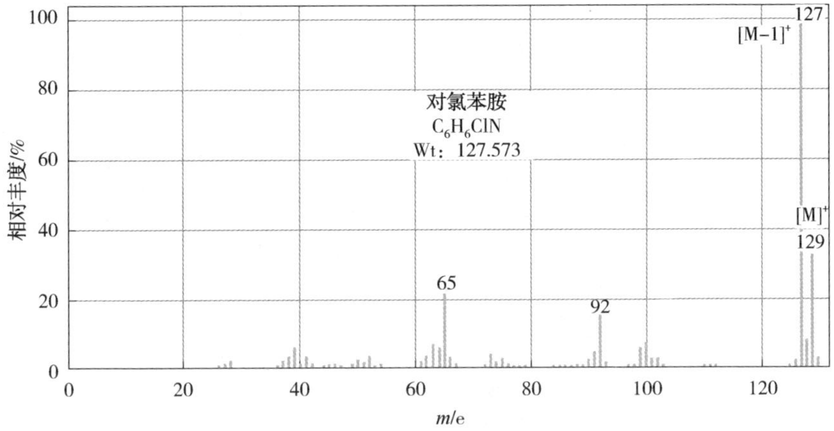

图 6-57　对氯苯胺质谱图

表 6-74　对氯苯胺质谱分析

测　定	作用区域	备　　注
分子离子	$[M]^+$(m/z 128)较强 $[M-1]^+$(m/z 127)很强	分子离子：芳香一元胺的分子离子峰(奇数)是很强的。苯胺失去其中一个氨基的氢原子得到中等强度的 M-1 峰
灵敏度		灵敏度：主要在高质量区域

③ 核磁谱图

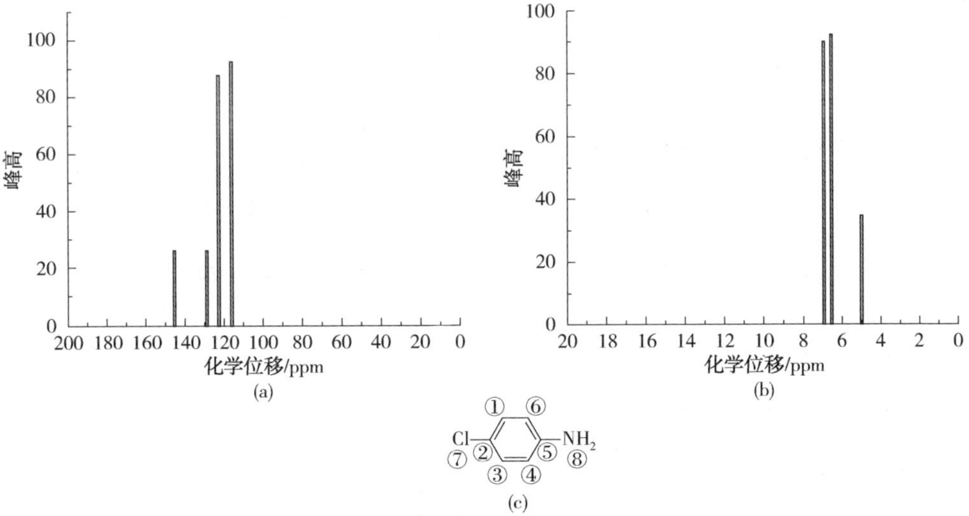

图 6-58　对氯苯胺核磁谱图

(a) ^{13}C 核磁谱图；(b) ^{1}H 核磁谱图；(c) 分子结构式及其编号

表 6-75　对氯苯胺核磁分析

原子序号	^{13}C 核磁化学位移	原子序号	^{1}H 核磁化学位移
C1	129	H1	7.02
C2	122.8	H3	7.02
C3	129	H4	6.6
C4	116.3	H6	6.6
C5	145.2	H8	5.03
C6	116.3		

概况

表 6-76　对氯苯胺结构及物化信息

中文名称	对氯苯胺	SRN	10365
化学式	C_6H_6ClN	熔点	69~72℃
英文名称	p-Chloroaniline	沸点	229~233℃
分子量	127.573	测试溶剂	$CDCl_3$
CAS	106-47-8	测试参比	TMS
辛醇/水分配系数：LogP	1.9	重原子数	8
可旋转键数	0	环数	1
sp3 杂化的碳原子比例	0	拓扑面积	26
氢给体数	1	氢受体数	1

(10) 苯胺

如图 6-59~图 6-62 和表 6-77~表 6-81 所示，为苯胺物化数据和三谱图分析。

① 红外谱图

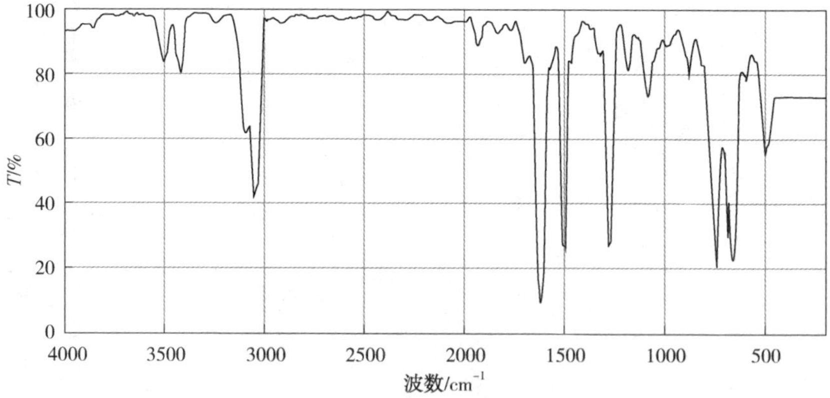

图 6-59　苯胺红外气相谱图

表 6-77　苯胺红外气相谱图分析

官能团	作用区域	备　注
NH_2 st	在 3500cm^{-1}、3410cm^{-1}处这两个谱带分别代表"游离"的不对称和对称 N—H 伸缩振动的特征峰	在 3400~3330cm^{-1}和 3330~3250cm^{-1}处有吸收
arC—H st	3050cm^{-1}处显示 arC—H 伸缩振动特征峰	芳环上的 C—H 伸缩振动谱带出现在 3100~3000cm^{-1}多重峰
C═C 伸缩振动	1618cm^{-1}为苯环 C═C 伸缩振动	1625~1575cm^{-1}，中等，常是二重峰，对称性的苯环衍生物较弱
C═C 伸缩振动	1497cm^{-1}为苯环 C═C 伸缩振动	1525~1475cm^{-1}，中等，常为二重峰
C—N st	C—N 伸缩振动，1276cm^{-1}	芳香族胺在 1342~1266cm^{-1}范围内出现强的 C—N 伸缩振动谱带
N—H 面内摇摆振动	665cm^{-1}是 N—H 的面内摇摆振动	这个谱带的位置受形成氢键程度的影响
苯环 C—H 面外变形振动	879cm^{-1}、745cm^{-1}、690cm^{-1}为═CH(4H)的 C—H 面外变形振动	由于环上氢原子的同相面外弯曲振动会与相邻氢原子产生强偶合

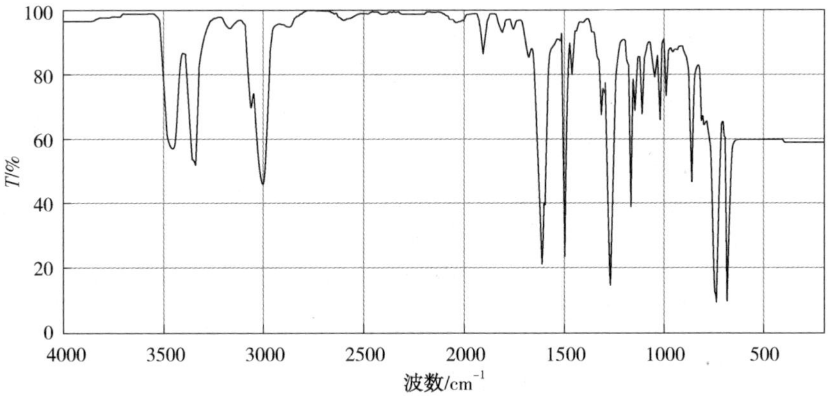

图 6-60　苯胺红外谱图

表 6-78　苯胺红外谱图分析

官能团	作用区域	备　注
NH_2 st	在 3457cm^{-1}、3345cm^{-1}处这两个谱带分别代表"游离"的不对称和对称 N—H 伸缩振动的特征峰	在 3400~3330cm^{-1}和 3330~3250cm^{-1}处有吸收

续表

官能团	作用区域	备注
arC—H st	3066cm^{-1}处显示 arC—H 伸缩振动特征峰	芳环上的 C—H 伸缩振动谱带出现在 3100~3000cm^{-1}多重峰
C=C 伸缩振动	1617cm^{-1}为苯环 C=C 伸缩振动	1625~1575cm^{-1}，中等，常是二重峰，对称性的苯环衍生物较弱
C=C 伸缩振动	1498cm^{-1}为苯环 C=C 伸缩振动	1525~1475cm^{-1}，中等，常为二重峰
C—N st	C—N 伸缩振动，1274cm^{-1}	芳香族胺在 1342~1266cm^{-1}范围内出现强的 C—N 伸缩振动谱带
N—H 面内摇摆振动	818cm^{-1}是 N—H 的面内摇摆振动	这个谱带的位置受形成氢键程度的影响
苯环 C—H 面外变形振动	688cm^{-1}、743cm^{-1}、868cm^{-1}为=CH (4H)的 C—H 面外变形振动	由于环上氢原子的同相面外弯曲振动会与相邻氢原子产生强偶合

② 质谱谱图

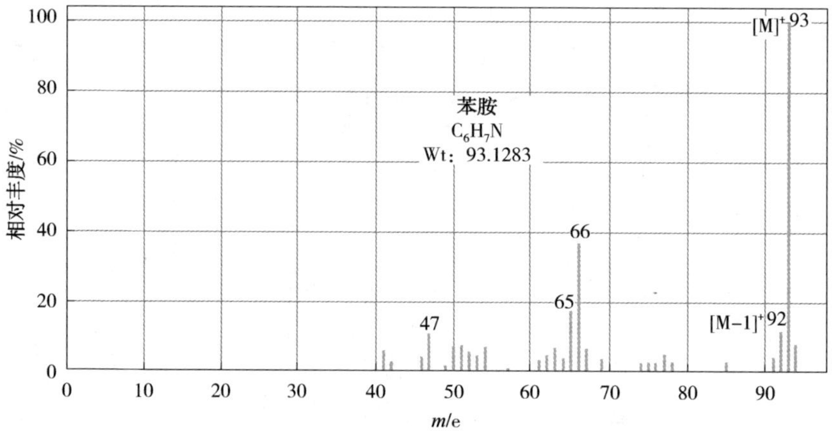

图 6-61 苯胺质谱图

表 6-79 苯胺质谱分析

测定	作用区域	备注
分子离子	$[M]^+$(m/z 93)很强 $[M-1]^+$(m/z 92)较强	分子离子：芳香一元胺的分子离子峰(奇数)是很强的。苯胺失去其中一个氨基的氢原子得到中等强度的 M-1 峰
灵敏度		灵敏度：主要在高质量区域

③ 核磁谱图

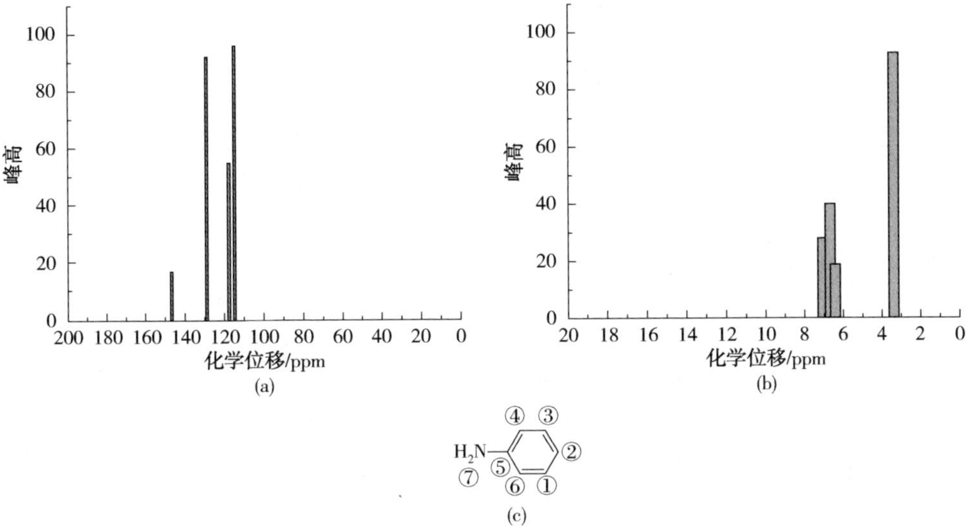

图 6-62　苯胺核磁谱图

(a) ^{13}C 核磁谱图；(b) ^{1}H 核磁谱图；(c) 分子结构式及其编号

表 6-80　苯胺核磁分析

原子序号	^{13}C 核磁化学位移	原子序号	^{1}H 核磁化学位移
C1	129. 20	H1	6. 99
C2	118. 20	H2	6. 59
C3	129. 20	H3	6. 59
C4	115. 10	H4	6. 44
C5	146. 70	H6	6. 44
C6	115. 10	H7	3. 32

概况

表 6-81　苯胺结构及物化信息

中文名称	苯胺；安尼林；阿尼林油；阿尼林；氨基苯	SRN	152179
化学式	C_6H_7N	熔点	-6℃
英文名称	aniline；Phenylamine	沸点	184℃
分子量	93. 1283	测试溶剂	$CDCl_3$
CAS	62-53-3	测试参比	TMS
辛醇/水分配系数：LogP	0. 9	重原子数	7

续表

中文名称	苯胺；安尼林；阿尼林油；阿尼林；氨基苯	SRN	152179
可旋转键数	0	环数	1
sp3 杂化的碳原子比例	0	拓扑面积	26
氢给体数	1	氢受体数	1

6.5 二胺波谱分析

(1) 己二胺

如图 6-63~图 6-65 和表 6-82~表 6-85 所示，为己二胺物化数据和三谱图分析。

① 红外谱图

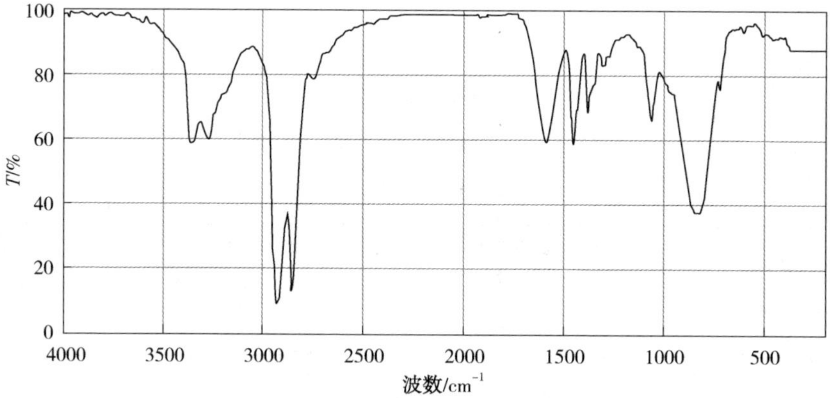

图 6-63 己二胺红外谱图

表 6-82 己二胺红外分析

官能团	作用区域	备注
NH_2 st	在 $3354cm^{-1}$ 和 $3275cm^{-1}$ 处显示 N—H 的伸缩振动特征峰	由于氢键的影响，这些谱带出现在 $3350cm^{-1}$ 和 $3180cm^{-1}$ 附近
C—H(CH_2) st as	$2924cm^{-1}$ 处显示—CH_2 的不对称拉伸振动特征峰	各种强度，多重峰
C—H(CH_2) st sy	$2854cm^{-1}$ 处显示—CH_2 的对称拉伸振动特征峰	
CH_2 δ as	$1452cm^{-1}$ 是 CH_2 的不对称变形振动	中等
CH_2 δ sy	$1383cm^{-1}$ 是 CH_2 的对称变形振动	中等

续表

官能团	作用区域	备　注
N—H 弯曲振动	1588cm^{-1}是 N—H 弯曲振动的特征峰	胺的弯曲振动(剪式)出现在光谱的1650~1580cm^{-1}处
C—N st	C—N 伸缩振动，1063cm^{-1}	在 1250~1020cm^{-1}区域内出现非共轭的C—N 键吸收谱带，其强度中等到弱
CH_2 γ	716cm^{-1}是 CH_2 的面内摇摆振动	中等
N—H 面内摇摆振动	835cm^{-1}是 N—H 的面内摇摆振动	这个谱带的位置受形成氢键程度的影响

② 质谱谱图

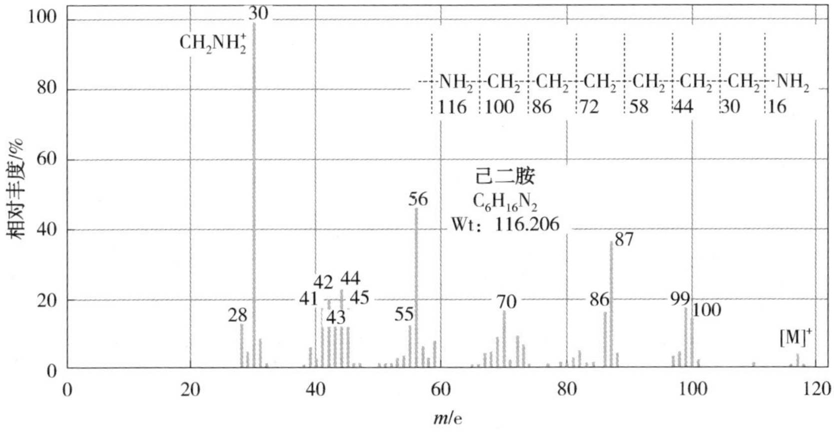

图 6-64　己二胺质谱图

表 6-83　己二胺质谱分析

测　定	作用区域	备　注
分子离子	[M]$^+$(m/z 116)较弱	分子离子：通常较弱或缺损
碎片	$CH_2NH_2^+$m/z 30 很强	基峰主要来自于氮原子相邻的 C—C 键断裂；a-碳上无支链的伯胺的基峰是 m/z 30($CH_2NH_2^+$)
离子系列	m/z 30，44，58，72，86，100	在直链伯胺中会产生 $C_nH_{2n+2}N$(m/z 30，44，58，72，86，…)的逐渐减弱(ε 键断裂比相邻键断裂稍重要)同系列峰，它们是由与氮原子依次远离的 C—C 键断裂，而电荷保留在含氮碎片上
灵敏度		由于很容易断裂形成基峰，故在高质量区碎片图形变得很弱。主要在低质量区域

③ 核磁谱图

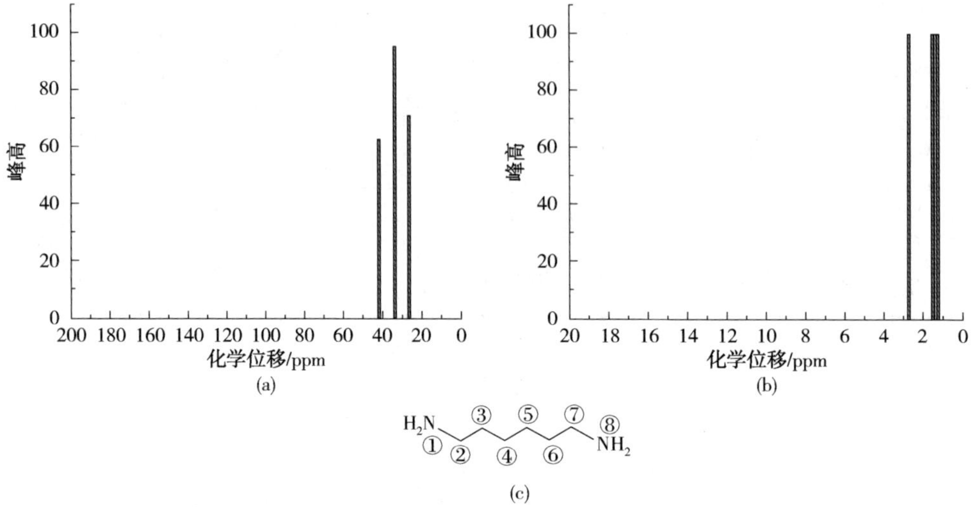

图 6-65 己二胺核磁谱图

(a) ^{13}C 核磁谱图；(b) ^{1}H 核磁谱图；(c) 分子结构式及其编号

表 6-84 己二胺核磁分析

原子序号	^{13}C 核磁化学位移	原子序号	^{1}H 核磁化学位移
C2	42.1	H1	2.678
C3	34	H2	1.49
C4	26.9	H3	1.36
C5	26.9	H4	2.678
C6	34	H5	1.49
C7	42.1	H6	1.36
		H7	1.22
		H8	1.22

概况

表 6-85 己二胺结构及物化信息

中文名称	1,6-己二胺	SRN	40572
化学式	$C_6H_{16}N_2$	熔点	39~40℃
英文名称	1,6-Hexanediamine	沸点	204~205℃
分子量	116.206	测试溶剂	$CDCl_3$
CAS	124-09-4	测试参比	TMS
辛醇/水分配系数：LogP	-0.2	重原子数	8

续表

中文名称	1,6-己二胺	SRN	40572
可旋转键数	5	环数	0
sp3 杂化的碳原子比例	1	拓扑面积	52
氢给体数	2	氢受体数	2

（2）乙二胺

如图 6-66~图 6-69 和表 6-86~表 6-90 所示，为乙二胺物化数据和三谱图分析。

① 红外谱图

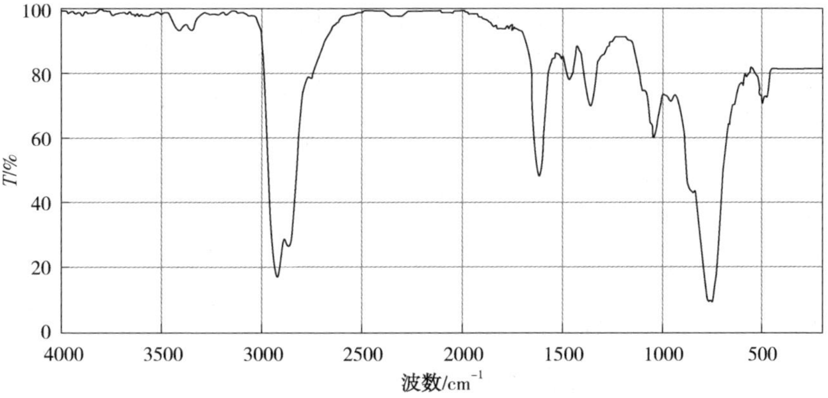

图 6-66　乙二胺红外气相谱图

表 6-86　乙二胺红外气相谱图分析

官能团	作用区域	备　注
NH_2 st	在 $3414cm^{-1}$ 和 $3350cm^{-1}$ 处显示 N—H 的伸缩振动特征峰	由于氢键的影响，这些谱带出现在 $3350cm^{-1}$ 和 $3180cm^{-1}$ 附近
C—H(CH_2)st as	$2925cm^{-1}$ 处显示—CH_2 的不对称拉伸振动特征峰	各种强度，多重峰
C—H(CH_2)st sy	$2857cm^{-1}$ 处显示—CH_2 的对称拉伸振动特征峰	
CH_2 δ as	$1466cm^{-1}$ 是 CH_2 的不对称变形振动	中等
CH_2 δ sy	$1366cm^{-1}$ 是 CH_2 的对称变形振动	中等
N—H 弯曲振动	$1620cm^{-1}$ 是 N—H 弯曲振动的特征峰	胺的弯曲振动（剪式）出现在光谱的 $1650\sim1580cm^{-1}$ 处
C—N st	C—N 伸缩振动，$1043cm^{-1}$	在 $1250\sim1020cm^{-1}$ 区域内出现非共轭的 C—N 键吸收谱带，其强度中等到弱
N—H 面内摇摆振动	$765cm^{-1}$ 是 N—H 的面内摇摆振动	这个谱带的位置受形成氢键程度的影响

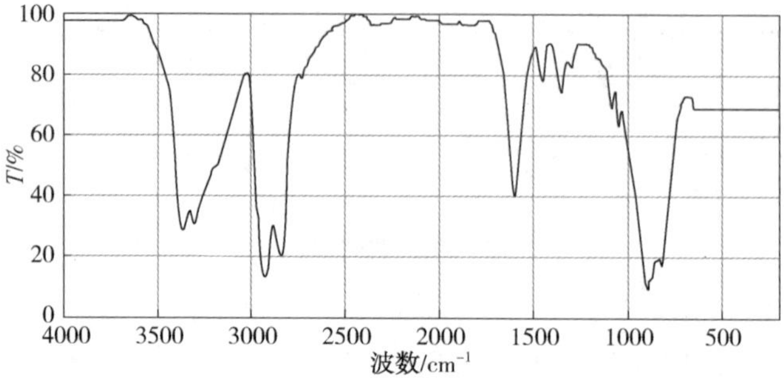

图 6-67　乙二胺红外谱图

表 6-87　乙二胺红外谱图分析

官能团	作用区域	备　注
NH_2 st	在 $3366cm^{-1}$ 和 $3301cm^{-1}$ 处显示 N—H 的伸缩振动特征峰	由于氢键的影响，这些谱带出现在 $3350cm^{-1}$ 和 $3180cm^{-1}$ 附近
C—H(CH_2)st as	$2931cm^{-1}$ 处显示—CH_2 的不对称拉伸振动特征峰	各种强度，多重峰
C—H(CH_2)st sy	$2843cm^{-1}$ 处显示—CH_2 的对称拉伸振动特征峰	
CH_2 δ as	$1455cm^{-1}$ 是 CH_2 的不对称变形振动	中等
CH_2 δ sy	$1354cm^{-1}$ 是 CH_2 的对称变形振动	中等
N—H 弯曲振动	$1601cm^{-1}$ 是 N—H 弯曲振动的特征峰	胺的弯曲振动(剪式)出现在光谱的 $1650 \sim 1580cm^{-1}$ 处
C—N st	C—N 伸缩振动，$1052cm^{-1}$	在 $1250 \sim 1020cm^{-1}$ 区域内出现非共轭的 C—N 键吸收谱带，其强度中等到弱
N—H 面内摇摆振动	$898cm^{-1}$ 是 N—H 的面内摇摆振动	这个谱带的位置受形成氢键程度的影响

② 质谱谱图

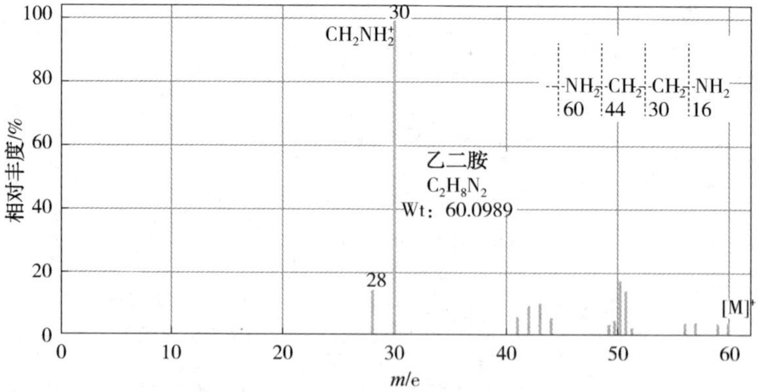

图 6-68　乙二胺质谱图

表 6-88　乙二胺质谱分析

测　定	作用区域	备注
分子离子	$[M]^+$(m/z 60)较弱	分子离子：通常较弱或缺损
碎片	$CH_2NH_2^+$m/z 30 很强	
离子系列	m/z 30，44	$C_nH_{2n+2}N$ 电荷保留在含氮碎片上
灵敏度		由于很容易断裂形成基峰，故在高质量区碎片图形变得很弱。主要在低质量区域

③ 核磁谱图

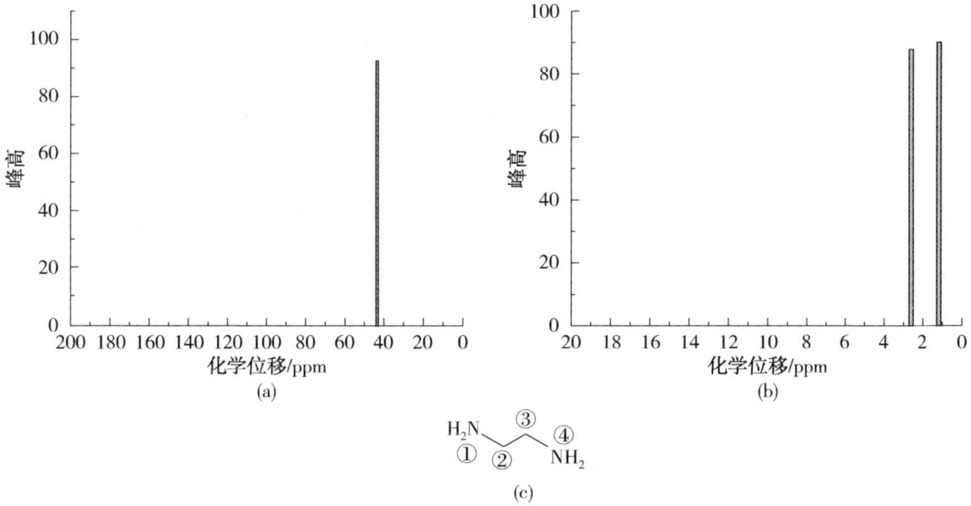

图 6-69　乙二胺核磁谱图

(a)^{13}C 核磁谱图；(b)^1H 核磁谱图；(c)分子结构式及其编号

表 6-89　乙二胺核磁分析

原子序号	^{13}C 核磁化学位移	原子序号	^1H 核磁化学位移
C2	45	H1	1.19
C3	45	H2	2.6
		H3	2.6
		H4	1.19

概况

表 6-90　乙二胺结构及物化信息

中文名称	乙二胺；乙二胺(易制爆)	SRN	10972
化学式	$C_2H_8N_2$	熔点	8℃
英文名称	ethylene diamine; ethyl diamine	沸点	117℃
分子量	60.0989	测试溶剂	$CDCl_3$
CAS	107-15-3	测试参比	TMS
辛醇/水分配系数：LogP	-2	重原子数	4
可旋转键数	1	环数	0
sp3 杂化的碳原子比例	1	拓扑面积	52
氢给体数	2	氢受体数	2

(3) 哌嗪

如图 6-70~图 6-73 和表 6-91~表 6-95 所示，为哌嗪物化数据和三谱图分析。

① 红外谱图

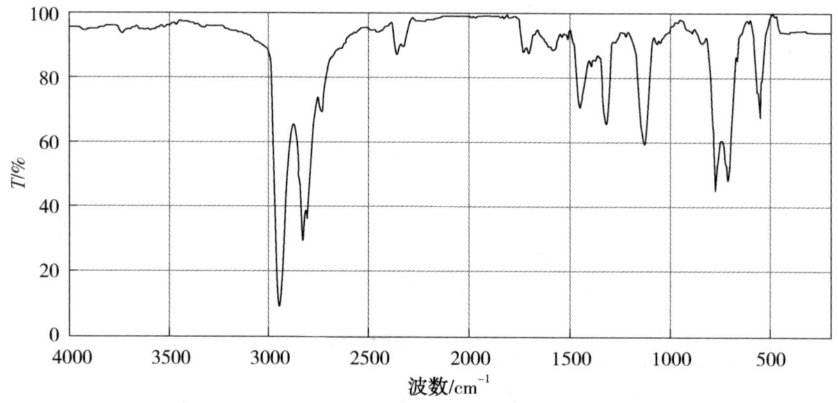

图 6-70　哌嗪红外气相谱图

表 6-91　哌嗪红外气相谱图分析

官能团	作用区域	备　注
N—H st	在 3350~3310cm^{-1} 处显示 N—H 的伸缩振动特征峰很弱	缔合的 N—H 谱带比相应的 O—H 谱带弱，而且通常更尖锐些
C—H(CH_2) st as	2946cm^{-1} 处显示—CH_2 的不对称拉伸振动特征峰	各种强度，多重峰

续表

官能团	作用区域	备　注
C—H(CH_2)st sy	$2829cm^{-1}$处显示—CH_2的对称拉伸振动特征峰	
CH_2 δ as	$1467cm^{-1}$是CH_2的不对称变形振动	中等
CH_2 δ sy	$1325cm^{-1}$是CH_2的对称变形振动	中等
N—H弯曲振动	脂肪族仲胺在1650~$1580cm^{-1}$处无N—H弯曲振动的特征峰	在脂肪族仲胺的光谱中，很少看到N—H弯曲振动的谱带
C—N st	C—N伸缩振动，$1132cm^{-1}$	在1250~$1020cm^{-1}$区域内出现非共轭的C—N键吸收谱带，其强度中等到弱
N—H面内摇摆振动	$779cm^{-1}$是N—H的面内摇摆振动	这个谱带的位置受形成氢键程度的影响

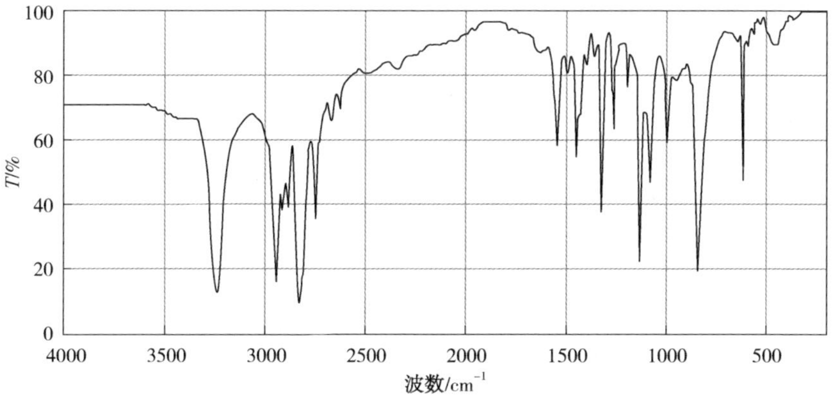

图6-71　哌嗪红外谱图

表6-92　哌嗪红外谱图分析

官能团	作用区域	备　注
N—H st	在$3245cm^{-1}$处显示N—H的伸缩振动特征峰	缔合的N—H谱带比相应的O—H谱带弱，而且通常更尖锐些
C—H(CH_2)st as	$2946cm^{-1}$处显示—CH_2的不对称拉伸振动特征峰	各种强度，多重峰
C—H(CH_2)st sy	$2836cm^{-1}$处显示—CH_2的对称拉伸振动特征峰	

官能团	作用区域	备　注
CH_2 δ as	1452cm^{-1}是 CH_2 的不对称变形振动	中等
CH_2 δ sy	1327cm^{-1}是 CH_2 的对称变形振动	中等
N—H 弯曲振动	脂肪族仲胺在 1650～1580cm^{-1} 处无 N—H 弯曲振动的特征峰	在脂肪族仲胺的光谱中，很少看到 N—H 弯曲振动的谱带
C—N st	C—N 伸缩振动，1083cm^{-1}、1133cm^{-1}	在 1250～1020cm^{-1}区域内出现非共轭的 C—N 键吸收谱带，其强度中等到弱
N—H 面内摇摆振动	845cm^{-1}是 N—H 的面内摇摆振动	这个谱带的位置受形成氢键程度的影响

② 质谱谱图

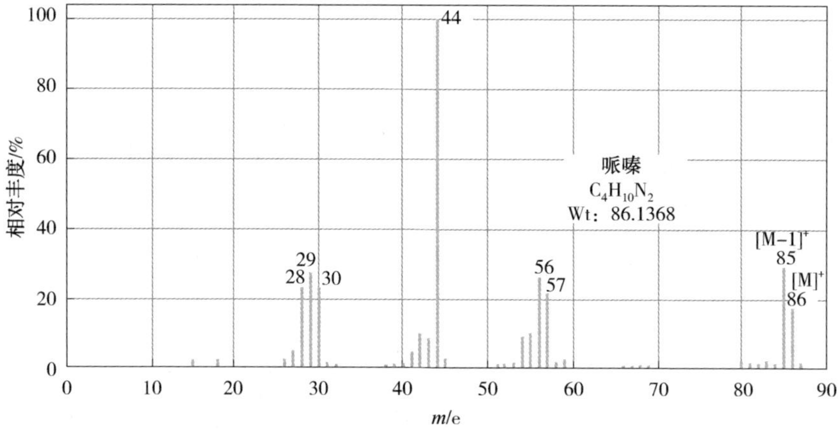

图 6-72　哌嗪质谱图

表 6-93　哌嗪质谱分析

测　定	作用区域	备　注
分子离子	$[M]^+$(m/z 86)强 $[M-1]^+$(m/z 85)强	分子离子：与非环胺相反，环胺的分子离子峰是很强的，通常是较重要的
碎片	$\cdot CH_2-{}^+NH=CH_2$ m/z 43 强 $CH_2=N=CH_2$ m/z 42 弱	失去乙烯得到 $\cdot CH_2-{}^+NH=CH_2$(m/z 43，基峰)离子，进而失去一个氢给出 $CH_2=N=CH_2$(m/z 42)离子
离子系列	m/z 42，56	离子系列：$C_nH_{2n}N$ 的偶数碎片
灵敏度		灵敏度：局部丛状最强峰均匀地分布于整个谱图

③ 核磁谱图

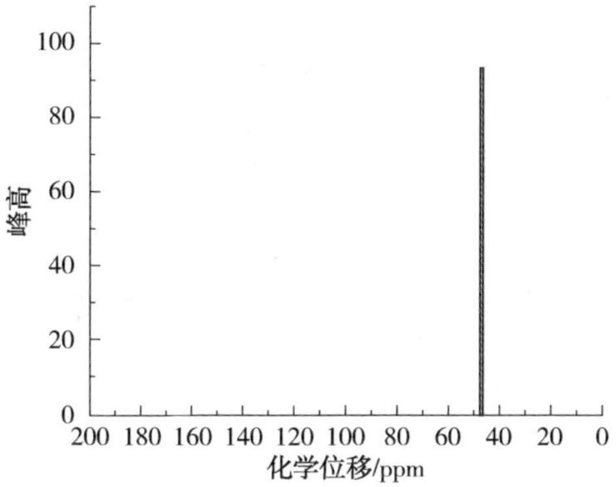

(a)

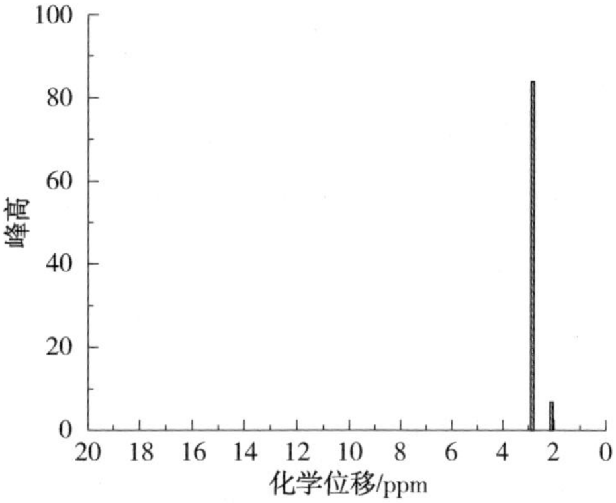

(b)

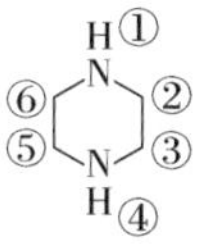

(c)

图 6-73 哌嗪核磁谱图

(a) ^{13}C 核磁谱图；(b) ^{1}H 核磁谱图；(c) 分子结构式及其编号

表 6-94 哌嗪核磁分析

原子序号	^{13}C 核磁化学位移	原子序号	^{1}H 核磁化学位移
C2	47.4	H1	2.03
C3	47.4	H2	2.83
C5	47.4	H3	2.83
C6	47.4	H4	2.03
		H5	2.83
		H6	2.83

概况

表 6-95 哌嗪结构及物化信息

中文名称	哌嗪	SRN	14104
化学式	$C_4H_{10}N_2$	熔点	108℃
英文名称	piperazine	沸点	145℃
分子量	86.1368	测试溶剂	$CDCl_3$
CAS	110-85-0	测试参比	TMS
辛醇/水分配系数：LogP	-1.5	重原子数	6

续表

中文名称	哌嗪	SRN	14104
可旋转键数	0	环数	1
sp3 杂化的碳原子比例	1	拓扑面积	24.1
氢给体数	2	氢受体数	2

(4) 1,3-丙二胺

如图 6-74~图 6-77 和表 6-96~表 6-100 所示，为 1,3-丙二胺物化数据和三谱图分析。

① 红外谱图

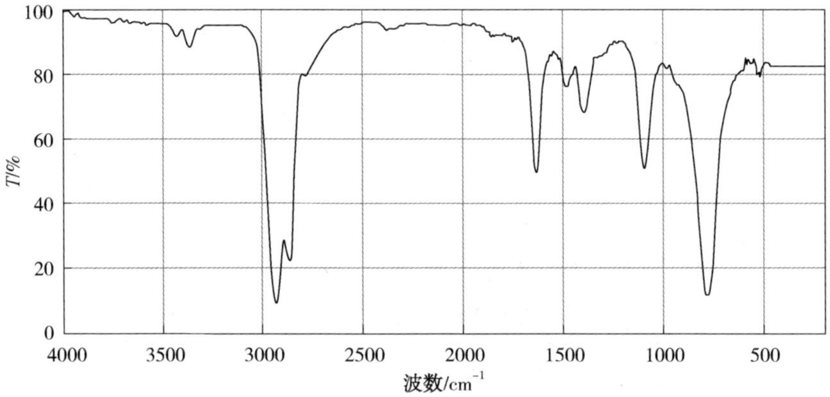

图 6-74　1,3-丙二胺红外气相谱图

表 6-96　1,3-丙二胺红外气相谱图分析

官能团	作用区域	备　注
NH_2 st	在 3433cm^{-1} 和 3362cm^{-1} 处显示 N—H 的伸缩振动特征峰很弱	由于氢键的影响，这些谱带出现在 3350cm^{-1} 和 3180cm^{-1} 附近
C—H(CH_2) st as	2933cm^{-1} 处显示—CH_2 的不对称拉伸振动特征峰	各种强度，多重峰
C—H(CH_2) st sy	2867cm^{-1} 处显示—CH_2 的对称拉伸振动特征峰	
CH_2 δ as	1479cm^{-1} 是 CH_2 的不对称变形振动	中等
CH_2 δ sy	1390cm^{-1} 是 CH_2 的对称变形振动	中等
N—H 弯曲振动	1628cm^{-1} 是 N—H 弯曲振动的特征峰	胺的弯曲振动(剪式)出现在光谱的 1650~1580cm^{-1} 处

续表

官能团	作用区域	备　　注
C—N st	C—N 伸缩振动，1086cm^{-1}	在 1250~1020cm^{-1} 区域内出现非共轭的 C—N 键吸收谱带，其强度中等到弱
N—H 面内摇摆振动	773cm^{-1}是 N—H 的面内摇摆振动	这个谱带的位置受形成氢键程度的影响

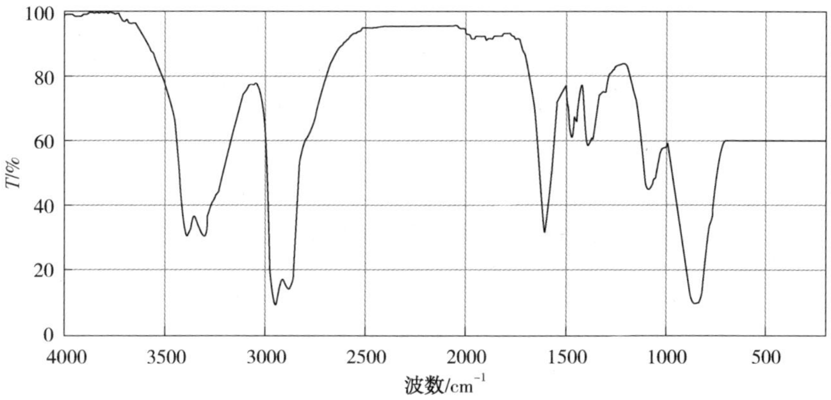

图 6-75　1,3-丙二胺红外谱图

表 6-97　1,3-丙二胺红外谱图分析

官能团	作用区域	备　　注
NH_2 st	在 3391cm^{-1} 和 3311cm^{-1} 处显示 N—H 的伸缩振动特征峰	由于氢键的影响，这些谱带出现在 3350cm^{-1} 和 3180cm^{-1} 附近
C—H(CH_2) st as	2952cm^{-1} 处显示—CH_2 的不对称拉伸振动特征峰	各种强度，多重峰
C—H(CH_2) st sy	2883cm^{-1} 处显示—CH_2 的对称拉伸振动特征峰	
CH_2 δ as	1467cm^{-1} 是 CH_2 的不对称变形振动	中等
CH_2 δ sy	1389cm^{-1} 是 CH_2 的对称变形振动	中等
N—H 弯曲振动	1606cm^{-1} 是 N—H 弯曲振动的特征峰	胺的弯曲振动(剪式)出现在光谱的 1650~1580cm^{-1} 处
C—N st	C—N 伸缩振动，1083cm^{-1}	在 1250~1020cm^{-1} 区域内出现非共轭的 C—N 键吸收谱带，其强度中等到弱
N—H 面内摇摆振动	845cm^{-1} 是 N—H 的面内摇摆振动	这个谱带的位置受形成氢键程度的影响

② 质谱谱图

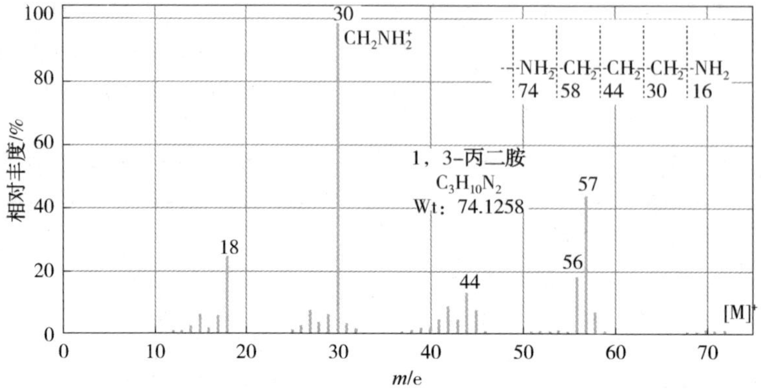

图 6-76　1,3-丙二胺质谱图

表 6-98　1,3-丙二胺质谱分析

测　定	作用区域	备　　注
分子离子	[M]$^+$(m/z 74)较弱	分子离子：通常较弱或缺损
碎片	$CH_2NH_2^+$m/z 30 很强	
离子系列	m/z 30，44，58	在直链伯胺中会产生 $C_nH_{2n+2}N$ 电荷保留在含氮碎片上
灵敏度		由于很容易断裂形成基峰，故在高质量区碎片图形变得很弱。主要在低质量区域

③ 核磁谱图

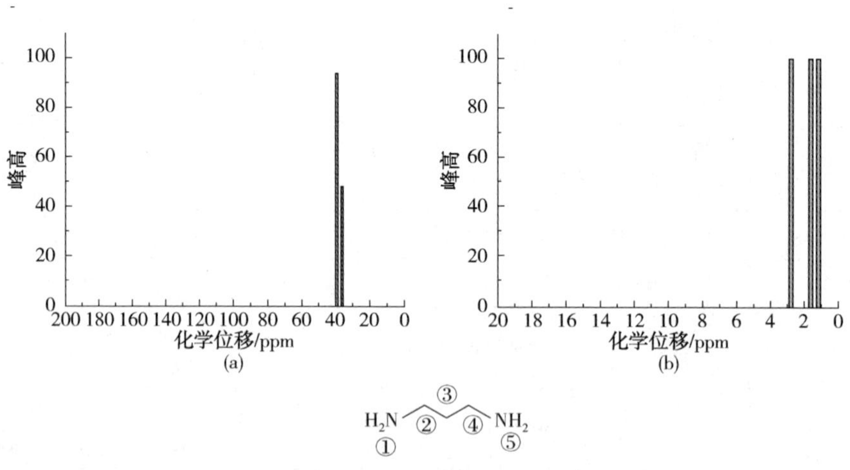

图 6-77　1,3-丙二胺核磁谱图

(a)^{13}C 核磁谱图；(b)^{1}H 核磁谱图；(c)分子结构式及其编号

表 6-99 1,3-丙二胺核磁分析

原子序号	^{13}C 核磁化学位移	原子序号	^{1}H 核磁化学位移
C2	39.3	H1	1.15
C3	35.9	H2	2.761
C4	39.3	H3	1.591
		H4	1.591
		H5	1.15

概况

表 6-100 1,3-丙二胺结构及物化信息

中文名称	1,3-丙二胺	SRN	13187
化学式	$C_3H_{10}N_2$	熔点	-12℃
英文名称	1,3-diaminopropane	沸点	120~122℃
分子量	74.1258	测试溶剂	D_3O
CAS	109-76-2	测试参比	Dioxane
辛醇/水分配系数：LogP	-1.4	重原子数	5
可旋转键数	2	环数	0
sp3 杂化的碳原子比例	1	拓扑面积	52
氢给体数	2	氢受体数	2

(5) 1,2-丙二胺

如图 6-78~图 6-81 和表 6-101~表 6-105 所示，为 1,2-丙二胺物化数据和三谱图分析。

① 红外谱图

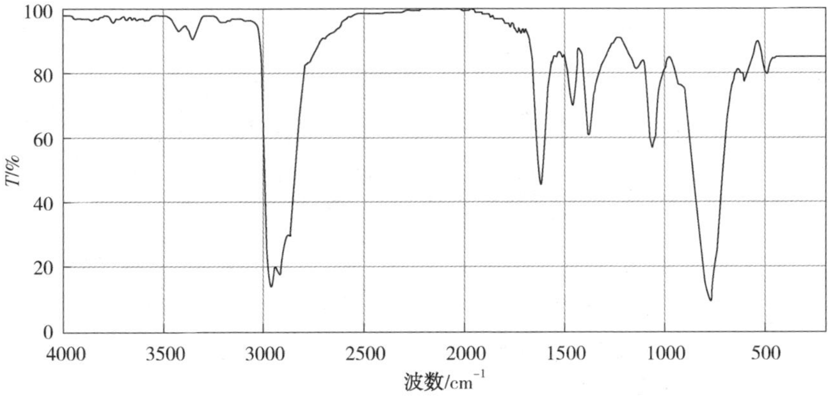

图 6-78 1,2-丙二胺红外气相谱图

表 6-101　1,2-丙二胺红外气相谱图分析

官能团	作用区域	备　注
NH_2 st	在 $3429cm^{-1}$ 和 $3349cm^{-1}$ 处显示 N—H 的伸缩振动特征峰很弱	由于氢键的影响，这些谱带出现在 $3350cm^{-1}$ 和 $3180cm^{-1}$ 附近
C—H(CH_2) st as	$2967cm^{-1}$ 处显示—CH_2 的不对称拉伸振动特征峰	各种强度，多重峰
C—H(CH_2) st sy	$2872cm^{-1}$ 处显示—CH_2 的对称拉伸振动特征峰	
CH_3 δ as	$1464cm^{-1}$ 是 CH_3 的不对称变形振动	中等，与 CH_2δ 重合
CH_3 δ sy	$1383cm^{-1}$ 是 CH_3 的对称变形振动	中等
N—H 弯曲振动	$1624cm^{-1}$ 是 N—H 弯曲振动的特征峰	胺的弯曲振动(剪式)出现在光谱的 $1650 \sim 1580cm^{-1}$ 处
C—N st	C—N 伸缩振动，$1068cm^{-1}$	在 $1250 \sim 1020cm^{-1}$ 区域内出现非共轭的 C—N 键吸收谱带，其强度中等到弱
N—H 面内摇摆振动	$778cm^{-1}$ 是 N—H 的面内摇摆振动	这个谱带的位置受形成氢键程度的影响

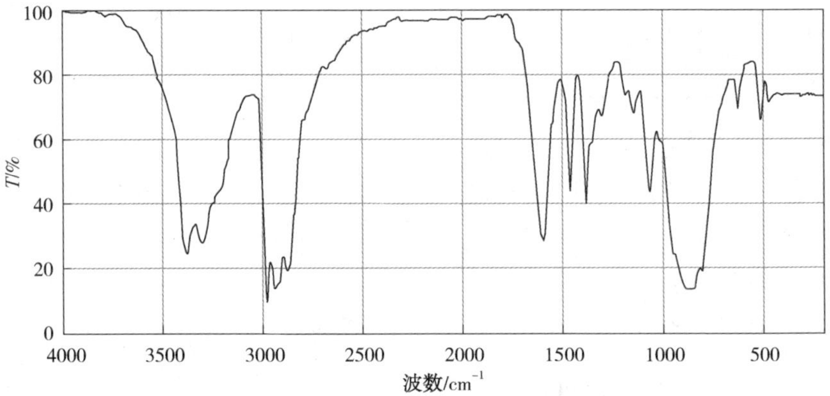

图 6-79　1,2-丙二胺红外谱图

表 6-102　1,2-丙二胺红外谱图分析

官能团	作用区域	备　注
NH_2 st	在 $3375cm^{-1}$ 和 $3297cm^{-1}$ 处显示 N—H 的伸缩振动特征峰	由于氢键的影响，这些谱带出现在 $3350cm^{-1}$ 和 $3180cm^{-1}$ 附近
C—H(CH_2) st as	$2974cm^{-1}$ 处显示—CH_2 的不对称拉伸振动特征峰	各种强度，多重峰

续表

官能团	作用区域	备　　注
C—H(CH_2) st sy	2869cm^{-1}处显示—CH_2 的对称拉伸振动特征峰	
CH_3 δ as	1456cm^{-1}是 CH_3 的不对称变形振动	中等，与 CH_2δ 重合
CH_3 δ sy	1376cm^{-1}是 CH_3 的对称变形振动	中等
N—H 弯曲振动	1589cm^{-1}是 N—H 弯曲振动的特征峰	胺的弯曲振动(剪式)出现在光谱的 1650～1580cm^{-1}处
C—N st	C—N 伸缩振动，1059cm^{-1}	在 1250～1020cm^{-1}区域内出现非共轭的 C—N 键吸收谱带，其强度中等到弱
N—H 面内摇摆振动	861cm^{-1}是 N—H 的面内摇摆振动	这个谱带的位置受形成氢键程度的影响

② 质谱谱图

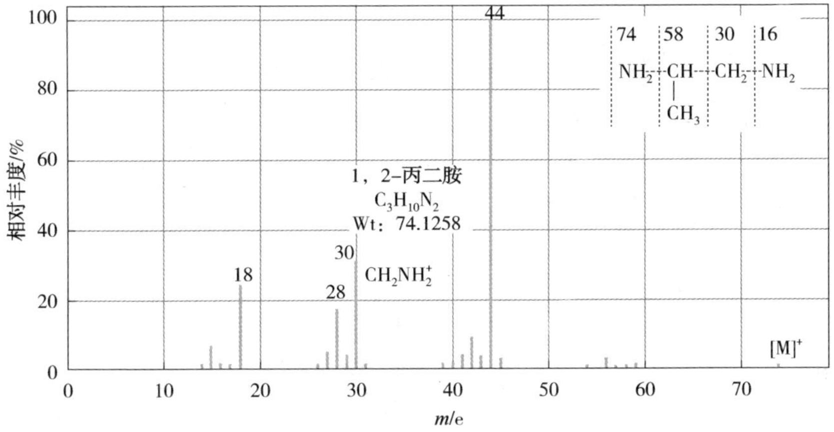

图 6-80　1,2-丙二胺质谱图

表 6-103　1,2-丙二胺质谱分析

测　定	作用区域	备　　注
分子离子	$[M]^+$(m/z 74)较弱	分子离子：通常较弱或缺损
碎片	$CH_2NH_2^+$ m/z 30 很强	
离子系列	m/z 30，44	在直链伯胺中会产生 $C_nH_{2n+2}N$ 电荷保留在含氮碎片上
灵敏度		由于很容易断裂形成基峰，故在高质量区碎片图形变得很弱。主要在低质量区域

③ 核磁谱图

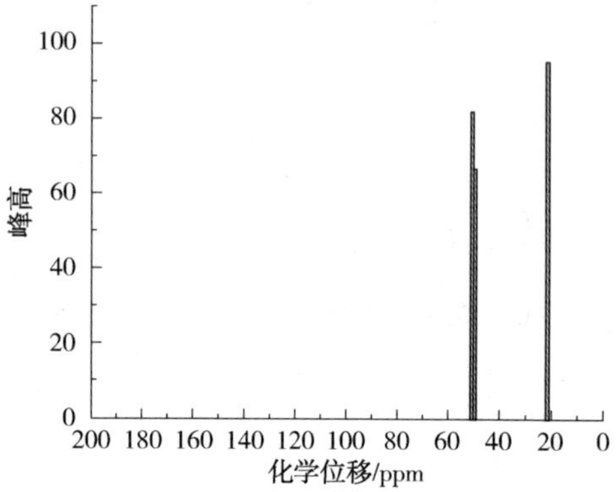

(a)

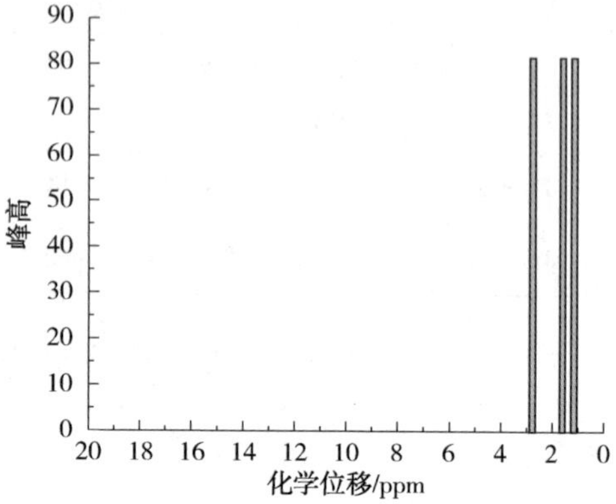

(b)

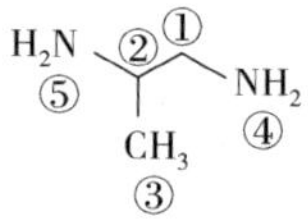

(c)

图 6-81　1,2-丙二胺核磁谱图

(a)^{13}C 核磁谱图；(b)^{1}H 核磁谱图；(c)分子结构式及其编号

表 6-104　1,2-丙二胺核磁分析

原子序号	^{13}C 核磁化学位移	原子序号	^{1}H 核磁化学位移
C1	50. 55	H1	2. 63
C2	49. 3	H2	2. 84
C3	21. 51	H3	1. 07
		H4	1. 2
		H5	1. 2

概况

表 6-105　1,2-丙二胺结构及物化信息

中文名称	1,2-丙二胺	SRN	60074192
化学式	$C_3H_{10}N_2$	熔点	-12℃
英文名称	1,2-diaminopropan	沸点	120℃
分子量	74. 1258	测试溶剂	$CDCl_3$
CAS	10424-38-1	测试参比	TMS
辛醇/水分配系数：LogP	-1. 2	重原子数	5
可旋转键数	1	环数	0
sp3 杂化的碳原子比例	1	拓扑面积	52
氢给体数	2	氢受体数	2

（6）4,4′-联苯二胺

如图 6-82～图 6-84 和表 6-106～表 6-109 所示，为 4,4′-联苯二胺物化数据和三谱图分析。

① 红外谱图

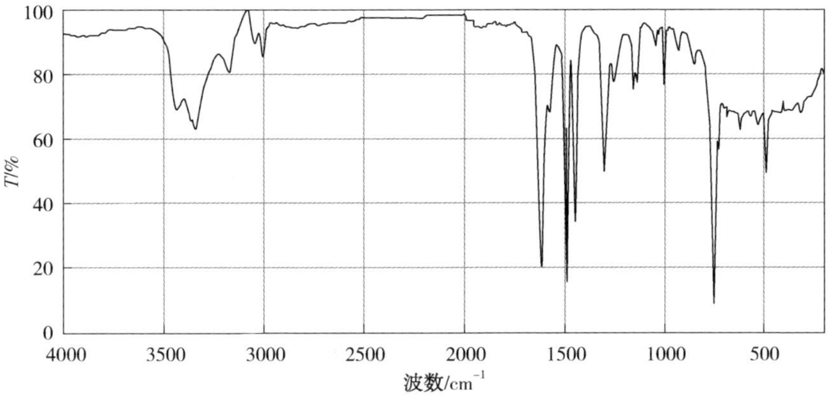

图 6-82　4,4′-联苯二胺红外谱图

表 6-106　4,4′-联苯二胺红外分析

官能团	作用区域	备　注
NH_2 st	在 3438cm^{-1}、3346cm^{-1}处这两个谱带分别代表"游离"的不对称和对称 N—H 伸缩振动的特征峰	两个弱的吸收谱带：一个是在 3500cm^{-1}附近，另一个则在 3400cm^{-1}附近
arC—H st	3050cm^{-1}处显示苯 C—H 伸缩振动特征峰	芳环上的 C—H 伸缩振动谱带出现在 3100～3000cm^{-1}多重峰
N—H 弯曲振动	1617cm^{-1}是 N—H 弯曲振动的特征峰	胺的弯曲振动（剪式）出现在光谱的 1650～1580cm^{-1}处
C═C 伸缩振动	1579cm^{-1}为苯环 C═C 伸缩振动	1625～1575cm^{-1}，中等，常是二重峰，对称性的苯环衍生物较弱
C═C 伸缩振动	1502cm^{-1}、1489cm^{-1}为苯环 C═C 伸缩振动	1525～1475cm^{-1}，中等，常为二重峰
C—N st	C—N 伸缩振动，1300cm^{-1}	在 1342～1266cm^{-1}范围内出现强的 C—N 伸缩振动谱带
N—H 面内摇摆振动	853cm^{-1}是 N—H 的面内摇摆振动	这个谱带的位置受形成氢键程度的影响
苯环 C—H 面外变形振动	753cm^{-1}为═CH 的 C—H 面外变形振动	由于环上氢原子的同相面外弯曲振动会与相邻氢原子产生强偶合

② 质谱谱图

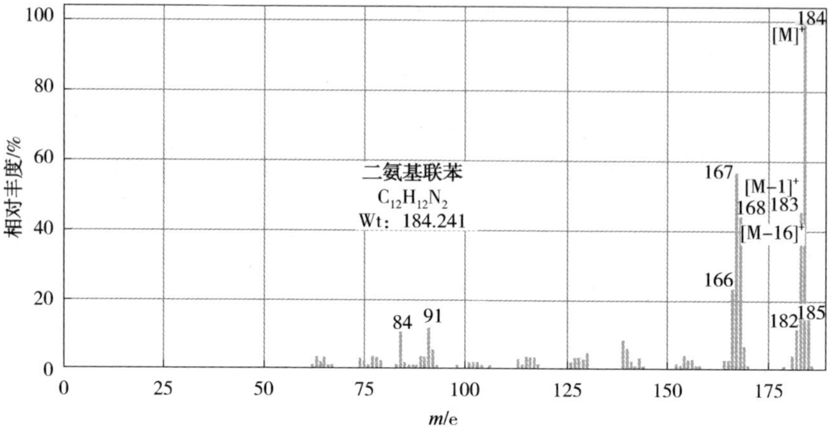

图 6-83　4,4′-联苯二胺质谱图

表 6-107　4,4′-联苯二胺质谱分析

测　定	作用区域	备　　注
分子离子	[M]$^+$(m/z 184)很强 [M-1]$^+$(m/z 183)很强 [M-1]$^+$(m/z 168)很强	分子离子：芳香一元胺的分子离子峰(奇数)是很强的
灵敏度		灵敏度：主要在高质量区域

③ 核磁谱图

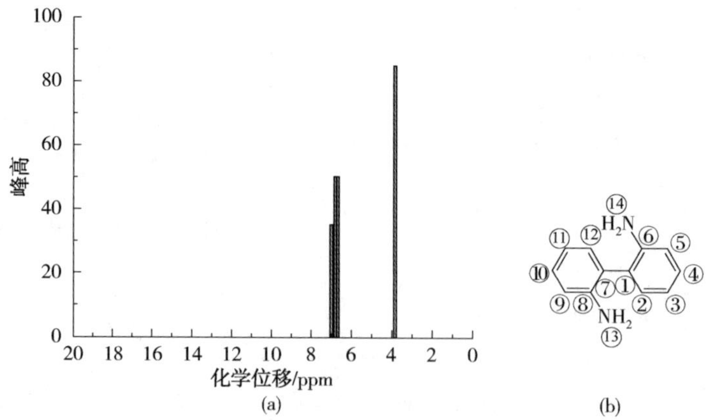

图 6-84　4,4′-联苯二胺核磁谱图

(a)^{1}H 核磁谱图；(b)分子结构式及其编号

表 6-108　4,4′-联苯二胺核磁分析

原子序号	^1H 核磁化学位移	原子序号	^1H 核磁化学位移
H2	6.7	H10	7
H3	6.8	H11	6.8
H4	7	H12	6.7
H5	7	H13	3.86
H9	7	H14	3.86

概况

表 6-109　4,4′-联苯二胺结构及物化信息

中文名称	2,2-联苯二胺；2,2′-二氨基联苯	SRN	178281
化学式	$C_{12}H_{12}N_2$	熔点	81℃
英文名称	2,2′-Biphenyldiamine	沸点	352.5℃
分子量	184.241	测试溶剂	Acetone
CAS	1454-80-4	测试参比	TMS
辛醇/水分配系数：LogP	2.4	重原子数	14
可旋转键数	1	环数	2
sp3 杂化的碳原子比例	0	拓扑面积	52
氢给体数	2	氢受体数	2

6.6　多胺波谱分析

(1) 二乙烯三胺

如图 6-85~图 6-88 和表 6-110~表 6-114 所示，为二乙烯三胺物化数据和三谱图分析。

① 红外谱图

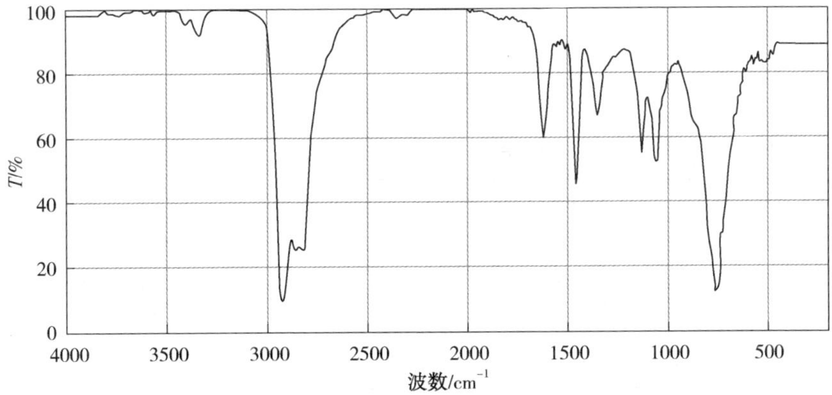

图 6-85　二乙烯三胺红外气相谱图

表 6-110　二乙烯三胺红外气相谱图分析

官能团	作用区域	备　注
NH_2 st	在 3420cm^{-1}和 3342cm^{-1}处显示 N—H 的伸缩振动特征峰	由于氢键的影响，这些谱带出现在 3350cm^{-1}和 3180cm^{-1}附近
C—H(CH_2) st as	2937cm^{-1}处显示—CH_2 的不对称拉伸振动特征峰	各种强度，多重峰
C—H(CH_2) st sy	2860cm^{-1}处显示—CH_2 的对称拉伸振动特征峰	
CH_2 δ as	1461cm^{-1}是 CH_2 的不对称变形振动	中等
CH_2 δ sy	1355cm^{-1}是 CH_2 的对称变形振动	中等
N—H 弯曲振动	1621cm^{-1}是 N—H 弯曲振动的特征峰	胺的弯曲振动(剪式)出现在光谱的 1650~1580cm^{-1}处
C—N st	C—N 伸缩振动，1063cm^{-1}	在 1250~1020cm^{-1}区域内出现非共轭的 C—N 键吸收谱带，其强度中等到弱
N—H 面内摇摆振动	760cm^{-1}是 N—H 的面内摇摆振动	这个谱带的位置受形成氢键程度的影响

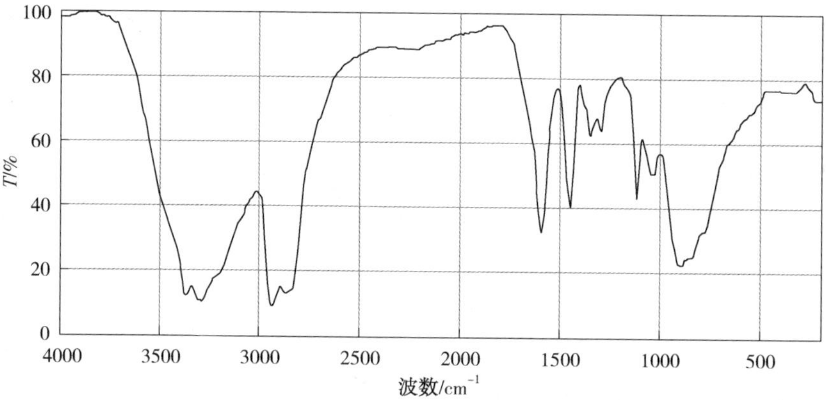

图 6-86　二乙烯三胺红外谱图

表 6-111　二乙烯三胺红外谱图分析

官能团	作用区域	备　注
NH_2 st	在 3376cm^{-1}和 3295cm^{-1}处显示 N—H 的伸缩振动特征峰	由于氢键的影响，这些谱带出现在 3350cm^{-1}和 3180cm^{-1}附近
C—H(CH_2) st as	2933cm^{-1}处显示—CH_2 的不对称拉伸振动特征峰	各种强度，多重峰

续表

官能团	作用区域	备　注
C—H(CH_2)st sy	2860cm^{-1}处显示—CH_2 的对称拉伸振动特征峰	
CH_2 δ as	1453cm^{-1}是 CH_2 的不对称变形振动	中等
CH_2 δ sy	1351cm^{-1}是 CH_2 的对称变形振动	中等
N—H 弯曲振动	1598cm^{-1}是 N—H 弯曲振动的特征峰	胺的弯曲振动(剪式)出现在光谱的1650~1580cm^{-1}处
C—N st	C—N 伸缩振动，1044cm^{-1}	在 1250~1020cm^{-1}区域内出现非共轭的C—N 键吸收谱带，其强度中等到弱
N—H 面内摇摆振动	903cm^{-1}是 N—H 的面内摇摆振动	这个谱带的位置受形成氢键程度的影响

② 质谱谱图

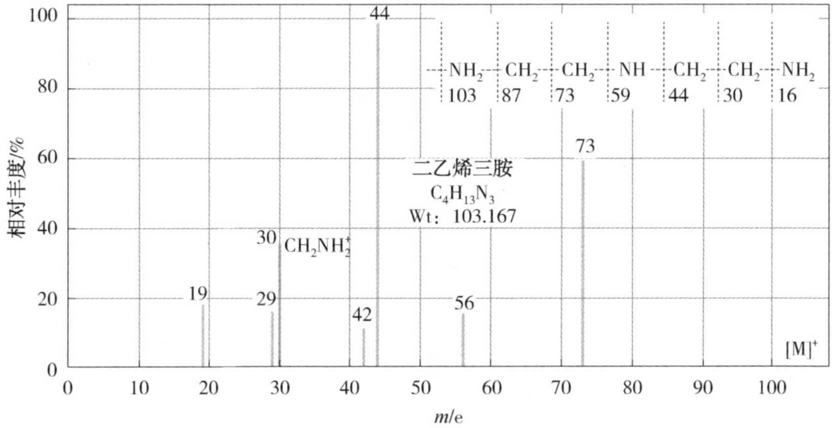

图 6-87　二乙烯三胺质谱图

表 6-112　二乙烯三胺质谱分析

测　定	作用区域	备　注
分子离子	[M]$^+$(m/z 103)很弱	分子离子：通常较弱或缺损
碎片	$CH_2NH_2^+$m/z 30 很强	
离子系列	m/z 30，44，73	在直链伯胺中会产生 $C_nH_{2n+2}N$ 电荷保留在含氮碎片上
灵敏度		由于很容易断裂形成基峰，故在高质量区碎片图形变得很弱。主要在低质量区域

③ 核磁谱图

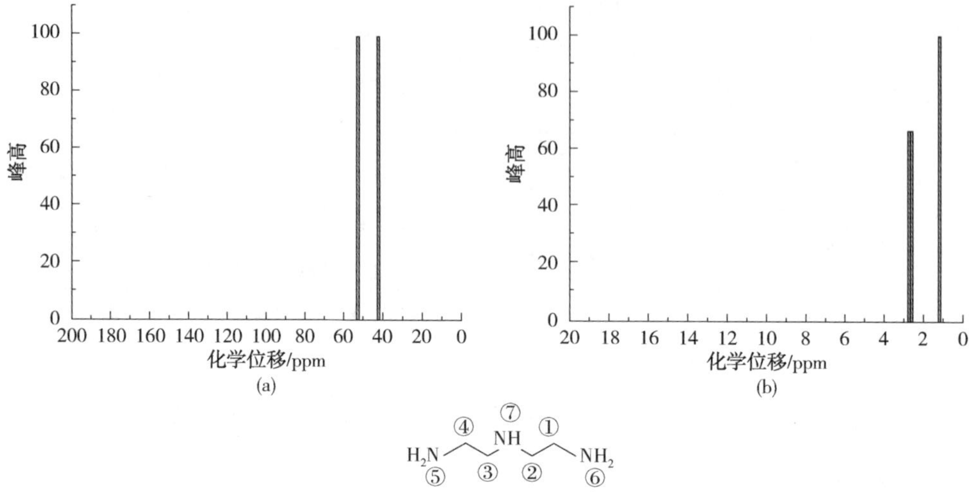

(c)

图 6-88 二乙烯三胺核磁谱图

(a)^{13}C 核磁谱图；(b)^{1}H 核磁谱图；(c)分子结构式及其编号

表 6-113 二乙烯三胺核磁分析

原子序号	^{13}C 核磁化学位移	原子序号	^{1}H 核磁化学位移
C1	41.91	H1	2.69
C2	52.56	H2	2.79
C3	52.56	H3	2.79
C4	41.91	H4	2.69
		H5	1.23
		H6	1.23
		H7	1.23

概况

表 6-114 二乙烯三胺结构及物化信息

中文名称	二乙烯三胺	SRN	14577
化学式	$C_4H_{13}N_3$	熔点	-35℃
英文名称	1,5-diamino-3-azapentane	沸点	207℃
分子量	103.167	测试溶剂	H_2O

续表

中文名称	二乙烯三胺	SRN	14577
CAS	111-40-0	测试参比	Dioxane
辛醇/水分配系数：LogP	-2.1	重原子数	7
可旋转键数	4	环数	0
sp3 杂化的碳原子比例	1	拓扑面积	64.1
氢给体数	3	氢受体数	3

(2) 二丙烯三胺

如图 6-89~图 6-91 和表 6-115~表 6-118 所示，为二丙烯三胺物化数据和谱图分析。

① 红外谱图

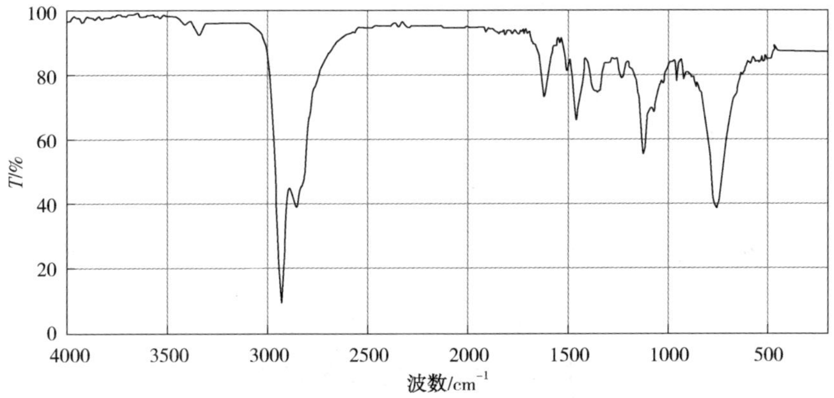

图 6-89　二丙烯三胺红外气相谱图

表 6-115　二丙烯三胺红外气相谱图分析

官能团	作用区域	备　注
NH_2 st	在 3420cm^{-1} 和 3340cm^{-1} 处显示 N—H 的伸缩振动特征峰	由于氢键的影响，这些谱带出现在 3350cm^{-1} 和 3180cm^{-1} 附近
C—H(CH_2) st as	2932cm^{-1} 处显示—CH_2 的不对称拉伸振动特征峰	各种强度，多重峰
C—H(CH_2) st sy	2861cm^{-1} 处显示—CH_2 的对称拉伸振动特征峰	
CH_2 δ as	1467cm^{-1} 是 CH_2 的不对称变形振动	中等

续表

官能团	作用区域	备　注
CH_2 δ sy	1370cm^{-1} 是 CH_2 的对称变形振动	中等
N—H 弯曲振动	1627cm^{-1} 是 N—H 弯曲振动的特征峰	胺的弯曲振动(剪式)出现在光谱的 1650~1580cm^{-1}处
C—N st	C—N 伸缩振动，1130cm^{-1}	在 1250~1020cm^{-1}区域内出现非共轭的 C—N 键吸收谱带，其强度中等到弱
N—H 面内摇摆振动	765cm^{-1} 是 N—H 的面内摇摆振动	这个谱带的位置受形成氢键程度的影响

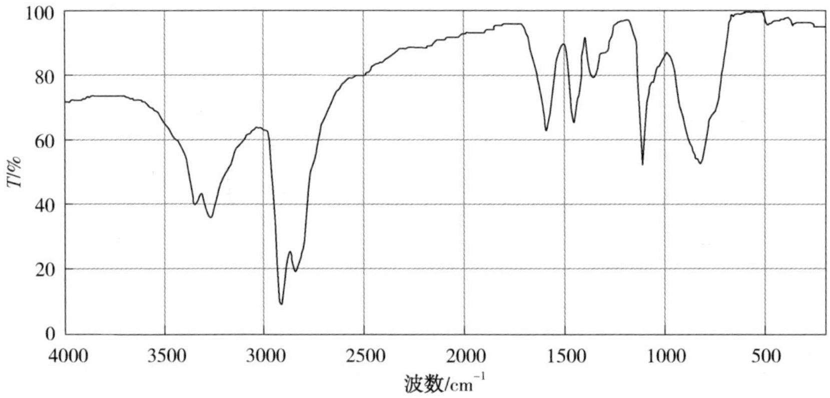

图 6-90　二丙烯三胺红外谱图

表 6-116　二丙烯三胺红外谱图分析

官能团	作用区域	备　注
NH_2 st	在 3348cm^{-1}和 3273cm^{-1}处显示 N—H 的伸缩振动特征峰	由于氢键的影响，这些谱带出现在 3350cm^{-1}和 3180cm^{-1}附近
C—H(CH_2)st as	2919cm^{-1}处显示—CH_2 的不对称拉伸振动特征峰	各种强度，多重峰
C—H(CH_2)st sy	2844cm^{-1}处显示—CH_2 的对称拉伸振动特征峰	
CH_2 δ as	1456cm^{-1}是 CH_2 的不对称变形振动	中等
CH_2 δ sy	1378cm^{-1}是 CH_2 的对称变形振动	中等
N—H 弯曲振动	1592cm^{-1}是 N—H 弯曲振动的特征峰	胺的弯曲振动(剪式)出现在光谱的 1650~1580cm^{-1}处

续表

官能团	作用区域	备　注
C—N st	C—N 伸缩振动，$1114cm^{-1}$	在 $1250 \sim 1020cm^{-1}$ 区域内出现非共轭的 C—N 键吸收谱带，其强度中等到弱
N—H 面内摇摆振动	$822cm^{-1}$ 是 N—H 的面内摇摆振动	这个谱带的位置受形成氢键程度的影响

② 核磁谱图

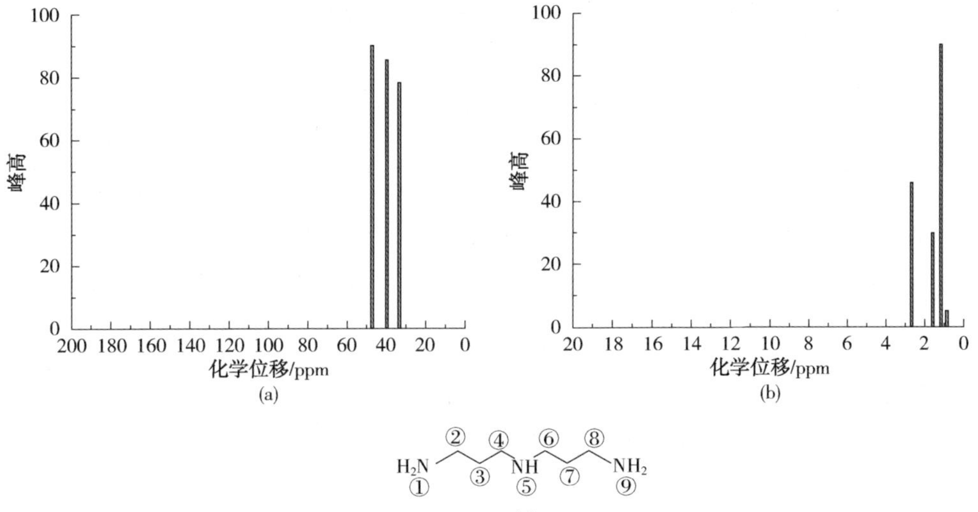

图 6-91　二丙烯三胺核磁谱图

(a) ^{13}C 核磁谱图；(b) ^{1}H 核磁谱图；(c) 分子结构式及其编号

表 6-117　二丙烯三胺核磁分析

原子序号	^{13}C 核磁化学位移	原子序号	^{1}H 核磁化学位移
C2	40. 6	H1	1. 18
C3	34. 1	H2	2. 7
C4	48	H3	1. 63
C6	48	H4	2. 7
C7	34. 1	H5	1. 18
C8	40. 6	H6	2. 7
		H7	1. 63
		H8	2. 7
		H9	1. 18

概况

表 6-118　二丙烯三胺结构及物化信息

中文名称	3,3′-二氨基二丙基胺	SRN	22884312
化学式	$C_6H_{17}N_3$	熔点	-14℃
英文名称	3,3′-diaminodipropylamine	沸点	116~118℃
分子量	131.221	测试溶剂	$CDCl_3$
CAS	56-18-8	测试参比	TMS
辛醇/水分配系数：LogP	-1.4	重原子数	9
可旋转键数	6	环数	0
sp3 杂化的碳原子比例	1	拓扑面积	64.1
氢给体数	3	氢受体数	3

(3) 三乙烯四胺

如图 6-92~图 6-95 和表 6-119~表 6-123 所示，为三乙烯四胺物化数据和三谱图分析。

① 红外谱图

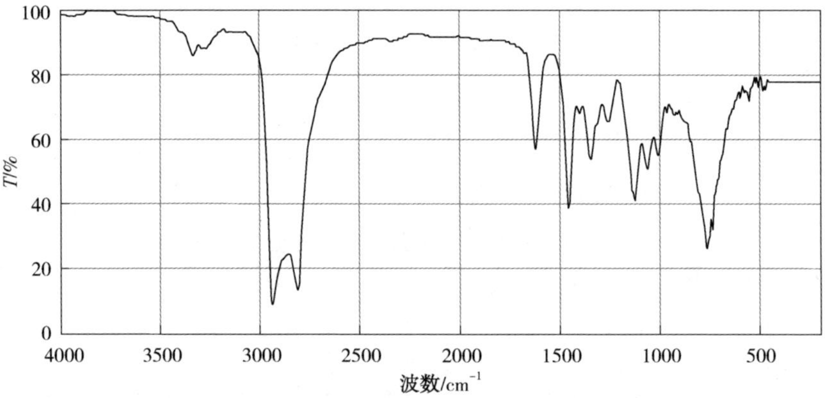

图 6-92　三乙烯四胺红外气相谱图

表 6-119　三乙烯四胺红外气相谱图分析

官能团	作用区域	备　注
NH_2 st	在 $3330cm^{-1}$ 处显示 N—H 的伸缩振动特征峰很弱	由于氢键的影响，这些谱带出现在 $3350cm^{-1}$ 和 $3180cm^{-1}$ 附近
C—H(CH_2) st as	$2938cm^{-1}$ 处显示—CH_2 的不对称拉伸振动特征峰	各种强度，多重峰

官能团	作用区域	备　注
C—H(CH_2)st sy	2812cm^{-1}处显示—CH_2 的对称拉伸振动特征峰	
CH_2 δ as	1458cm^{-1}是 CH_2 的不对称变形振动	中等
CH_2 δ sy	1349cm^{-1}是 CH_2 的对称变形振动	中等
N—H 弯曲振动	1626cm^{-1}是 N—H 弯曲振动的特征峰	胺的弯曲振动(剪式)出现在光谱的1650~1580cm^{-1}处
C—N st	C—N 伸缩振动，1127cm^{-1}	在 1250~1020cm^{-1}区域内出现非共轭的 C—N 键吸收谱带，其强度中等到弱
N—H 面内摇摆振动	765cm^{-1}是 N—H 的面内摇摆振动	这个谱带的位置受形成氢键程度的影响

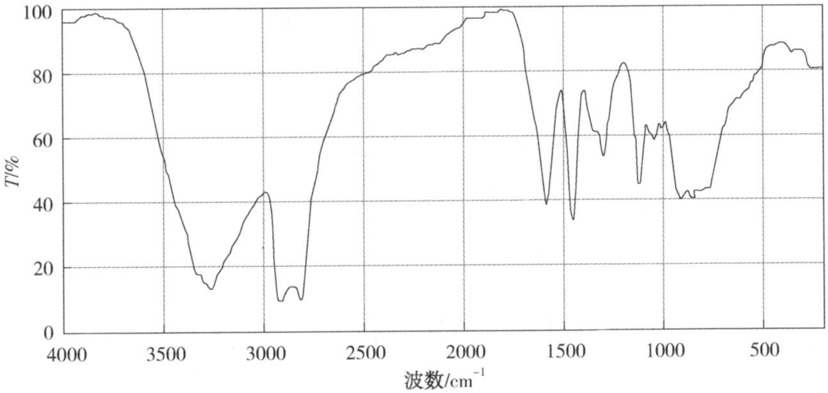

图 6-93　三乙烯四胺红外谱图

表 6-120　三乙烯四胺红外谱图分析

官能团	作用区域	备　注
NH_2st	在 3341cm^{-1}和 3262cm^{-1}处显示 N—H 的伸缩振动特征峰	由于氢键的影响，这些谱带出现在3350cm^{-1}和 3180cm^{-1}附近
C—H(CH_2)st as	2917cm^{-1}处显示—CH_2 的不对称拉伸振动特征峰	各种强度，多重峰
C—H(CH_2)st sy	2814cm^{-1}处显示—CH_2 的对称拉伸振动特征峰	

续表

官能团	作用区域	备注
CH_2 δ as	1457cm^{-1}是 CH_2 的不对称变形振动	中等
CH_2 δ sy	1349cm^{-1}是 CH_2 的对称变形振动	中等
N—H 弯曲振动	1589cm^{-1}是 N—H 弯曲振动的特征峰	胺的弯曲振动（剪式）出现在光谱的 1650~1580cm^{-1}处
C—N st	C—N 伸缩振动，1126cm^{-1}	在 1250~1020cm^{-1}区域内出现非共轭的 C—N 键吸收谱带，其强度中等到弱
N—H 面内摇摆振动	870cm^{-1}是 N—H 的面内摇摆振动	这个谱带的位置受形成氢键程度的影响

② 质谱谱图

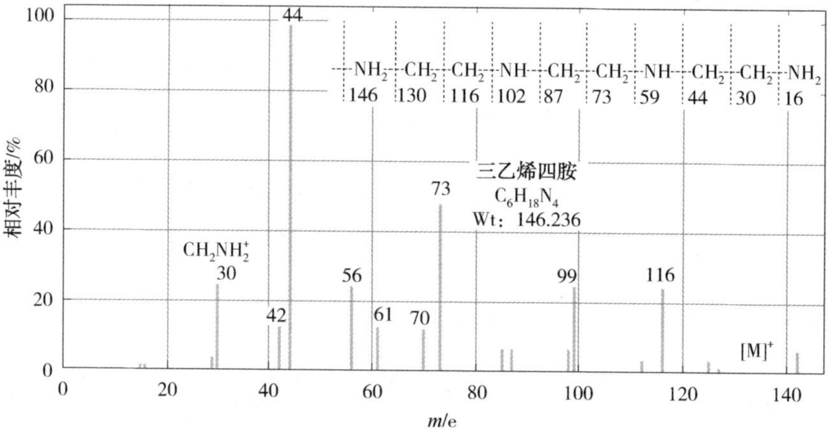

图 6-94　三乙烯四胺质谱图

表 6-121　三乙烯四胺质谱分析

测　定	作用区域	备注
分子离子	$[M]^+$(m/z 146)很弱	分子离子：通常较弱或缺损
碎片	$CH_2NH_2^+$m/z 30 很强	
离子系列	m/z 30，44，73，87，116	在直链伯胺中会产生 $C_nH_{2n+2}N$ 电荷保留在含氮碎片上
灵敏度		由于很容易断裂形成基峰，故在高质量区碎片图形变得很弱。主要在低质量区域

③ 核磁谱图

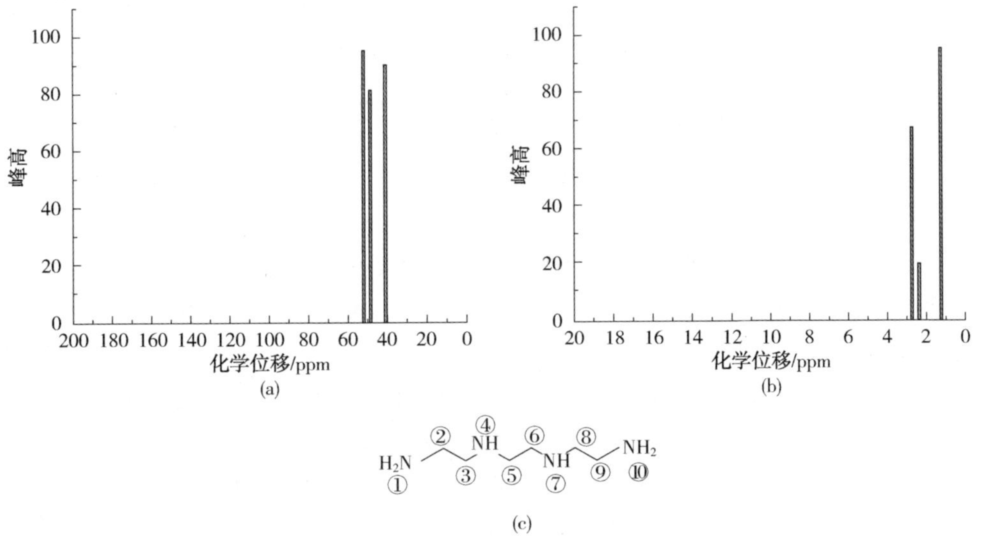

图 6-95　三乙烯四胺核磁谱图

(a) ^{13}C 核磁谱图；(b) ^{1}H 核磁谱图；(c) 分子结构式及其编号

表 6-122　三乙烯四胺核磁分析

原子序号	^{13}C 核磁化学位移	原子序号	^{1}H 核磁化学位移	原子序号	^{1}H 核磁化学位移
C2	41.9	H1	1.38	H7	1.38
C3	52.8	H2	2.48	H8	2.85
C5	49.5	H3	2.85	H9	2.48
C6	49.5	H4	1.38	H10	1.38
C8	52.8	H5	2.85		
C9	41.9	H6	2.85		

概况

表 6-123　三乙烯四胺结构及物化信息

中文名称	三乙烯四胺	SRN	15334
化学式	$C_6H_{18}N_4$	熔点	12℃
英文名称	triethylentetramine	沸点	284~287℃
分子量	146.236	测试溶剂	$CDCl_3$
CAS	112-24-3	测试参比	TMS
辛醇/水分配系数：LogP	-2.5	重原子数	10
可旋转键数	7	环数	0
sp3 杂化的碳原子比例	1	拓扑面积	76.1
氢给体数	4	氢受体数	4

第七章　关键添加剂波谱

润滑油脂在国民经济的各个生产部门，尤其是机械工业部门有着极为广泛的应用，它能减少相对运动的接触表面之间的摩擦和磨损，影响机械的耐用性、能源效率和发动机功率的释放以及密封垫的耐用性和排放间隙期，同时还可以提高产品的可靠性，具有节约材料和能源等重大作用。但是，半个世纪以来，随着机械设备的不断更新，应用范围不断扩大，单靠石油炼厂加工出来的润滑油类产品，从性能上远远不能满足客观上的要求。为此，20 世纪 20 年代国外已在汽油与个别润滑油(脂)中加入添加剂，使用后性能大为改善。经过数十年的研究开发与应用实践，添加剂已成为提高油品使用性能、改善质量既经济又有效的重要手段，开发研制价格低廉、性能优越的油品添加剂一直就是各国油品科研工作者的重要课题之一。表 7-1 为润滑油添加剂分类及作用。

表 7-1　润滑油添加剂分类及作用

添加剂类型	代表性化合物	主要作用
清净剂	磺酸盐、烷基酚盐、水杨酸盐、硫代磷酸盐	防止内燃机内形成烟灰，漆状沉积，中和酸性物质减少腐蚀磨损
无灰分散剂	丁二酰胺、丁二酸酯、酚醛胺缩合物	与清净剂复合，有协同作用，特别在防止低温油泥方面效果突出
抗氧抗腐蚀剂	二烷基二硫代磷酸锌盐(ZDDP)	具有抗氧化抗腐蚀及极压抗磨作用，用于内燃机油、液压油、齿轮油
极压抗磨剂	硫化异丁烯、氯化石蜡、烷基磷酸酯胺盐、磷酸酯有机硼化物	改善油品在高温高载荷下抗擦伤、抗磨损的性能
摩擦改进剂(油性剂)	脂肪酸及其皂类动植物油或硫化动植物油，磷酸酯或油酸酯类	提高油品润滑性、降低摩擦及磨损
抗氧剂和金属减活剂	屏蔽酚类、2,6-二叔丁基对甲酚、芳胺、β-萘胺等，苯三唑衍生物、噻二唑衍生物等	抗氧剂能延缓油品氧化、延长油品使用期，金属减活剂防止金属氧化的催化作用，二者复合后效果更显著，此类剂多用于工业润滑油
黏度指数改进剂	乙丙共聚物，聚甲基丙烯酸酯、聚异丁烯，苯乙烯异戊二烯共聚物	能显著改善油品黏温性能，主要用于多级内燃机油

续表

添加剂类型	代表性化合物	主要作用
防锈剂	磺酸盐、烯基丁二酸及其酯类、羧酸盐、有机胺	提高油品阻止水分子与氧分子对金属的锈蚀作用，保护金属表面延缓锈蚀
降凝剂	聚甲基丙烯酸酯、烷基萘、聚α-烯烃	使油品中的蜡晶细化，降低油品凝点，改善油品低温流动性
抗泡沫剂	甲基硅油、丙烯酸酯等	降低泡沫表面张力，阻止泡沫形成
乳化剂与抗乳化剂	烷基磺酸盐、脂肪醇聚氧乙烯醚类、山梨醇单月桂酸酯等	不同结构的表面活性剂，用于不同场合分别具有乳化及抗乳化性能

美国1930年开始使用润滑油添加剂，1940年用量约为40万吨，2005年为107万吨，2010年为113万吨，2015年为122万吨，2024年为132万吨，添加剂平均价格2830美元/吨，总产值3727百万美元，添加剂总量51%以上用于汽车润滑油(包括齿轮油，ATF)。欧洲1940年开始使用润滑油添加剂，2005年用量约为142万吨，2024年为187万吨。日本1992年用量约为12万吨，增长缓慢。2024年16万吨。表7-2为国外主要添加剂发展历史，表7-3为国外主要添加剂公司销售产品信息。

表7-2 国外主要添加剂发展历史

添加剂名称	公司名称	年　份
聚异丁烯	Exxon	1930—1935
烷基萘	Exxon	1930—1935
烷基酚盐	Chevron、Exxon、Mobil	1939
硫磷酸盐	Chevron、联合油	1940
二烷基二硫代磷酸锌	联合油、Lubrizol	1940
磺酸盐	Exxon、Lubrizol	1941
磷酸盐	Amoco	1943
合成酯基础油添加剂	Shell	1985
高分子量无灰分散剂	Lubrizol	1990
钼基减摩剂	Afton、Infineum	1995
纳米粒子抗磨剂	BASF、Dow	2000
生物降解型添加剂	Croda、Cargill	2005
低磷低硫添加剂包	Lubrizol、Chevron	2010
离子液体润滑添加剂	Shell、ExxonMobil	2015
电动汽车热管理添加剂	3M	2020
氢能润滑添加剂	BP	2020

续表

添加剂名称	公司名称	年　份
超分子自修复添加剂	Croda	2023
碳量子点减摩剂	ExxonMobil、Honeywell	2023
固态电池兼容添加剂	3M、Solvay	2024

表 7-3　国外主要添加剂公司

公　司	A	B	C	D	E	F	G	H	I	J	K	L	M
Afton(Ethyl、Amoco、Texaco、Edwin cooper)	o	o	o	o	o			o	o	o	o	o	含硫极压剂、磺酸盐、燃料添加剂
Rohm Haas							o				o		PMA
Ciba				o	o								抗氧剂
Lubrizol	o	o	o	o	o	o		o	o	o	o	o	分散剂、含硫极压剂、磺酸盐
Infineum	o	o	o	o		o			o	o	o	o	流动改进剂、硫化烷基酚盐
Chevron	o	o	o	o	o	o		o	o	o	o	o	硫化烷基酚盐、分散剂
拜尔			o	o	o								抗氧剂、抗氧抗腐蚀剂
Dupont				o								o	抗氧剂
BASF				o								o	燃料添加剂
Witco										o	o	o	流动改进剂
Vanderbilt			o	o	o								极压抗磨剂
Sanyo										o	o		降凝剂、流动改进剂

A：清净剂；B：分散剂；C：抗氧抗腐蚀剂；D：抗氧剂；E：极压抗磨剂；F：增黏剂 PIB；G：增黏剂 PMA；H：增黏剂 OCP；I：防锈剂；J：流动改进剂；K：降凝剂；L：燃料添加剂；M：特长的品种

我国的润滑油添加剂单剂生产始于 20 世纪 50 年代，最早生产的是烷基萘降凝剂，20 世纪 60 年代相继建成石油磺酸盐和二烷基二硫代磷酸锌盐工业装置，20 世纪 70 年代，硫磷化聚异丁烯钡盐、烷基水杨酸盐、聚-α 烯烃降凝剂、聚异丁烯与聚甲基丙烯酸酯黏度指数改进剂，酚型抗氧剂等分别投产。20 世纪 80 年代后，高碱值烷基苯磺酸钙、丁二酰亚胺无灰分散剂实现了工业化生产。近年来，环保型的低氯无灰分散剂、不含硫和磷元素的高温抗氧剂先后工业化。到目前为止，我国可以生产 11 大类的 300 多个牌号的润滑油添加剂单剂。表 7-4 为我国润滑油添加剂单剂的主要生产厂家。

表 7-4　我国润滑油添加剂单剂的主要生产厂家

单位名称	主要添加剂	生产能力/(t/a)
兰州-路博润添加剂厂	无灰分散剂，硫化烷基酚盐，烷基水杨酸钙，磺酸盐清净剂，聚 α-烯烃降凝剂，ZDDP 抗氧抗腐蚀剂等	46000
锦州石化公司添加剂厂	磺酸盐清净剂，无灰分散剂，ZDDP 抗氧抗腐蚀剂等	32000
无锡添加剂厂	磺酸盐、硫化烷基酚盐清净剂，无灰分散剂，ZDDP 抗氧抗腐蚀剂，聚 α-烯烃降凝剂，烷基萘降凝剂，烯基丁二酸防锈剂等	16000
辽宁天合精细化工股份有限公司	磺酸盐清净剂，无灰分散剂，屏蔽酚类抗氧剂等	15000
新疆天利高新公司	环烷酸盐、磺酸盐清净剂，硫化烷基酚盐，无灰分散剂等	15000
南京石化厂	磺酸盐清净剂，无灰分散剂等	7000
北京兴普精细化工公司	硫化烷基酚盐清净剂等	2000
淄博惠华化工有限公司	酸性亚磷酸酯、苯三唑十八胺盐等极压抗磨剂	500
旅顺化工厂	十二烯基丁二酸(酯)、磺酸钠(钡)等防锈剂	500

润滑油脂需添加各种用途的添加剂以完善其性能。常用的添加剂按其功能一般可分为抗氧剂、防锈剂、极压抗磨剂等(如表 7-5 所示)。

表 7-5　典型润滑脂添加剂

名　称	类型及推荐加剂量	名　称	类型及推荐加剂量
PTFE、MoS_2、固体石墨	极压抗磨剂，<10	烷基咪唑六氟磷酸盐离子液体	极压抗磨剂
二硫化钨(WS_2)	极压抗磨剂，2~7	季磷盐离子液体	极压抗磨剂
氟化石墨	极压抗磨剂	纳米 CuO	极压抗磨剂
石墨烯	极压抗磨剂	纳米石墨片	极压抗磨剂
胶体硼酸	极压抗磨剂	碳纳米管	极压抗磨剂
硼酸钾或硼酸钠	极压抗磨剂	二硫化钼/碳纳米管	极压抗磨剂
氮化硼	极压抗磨剂	纳米二硫化钼(MoS_2)	极压抗磨剂
碳酸钙(新沉淀)	极压抗磨剂，3~30	苯基-α-萘胺	抗氧剂，0.1~0.5
磷酸钙	极压抗磨剂，1~15	二苯胺	抗氧剂，0.1~0.5
氟化钙(CaF_2)	极压抗磨剂	2,2,4-三甲基二氢喹啉	抗氧剂，0.1~0.5
二烷基二硫代磷酸锌	极压抗磨剂，1~3	苯三唑衍生物	抗氧剂，0.1~0.5
硫磷伯仲辛烷基锌	极压抗磨剂	氨基苯酚	抗氧剂，0.1~0.5
硫代磷酸锌	极压抗磨剂	2,6-二叔丁基对甲酚	抗氧剂，0.1~0.5

续表

名　　称	类型及推荐加剂量	名　　称	类型及推荐加剂量
硫代磷酸钼	极压抗磨剂，0.1~1	亚硝酸钠	防锈剂，0.2~2
二烷基二硫代氨基甲酸钼	极压抗磨剂	癸二酸钠	防锈剂，0.5~1
硫代磷酸氨基甲酸钼	极压抗磨剂	石油磺酸钙	防锈剂，1.5~2
酸性硫代磷酸酯铵	极压抗磨剂	二壬基磺酸钡	防锈剂，2~10
二烷基二硫代磷酸锑	极压抗磨剂	二壬基萘磺酸钡	防锈剂
二烷基二硫代氨基甲酸酯	极压抗磨剂	Mannich 碱(烷基酚-甲醛-胺缩合物)	防锈剂，0.1~10
亚磷酸二正丁酯	极压抗磨剂	酰化烯多胺(多烯基多胺-酸缩合物)	防锈剂，2.5~3.5
烯基丁二酸与链烷基醇胺反应物	极压抗磨剂，10~20	苯并三氮唑	防锈剂
二烷基五硫化物	极压抗磨剂	2-氨乙基十七烯基咪唑啉烯基丁二酸盐	防锈剂
苯三唑衍生物	极压抗磨剂	十二烯基丁二酸	防锈剂
噻二唑类衍生物	极压抗磨剂	芳基硼酸	抗金属疲劳剂，0.01~2
聚四氟乙烯(PTFE)	极压抗磨剂	巯基苯并噻吩	金属钝化剂
氰基三聚氨(MCA)	极压抗磨剂	聚异丁烯	黏附剂，3~5
二巯基噻二唑多聚体	极压抗磨剂	乙丙共聚物	黏附剂，3~10

因低蒸气压、高黏度指数、高热稳定性等优异物性，研究人员探讨了离子液体作为高性能润滑脂添加剂的性能。研究表明，相比于二烷基二硫代磷酸锌，咪唑类离子液体可使聚脲脂具有更好的减摩抗磨性能。然而，咪唑类离子液体在非极性烃油中难溶或不溶。此外，纳米材料优异的摩擦学性能也引起了广泛关注，一些纳米材料，如二硫化钼、石墨、石墨烯、二硫化钨、氧化铜、纳米镍等作为添加剂可减少摩擦及磨损，提高承载能力。氟化石墨的性能优于二硫化钼、石墨、石墨烯等，是一种更为优秀的极压抗磨剂。氟化石墨烯较氟化石墨对聚脲脂具有更好的抗磨减摩性能。

7.1　典型添加剂的红外分析

7.1.1　T202 硫磷丁辛基锌盐

如表 7-6 和图 7-1 所示，为 T202 典型数据和红外谱图分析。

表 7-6　T202 硫磷丁辛基锌盐典型数据

项　目	典型数据		试验方法
	一等品	合格品	
外观	琥珀色无水、无杂透明液体		目测
色相/号	2	2.5	GB/T 6540
硫含量/%(质量)	16	12	—
磷含量/%(质量)	7.5	6	—
锌含量/%(质量)	9	8	—
闪点/℃	180		GB/T 3536
水分/%	0.03	0.09	GB/T 260
pH 值	5.5	5	—
机械杂质/%(质量)	0.07		—
密度(20℃)/(kg/m^3)	1100		—
热分解温度/℃	220		—

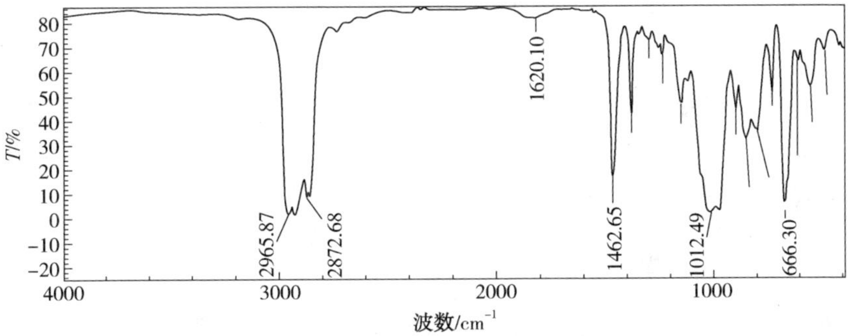

图 7-1　T202 硫磷丁辛基锌盐红外谱图

硫磷丁辛基锌盐谱图中，2960cm^{-1}、2860cm^{-1}为 CH_3 的不对称伸缩振动，2930cm^{-1}、2850cm^{-1}为 CH_2 的不对称伸缩振动，1464cm^{-1}为 CH_2 变形振动，1380cm^{-1}为 CH_3 的对称变形振动，1016cm^{-1}、978cm^{-1}为 P—O—C 不对称伸缩振动，850cm^{-1}为 P—O—C 对称伸缩振动，729cm^{-1}为 CH_2 面内摇摆振动，669cm^{-1}为 P=S 不对称伸缩振动，549cm^{-1}为 P=S 对称伸缩振动。

7.1.2　T321 硫化异丁烯

如表 7-7 和图 7-2 所示，为 T321 典型数据和红外谱图分析。

表 7-7　T321 硫化异丁烯典型数据

项　　目	典型数据	试验方法
外观	浅色至橘黄色油状液体，无明显杂质和水珠	目测
运动黏度(100℃)/(mm^2/s)	8	GB/T 265
闪点/℃	100	GB/T 3536
硫含量/%	45	GB/T 17040

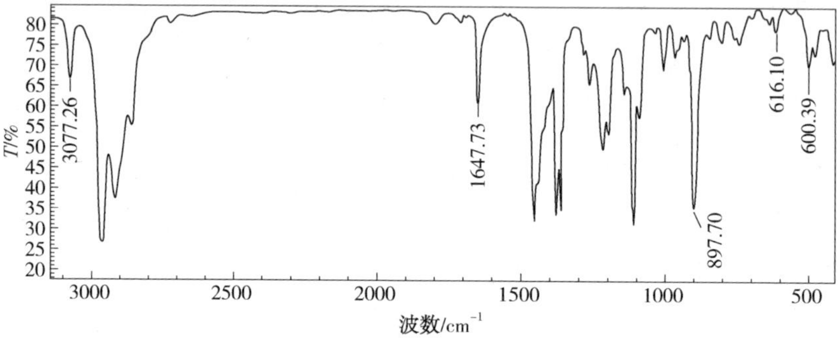

图 7-2　T321 硫化异丁烯红外谱图

3075cm^{-1}为═C—H 伸缩振动，2962cm^{-1}、2861cm^{-1}为 CH_3 的不对称和对称伸缩振动。2921cm^{-1}、2854cm^{-1}为 CH_2 的不对称和对称伸缩振动，1649cm^{-1}为 C═C 伸缩振动，1456cm^{-1}为 CH_2 变形振动，1378cm^{-1}、1361cm^{-1}为-C(CH_3)$_2$ 变形振动，1113cm^{-1}为(S)C—H 伸缩振动，896cm^{-1}为 $R_2C═CH_2$ 烯基 C—H 变形振动，613cm^{-1}为 S-C 伸缩振动，501cm^{-1}为-S-S-C 伸缩振动。

7.1.3　T551 苯三唑衍生物

如表 7-8 和图 7-3 所示，为 T551 典型数据和红外谱图分析。

表 7-8　T551 苯三唑衍生物典型数据

项　　目	典型数据	试验方法
外观	红棕色透明液体	目测
运动黏度(50℃)/(mm^2/s)	12	GB/T 265
闪点/℃	130	GB/T 3536
碱值/(mg KOH/g)	220	

3064cm^{-1}为苯环═CH 伸缩振动，2958cm^{-1}、2865cm^{-1}为 CH_3 的不对称和对称伸缩振动，2931cm^{-1}为 CH_2 伸缩振动，1614cm^{-1}、1588cm^{-1}、1493cm^{-1}为苯环 C═C 伸缩振动。1451cm^{-1}为 CH_2 变形振动，1377cm^{-1}为 CH_3 对称变形振动，

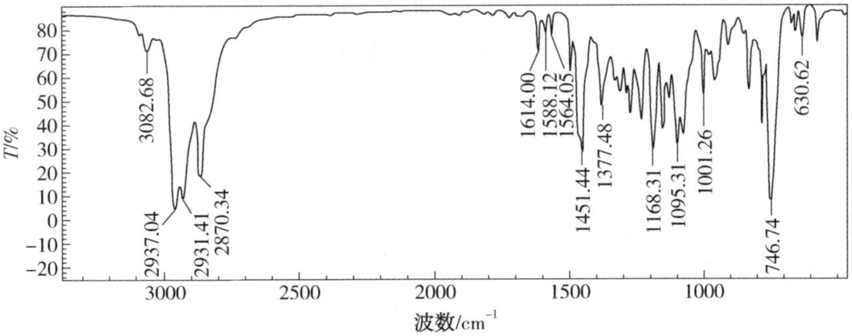

图 7-3　T551 苯三唑衍生物红外谱图

1189cm^{-1}、1097cm^{-1}为苯环 1，2 取代引起的 C—H 面内变形，1001cm^{-1}为苯三唑环的振动，746cm^{-1}为═CH(4H)的 C—H 面外变形振动，630cm^{-1}为-OH 面外变形振动。

7.1.4　L135 酚类抗氧剂

如表 7-9 和图 7-4 所示，为 L135 典型数据和红外谱图分析。

表 7-9　L135 酚类抗氧剂典型数据

项　　目	典型数据	试验方法
外观	清澈黄色到棕色液体	目测
密度(20℃)/(g/cm^3)	0.96	—
折射指数(20℃)	1.497	—
运动黏度(40℃)/(mm^2/s)	125	GB/T 265
纯度/%	98	—
水分/%	0.1	—
酸值/(mg KOH/g)	10	—

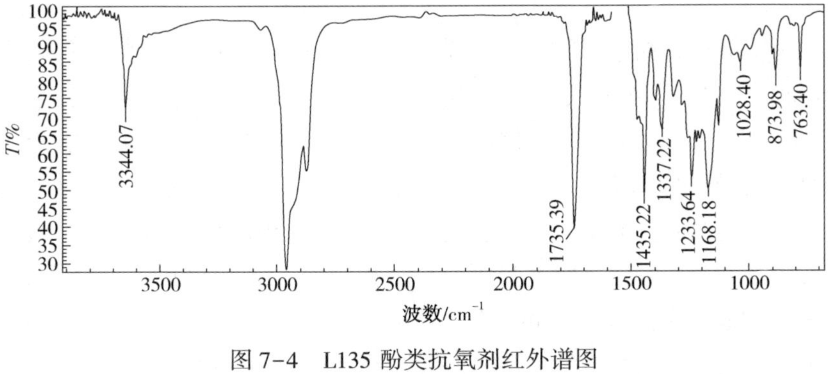

图 7-4　L135 酚类抗氧剂红外谱图

3642cm^{-1} 为 - OH（游离）伸缩振动，3082cm^{-1} 为苯环 ═ CH 伸缩振动。2952cm^{-1}、2865cm^{-1}为 CH_3 的不对称和对称伸缩振动。1589cm^{-1}、1477cm^{-1}为苯环 C═C 伸缩振动。1425cm^{-1}为 CH_3 不对称变形振动。1396cm^{-1}、1363cm^{-1}为 C（CH_3）$_3$ 对称变形振动。1315cm^{-1}为-OH 变形振动、C—O 伸缩振动和 C═C 伸缩振动。1230cm^{-1}、1172cm^{-1}、1143cm^{-1} 为 C—O 伸缩振动、- OH 变形振动，1118cm^{-1}、1025cm^{-1}为芳环═CH 面内变形振动，746cm^{-1}为苯环三个相邻 H 的 C—H 面外变形振动。

7.1.5 聚甲基丙烯酸甲酯

聚甲基丙烯酸甲酯红外谱图（图 7-5）中，2945cm^{-1}是-C—H 伸缩振动，1727cm^{-1}是-C ═O 的伸缩振动吸收峰，1446cm^{-1}是-CH_2-的弯曲振动，1193cm^{-1}是-OCH_3 的伸缩振动。

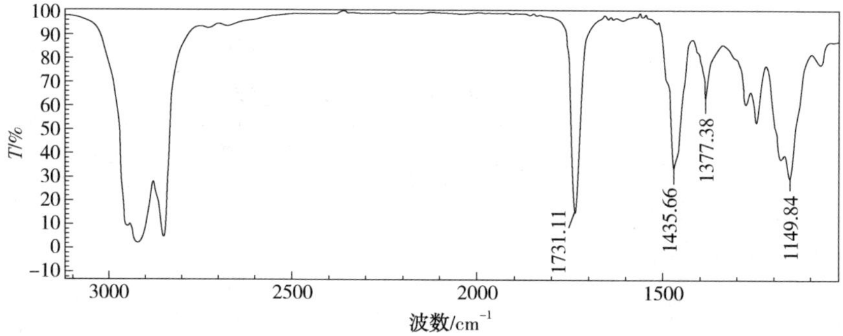

图 7-5 聚甲基丙烯酸甲酯红外谱图

7.2 典型抗氧剂波谱分析

油品用抗氧剂、抗氧抗腐蚀剂的发展，与油品的发展、内燃机的发展有密切关系。1920 年，为了解决汽油贮存安定性问题，研制出了酚型、胺型抗氧剂。20 世纪 20 年代在汽轮机油中使用的 2,6-二叔丁基对甲酚，至今仍是工业用润滑油的主要抗氧剂。1930 年以后，汽车工业蓬勃发展，内燃机压缩比大幅度提高。为了解决材质机械强度问题，使用了铜-铅、镉-银等合金。但由于油品的氧化引起了材质的腐蚀，所以在油品中加入抗氧抗腐蚀剂。1930—1940 年间，美国集中了很大一批力量研究抗氧抗腐蚀剂，最后筛选出了二烷基二硫代磷酸锌这类产品，至今已有 70 年的历史，目前仍是内燃机油的主要抗氧抗腐蚀剂，此外还用于液压油产品中。

第二次世界大战后，将有灰分的添加剂用于航空发动机，没有成功，而双酚型抗氧剂与无灰清净分散剂复合使用，解决了航空发动机的润滑问题。20 世纪 70 年代，环保要求提高，汽车曲轴箱采用了正压进排气系统，汽车高速行驶，同时换油期延长到 10000 公里，这些因素造成对润滑油的抗氧化性能提出了更高的要求。20 世纪 80 年代后，汽车安装了尾气催化转化器，对油品中的磷含量提出了限制，要求使用无磷抗氧剂。目前，汽油机油已发展到 SM 级别，柴油机油已发展到 CJ-4 级别，对磷、硫元素、高温抗氧化性提出了更高的要求。

20 世纪 60 年代，开发了二烷基二硫代磷酸锌类型的抗氧剂。20 世纪 70 年代，开发了酚型、胺型抗氧剂(固体)。20 世纪 80 年代，开发了铜盐抗氧剂。20 世纪 90 年代末，开发了胺型抗氧剂(液体)。2002 年，开发了酚型抗氧剂(液体)。2020 年后润滑脂对抗氧剂的需求仍在持续，同时对质量和数量的要求也会增加，因此要求抗氧剂具有高性能、高性价比、无灰、多功能以及环保属性。近年来，一种新型无机环保型化合物引起了部分学者的关注，层状双金属氢氧化物(layered double hydroxides，LDHs)，又称水滑石，是一类天然或人工合成的典型二维层状阴离子黏土材料。其作用机理是 LDHs 的主体层板上含有丰富的羟基，且羟基所处的位置位于晶体表面，可充分暴露在油脂中，有证据表明：LDHs 可脱除羟基上的氢原子来猝灭油脂氧化过程中生成的自由基，从而抑制油脂发生氧化反应。

抗氧剂的商品牌号有 1100 多种，其中包括抗氧剂、抗氧抗腐蚀剂、光安定剂、金属减活剂等。按化学式统计，约有 227 个产品，其中，酚型 55 个，胺型(包括含氮杂环化合物)59 个，含硫化合物 35 个，硫磷型及含磷化合物 36 个，酸的衍生物 42 个。各国发表的润滑油抗氧剂专利表明，胺型为：29.6%，酚型：21.5%，硫磷型：11.6%，硫氮型：13.2%，含硼、铜、钼化合物：7.5%，杂环型：13.2%。

酚型抗氧剂是一种古老的抗氧剂，早在 20 世纪 20 年代就开始用于石油产品中。酚型抗氧剂具有屏蔽酚的结构特征，即在羟基邻位上有较大的空间位阻基团。最常用的是 2,6-二叔丁基对甲酚，是我国目前工业用油中的主要抗氧剂。酚型抗氧剂的使用温度较低，以 100℃ 以下最为有效。一般用量为：0.1%～0.5%。

表 7-10 为酚型抗氧剂的品种。

表 7-10 酚型抗氧剂的品种

名　　称	商品牌号	生产厂
2,6-二叔丁基对甲酚	T501、LZ-817 Paranox441、Ionol	锦州石化公司、 Lubrizol、Exxon、Shell
2,6-二叔丁基酚	4701、IRGANOX L108	Ethyl Co.，Ciba Co.
2,4-二甲基-6-叔丁基酚	M-24	Pitt Consol Chem Co.
3,5-二叔丁基- 4 羟基苯基丙烯酸酯	T512L-135	北京兴普公司 Ciba
4,4′-亚甲基双(2,6-二叔丁基酚)	4702 Ionol220 KY-7930	Ethyl Co. Shell Co. 北京化工三厂
2,2′亚甲基双 (4-甲基-6,6-二叔丁基酚)	CAO-14 Vulkanox BKF	Ashland chemicals Co. Bayer
2,2′-硫连亚甲基双 (4-甲基-6-叔丁基酚)	Naugard423 IRGANOX L115	Uniroyal Co. Ciba
a(β)萘酚	Antioxygene BN	Uniroyal Co.

胺型抗氧剂也是一种古老的抗氧剂。与酚型抗氧剂相比，使用温度较高(120~150℃)。胺型抗氧剂的耐久性比酚型抗氧剂好，但产品容易变颜色。表 7-11 为胺型抗氧剂的品种。

表 7-11 胺型抗氧剂的品种

名　　称	商品牌号	生产厂
对,对′-二异辛基二苯胺	VL-81 IRGANOX L01 Naugalube 438	Vanderbilt Co. Ciba Co. Uniroyal Chem Co.
二乙基异辛基二苯胺	VL-NA	Vanderbilt Co.
异辛基、苯乙烯化苯胺	VL-SL	Vanderbilt Co.
混合烷基二苯胺	IRGANOX L57	Ciba Co.

续表

名　称	商品牌号	生产厂
N-苯基-a-萘胺	PAN InhibitoroA NeoyoneA T531	Du pont petro Chem piv A CAN Dupont 天津五一化工厂
N-苯基-β-萘胺	PBN InhibitoroD NeoyoneD	Du pont petro Chem piv A CAN Dupont
四甲基二胺基二苯基甲烷	Aerolube MB Ortholeam 304	ACC Du pont petro Chem piv

酚胺型抗氧剂这是一类双官能团的化合物，具有酚型、胺型抗氧剂的特点。

品种很多，代表性的品种有 Ethyle 4703(2,6-二叔丁基-a-二甲氨基对甲酚)。我国曾经也生产过该品种抗氧剂，但目前已不生产。Ethyle 4703 在汽轮机油中的抗氧化性能比 T501 好，而且还具有抗紫外线的性能，用作油品的颜色稳定剂。

Ethyle 4703 与芳胺不同，氧化后不产生沉淀，能耐 149℃ 的高温。表 7-12 为乙基公司酚型、酚胺型抗氧剂类型。

表 7-12　乙基公司酚型、酚胺型抗氧剂类型

牌　号	组　成	性　能	用　量
4701	2,6-二叔丁基酚 98.1%	与 ZDDP 复合可配制长寿命的齿轮油，可用于汽轮机油	0.3%~1.5%
4733	2,6-二叔丁基酚 75.7% 2,4,6-三叔丁基酚 12.2% 邻-二叔丁基酚 7.4% 2,4-二叔丁基酚 4.7%	与 ZDDP 复合可配制抗磨液压油、汽轮机油，也可用于燃料油	0.3%~1.5%
4735	2,6-二叔丁基酚 85% 2,4,6-三叔丁基酚 11% 2,4-二叔丁基酚 4%	与 ZDDP 复合可配制抗磨液压油、汽轮机油	0.3%~1.5%
4702	4,4′-亚甲基双(2,6-二叔丁基酚)	配制内燃机油，也广泛用于工业油中，高温性能好	0.3%~1.5%
4728	4702：97.5%，溶剂：2.5%	效果相当于 75% 4702	0.3%~1.5%
4703	2,6-二叔丁基-a-二甲氨基对甲酚	可用于重负荷工业齿轮油和内燃机油中	0.1%~1.5%

要了解抗氧剂的作用机理，首先要了解润滑油的氧化机理，润滑油的氧化是自动催化氧化过程，是一个游离基(自由基)引发的链反应机理。反应过程有：

链引发(生成自由基或过氧化自由基)；链增长(生成过氧化自由基、自由基、过氧化物)；分枝反应(过氧化物分解，引发新的自由基反应)；链终止(自由基、过氧化自由基结合形成稳定产物)。

一般认为在诱导期内是氢过氧化物的聚集过程，由于它含量很低，不发生分枝反应，因此氧化速度比较缓慢。一旦发生分枝反应，诱导期结束，氢过氧化物分解产生游离基，使氧化反应速度明显增加，由此产生了次级链锁反应，这在氧化诱导期之后成为支配地位的反应。

由于润滑油中的金属及金属离子也能使润滑油产生游离基，从而催化油品的氧化反应。从上面润滑油的氧化机理可以看出，要减缓油品氧化，必须做到：减少游离基，将过氧化物分解为离子，而不是生成游离基。减少金属的氧化催化作用。所以，这三方面也正是抗氧剂的作用机理：游离基终止、过氧化物分解和金属减活。研究氧化反应，根据动力学研究得知，反应体系中的游离基几乎可以认为是 RO_2 · 存在，所以，抗氧剂的捕捉对象是 RO_2 · 。研究发现，RO_2 · 很不稳定，容易发生三个反应：电子转移，与其他分子反应，夺取氢的反应。关于游离基终止剂的作用机理，最著名的是 Bollend 的脱氢说，即 RO_2 · 夺取氢原子的反应。游离基终止剂作用机理的抗氧剂必须含有氢原子，同时生成的游离基 A · 不能与烃类化合物发生反应，产生新的游离基 R · ，为此，A · 必须具有共振稳定性。从共振稳定性考虑，这类抗氧剂应该是一类含芳香环的化合物，例如，酚型、胺型化合物，这些化合物极易形成稳定的共振体。表 7-13 为抗氧剂的作用机理类型。

表 7-13　抗氧剂的作用机理类型

官能团分类	代表性化合物	作用机理	作用功能
屏蔽酚型	2,6-二叔丁基对甲酚	游离基终止剂	抗氧化
	4,4-亚甲基双(2,6 二叔丁基酚)	游离基终止剂	抗氧化
	3,5-二叔丁基-4 羟基苯基丙烯酸酯	游离基终止剂	抗氧化
芳胺型	*N*-苯基-*a* 萘胺	游离基终止剂	抗氧化
	N-苯基-*β* 萘胺	游离基终止剂	抗氧化
	烷基化二苯胺	游离基终止剂	抗氧化
酚胺型	2,6-二叔丁基-*a*-二甲氨基对甲酚	游离基终止剂	抗氧化
硫磷型	二烷基二硫代磷酸锌(ZDDP)	过氧化物分解剂	抗氧化抗腐蚀
	二烷基二硫代氨基甲酸锌(ZDTC)	过氧化物分解剂	抗氧化抗腐蚀
杂环型	1,2,3 苯三唑-甲醛-胺缩合物	金属减活剂	抗氧化抗腐蚀
	2,5-二(烷基二硫代)噻二唑	金属减活剂	抗氧化抗腐蚀

抗氧剂的复合作用及其作用机理。协同作用：当两个或多个抗氧剂复合在一起，其效果若大于它们效果之和时，称为协同(增效)作用。加合作用：当两个或多个抗氧剂复合在一起，其效果若等于它们效果之和时，称为协同(增效)作用。对抗作用：当两个或多个抗氧剂复合在一起，其效果若小于它们效果之和时，称为对抗作用。酚型、胺型抗氧剂复合，多数表现为增效作用，少数为对抗作用，且增效作用大，对抗作用小。酚型、胺型抗氧剂与硫、硫磷型抗氧剂复合，增效作用更大。有关抗氧剂复合作用机理，一般认为由具有不同作用机理的抗氧剂复合容易产生协同作用。这是因为游离基抑制剂的作用在于捕捉 RO_2·，过氧化物分解剂是分解 ROOH 为离子，不产生新的 RO_2·，从而减少了游离基抑制剂的消耗。另外，过氧化物分解剂易受到 RO_2·的进攻失效，游离基抑制剂捕捉了 RO_2·，也能充分发挥过氧化物分解剂的作用。金属减活剂钝化了金属及金属离子，减少了 RO_2·的生成，与游离基抑制剂、过氧化物分解剂复合，可以产生协同作用。游离基抑制剂在氧化初期(诱导期)发挥作用。过氧化物分解剂在氧化中、后期发挥作用。金属减活剂在氧化初期发挥作用。因此。将不同阶段发挥作用的抗氧剂复合在一起，能相互补充，增加抗氧化效果。抗氧剂复合是一个很复杂的问题，其内在的规律还没有完全揭示出来，不同的评价方法和不同的作用浓度会得到不同的结果。研究不同结构抗氧剂的协同作用，可以为合成新型抗氧剂提供帮助，将不同官能团结合在同一个分子内，指导新型抗氧剂的开发。油品氧化时会带来各种性质的变化，会释放热量，油品的黏度、酸值、极性物、不溶物也都会发生变化，所以常用以上指标表示油品的氧化。诱导期，所谓诱导期是指油品在开始试验到没有发生激烈氧化的这段时间。诱导期内并不是不发生氧化，而是氧化缓慢进行。

旋转氧弹试验(ASTM D2272)：取油样 50 克，水 5 克，放入氧弹中，再加入铜丝催化剂，室温将氧弹充氧气于 150℃进行氧化，当氧气压力降低到规定压力时所需要的时间为旋转氧弹诱导期。压力差示扫描量热法：将油放入铝箔，冲氧，加热。油品发生氧化时放出热量，通过热量传感器，记录开始试验到大量放出热量的时间，即为油品的氧化诱导期。油品的氧化受温度影响最大，温度升高 10℃，氧化速度加快一倍。抗氧剂的效果也有其最适宜温度范围。一般认为，酚型抗氧剂用于较低的温度(100℃以下)，解决工业用油，例如变压器油、汽轮机油、液压油等的氧化问题。而芳胺型抗氧剂用于较高的温度(120～150℃)。ZDTC 类型的抗氧剂用于更高的温度(130℃以上)。抗氧剂的用量并非越多越好，浓度太高其本身被氧化，产生游离基，会引发链反应，因此，抗氧剂要有一个合适的浓度使用范围。一般酚型、胺型抗氧剂的使用浓度较低，为 0.05%~0.5%；金属减活剂更低，为 0.01%~0.05%；而 ZDDP、硫化物等使用浓度较高，一般为 0.3%~1.5%。润滑油的氧化动力曲线呈 S 形，可分为三个阶段，开始为抑制期，此阶段未发生激烈氧化，然后进入破坏期，氧化速度加快，最后进入终止期，氧化停止。抗氧剂加入润滑油中，其作用方式有三种，一种是抑制作用，另一种是延迟作用，第三种是双重作用。抑制作用：即加入抗氧剂后，使润滑油的氧化诱导期明显延长，但当诱导期结束后，油品仍以原来的速度氧化。延迟作用：加入抗氧剂后，没有明显改变诱导期，甚至加速了氧化初期的氧化速度，然后氧化逐渐变缓慢，因此改变了油品的氧化动力学曲线。双重作用：具有氧化抑制、延迟的双重作用。

表 7-14 为不同抗氧剂的氧化诱导时间测试。可以看出，新一代无机抗氧剂水滑石和胺类、酚类抗氧剂协同效果非常明显，是未来环保型抗氧剂发展方向。

表 7-14　不同抗氧剂的氧化诱导时间测试

化学特性	180℃ PDSC 氧化诱导期，min（PAO 基础油，0.5%）	RPVOT 氧化诱导期，min（650SN 矿物油）		
		0.25%	0.5%	1.0%
受阻酚类	19	—	90	119
丁基辛基二苯胺	20	—	92	159
二异辛基二苯胺	22	—	83	—
N-辛基苯基-*a*-萘胺	94	—	160	307
硫代氨基甲酸酯	6	—	134	375
甲基苯三唑衍生物	0	—	—	123
甲基苯三唑/烷基化二苯胺反应物	22	305	377	—
LDH	6	—	80	150
LDH+酚类	—	—	306	350
LDH+胺类	—	—	226	1048

7.2.1　苯基-*a*-萘胺

如图 7-6~图 7-8 和表 7-15~表 7-18 所示，为苯基-*a*-萘胺物化数据和三谱图分析。

① 红外谱图

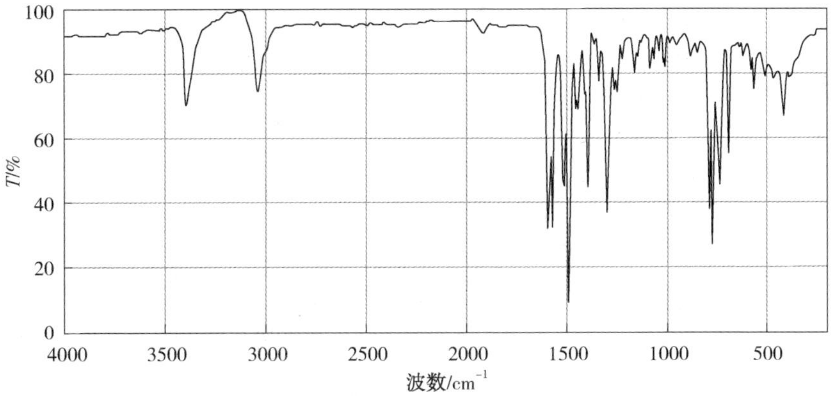

图 7-6　苯基-*a*-萘胺红外谱图

表 7-15　苯基-*a*-萘胺红外分析

官能团	作用区域	备　注
N—H st	在 3397cm^{-1}处显示 N—H 的伸缩振动特征峰很弱	缔合的 N—H 谱带比相应的 O—H 谱带弱，而且通常更尖锐些
arC—H st	3038cm^{-1}处显示 arC—H 伸缩振动特征峰	芳环上的 C—H 伸缩振动谱带出现在 3100~3000cm^{-1}多重峰
N—H 弯曲振动	脂肪族仲胺在 1650~1580cm^{-1}处无 N—H 弯曲振动的特征峰	在脂肪族仲胺的光谱中，很少看到 N—H 弯曲振动的谱带
C═C 伸缩振动	1572cm^{-1}为苯环 C═C 伸缩振动	1625~1575cm^{-1}，中等，常是二重峰，对称性的苯环衍生物较弱
C═C 伸缩振动	1495cm^{-1}为苯环 C═C 伸缩振动	1525~1475cm^{-1}，中等，常为二重峰
C—N st	C—N 伸缩振动，1304cm^{-1}	芳香族胺在 1342~1266cm^{-1}范围内出现强的 C—N 伸缩振动谱带
N—H 面内摇摆振动	883cm^{-1}是 N—H 的面内摇摆振动	这个谱带的位置受形成氢键程度的影响
苯环 C—H 面外变形振动	774cm^{-1}、738cm^{-1}、694cm^{-1}为═CH 的 C—H 面外变形振动	多核芳香族化合物的 C—H 伸缩和骨架振动的吸收位置与单核芳香族化合物相同

② 质谱谱图

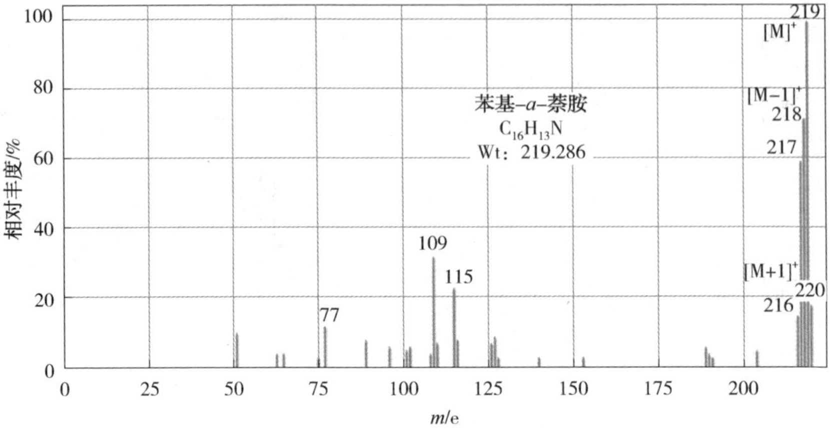

图 7-7　苯基-*a*-萘胺质谱图

表 7-16　苯基-*a*-萘胺质谱分析

测　定	作用区域	备　　注
分子离子	$[M+1]^+$(m/z 220)较强 $[M]^+$(m/z 219)很强 $[M-1]^+$(m/z 218)很强	分子离子：芳香一元胺的分子离子峰(奇数)是很强的
灵敏度		灵敏度：主要在高质量区域

③ 核磁谱图

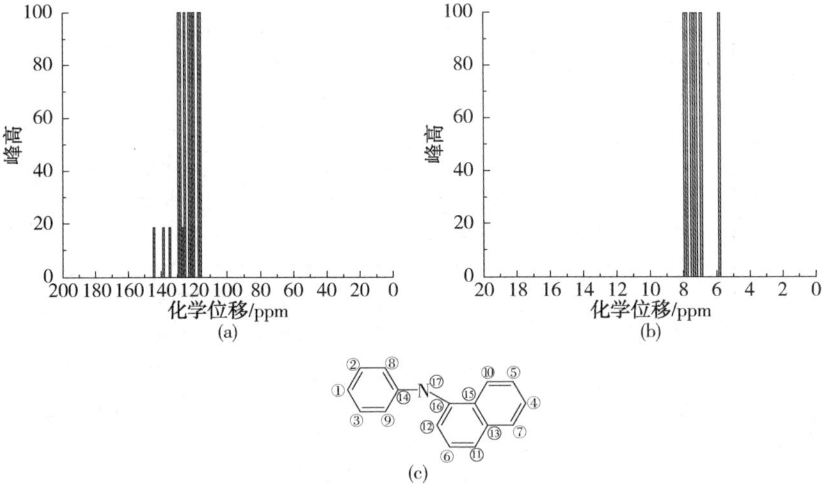

图 7-8　苯基-*a*-萘胺核磁谱图

(a)^{13}C 核磁谱图；(b)^{1}H 核磁谱图；(c)分子结构式及其编号

表 7-17　苯基-*a*-萘胺核磁分析

原子序号	^{13}C 核磁化学位移	原子序号	^{13}C 核磁化学位移	原子序号	^{1}H 核磁化学位移	原子序号	^{1}H 核磁化学位移
C1	120. 54	C10	121. 87	H1	6. 882	H10	7. 958
C2	129. 34	C11	123. 04	H2	7. 216	H11	7. 526
C4	126. 07	C12	116. 11	H4	7. 45	H12	7. 33
C5	125. 64	C13	134. 82	H5	7. 42	H17	5. 84
C6	126. 01	C14	144. 95	H6	7. 34		
C7	128. 53	C15	127. 94	H7	7. 821		
C8	117. 48	C16	138. 94	H8	6. 936		

概况

表 7-18　苯基-*a*-萘胺结构及物化信息

中文名称	N-苯基-1-萘胺； 防老剂 A；防老剂甲；抗老剂 T-531	SRN	3360782
化学式	$C_{16}H_{13}N$	熔点	60℃
英文名称	N-1-naphthylaniline	沸点	226℃
分子量	219. 286	测试溶剂	$CDCl_3$
CAS	90-30-2	测试参比	TMS
辛醇/水分配系数：LogP	4. 4	重原子数	17
可旋转键数	2	环数	3
sp3 杂化的碳原子比例	0	拓扑面积	12
氢给体数	1	氢受体数	1

7. 2. 2　二苯胺

如图 7-9~图 7-11 和表 7-19~表 7-22 所示，为二苯胺物化数据和三谱图分析。

① 红外谱图

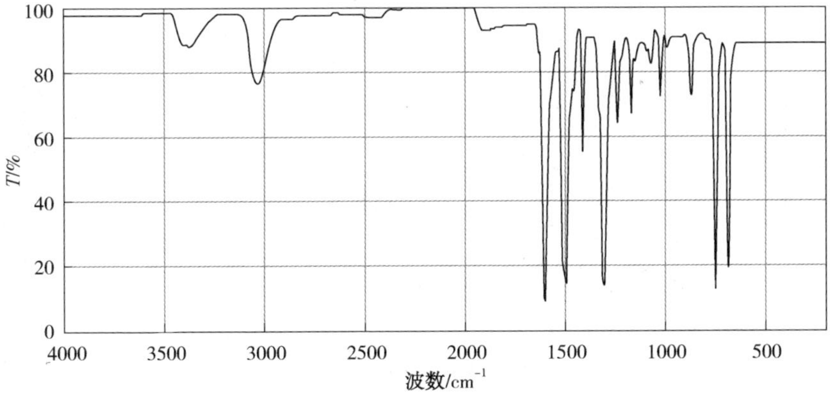

图 7-9　二苯胺红外谱图

表 7-19　二苯胺红外分析

官能团	作用区域	备　注
N—H st	在 $3379cm^{-1}$ 处显示 N—H 的伸缩振动特征峰很弱	缔合的 N—H 谱带比相应的 O—H 谱带弱，而且通常更尖锐些
苯 C—H st	$3038cm^{-1}$ 处显示 arC—H 伸缩振动特征峰	芳环上的 C—H 伸缩振动谱带出现在 $3100 \sim 3000cm^{-1}$ 多重峰
N—H 弯曲振动	脂肪族仲胺在 $1650 \sim 1580cm^{-1}$ 处无 N—H 弯曲振动的特征峰	在脂肪族仲胺的光谱中，很少看到 N—H 弯曲振动的谱带
C═C 伸缩振动	$1602cm^{-1}$ 为苯环 C═C 伸缩振动	$1625 \sim 1575cm^{-1}$，中等，常是二重峰，对称性的苯环衍生物较弱
C═C 伸缩振动	$1499cm^{-1}$ 为苯环 C═C 伸缩振动	$1525 \sim 1475cm^{-1}$，中等，常为二重峰
C—N st	C—N 伸缩振动，$1307cm^{-1}$	芳香族胺在 $1342 \sim 1266cm^{-1}$ 范围内出现强的 C—N 伸缩振动谱带
N—H 面内摇摆振动	$688cm^{-1}$ 是 N—H 的面内摇摆振动	这个谱带的位置受形成氢键程度的影响
苯环 C—H 面外变形振动	$753cm^{-1}$ 为 ═CH 的 C—H 面外变形振动	多核芳香族化合物的 C—H 伸缩和骨架振动的吸收位置与单核芳香族化合物相同

② 质谱谱图

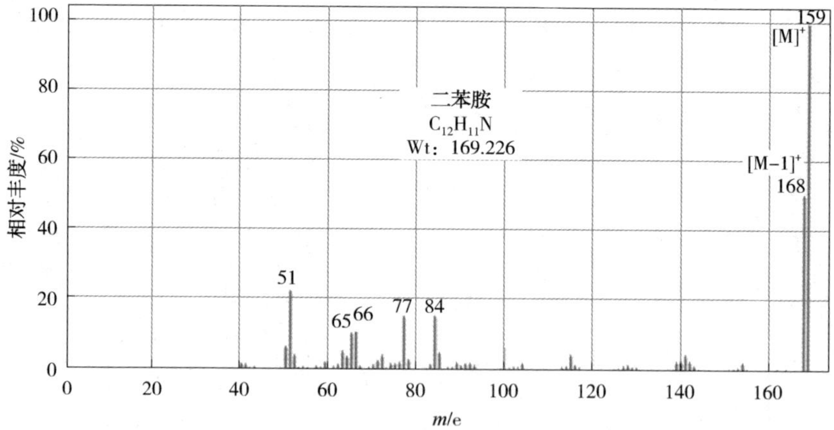

图 7-10　二苯胺质谱图

表 7-20　二苯胺质谱分析

测　定	作用区域	备　　注
分子离子	[M]⁺(m/z 169)很强 [M-1]⁺(m/z 168)很强	分子离子：芳香一元胺的分子离子峰(奇数)是很强的。苯胺失去其中一个氨基的氢原子得到中等强度的 M-1 峰 芳香环能使分子离子峰稳定，分子离子峰强度很大，以至于可以精确测定 M+1 和 M+2 峰
灵敏度		灵敏度：主要在高质量区域

③ 核磁谱图

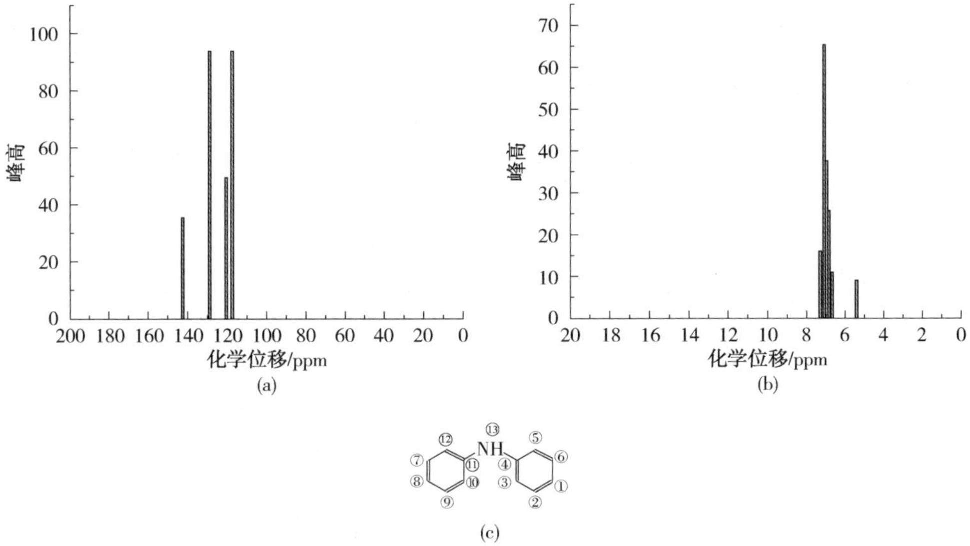

图 7-11　二苯胺核磁谱图

(a)^{13}C 核磁谱图；(b)^{1}H 核磁谱图；(c)分子结构式及其编号

表 7-21　二苯胺核磁分析

原子序号	^{13}C 核磁化学位移	原子序号	^{13}C 核磁化学位移	原子序号	^{1}H 核磁化学位移	原子序号	^{1}H 核磁化学位移
C1	120.8	C7	129.2	H1	7.3	H8	7.3
C2	129.2	C8	120.8	H2	7.1	H9	7.1
C3	117.8	C9	129.2	H3	7	H10	7
C4	143.1	C10	117.8	H5	6.85	H12	6.85
C5	117.8	C11	143.1	H6	6.7	6.7	5.42
C6	129.2	C12	117.8	H7	6.7		

概况

表 7-22　二苯胺结构及物化信息

中文名称	二苯胺	SRN	39352
化学式	$C_{12}H_{11}N$	熔点	53℃
英文名称	diphenylamine	沸点	302℃
分子量	169.226	测试溶剂	$CDCl_3$
CAS	122-39-4	测试参比	TMS
辛醇/水分配系数：LogP	3.5	重原子数	13
可旋转键数	2	环数	2
sp3 杂化的碳原子比例	0	拓扑面积	12
氢给体数	1	氢受体数	1

7.2.3　三甲基二氢喹啉

如图 7-12～图 7-14 和表 7-23～表 7-26 所示，为三甲基二氢喹啉物化数据和三谱图分析。

① 红外谱图

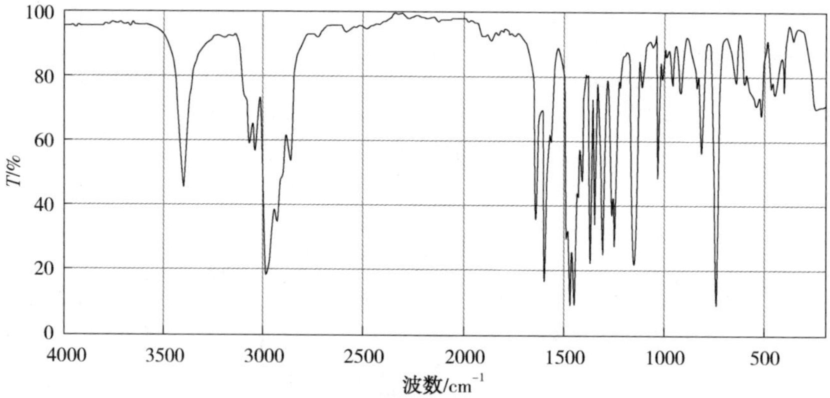

图 7-12　三甲基二氢喹啉红外谱图

表 7-23　三甲基二氢喹啉红外分析

官能团	作用区域	备　注
N—H st	在 $3402cm^{-1}$ 处显示 N—H 的伸缩振动特征峰很弱	缔合的 N—H 谱带比相应的 O—H 谱带弱，而且通常更尖锐些
═CH st	$3039cm^{-1}$ 处显示═CH 伸缩振动特征峰	3040～$3010cm^{-1}$，中等，常是多重峰 CH st 在芳环和三元环中也有同样范围
苯 C—H st	$3067cm^{-1}$ 处显示苯 C—H 伸缩振动特征峰	芳环上的 C—H 伸缩振动谱带出现在 3100～$3000cm^{-1}$ 多重峰

续表

官能团	作用区域	备注
N—H 弯曲振动	脂肪族仲胺在 1650～1580cm^{-1} 处无 N—H 弯曲振动的特征峰	在脂肪族仲胺的光谱中，很少看到 N—H 弯曲振动的谱带
C═C st	1642cm^{-1} 处显示烯烃 C═C 伸缩振动特征峰	烯烃 C═C st 1690～1635cm^{-1}，各种强度，高度对称化合物较弱
C═C 伸缩振动	1596cm^{-1} 为苯环 C═C 伸缩振动	中等，常是二重峰，对称性的苯环衍生物较弱
C═C 伸缩振动	1471cm^{-1} 为苯环 C═C 伸缩振动	中等，常为二重峰
CH_3 δ as	1464cm^{-1} 是 CH_3 的不对称变形振动	中等，与 CH_2δ 重合
CH_3 δ sy	1371cm^{-1} 是 CH_3 的对称变形振动	中等
C—N st	C—N 伸缩振动，1306cm^{-1}	芳香族胺在 1342～1266cm^{-1} 范围内出现强的 C—N 伸缩振动谱带
N—H 面内摇摆振动	811cm^{-1} 是 N—H 的面内摇摆振动	这个谱带的位置受形成氢键程度的影响
苯环 C—H 面外变形振动	750cm^{-1} 为 ═CH 的 C—H 面外变形振动	多核芳香族化合物的 C—H 伸缩和骨架振动的吸收位置与单核芳香族化合物相同
烯烃面外 C—H 弯曲振动	741cm^{-1} 是 C—H 的面外弯曲振动	烯烃最特征的振动形式是面外 C—H 弯曲振动，发生在 1000～650cm^{-1} 之间。这些谱带在烯烃红外谱图中通常是最强的

② 质谱谱图

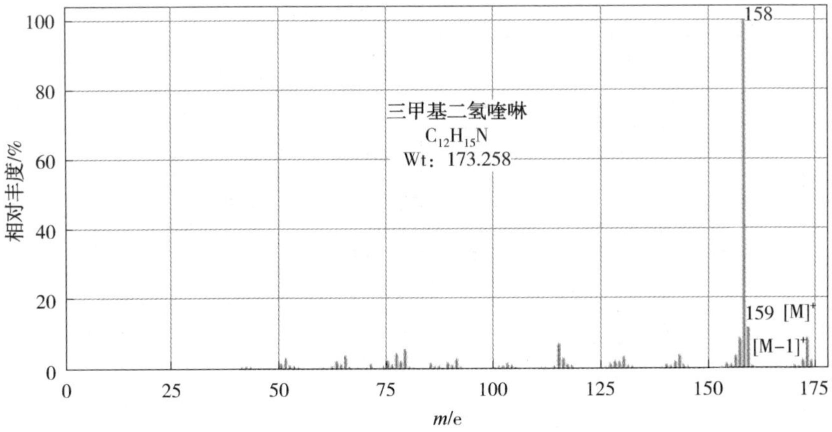

图 7-13　三甲基二氢喹啉质谱图

表 7-24　三甲基二氢喹啉质谱分析

测　定	作用区域	备注
分子离子	[M+1]$^+$(m/z 174)较弱 [M]$^+$(m/z 173)较强 [M−1]$^+$(m/z 172)较弱	分子离子：芳香一元胺的分子离子峰是很强的
灵敏度		灵敏度：主要在高质量区域

③ 核磁谱图

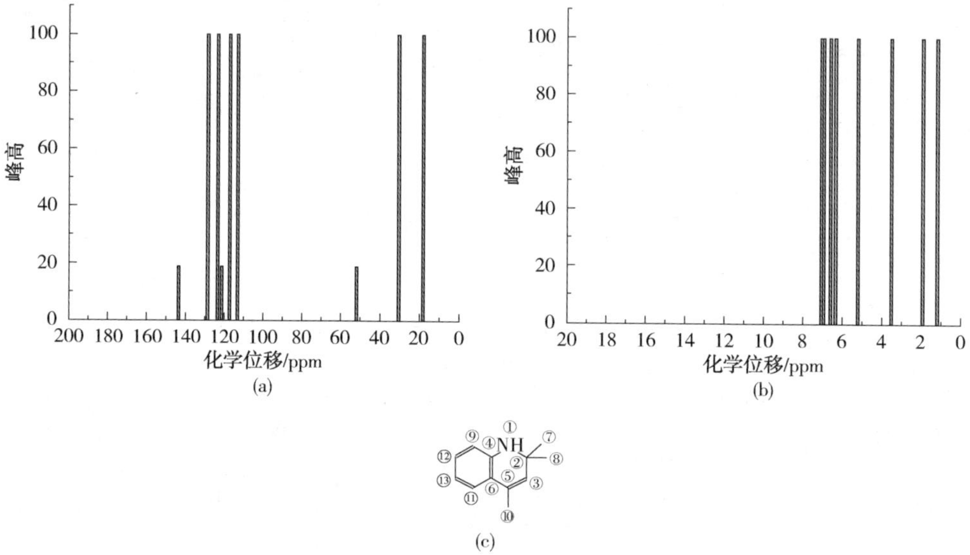

图 7-14　三甲基二氢喹啉核磁谱图

(a) ^{13}C 核磁谱图；(b) ^{1}H 核磁谱图；(c) 分子结构式及其编号

表 7-25　三甲基二氢喹啉核磁分析

原子序号	^{13}C 核磁化学位移	原子序号	^{13}C 核磁化学位移	原子序号	^{1}H 核磁化学位移	原子序号	^{1}H 核磁化学位移
C2	51.73	C9	112.99	H1	3.6	H12	6.956
C3	128.28	C10	18.53	H3	5.272	H13	6.613
C4	143.04	C11	123.53	H8	1.232		
C5	128.42	C12	128.32	H9	6.393		
C6	121.49	C13	117.16	H10	1.958		
C7	30.83			H11	7.037		

概况

表 7-26　三甲基二氢喹啉结构及物化信息

中文名称	2,2,4-三甲基-1,2-二氢喹啉；防老剂 RD 单体	SRN	49391
化学式	$C_{12}H_{15}N$	熔点	23~24℃
英文名称	2,2,4-trimethyl-1,2-dihydroquinoline	沸点	260℃
分子量	173. 258	测试溶剂	$CDCl_3$
CAS	147-47-7	测试参比	TMS
辛醇/水分配系数：LogP	2. 8	重原子数	13
可旋转键数	0	环数	2
sp3 杂化的碳原子比例	0. 333	拓扑面积	12
氢给体数	1	氢受体数	1

7. 2. 4　氨基苯酚

如图 7-15~图 7-17 和表 7-27~表 7-30 所示，为氨基苯酚物化数据和三谱图分析。

① 红外谱图

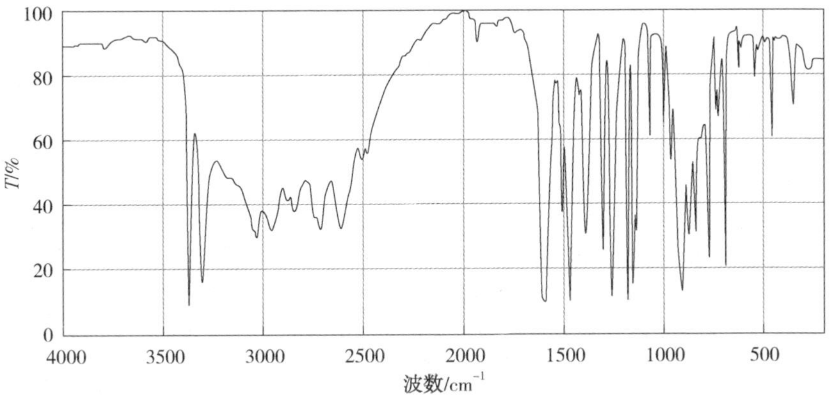

图 7-15　氨基苯酚红外谱图

表 7-27　氨基苯酚红外分析

官能团	作用区域	备　　注
NH_2 st	在 $3369cm^{-1}$ 和 $3305cm^{-1}$ 处显示 N—H 的伸缩振动特征峰	两个弱的吸收谱带：一个是在 $3500cm^{-1}$ 附近，另一个则在 $3400cm^{-1}$ 附近

续表

官能团	作用区域	备　注
苯 C—H st	3032cm^{-1}处显示苯 C—H 伸缩振动特征峰	芳环上的 C—H 伸缩振动谱带出现在 3100~3000cm^{-1}多重峰
C═C 伸缩振动	1596cm^{-1}为苯环 C═C 伸缩振动	1625~1575cm^{-1}，中等，常是二重峰，对称性的苯环衍生物较弱
C═C 伸缩振动	1508cm^{-1}、1471cm^{-1}为苯环 C═C 伸缩振动	1525~1475cm^{-1}，中等，常为二重峰
C—N st	C—N 伸缩振动，1261cm^{-1}	芳香族胺在 1342~1266cm^{-1}范围内出现强的 C—N 伸缩振动谱带
C—O 伸缩振动	1180cm^{-1}是 C—O 伸缩振动	酚中的 C—O 伸缩振动吸收在 1260~1000cm^{-1}区域内，它是一个强的谱带
N—H 面内摇摆振动	905cm^{-1}是 N—H 的面内摇摆振动	这个谱带的位置受形成氢键程度的影响
苯环 C—H 面外变形振动	876cm^{-1}、841cm^{-1}、776cm^{-1}、690cm^{-1}为═CH(4H)的 C—H 面外变形振动	由于环上氢原子的同相面外弯曲振动会与相邻氢原子产生强偶合

② 质谱谱图

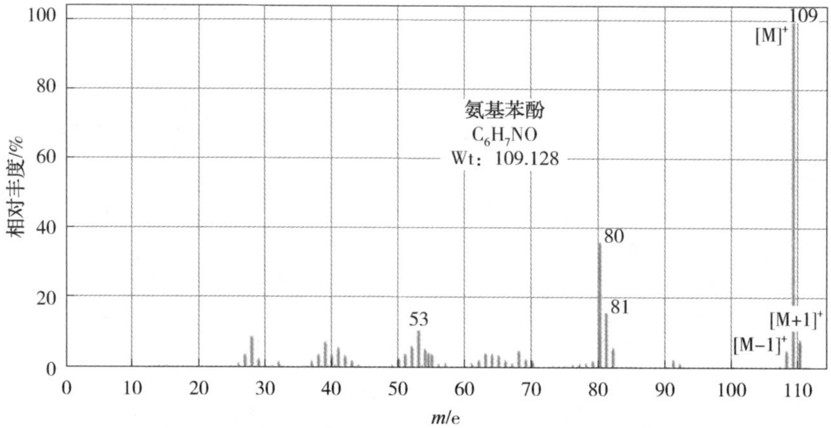

图 7-16　氨基苯酚质谱图

表 7-28　氨基苯酚质谱分析

测　定	作用区域	备　注
分子离子	[M+1]$^+$(m/z 110)较弱 [M]$^+$(m/z 109)很强 [M−1]$^+$(m/z 108)较弱	分子离子：芳香一元胺的分子离子峰是很强的
灵敏度		灵敏度：主要在高质量区域

③ 核磁谱图

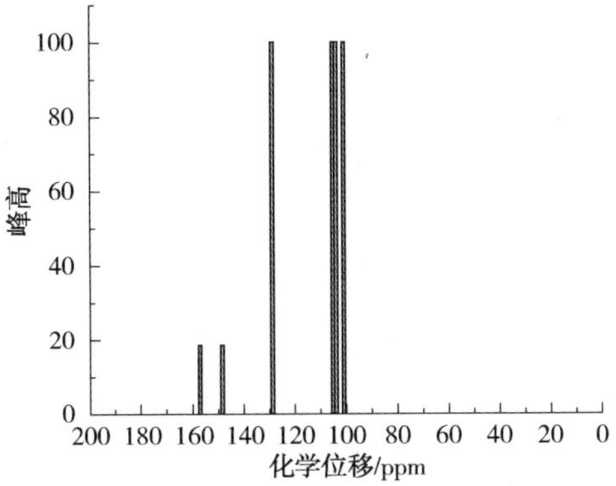

(a)

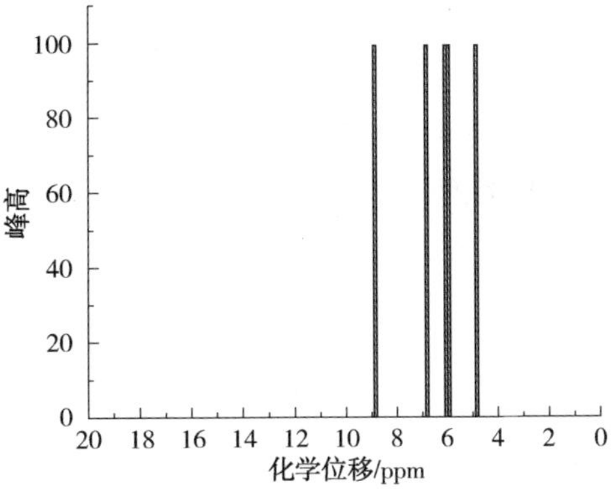

(b)

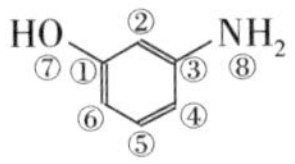

(c)

图 7-17　氨基苯酚核磁谱图

(a) ^{13}C 核磁谱图；(b) ^{1}H 核磁谱图；(c)分子结构式及其编号

表 7-29　氨基苯酚核磁分析

原子序号	^{13}C 核磁化学位移	原子序号	^{1}H 核磁化学位移
C1	157.9	H2	6.018
C2	101.4	H4	5.942
C3	149	H5	6.78
C4	104.1	H6	6.01
C5	129.4	H7	8.83
C6	105.8	H8	4.85

概况

表 7-30　氨基苯酚结构及物化信息

中文名称	3-氨基苯酚	SRN	1477389
化学式	C_6H_7NO	熔点	124~126℃
英文名称	3-Aminophenol	沸点	164℃
分子量	109.128	测试溶剂	Polysol
CAS	591-27-5	测试参比	TMS
辛醇/水分配系数：LogP	0.2	重原子数	8
可旋转键数	0	环数	1
sp3 杂化的碳原子比例	0	拓扑面积	46.2
氢给体数	2	氢受体数	2

7.2.5 二叔丁基对酚

如图 7-18～图 7-20 和表 7-31～表 7-34 所示，为二叔丁基对酚物化数据和三谱图分析。

① 红外谱图

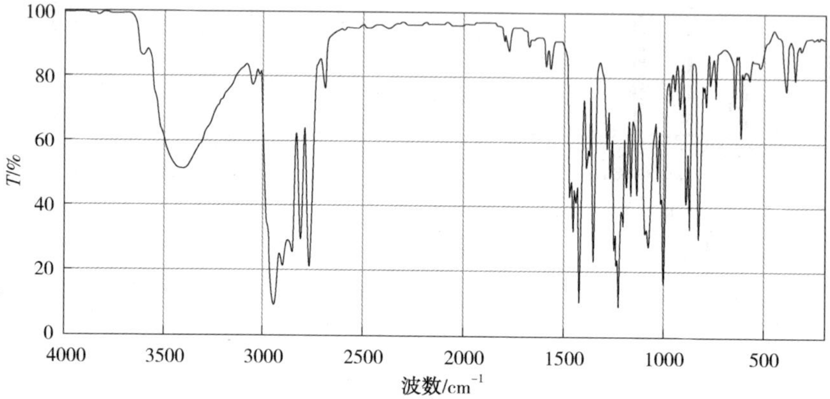

图 7-18 二叔丁基对酚红外谱图

表 7-31 二叔丁基对酚红外分析

官能团	作用区域	备 注
O—H st	$3415cm^{-1}$处的谱带是 O—H 伸缩振动引起的吸收谱带	谱带在较低频率 $3550～3200cm^{-1}$处出现，而"游离"羟基谱带则随之变弱
NH_2 st	在 $3369cm^{-1}$和 $3305cm^{-1}$处显示 N—H 的伸缩振动特征峰	两个弱的吸收谱带：一个是在 $3500cm^{-1}$附近，另一个则在 $3400cm^{-1}$附近
苯 C—H st	$3063cm^{-1}$处显示苯 C—H 伸缩振动特征峰	芳环上的 C—H 伸缩振动谱带出现在 $3100～3000cm^{-1}$多重峰
C—H(CH_2) st as	$2950cm^{-1}$处显示—CH_2 的不对称拉伸振动特征峰	各种强度，多重峰
C—H(CH_2) st sy	$2858cm^{-1}$处显示—CH_2 的对称拉伸振动特征峰	
CH_3 δ as	$1457cm^{-1}$是 CH_3 的不对称变形振动	中等，与 CH_2δ 重合
CH_3 δ sy	$1386cm^{-1}$是 CH_3 的对称变形振动	中等

续表

官能团	作用区域	备　注
C═C 伸缩振动	1595cm^{-1}、1570cm^{-1}为苯环 C═C 伸缩振动	1625~1575cm^{-1}，中等，常是二重峰，对称性的苯环衍生物较弱
C═C 伸缩振动	1473cm^{-1}为苯环 C═C 伸缩振动	1525~1475cm^{-1}，中等，常为二重峰
C—N st	C—N 伸缩振动，1287cm^{-1}	芳香族胺在 1342~1266cm^{-1}范围内出现强的 C—N 伸缩振动谱带
C—O 伸缩振动	1080cm^{-1}是 C—O 伸缩振动	酚中的 C—O 伸缩振动吸收在 1260~1000cm^{-1}区域内，它是一个强的谱带
N—H 面内摇摆振动	887cm^{-1}是 N—H 的面内摇摆振动	这个谱带的位置受形成氢键程度的影响
苯环 C—H 面外变形振动	875cm^{-1}、827cm^{-1}、700cm^{-1}为═CH(4H)的 C—H 面外变形振动	由于环上氢原子的同相面外弯曲振动会与相邻氢原子产生强偶合

② 质谱谱图

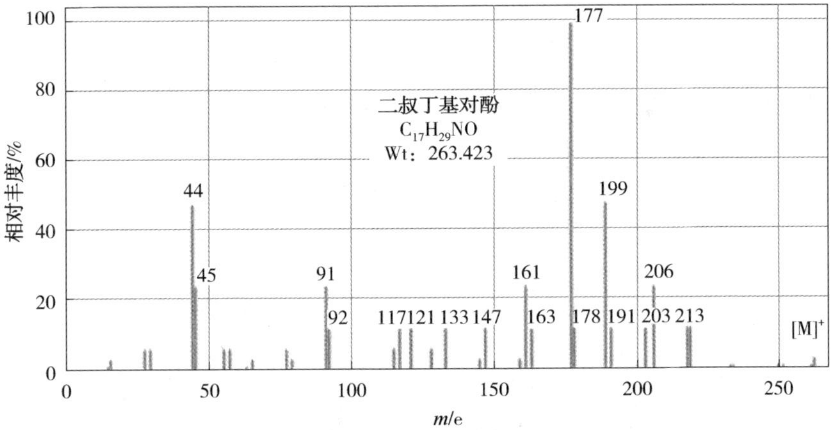

图 7-19　二叔丁基对酚质谱图

表 7-32　二叔丁基对酚质谱分析

测　定	作用区域	备　注
分子离子	[M]$^+$(m/z 263)较弱 [M-1]$^+$(m/z 262)较弱	分子离子：显著的分子离子峰有助于鉴定苯酚。就苯酚来说，分子离子峰就是基峰，M-1 峰很小
灵敏度		灵敏度：主要在低质量区域

③ 核磁谱图

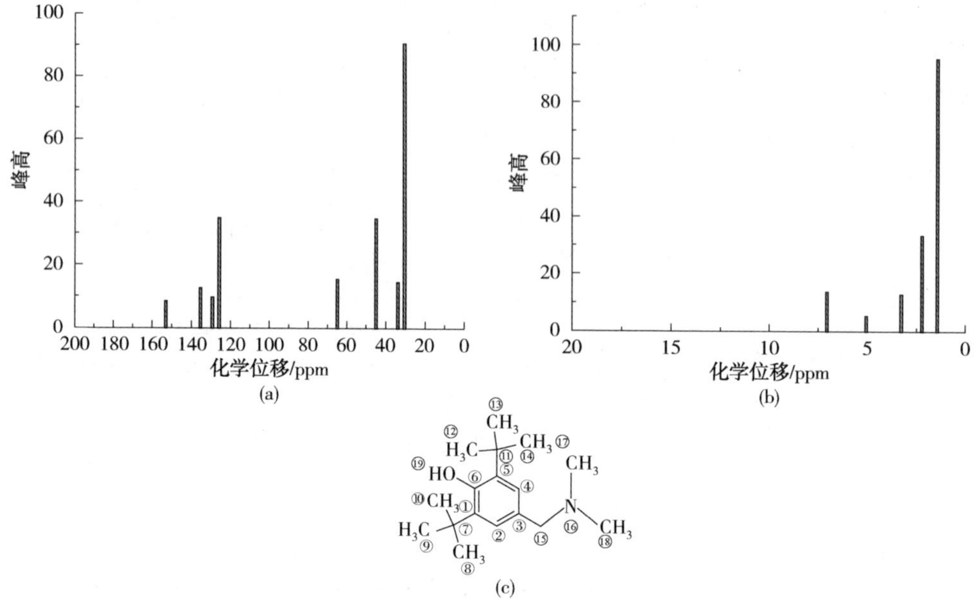

图 7-20　二叔丁基对酚核磁谱图

(a) ^{13}C 核磁谱图；(b) ^{1}H 核磁谱图；(c) 分子结构式及其编号

表 7-33　二叔丁基对酚核磁分析

原子序号	^{13}C 核磁化学位移	原子序号	^{13}C 核磁化学位移	原子序号	^{1}H 核磁化学位移
C1	135. 7	C11	34. 3	H2	7. 1
C2	125. 8	C12	30. 4	H4	7. 1
C3	129. 3	C13	30. 4	H9	1. 46
C4	125. 8	C14	30. 4	H12	1. 46
C5	135. 7	C15	64. 7	H13	1. 46
C6	152. 8	C17	45. 3	H14	1. 46
C7	34. 3	C18	45. 3	H15	3. 34
C8	30. 4			H17	2. 23
C9	30. 4			H18	2. 23
C10	30. 4			H19	5. 08

概况

表 7-34 二叔丁基对酚结构及物化信息

中文名称	2,6-二叔丁基对(二甲氨甲基)苯酚；抗氧剂 703	SRN	60078282
化学式	$C_{17}H_{29}NO$	熔点	94℃
英文名称	2,6-di-tert-butyl-4-(dimethylaminomethyl) phenol	沸点	179℃
分子量	263.423	测试溶剂	$CDCl_3$
CAS	88-27-7	测试参比	TMS
辛醇/水分配系数：LogP	4.7	重原子数	19
可旋转键数	4	环数	1
sp3 杂化的碳原子比例	0.65	拓扑面积	23.5
氢给体数	1	氢受体数	2

7.3 极压抗磨剂波谱分析

所谓"载荷添加剂"，就是可以达到降低摩擦系数，减少磨损的化学物质。载荷添加剂从其功能上来分，习惯上分为油性添加剂、抗磨添加剂和极压添加剂三大类，这种分法实际上是按照它们所能起作用的工作条件为标准的。油性和黏度一样，是润滑油的重要性质，它所指的是润滑油中化合物极性的强弱。在低负荷下，这些极性化合物可以通过物理作用牢固地吸附在摩擦表面，形成一层油膜，从而起到降低摩擦系数、减少机械磨损的作用。这种利用物理吸附作用达到润滑效果的添加剂就称为"油性添加剂"。在中等负荷及速度条件下，摩擦表面因大量放热而温度可以高达 150℃，这就使得摩擦表面吸附的油性剂发生脱附，进而失去减摩抗磨的作用。所以，在这种工作条件下，要使用那些在较高温度下能与新生金属表面作用生成化学吸附膜的表面活性物质，才能起到防止摩擦表面胶合的作用，这样的化学物质就是"抗磨添加剂"。

当机械运转的速度或载荷进一步增大，在低速高负荷或高速冲击的摩擦条件下，即所谓极压工况下，抗磨添加剂也会失去润滑效用。这时，就需要在润滑油中加入可以与摩擦表面的金属发生化学反应、生成剪切力和熔点都比金属低的化合物，从而构成极压固体润滑膜，起到防止胶合的作用，这类化合物就是所谓"极压添加剂"(Extreme Pressure Additive)。载荷添加剂的分子结构中一般都含有 S、P、N、Cl 以及重金属等有效活性元素。在摩擦过程中，添加剂分子中的活性元素可以与金属表面发生化学反应形成保护膜的化合物，或者通过添加剂自身及其分解产物在摩擦表面形成保护膜，从而起到极压抗磨作用。下面就按添加剂分子中所含的有效活性元素分类，对一些典型的极压抗磨添加剂做简单的介绍。

① 硫系

硫系极压抗磨添加剂具有良好的极压抗磨性，目前所用的只含硫活性元素的添加剂主要可归纳为：硫化动植物油脂、硫化短链醇和动植物油脂肪酸的合成酯、硫化甘油酯、硫化碳氢化合物、硫化和芳香烃化合物、聚硫化合物、硫化矿物油以及磺酸盐类等。含硫化合物在一定温度下，就会发生分解，生成的活性硫再和铁反应形成保护膜。一般来说，分子中硫的含量越高，就越易分解，与金属的反应也就越容易，而单硫化合物对热不敏感，很难分解，所以不宜作为极压添加剂。硫系添加剂的作用机理是在边界润滑条件下，摩擦表面受摩擦、热、外逸电子、自我催化等作用，与摩擦表面发生反应，生成含硫的无机物。在摩擦表面生成的硫化铁膜，由于其抗剪切强度大，因此，摩擦系数较高。但其水解稳定性好，熔点高，其润滑作用一直可以持续到800℃。

② 磷系

磷系添加剂常用作抗磨剂，其极压性不如硫系添加剂。国内外常见的只含磷的添加剂不多。国外从20世纪30年代就开始研究含磷载荷添加剂。目前普遍的观点是：在各种条件下，磷系添加剂在摩擦表面确实形成了磷酸盐。

③ 氮系

研究发现许多含氮杂环化合物具有抗磨性能和承载能力。如苯并三氮唑衍生物，烷基硫甲基苯并三氮唑，1,3,4-噻二唑等，只含氮活性元素的极压抗磨添加剂较少，一般的含氮添加剂都与其他活性元素复配。引入氮活性元素的方式一般有三种：直接利用含氮杂环化合物，利用Mannich反应以及用碱性的氨或胺与酸性添加剂中和形成铵盐。在有机化合物中，杂环化合物是数目最庞大的一类，到1971年，已知的数百万种有机化合物中，有一半以上是杂环化合物。杂环化合物在量子化学、无机化学、波谱学、分子生物学、有机化学、配位化学、高分子化学和农药化学等学科中得到了广泛的应用。因此，杂环化合物及其衍生物作为润滑油添加剂自然受到了各国学者的重视。杂环化合物作为润滑油添加剂的应用已有多年历史，特别是作为润滑油防锈剂、抗氧防腐剂和金属致钝剂，但作为抗磨添加剂的研究还很少。

④ 硼系

硼系添加剂是一类新颖的润滑油添加剂，根据化学结构一般可以分为两大类：硼酸酯类和硼酸盐类。硼酸酯类润滑油添加剂具有良好的抗磨性，不腐蚀金属，无毒无臭，但其热氧化安定性明显不如无机硼酸盐，且由于硼酸酯易水解，不太容易吸附在金属表面发生摩擦化学反应，因而不宜单独使用。硼酸盐是一种高效多功能的润滑添加剂，具有特殊的极压抗磨减磨性，很好的氧化安定性，防锈防腐性能，以及良好的密封性能，比磷、硫系添加剂性能更优越，已在工业齿轮油、二冲程油中得到应用。但其存储稳定性和抗乳化能力需不断改善，与其他极压抗磨添加剂的复配规律及复配作用机理有待深入探索。

⑤ 氯系氯化石蜡和氯化石脑油磺酸盐是常用作添加剂的含氯有机化合物，目前在金属切削液以及双曲线齿轮油中用得较多。由于含氯化合物具有一定的腐蚀性和毒性，随着人们环保意识的增强，很多组织已明确提出绿色润滑油添加剂中应不含氯元素。如表 7-35 所示。

表 7-35　极压、抗磨、摩擦改进添加剂

化学名称及外观	命名、多效性、负作用	用　　途	抗磨元素含量和参考用量	生产单位
氯化石蜡(Cl 42%)，淡黄黏稠	T301，增塑、水解、腐蚀	金工油、齿轮油	42%~52%Cl 2%~10%	沈阳化工厂、 山东淄博惠华化工公司
氯化石蜡(Cl 52%)，淡黄色黏稠	T302，增塑、水解、腐蚀	金工油、齿轮油	42%~52%Cl 2%~10%	沈阳化工厂、 山东淄博惠华化工公司
酸性亚磷酸二丁酯，无色/淡黄色透明	T304，阻燃	齿轮油(车/工)、切削油	14.5%~16%P 0.3%~1.0%	山东淄博惠华化工公司、 淄川泉龙化工厂
硫磷酸含氮衍生物，棕红色油状	T305，摩擦改进，臭味	齿轮油(车/工)	5%S 10%P 0.3%~1.0%	南京宁江化工厂、 锡山市石油添加剂厂
磷酸三甲酚酯，透明油状液体	T306，阻燃，防霉	液压油	8.8%P 0.5%~1.5%	上海彭浦化工厂、 天津滨海化工厂
硫代磷酸胺盐，橘黄色油状	T307，臭味	齿轮油(车/工)	10%S 8.5%P 1.4%N 0.4%~2.0%	南京宁江化工厂、 沈阳北方特油公司
酸性磷酸酯胺盐	T308	齿轮油(车/工)	5%~6%P 2%~3%N 0.3%~1.0%	兰州炼化总厂，Vanderbilt 公司的 Vanlube 672
硫代磷酸苯酯，白/淡黄色粉末	T309，抗氧	液压油、油膜轴承油、液力传动油、汽轮机油	9.3%S 8.9%P 0.5%~3.0%	沈阳维华油品公司，Ciba-Geigy 公司的 Igralube TPPT
硼化硫代磷酸胺盐，深黄色透明	T310	液压油，船用汽缸油	5.0%~6.5%S 5.0%~6.5%P 2.5%~3.5%N 0.5%~4.0%	兰州炼化总厂
硫化异丁烯，浅黄/橘黄色透明	T321，臭味	齿轮油、润滑脂	38%~52%S 1.5%~5.0%	辽宁义县精细化工厂、 山东东风化肥厂
二苄基二硫，白色结晶固体	T322，臭味	齿轮油	24%~26%S 1.0%~3.0%	大连化工助剂厂

化学名称及外观	命名、多效性、负作用	用　途	抗磨元素含量和参考用量	生产单位
氨基硫代酯，棕红色透明	T323，抗氧	汽轮机油、液压油、齿轮油、内燃机油	29%～32%S 2.0%～4.0%	西南特种润滑剂厂、长沙望城石化厂
环烷酸铅，黑棕色透明	T341，毒性	齿轮油	70%Pb 2.0%～10%	甘肃油漆厂
二丁基二硫代氨基甲酸氧硫化钼，黄色粉末	T351，抗氧	润滑脂	—	武汉径河化工厂、长沙望城石化厂、Vanderbilt公司的 Vanlube A
二丁基二硫代氨基甲酸氧锑，黄色结晶粉末	T352，抗氧	润滑脂	20%～25%S 10%～15%Sb 1.0%～3.0%	武汉径河化工厂、长沙望城石化厂、成都石化总厂
二丁基二硫代氨基甲酸氧铅，白色固体粉末	T353，抗氧，水解	齿轮油、涡轮涡杆油、金属加工油、防锈润滑两用油润滑脂	1.0%～3.0%	武汉径河化工厂、长沙望城石化厂
硼酸盐，红棕色黏稠液体	T361，抗腐、防锈，水解	齿轮油、涡轮涡杆油、防锈润滑两用油、金属加工油	5.8%B 0.5%～4.0%	茂名石化公司研究院
偏硼酸甲酯		合成油脂		重庆一坪化工厂
含硫硼酸酯	水溶	切削液	—	河北理工学院
$C_{2\sim12}$烷基亚磷酸杂环胺盐	防锈	润滑油	—	中国科学院兰化所
磷酰胺酯	防锈	矿物油、合成油	—	重庆一坪化工厂
聚氧乙烯甘油硼酸脂肪酸酯，淡黄/橙黄色	乳化、水溶	切削液	—	辽宁省化工研究院、大连杨树沟化工厂
二聚亚油酸钾皂，棕色胶体	防锈、水溶	切削液		牡丹江日用化学厂
氯代二苯二硫，棕色胶状	腐蚀	润滑油	50%Cl 20%S	沈阳化工研究所
磷酸三(氯乙基)酯，微黄色透明	阻燃、增塑、水解	润滑油	37.3%Cl 10.9%P	沈阳化工厂、上海彭浦化工厂
烷基聚氧乙烯磷酸酯镧络合物(PE09-La)	水溶	水基润滑剂	—	中国科学院兰化所、装甲兵工程学院

续表

化学名称及外观	命名、多效性、负作用	用途	抗磨元素含量和参考用量	生产单位
硫化鲸鱼油，深棕色黏稠	T401 油性剂，还有防锈作用	导轨油、主轴油和液压导轨油	含 5%~6% S 导轨油：0.5%~3% 其他油：2%	大连红卫化工厂（已停产）
二聚酸，黄棕色膏状	T402 油性剂，还有防锈、破乳作用	轧制液的油性剂、润滑油的破乳剂	酸值>180mg KOH/g 用量：0.5%~3%	牡丹江日用化学厂
油酸乙二醇酯，棕色液体	T403 油性剂，还有防锈、破乳、抗氧化作用	齿轮油 T、导轨油 T、液压油 T、主轴油 T、油膜轴承油 T403B、涡轮涡杆油 T	酸值不同： T403：50 T：25 T403B：8 T：5 用量：1%	兰炼、上炼等
硫化棉籽油，深棕/黑色透明黏稠液体	T404 油性剂	导轨油、主轴油、液压导轨油、金属加工油	含 4.5%~5.5% S 导轨油：4%~6% 其他油：1%~2%	成都石化总厂、苏州特油厂、Chevron OLOA 910
硫化烯烃棉籽油，红棕色透明液体	T405 油性剂，还有减磨、抗磨和极压作用	导轨油、液压导轨油、工业齿轮油、金属加工油	含 7.5%~8.5%S 导轨油：3%~6% 液压导轨油：0.5%~1.5% 齿轮油：2.5%	沈阳石化二厂、长沙望城石化厂、Lubrizol LZ5006
硫化烯烃棉籽油	T 油性剂	极压润滑脂	含 9.0%~10.5%S 润滑脂：2%~5%	沈阳石化二厂、长沙望城石化厂
苯三唑脂肪酸胺盐	T406 油性剂，还有抗磨、防腐、防锈、破乳作用	齿轮油、抗磨液、压油、油膜轴、承油、润滑脂、防锈油脂(气相、液相)	用量：0.3%~3%	南京高峰化工厂、南京宁江化工厂、南京金陵试剂厂
膦酸酯，浅棕色透明液体	T451 摩擦改进剂，还有抗磨作用	导轨油、合成油、轧制液、合成油等	含 7%P	长沙望城石化厂
硫磷酸氧钼，深绿色透明液体	T461、TD462、T（含铜盐）、T462B 减摩剂，还有抗氧、减磨作用，但腐蚀铜	内燃机油 T461 和 T、液压油 T、磨合油 T461、润滑脂 TD462、齿轮油 T462B	含 3.5%~13%P	北京三联精细化工公司、辽宁朝阳帝王公司

续表

化学名称及外观	命名、多效性、负作用	用　　途	抗磨元素含量和参考用量	生产单位
硫磷酸氧钼	T 油溶性 高效减摩剂		5.5% Mo 10.5% S 6.5% P	吉林美达化工公司
磷氮化合物	T452 摩擦改进剂	T452		上炼添加剂厂
硫磷酸钼锌复合物，黄绿色	T471 摩擦改进剂	润滑油脂	3% Mo 0.5% Zn 用量：2%~5%	广西万机灵集团
硫磷酸钼钨复合物，黄绿色	T472 摩擦改进剂	润滑油脂	8.5% Mo 用量：2%~5%	广西万机灵集团
非硫磷酸钼钨复合物，深黄色	T473 摩擦改进剂	润滑油脂	0.5% Mo 用量：2%~5%	广西万机灵集团

润滑剂的主体为基础润滑油或润滑脂，因此基础润滑油或润滑脂的可生物降解性能对润滑剂的生物降解性能起决定作用，但仅占润滑剂小部分的润滑添加剂的影响也不可忽视。一般而言，环境友好润滑添加剂的选择，既要考虑添加剂本身的毒性、生物降解能力和它对环境的影响，也要考虑其对基础油脂生物降解性的影响及工况要求，且添加量还不能过高，这就使得此类添加剂的选择受到较大限制。选择该类添加剂一般按德国“蓝色天使”的规定：(1)无致癌、诱变和致畸形物质；(2)不含氯、亚硝酸盐；(3)不含金属(钙除外，最大含量0.1%)；(4)潜在可生物降解添加剂的含量不超过7%；(5)难降解但低毒性添加剂的含量不超过2%；(6)对可完全生物降解添加剂的使用无限制。已有研究表明，一般含有过渡金属元素的添加剂和某些影响微生物活动和营养成分的清净分散剂会降低润滑剂的可生物降解性。虽然含磷元素的添加剂因为能提供有利于微生物成长的养分，可提高润滑剂的可生物降解性，但其容易造成水体富营养化，升高COD值，引发其他的污染问题。

7.3.1　噻二唑及其衍生物波谱分析

在润滑油中使用抗磨、极压添加剂，可以在摩擦表面形成保护膜(吸附或反应膜)，从而阻止金属间的直接接触，起到抗磨和抗极压的作用。常用的抗磨、极压剂主要为二烷基二硫代磷酸和二烷基二硫代氨基甲酸的重金属盐。二烷基二硫代磷酸锌(ZDDP)是使用最广泛的润滑油添加剂，但由于环保法规的日益严格，汽油车要求安装三元催化转换器，柴油车增加尾气再循环系统，对润滑油提出了低磷化的要求，降低二烷基二硫代磷酸锌(ZDDP)类添加剂的使用量已是必然。

环烷酸铅和二烷基二硫代氨基甲酸铅曾是常用的润滑剂极压添加剂，但铅化合物是一种对环境有相当危害的化合物，作为替代，其他重金属添加剂（如锑、锌、铋）得以广泛应用，但所有的这些重金属化合物均对环境有或多或少的危害。因此，研究不含磷的非金属类抗磨、极压剂将是一个长期的目标。

2,5-二巯基-1,3,4-噻二唑类衍生物一般是作为润滑油脂的金属钝化剂使用的，如 R. T. Vanderbilt 公司的 Cuvan 826 和国产 T561 添加剂。这类添加剂还具有抗氧和抗磨性能，在油品中的应用比较广泛。这类抗磨、极压剂不仅不含磷和重金属元素，为无灰型添加剂，而且还具有抗氧、金属钝化等多方面性能，克服了传统极压添加剂导致油品抗氧化性能降低、铜片腐蚀严重的局限性。作为环境友好、性能优异、具有多功能的抗磨、极压剂，噻二唑类衍生物在润滑剂中的应用将越来越广泛。

噻二唑单体衍生物主要用作润滑剂的抗磨剂，如 Vanlube 871，该类添加剂具有很好的油溶性，可使用在润滑油和润滑脂中，但该类添加剂基本不表现极压性能。噻二唑环结构对金属表面具有很强的亲和性，其环上巯基上的取代基团又具有很强的亲油性，这使得该类添加剂具有增强润滑剂油膜强度的功能，从而起到抗磨作用。噻二唑单体或噻二唑单体衍生物还可使用在润滑脂中，起到改善抗磨性能的作用。在含有硼酸盐极压剂的 12-羟基硬脂酸锂基脂中，噻二唑单体或其衍生物的加入，可大幅度改善其抗磨性能。

2,5-二巯基-1,3,4-噻二唑的二聚物是优秀的润滑脂极压添加剂，其商品牌号为 Vanlube 829，其结构式如下：

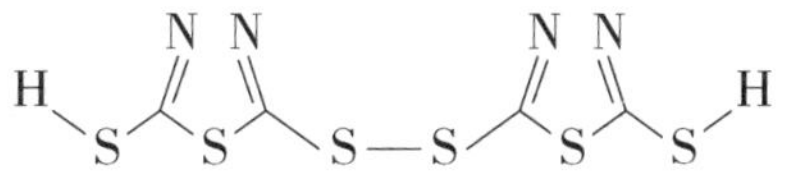

该添加剂在四球实验中表现出优秀的抗烧结性能。在有些润滑脂中，利用噻二唑二聚物，甚至可以使润滑脂的烧结负荷提高到 7840 N 以上。噻二唑二聚物的极压性能来源于它与金属表面的双齿配位。噻二唑二聚物的两个环结构平行定向于金属表面，形成双齿复合结构，其中任何一个环结构脱附，都不会导致该添加剂从金属表面解离。噻二唑二聚物除了具有优秀的四球极压性能外，还表现出良好的抗氧化性能，也不引起铜片腐蚀，克服了传统极压剂影响抗氧化性能和产生铜腐蚀的弊端。噻二唑二聚物虽然具有优秀的极压性能，但抗磨性能不足，这可通过与有机钼添加剂协同来克服。噻二唑二聚物还具有抑制铜腐蚀的作用。

评价润滑脂极压剂性能通用的方法有四球烧结实验（ASTM D2596）和梯姆肯负荷实验（ASTM D2509）。一个理想的极压添加剂应该具有两方面好的实验结果，因为它们代表了不同的极压要求。噻二唑二聚物具有非常好的四球抗烧结性能，实际上，该性能通常超过商业上的要求。但不幸的是，该类化合物在梯姆肯负荷实验中性能不佳。因此，噻二唑二聚物作为极压添加剂的用途受到了一定的限制，研制既具有四球极压性能，又具有梯姆肯极压性能的噻二唑类极压添加剂将具有极强的应用背景。噻二唑二聚体与丁氧基三乙二醇的复合产物，可以满足上面所有的要求。改进的极压性能来自于噻二唑二聚物与丁氧基三乙二醇的配位，该配位作用导致多个噻二唑环结构连接在一起，共同在金属表面形成配位复合物。相对于噻二唑二聚物的双齿配位结构，该添加剂在金属表面形成多齿配位结构，表现出最强的表面吸附特性。在铜片腐蚀实验中，噻二唑多聚体复合物添加剂(Vanlube 972)会使得铜片由铜本色向金黄色变化。这是大多数1,3,4-噻二唑类化合物的特征，即所谓的"噻二唑吸附层"现象，是噻二唑化合物在铜表面吸附形成配位化合物的结果，这是一种保护性膜层，并非腐蚀的结果。噻二唑多聚体复合物对铜腐蚀的抑制作用，还表现在其对有机钼添加剂的铜腐蚀抑制上。噻二唑二聚物与丁氧基三乙二醇复合物(Vanlube 972)还具有良好的生物降解特性。

(1) 1,3,4-噻二唑-2,5-二硫醇

如图7-21~图7-23和表7-36~表7-39所示，为1,3,4-噻二唑-2,5-二硫醇物化数据和三谱图分析。

① 红外谱图

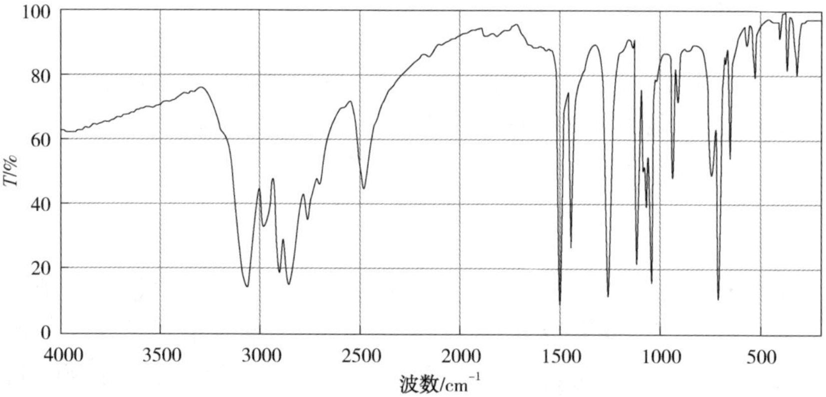

图7-21 1,3,4-噻二唑-2,5-二硫醇红外谱图

表7-36 1,3,4-噻二唑-2,5-二硫醇红外分析

官能团	作用区域	备　注
N—H弯曲振动	脂肪族仲胺在1650~1580cm^{-1}处无N—H弯曲振动的特征峰	在脂肪族仲胺的光谱中，很少看到N—H弯曲振动的谱带
C=S st	C=S伸缩振动，1047cm^{-1}	C=S st 1275~1030cm^{-1}强，窄
C—N st	C—N伸缩振动，1120cm^{-1}	在1250~1020cm^{-1}区域内出现非共轭的C—N键吸收谱带，其强度中等到弱
N—H面内摇摆振动	713cm^{-1}是N—H的面内摇摆振动	这个谱带的位置受形成氢键程度的影响

② 质谱谱图

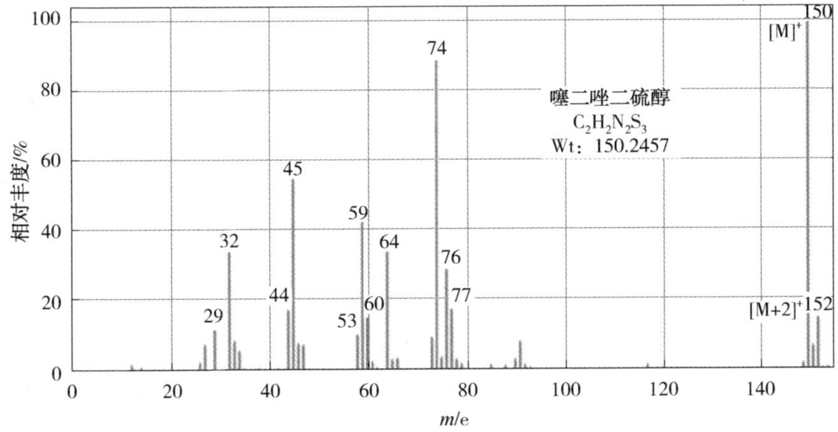

图 7-22　1,3,4-噻二唑-2,5-二硫醇质谱图

表 7-37　1,3,4-噻二唑-2,5-二硫醇质谱分析

测　　定	作用区域	备　　注
分子离子	$[M+2]^+$(m/z 152)较弱 $[M]^+$(m/z 150)很强	分子离子：脂肪胺通常较弱或缺损
灵敏度		由于很容易断裂形成基峰，故在高质量区碎片图形变得很弱。主要在低质量区域

③ 核磁谱图

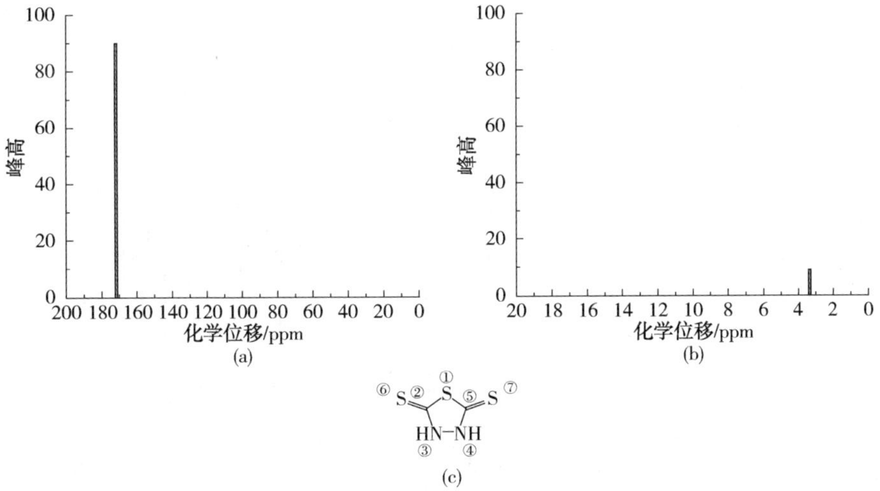

图 7-23　1,3,4-噻二唑-2,5-二硫醇核磁谱图

(a) ^{13}C 核磁谱图；(b) ^{1}H 核磁谱图；(c)分子结构式及其编号

表 7-38　1,3,4-噻二唑-2,5-二硫醇核磁分析

原子序号	^{13}C 核磁化学位移	原子序号	^{1}H 核磁化学位移
C2	172	H6	3. 35
C5	172	H7	3. 35

概况

表 7-39　1,3,4-噻二唑-2,5-二硫醇结构及物化信息

中文名称	2,5-二巯基噻二唑	SRN	145260
化学式	$C_2H_2N_2S_3$	熔点	162℃
英文名称	Bismuththiol	沸点	211. 3℃
分子量	150. 2457	测试溶剂	DMSO-d6
CAS	1072-71-5	测试参比	TMS
辛醇/水分配系数：LogP	1. 3	重原子数	7
可旋转键数	0	环数	1
sp3 杂化的碳原子比例	0	拓扑面积	114
氢给体数	2	氢受体数	3

（2）苯基-2-噻唑硫醇

如图 7-24 和表 7-40 所示，为苯基-2-噻唑硫醇红外谱图分析。

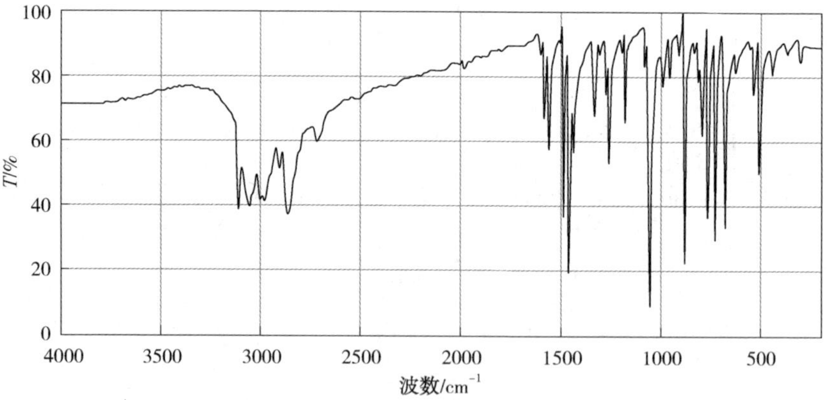

图 7-24　苯基-2-噻唑硫醇红外谱图

表 7-40　苯基-2-噻唑硫醇红外分析

官能团	作用区域	备　注
NH_2 st	在 3369cm^{-1} 和 3305cm^{-1} 处显示 N—H 的伸缩振动特征峰	有两个弱的吸收谱带：一个是在 3500cm^{-1}附近，另一个则在 3400cm^{-1}附近
苯 C—H st	3054cm^{-1} 处显示苯 C—H 伸缩振动特征峰	芳环上的 C—H 伸缩振动谱带出现在 3100～3000cm^{-1}多重峰
C═C 伸缩振动	1584cm^{-1}为苯环 C═C 伸缩振动	1625～1575cm^{-1}，中等，常是二重峰，对称性的苯环衍生物较弱
C═C 伸缩振动	1490cm^{-1}为苯环 C═C 伸缩振动	1525～1475cm^{-1}，中等，常为二重峰
C—N st	C—N 伸缩振动，1263cm^{-1}	芳香族胺在 1342～1266cm^{-1}范围内出现强的 C—N 伸缩振动谱带
C ═S st	C ═S 伸缩振动，1058cm^{-1}	C ═S st 1275～1030cm^{-1}强，窄
N—H 面内摇摆振动	731cm^{-1}是 N—H 的面内摇摆振动	这个谱带的位置受形成氢键程度的影响
烯烃面外 C—H 弯曲振动	798cm^{-1}是 C—H 的面外弯曲振动	烯烃最特征的振动形式是面外 C—H 弯曲振动，这些谱带在烯烃红外谱图中通常是最强的
苯环 C—H 面外变形振动	883cm^{-1}、768cm^{-1}、683cm^{-1} 为═CH(4H)的 C—H 面外变形振动	由于环上氢原子的同相面外弯曲振动会与相邻氢原子产生强偶合

(3) 苯基-1,3,4-噻二唑-2-OL

如图 7-25～图 7-27 和表 7-41～表 7-44 所示，为苯基-1,3,4-噻二唑-2-OL 物化数据和三谱图分析。

① 红外谱图

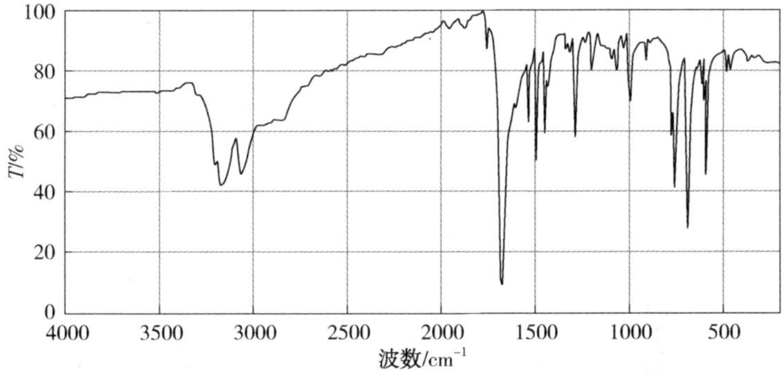

图 7-25　苯基-1,3,4-噻二唑-2-OL 红外谱图

表 7-41　苯基-1,3,4-噻二唑-2-OL 红外分析

官能团	作用区域	备　注
苯 C—H st	3063cm^{-1} 处显示苯 C—H 伸缩振动特征峰	芳环上的 C—H 伸缩振动谱带出现在 3100～3000cm^{-1}多重峰
C═C 伸缩振动	1672cm^{-1}为苯环 C═C 伸缩振动	中等，常是二重峰，对称性的苯环衍生物较弱

续表

官能团	作用区域	备　注
C═C 伸缩振动	1492cm^{-1}为苯环 C═C 伸缩振动	中等，常为二重峰
苯环 C—H 面外变形振动	756cm^{-1}、687cm^{-1}为═CH(4H)的 C—H 面外变形振动	由于环上氢原子的同相面外弯曲振动会与相邻氢原子产生强偶合

② 质谱谱图

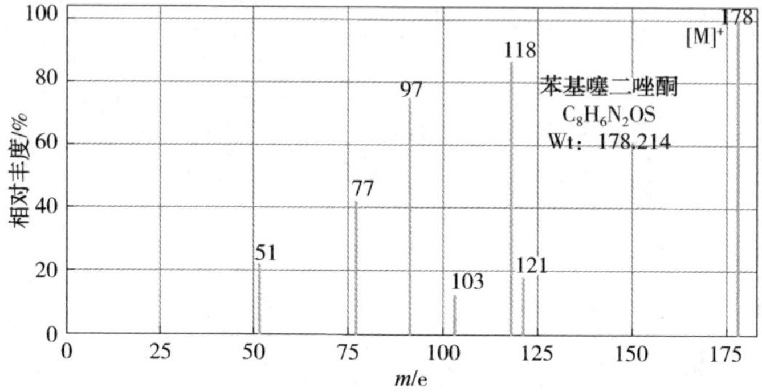

图 7-26　苯基-1,3,4-噻二唑-2-OL 质谱图

表 7-42　苯基-1,3,4-噻二唑-2-OL 质谱分析

测　定	作用区域	备注
分子离子	[M]$^+$(m/z 178)很强	分子离子：分子离子峰强度很大
灵敏度		灵敏度：主要在高质量区域

③ 核磁谱图

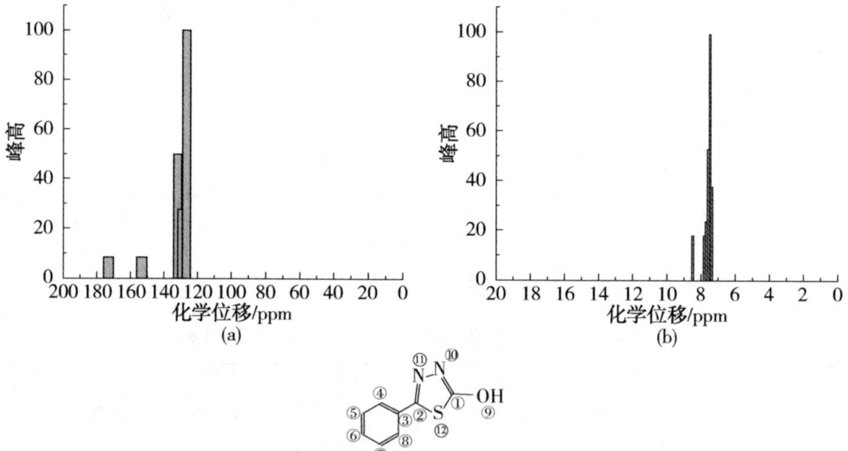

图 7-27　苯基-1,3,4-噻二唑-2-OL 核磁谱图

(a)^{13}C 核磁谱图；(b)^{1}H 核磁谱图；(c)分子结构式及其编号

表 7-43　苯基-1,3,4-噻二唑-2-OL 核磁分析

原子序号	^{13}C 核磁化学位移	原子序号	^{1}H 核磁化学位移
C1	173.4	H4	7.4
C2	153.4	H5	7.5
C3	129.1	H6	7.6
C4	126.3	H7	7.7
C5	129.1	H8	7.8
C6	131	H9	8.52
C7	129.1		
C8	126.3		

概况

表 7-44　苯基-1,3,4-噻二唑-2-OL 结构及物化信息

中文名称	5-苯基-1,3,4-噻二唑-2(3H)-酮	SRN	1304681
化学式	$C_8H_6N_2OS$	熔点	146℃
英文名称	2-hydroxy-5-phenyl-1,3,4-thiadiazole	沸点	377.1℃
分子量	178.214	测试溶剂	DMSO-d6
CAS	24028-40-8	测试参比	TMS
辛醇/水分配系数：LogP	2	重原子数	12
可旋转键数	1	环数	2
sp3 杂化的碳原子比例	0	拓扑面积	66.8
氢给体数	1	氢受体数	3

(4) 2,1,3-苯并噻二唑

如图 7-28～图 7-31 和表 7-45～表 7-49 所示，为 2,1,3-苯并噻二唑物化数据和三谱图分析。

① 红外谱图

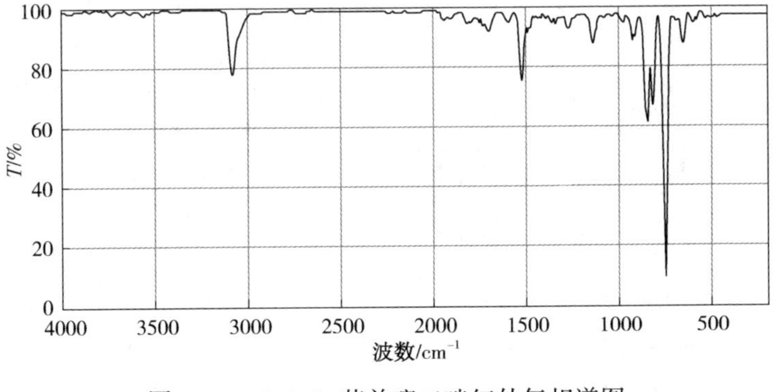

图 7-28　2,1,3-苯并噻二唑红外气相谱图

表 7-45　2,1,3-苯并噻二唑红外气相谱图分析

官能团	作用区域	备　注
苯 C—H st	$3058cm^{-1}$ 处显示苯 C—H 伸缩振动特征峰	芳环上的 C—H 伸缩振动谱带出现在 $3100 \sim 3000cm^{-1}$ 多重峰
C═C 伸缩振动	$1598cm^{-1}$ 为苯环 C═C 伸缩振动	$1625 \sim 1575cm^{-1}$，中等，常是二重峰，对称性的苯环衍生物较弱
C═C 伸缩振动	$1526cm^{-1}$ 为苯环 C═C 伸缩振动	$1525 \sim 1475cm^{-1}$，中等，常为二重峰
C—N st	C—N 伸缩振动，$1271cm^{-1}$	芳香族胺在 $1342 \sim 1266cm^{-1}$ 范围内出现强的 C—N 伸缩振动谱带
C═N st	$1703cm^{-1}$ 为 C═N 伸缩振动	肟 $1690 \sim 1520cm^{-1}$，一般较强
苯环 C—H 面外变形振动	$748cm^{-1}$ 为═CH(4H) 的 C—H 面外变形振动	由于环上氢原子的同相面外弯曲振动会与相邻氢原子产生强偶合

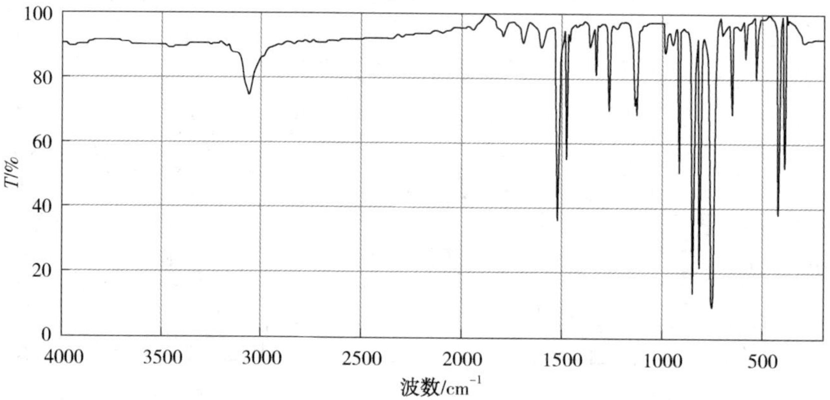

图 7-29　2,1,3-苯并噻二唑红外谱图

表 7-46　2,1,3-苯并噻二唑红外谱图分析

官能团	作用区域	备　注
苯 C—H st	$3062cm^{-1}$ 处显示苯 C—H 伸缩振动特征峰	芳环上的 C—H 伸缩振动谱带出现在 $3100 \sim 3000cm^{-1}$ 多重峰
C═C 伸缩振动	$1595cm^{-1}$ 为苯环 C═C 伸缩振动	$1625 \sim 1575cm^{-1}$，中等，常是二重峰，对称性的苯环衍生物较弱
C═C 伸缩振动	$1519cm^{-1}$ 为苯环 C═C 伸缩振动	$1525 \sim 1475cm^{-1}$，中等，常为二重峰
C—N st	C—N 伸缩振动，$1265cm^{-1}$	芳香族胺在 $1342 \sim 1266cm^{-1}$ 范围内出现强的 C—N 伸缩振动谱带
C═N st	$1689cm^{-1}$ 为 C═N 伸缩振动	肟 $1690 \sim 1520cm^{-1}$ 一般较强
苯环 C—H 面外变形振动	$747cm^{-1}$ 为═CH(4H) 的 C—H 面外变形振动	由于环上氢原子的同相面外弯曲振动会与相邻氢原子产生强偶合

② 质谱谱图

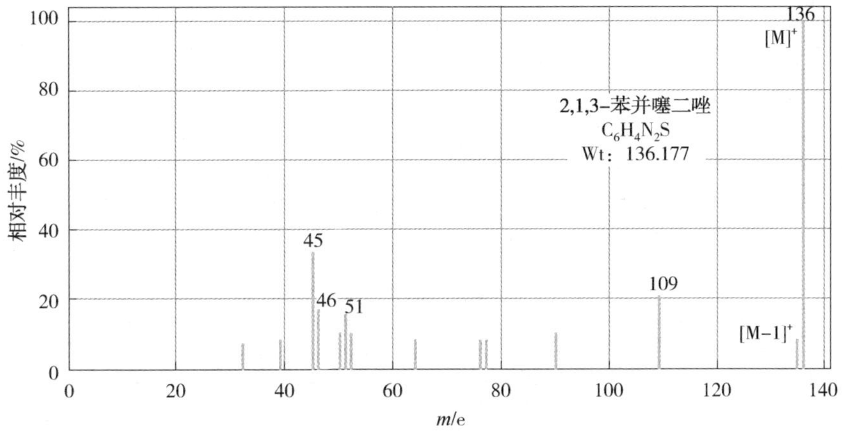

图 7-30　2,1,3-苯并噻二唑质谱图

表 7-47　2,1,3-苯并噻二唑质谱分析

测　定	作用区域	备　　注
分子离子	[M]$^+$(m/z 136)很强 [M-1]$^+$(m/z 135)较弱	分子离子：芳香一元胺的分子离子峰是很强的
灵敏度		灵敏度：主要在高质量区域

③ 核磁谱图

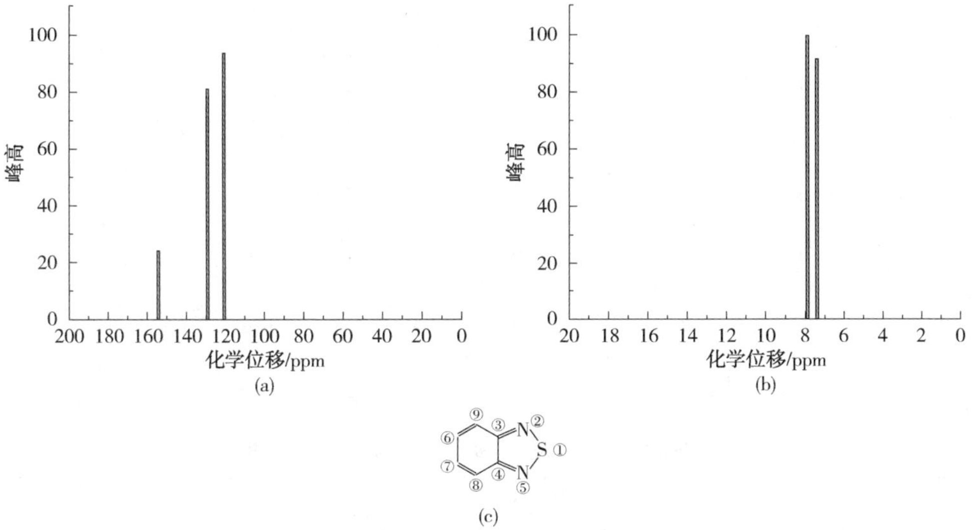

图 7-31　2,1,3-苯并噻二唑核磁谱图

(a)^{13}C 核磁谱图；(b)^{1}H 核磁谱图；(c)分子结构式及其编号

表 7-48　2,1,3-苯并噻二唑核磁分析

原子序号	^{13}C 核磁化学位移	原子序号	^{1}H 核磁化学位移
C3	154.7	H6	7.41
C4	154.7	H7	7.41
C6	129.1	H8	7.89
C7	129.1	H9	7.89
C8	121.5		
C9	121.5		

概况

表 7-49　2,1,3-苯并噻二唑结构及物化信息

中文名称	2,1,3-苯并噻二唑	SRN	60085043
化学式	$C_6H_4N_2S$	熔点	43~45℃
英文名称	2,1,3-benzothiadiazole	沸点	203℃
分子量	136.177	测试溶剂	$CDCl_3$
CAS	22706-22-5	测试参比	TMS
辛醇/水分配系数：LogP	2	重原子数	9
可旋转键数	0	环数	2
sp3 杂化的碳原子比例	0	拓扑面积	54
氢给体数	0	氢受体数	3

（5）2,5-二甲基-1,3,4-噻二唑

如图 7-32~图 7-34 和表 7-50~表 7-53 所示，为 2,5-二甲基-1,3,4-噻二唑物化数据和三谱图分析。

① 红外谱图

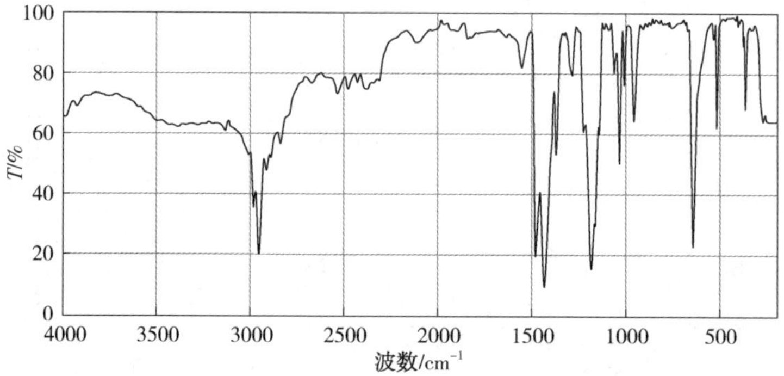

图 7-32　2,5-二甲基-1,3,4-噻二唑红外谱图

表 7-50　2,5-二甲基-1,3,4-噻二唑红外分析

官能团	作用区域	备　注
C—H(CH_3) st as	2985cm^{-1}处显示—CH_3 的不对称拉伸振动特征峰	
C—H(CH_2) st sy	2957cm^{-1}处显示—CH_2 的对称拉伸振动特征峰	
CH_3 δ as	1481cm^{-1}是 CH_3 的不对称变形振动	中等

续表

官能团	作用区域	备　　注
CH_3 δ sy	$1370cm^{-1}$是 CH_3 的对称变形振动	中等
C═N st	$1537cm^{-1}$为 C═N 伸缩振动	$1690 \sim 1520cm^{-1}$，一般较强

② 质谱谱图

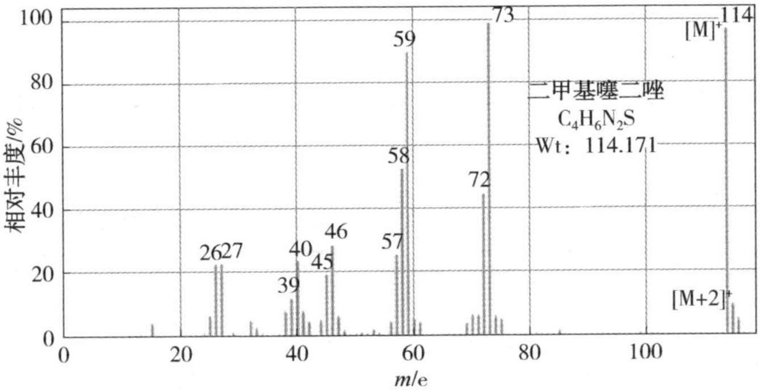

图 7-33　2,5-二甲基-1,3,4-噻二唑质谱图

表 7-51　2,5-二甲基-1,3,4-噻二唑质谱分析

测　定	作用区域	备　　注
分子离子	$[M+2]^+$(m/z 116)较弱 $[M]^+$(m/z 114)很强	分子离子：脂肪胺通常较弱或缺损
灵敏度		由于很容易断裂形成基峰，故在高质量区碎片图形变得很弱。主要在低质量区域

③ 核磁谱图

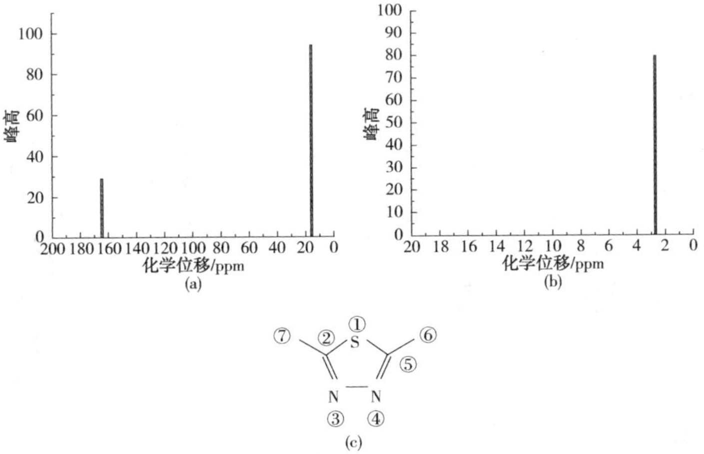

图 7-34　2,5-二甲基-1,3,4-噻二唑核磁谱图

(a)^{13}C 核磁谱图；(b)^{1}H 核磁谱图；(c)分子结构式及其编号

表 7-52　2,5-二甲基-1,3,4-噻二唑核磁分析

原子序号	^{13}C 核磁化学位移	原子序号	^{1}H 核磁化学位移
C2	164.9	H6	2.73
C5	164.9	H7	2.73
C6	15.5		
C7	15.5		

概况

表 7-53　2,5-二甲基-1,3,4-噻二唑结构及物化信息

中文名称	2,5-二甲基噻二唑	SRN	60452422
化学式	$C_4H_6N_2S$	熔点	63~65℃
英文名称	2,5-dimethyl-1,3,4-thiadiazole	沸点	202.5℃
分子量	114.171	测试溶剂	$CDCl_3$
CAS	27464-82-0	测试参比	TMS
辛醇/水分配系数：LogP	0	重原子数	7
可旋转键数	0	环数	1
sp3 杂化的碳原子比例	0.5	拓扑面积	54
氢给体数	0	氢受体数	3

(6) 4-苯基-1,2,3-噻二唑

如图 7-35~图 7-37 和表 7-54~表 7-57 所示，为 4-苯基-1,2,3-噻二唑物化数据和三谱图分析。

① 红外谱图

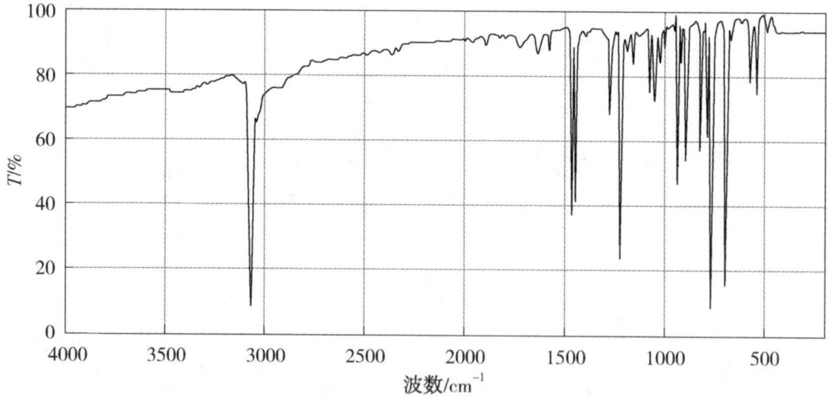

图 7-35　4-苯基-1,2,3-噻二唑红外谱图

表 7-54　4-苯基-1,2,3-噻二唑红外分析

官能团	作用区域	备　　注
苯 C—H st	$3068cm^{-1}$ 处显示苯 C—H 伸缩振动特征峰	芳环上的 C—H 伸缩振动谱带出现在 $3100\sim3000cm^{-1}$ 多重峰
C═C st	$1642cm^{-1}$ 处显示烯烃 C═C 伸缩振动特征峰	烯烃 C═C st $1690\sim1635cm^{-1}$，各种强度，高度对称化合物较弱
C═C 伸缩振动	$1575cm^{-1}$ 为苯环 C═C 伸缩振动	$1625\sim1575cm^{-1}$，中等，常是二重峰，对称性的苯环衍生物较弱
C═C 伸缩振动	$1462cm^{-1}$ 为苯环 C═C 伸缩振动	$1525\sim1475cm^{-1}$，中等，常为二重峰
C—N st	C—N 伸缩振动，$1271cm^{-1}$	芳香族胺在 $1342\sim1266cm^{-1}$ 范围内出现强的 C—N 伸缩振动谱带
苯环 C—H 面外变形振动	$889cm^{-1}$、$764cm^{-1}$、$693cm^{-1}$ 为 ═CH（4H）的 C—H 面外变形振动	由于环上氢原子的同相面外弯曲振动会与相邻氢原子产生强偶合
烯烃面外 C—H 弯曲振动	$818cm^{-1}$ 是 C—H 的面外弯曲振动	烯烃最特征的振动形式是面外 C—H 弯曲振动，这些谱带在烯烃红外谱图中通常是最强的

② 质谱谱图

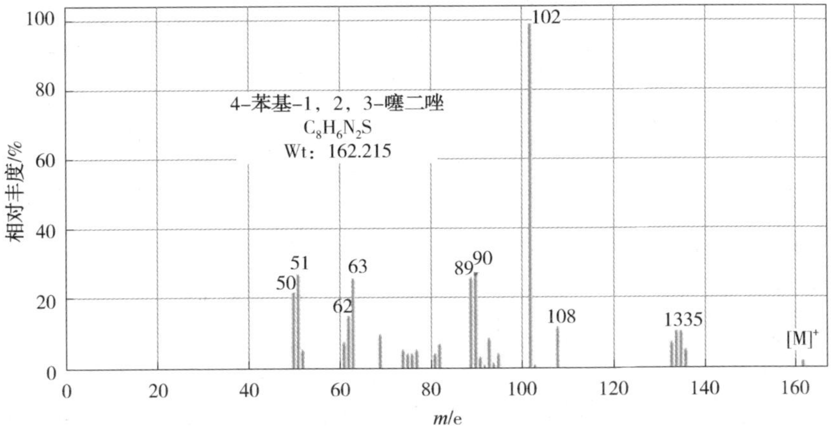

图 7-36　4-苯基-1,2,3-噻二唑质谱图

表 7-55　4-苯基-1,2,3-噻二唑质谱分析

测　定	作用区域	备　　注
分子离子	$[M]^+$（m/z 162）很强	分子离子：芳香一元胺的分子离子峰（奇数）是很强的
灵敏度		灵敏度：主要在低质量区域

③ 核磁谱图

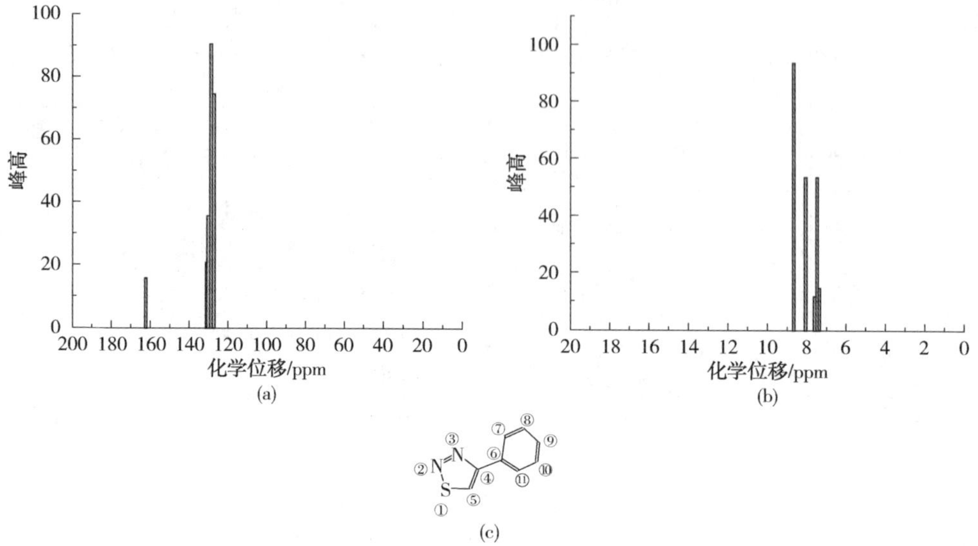

图 7-37 4-苯基-1,2,3-噻二唑核磁谱图

(a) ^{13}C 核磁谱图；(b) ^{1}H 核磁谱图；(c)分子结构式及其编号

表 7-56 4-苯基-1,2,3-噻二唑核磁分析

原子序号	^{13}C 核磁化学位移	原子序号	^{1}H 核磁化学位移
C3	162.6	H5	8.59
C4	130.4	H7	7.96
C6	130.7	H8	7.2
C7	127.2	H9	7.4
C8	129	H10	7.55
C9	129.2	H11	7.96
C10	129		
C11	127.2		

概况

表 7-57 4-苯基-1,2,3-噻二唑结构及物化信息

中文名称	4-苯基-1,2,3-噻二唑	SRN	6955933
化学式	$C_8H_6N_2S$	熔点	78℃
英文名称	4-phenylthiadiazole	沸点	289.3℃

续表

中文名称	4-苯基-1,2,3-噻二唑	SRN	6955933
分子量	162.215	测试溶剂	$CDCl_3$
CAS	25445-77-6	测试参比	TMS
辛醇/水分配系数：LogP	2.4	重原子数	11
可旋转键数	1	环数	2
sp3 杂化的碳原子比例	0	拓扑面积	54
氢给体数	0	氢受体数	3

7.3.2 含氮六元杂环波谱分析

考察含不同氮原子个数的六元杂环模型化合物在液体石蜡中的摩擦学性能，发现其改善抗磨性能的顺序为：嘧啶>哒嗪>均三嗪>吡嗪>吡啶。这些化合物的分子结构如下。

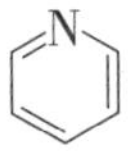

吡啶

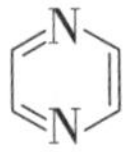

吡嗪

嘧啶

哒嗪

均三嗪

其中，均三嗪化合物可以从三聚氯氰制得，由于三聚氯氰是一种来源充足的基本有机化工原料，而且其分子中含有三个氯原子，可以通过取代反应，在三嗪环上引入含具有不同摩擦学性能的活性元素的官能团，所以含三嗪环的杂环化合物作为润滑油添加剂也得到了广泛的研究。吡啶、吡嗪、哒嗪、嘧啶和三嗪等 5 种六元含 N 杂环化合物的抗磨减摩性能随着 N 原子数的增加而改善，而嘧啶在较苛刻的边界润滑条件下的抗磨减摩效果尤为突出。N 原子的孤对电子可以与金属原子的空 d 轨道络合，也可以与金属表面的正电荷位结合，形成较稳定的络合吸附保护膜。随着 N 原子的个数增多，与金属表面的结合点增多，形成的表面膜更牢固，抗磨性能也更好。在边界润滑条件下，与 N 原子相连的化学键逐渐断裂，与金属表面发生化学反应，形成以含 N 有机化合物为主要成分的表面膜。嘧啶可以形成较稳定的聚合物膜和氮-氧化合物膜，因此具有更加突出的抗磨性能。

（1）吡啶

如图 7-38～图 7-40 和表 7-58～表 7-61 所示，为吡啶物化数据和三谱图分析。

① 红外谱图

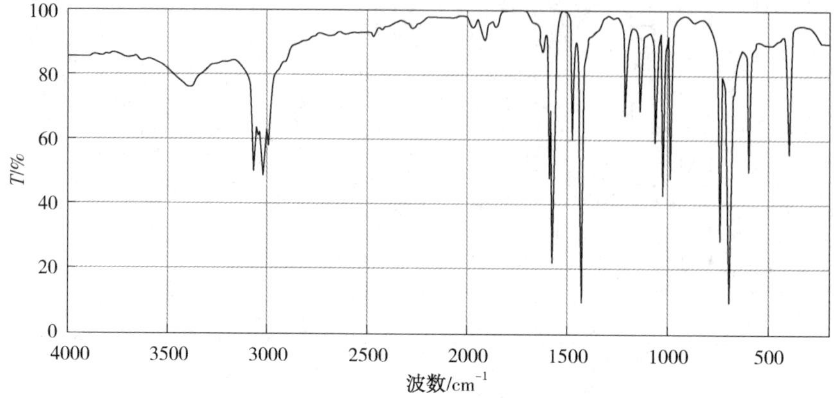

图 7-38　吡啶红外谱图

表 7-58　吡啶红外分析

官能团	作用区域	备　注
C—H 伸缩振动	3070cm^{-1}、3020cm^{-1}处显示 C—H 伸缩振动特征峰	芳环上的 C—H 伸缩振动谱带出现在 3090~3000cm^{-1}多重峰
C═C、C═N 骨架振动	1436cm^{-1}、1477cm^{-1}、1579cm^{-1}、1594cm^{-1}为苯环 C═C 伸缩振动	环的伸缩振动出现在 1600~1300cm^{-1}的通常范围内
C—H 面外弯曲振动	746cm^{-1}、703cm^{-1}为 C—H 面外变形振动	芳香杂环的 C—H 面外弯曲振动(γ-CH)吸收形式取决于同相弯曲振动的相邻氢原子的数目

② 质谱谱图

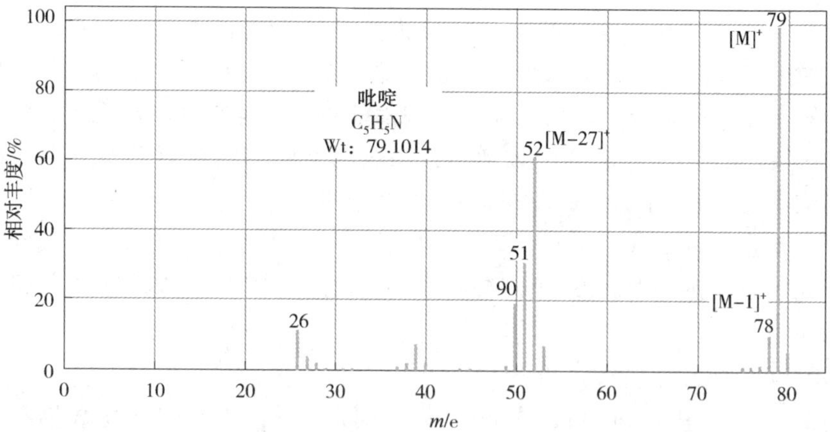

图 7-39　吡啶质谱图

表 7-59　吡啶质谱分析

测　定	作用区域	备　注
分子离子	$[M]^+$(m/z 79)很强 $[M-1]^+$(m/z 78)较强	分子离子：强
碎片	H_2CN^+(m/z 28) $[M-27]^+$较强(m/z 52)	碎裂：特征是 H_2CN^+(m/z 28)和从碎片上丢失 HCN(Δm 27)
离子系列	m/z 39，40，51，52，54	芳香碳氢碎片 C_nH_n，$C_nH_{n\pm1}$ 和 $C_nH_{n\pm1}N$
灵敏度		灵敏度：主要是 $M^{+\cdot}$ 或苄基型开裂产物

③ 核磁谱图

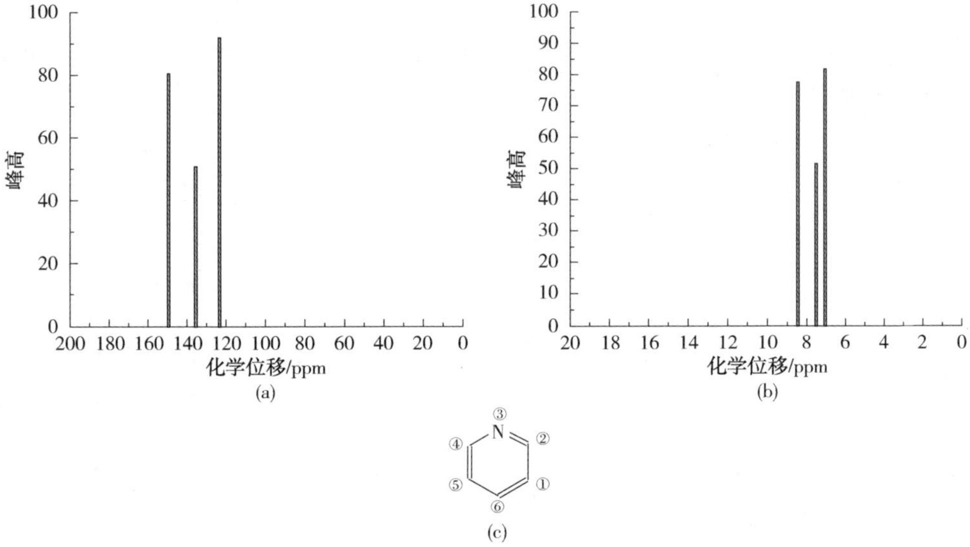

图 7-40　吡啶核磁谱图

(a)^{13}C 核磁谱图；(b)^{1}H 核磁谱图；(c)分子结构式及其编号

表 7-60　吡啶核磁分析

原子序号	^{13}C 核磁化学位移	原子序号	^{1}H 核磁化学位移
C1	92	H1	82
C2	80	H2	78
C4	80	H4	78
C5	92	H5	82
C6	51	H6	52

概况

表 7-61　吡啶结构及物化信息

中文名称	吡啶	SRN	14112
化学式	C_5H_5N	熔点	42℃
英文名称	pyridine	沸点	115℃
分子量	79. 1014	测试溶剂	$CDCl_3$
CAS	110-86-1	测试参比	TMS
辛醇/水分配系数：LogP	0. 7	重原子数	6
可旋转键数	0	环数	1
sp3 杂化的碳原子比例	0	拓扑面积	12. 9
氢给体数	0	氢受体数	1

(2) 吡嗪

如图 7-41～图 7-44 和表 7-62～表 7-66 所示，为吡嗪物化数据和三谱图分析。

① 红外谱图

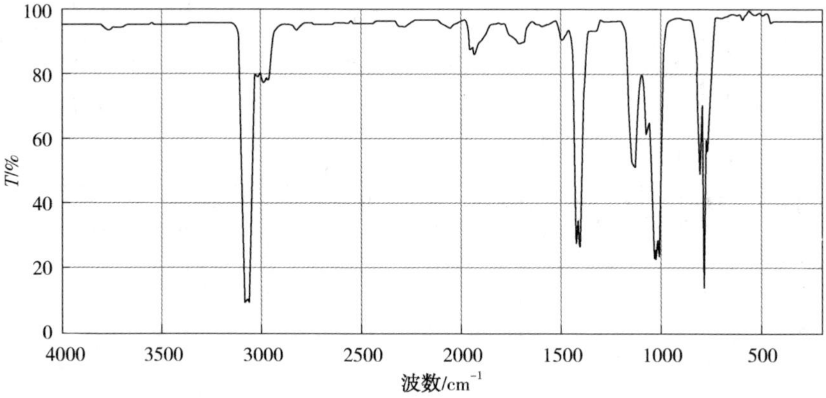

图 7-41　吡嗪红外气相谱图

表 7-62　吡嗪红外气相谱图分析

官能团	作用区域	备　注
C—H 伸缩振动	3068cm^{-1} 处显示 C—H 伸缩振动特征峰	芳环上的 C—H 伸缩振动谱带出现在 3090～3000cm^{-1} 多重峰
C═C、C═N 骨架振动	1402cm^{-1}、1422cm^{-1} 为伸缩振动	环的伸缩振动出现在 1600～1300cm^{-1} 的通常范围内
C—H 面外弯曲振动	784cm^{-1}、803cm^{-1} 为 C—H 面外变形振动	芳香杂环的 C—H 面外弯曲振动（γ-CH）吸收形式取决于同相弯曲振动的相邻氢原子的数目

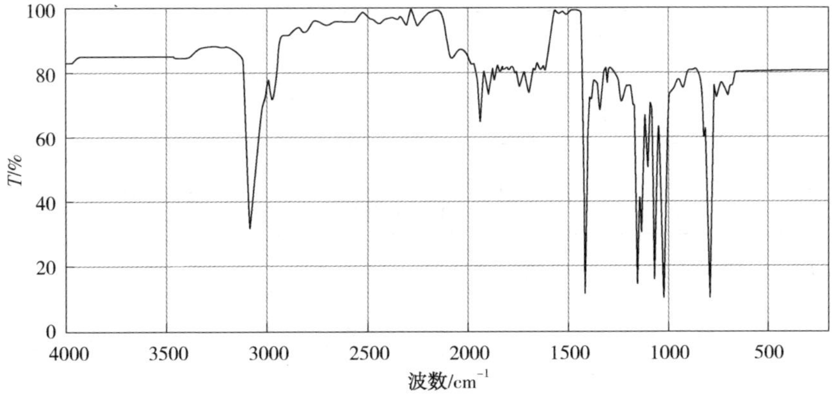

图 7-42　吡嗪红外谱图

表 7-63　吡嗪红外谱图分析

官能团	作用区域	备　注
C—H 伸缩振动	$3084cm^{-1}$ 处显示 C—H 伸缩振动特征峰	芳环上的 C—H 伸缩振动谱带出现在 $3090 \sim 3000cm^{-1}$ 多重峰
C═C、C═N 骨架振动	$1338cm^{-1}$、$1413cm^{-1}$ 为伸缩振动	环的伸缩振动出现在 $1600 \sim 1300cm^{-1}$ 的通常范围内
C—H 面外弯曲振动	$788cm^{-1}$ 为 C—H 面外变形振动	芳香杂环的 C—H 面外弯曲振动（γ-CH）吸收形式取决于同相弯曲振动的相邻氢原子的数目

② 质谱谱图

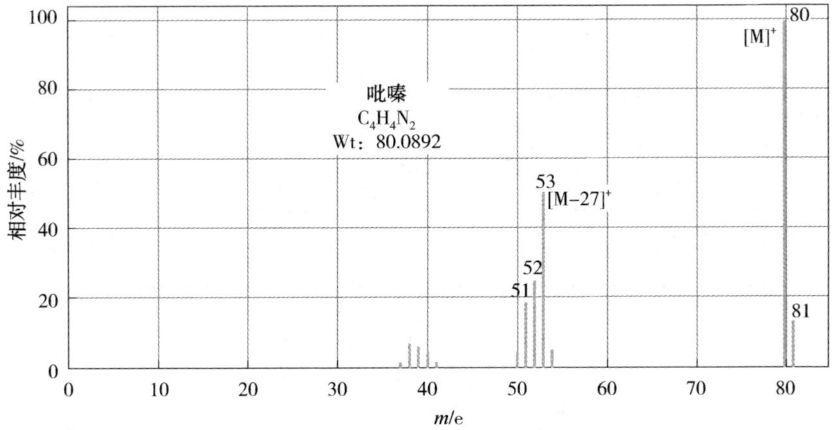

图 7-43　吡嗪质谱图

表 7-64　吡嗪质谱分析

测　定	作用区域	备注
分子离子	$[M]^+$(m/z 80)很强	分子离子：强
碎片	$[M-27]^+$较强(m/z 53)	碎裂：特征是从碎片上丢失 HCN(Δm 27)
离子系列	m/z 39~41，51，52，53，54	芳香碳氢碎片 C_nH_n，$C_nH_{n\pm1}$和 $C_nH_{n\pm1}N$
灵敏度		灵敏度：主要是 $M^{+\cdot}$ 或苄基型开裂产物

③ 核磁谱图

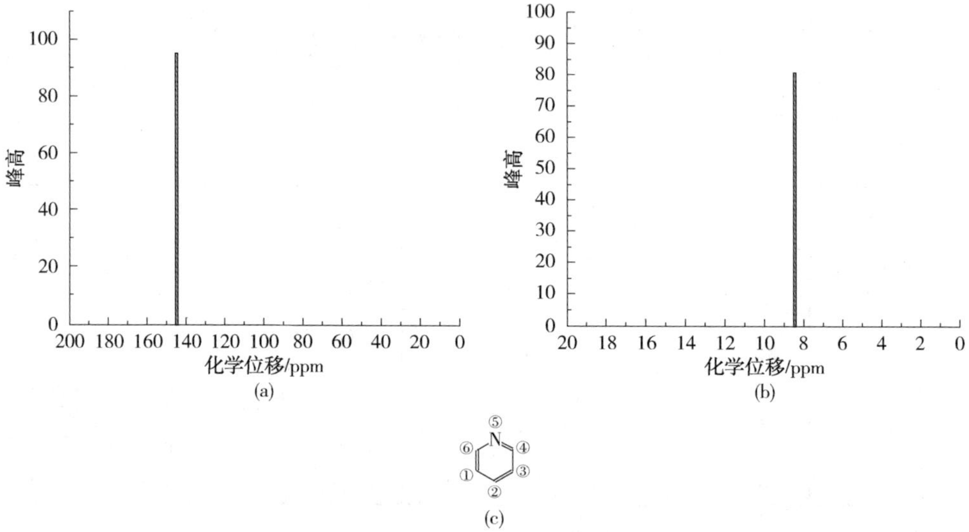

图 7-44　吡嗪核磁谱图

(a) ^{13}C 核磁谱图；(b) ^{1}H 核磁谱图；(c)分子结构式及其编号

表 7-65　吡嗪核磁分析

原子序号	^{13}C 核磁化学位移	原子序号	^{1}H 核磁化学位移
C1	145. 2	H1	8. 48
C3	145. 2	H3	8. 48
C4	145. 2	H4	8. 48
C6	145. 2	H6	8. 48

概况

表 7-66　吡嗪结构及物化信息

中文名称	吡嗪	SRN	221382
化学式	$C_4H_4N_2$	熔点	54~56℃
英文名称	pyridazine	沸点	115~116℃

续表

中文名称	吡嗪	SRN	221382
分子量	80.0892	测试溶剂	$CDCl_3$
CAS	290-37-9	测试参比	TMS
辛醇/水分配系数：LogP	-0.2	重原子数	6
可旋转键数	0	环数	1
sp3 杂化的碳原子比例	0	拓扑面积	25.8
氢给体数	0	氢受体数	2

(3) 嘧啶

如图 7-45~图 7-48 和表 7-67~表 7-71 所示，为嘧啶物化数据和三谱图分析。

① 红外谱图

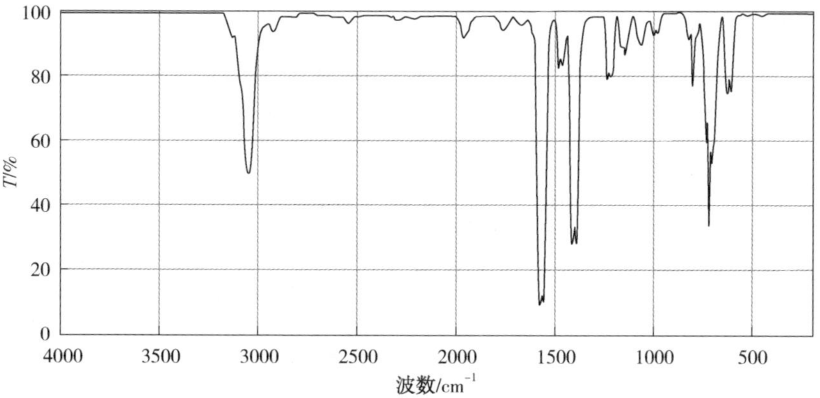

图 7-45 嘧啶红外气相谱图

表 7-67 嘧啶红外气相谱图分析

官能团	作用区域	备 注
C—H 伸缩振动	3051cm^{-1} 处显示 C—H 伸缩振动特征峰	芳环上的 C—H 伸缩振动谱带出现在 3090~3000cm^{-1} 多重峰
C═C、C═N 骨架振动	1393cm^{-1}、1413cm^{-1}、1576cm^{-1} 为伸缩振动	环的伸缩振动出现在 1600~1300cm^{-1} 的通常范围内
C—H 面外弯曲振动	719cm^{-1} 为 C—H 面外变形振动	芳香杂环的 C—H 面外弯曲振动(γ-CH)吸收形式取决于同相弯曲振动的相邻氢原子的数目

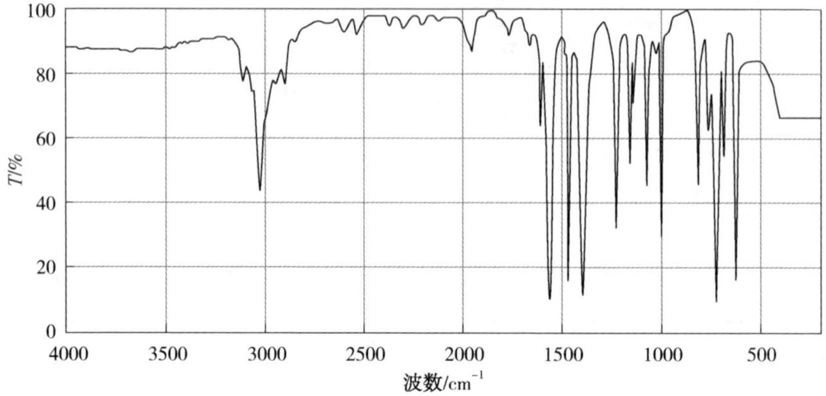

图 7-46　嘧啶红外谱图

表 7-68　嘧啶红外谱图分析

官能团	作用区域	备　注
C—H 伸缩振动	3030cm^{-1}处显示 C—H 伸缩振动特征峰	芳环上的 C—H 伸缩振动谱带出现在 3090~3000cm^{-1}多重峰
C═C、C═N 骨架振动	1397cm^{-1}、1464cm^{-1}、1563cm^{-1}、1604cm^{-1}为伸缩振动	环的伸缩振动出现在 1600~1300cm^{-1}的通常范围内
C—H 面外弯曲振动	620cm^{-1}、678cm^{-1}、723cm^{-1} 为 C—H 面外变形振动	芳香杂环的 C—H 面外弯曲振动(γ-CH)吸收形式取决于同相弯曲振动的相邻氢原子的数目

② 质谱谱图

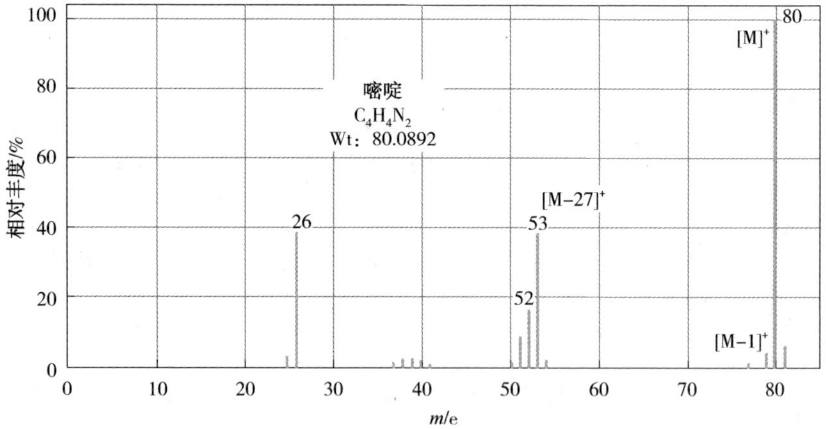

图 7-47　嘧啶质谱图

表 7-69　嘧啶质谱分析

测　定	作用区域	备注
分子离子	$[M]^+$(m/z 80)很强 $[M-1]^+$(m/z 79)较弱	分子离子：强，除非有苄基型开裂。分子中有奇数 N 原子时是奇数质量
碎片	$[M-27]^+$较强(m/z 53)	碎裂：特征是从碎片上丢失 HCN(Δm 27)
离子系列	m/z 39~41，51，52，53，54	芳香碳氢碎片 C_nH_n，$C_nH_{n\pm1}$和 $C_nH_{n\pm1}N$
灵敏度		灵敏度：主要是 $M^{+\cdot}$ 或苄基型开裂产物

③核磁谱图

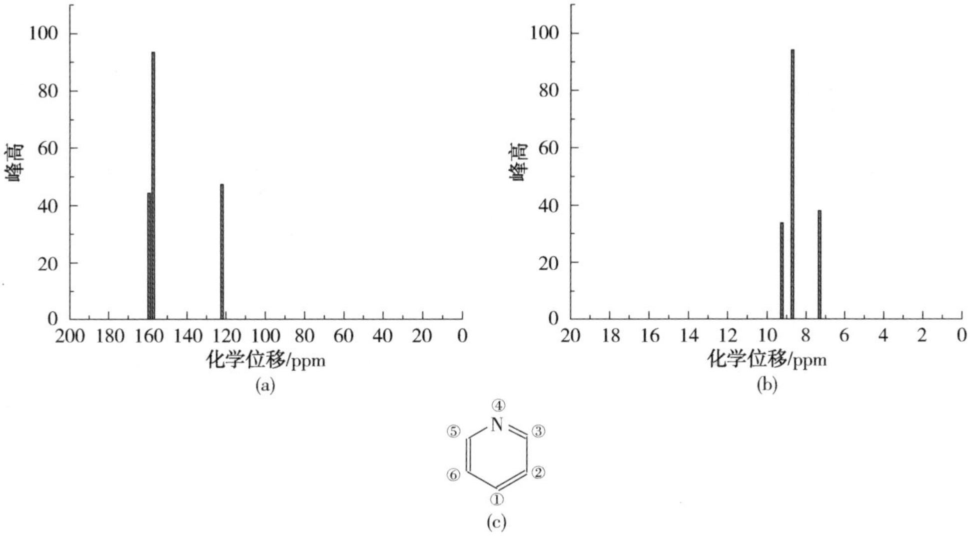

图 7-48　嘧啶核磁谱图

(a)^{13}C 核磁谱图；(b)^{1}H 核磁谱图；(c)分子结构式及其编号

表 7-70　嘧啶核磁分析

原子序号	^{13}C 核磁化学位移	原子序号	^{1}H 核磁化学位移
C1	156. 9	H1	8. 74
C3	159. 1	H3	9. 21
C5	156. 9	H5	8. 74
C6	121. 7	H6	7. 32

概况

表 7-71　嘧啶结构及物化信息

中文名称	嘧啶	SRN	256306
化学式	$C_4H_4N_2$	熔点	20~22℃
英文名称	Pyrimidine	沸点	123~124℃
分子量	80.0892	测试溶剂	$CDCl_3$
CAS	289-95-2	测试参比	TMS
辛醇/水分配系数：LogP	-0.4	重原子数	6
可旋转键数	0	环数	1
sp3 杂化的碳原子比例	0	拓扑面积	25.8
氢给体数	0	氢受体数	2

（4）哒嗪

如图 7-49~图 7-52 和表 7-72~表 7-76 所示，为哒嗪物化数据和三谱图分析。

① 红外谱图

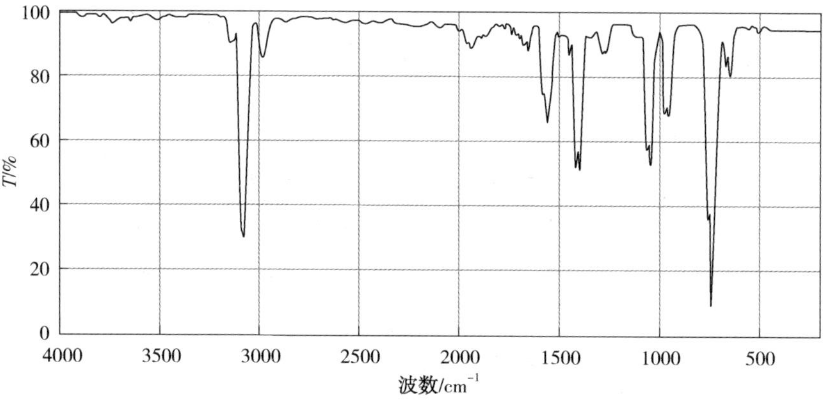

图 7-49　哒嗪红外气相谱图

表 7-72　哒嗪红外气相谱图分析

官能团	作用区域	备　注
C—H 伸缩振动	3076cm^{-1} 处显示 C—H 伸缩振动特征峰	芳环上的 C—H 伸缩振动谱带出现在 3090~3000cm^{-1} 多重峰
C═C、C═N 骨架振动	1402cm^{-1}、1419cm^{-1}、1565cm^{-1} 为伸缩振动	环的伸缩振动出现在 1600~1300cm^{-1} 的通常范围内
C—H 面外弯曲振动	745cm^{-1} 为 C—H 面外变形振动	芳香杂环的 C—H 面外弯曲振动（γ-CH）吸收形式取决于同相弯曲振动的相邻氢原子的数目

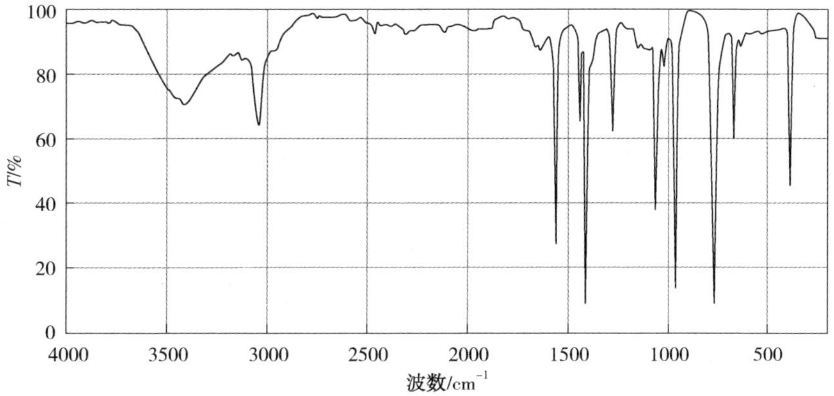

图 7-50　哒嗪红外谱图

表 7-73　哒嗪红外谱图分析

官能团	作用区域	备　　注
C—H 伸缩振动	$3043cm^{-1}$ 处显示 C—H 伸缩振动特征峰	芳环上的 C—H 伸缩振动谱带出现在 $3090\sim3000cm^{-1}$ 多重峰
C═C、C═N 骨架振动	$1411cm^{-1}$、$1441cm^{-1}$、$1563cm^{-1}$ 为伸缩振动	环的伸缩振动出现在 $1600\sim1300cm^{-1}$ 的通常范围内
C—H 面外弯曲振动	$760cm^{-1}$ 为 C—H 面外变形振动	芳香杂环的 C—H 面外弯曲振动（γ-CH）吸收形式取决于同相弯曲振动的相邻氢原子的数目

② 质谱谱图

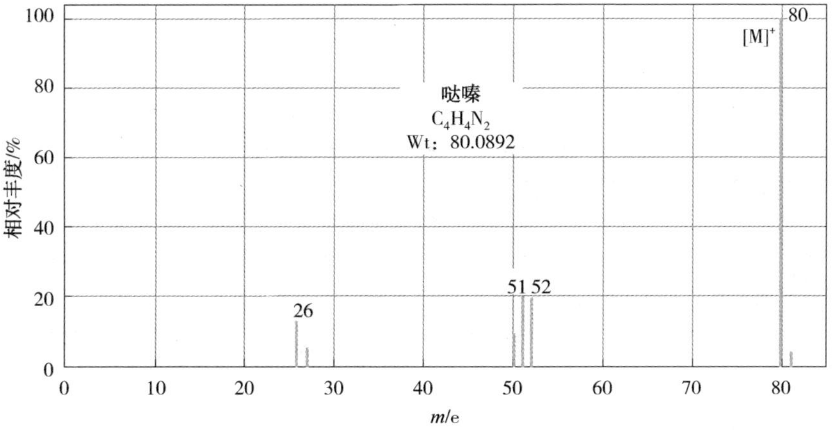

图 7-51　哒嗪质谱图

表 7-74　哒嗪质谱分析

测　定	作用区域	备　　注
分子离子	[N]$^+$(m/z 80)很强	分子离子：强，除非有苄基型开裂。分子中有奇数 N 原子时是奇数质量，一般较强
离子系列	m/z 51，52	芳香碳氢碎片 C_nH_n，$C_nH_{n\pm1}$ 和 $C_nH_{n\pm1}N$
灵敏度		灵敏度：主要是 $M^{+\cdot}$ 或苄基型开裂产物

③ 核磁谱图

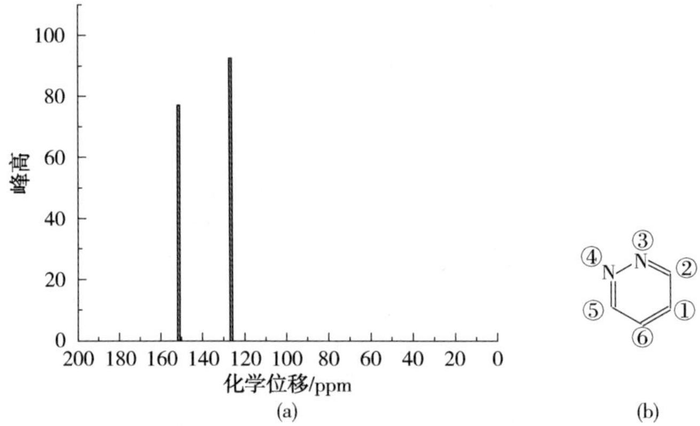

图 7-52　哒嗪核磁谱图

(a)13C 核磁谱图；(b)分子结构式及其编号

表 7-75　哒嗪核磁分析

原子序号	^{13}C 核磁化学位移	原子序号	^{13}C 核磁化学位移
C1	92	C5	92
C2	80	C6	51
C4	80		

概况

表 7-76　哒嗪结构及物化信息

中文名称	哒嗪	SRN	902882
化学式	$C_4H_4N_2$	熔点	-8℃
英文名称	pyridazine	沸点	208℃
分子量	80.0892	测试溶剂	$CDCl_3$
CAS	289-80-5	测试参比	TMS
辛醇/水分配系数：LogP	-0.7	重原子数	6
可旋转键数	0	环数	1
sp3 杂化的碳原子比例	0	拓扑面积	25.8
氢给体数	0	氢受体数	2

(5) 均三嗪

如图 7-53~图 7-55 和表 7-77~表 7-80 所示，为均三嗪物化数据和三谱图分析。

① 红外谱图

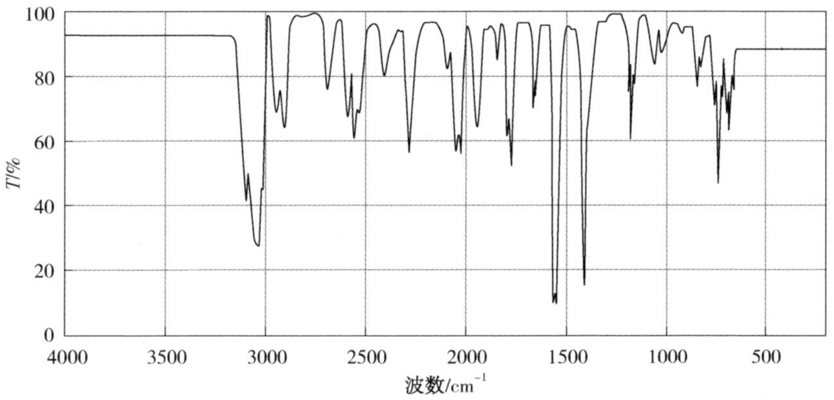

图 7-53 均三嗪红外谱图

表 7-77 均三嗪红外分析

官能团	作用区域	备 注
C—H 伸缩振动	$3040cm^{-1}$ 处显示 C—H 伸缩振动特征峰	芳环上的 C—H 伸缩振动谱带出现在 $3090 \sim 3000cm^{-1}$ 多重峰
C═C、C═N 骨架振动	$1411cm^{-1}$、$1554cm^{-1}$ 为伸缩振动	环的伸缩振动出现在 $1600 \sim 1300cm^{-1}$ 的通常范围内
C—H 面外弯曲振动	$739cm^{-1}$ 为 C—H 面外变形振动	芳香杂环的 C—H 面外弯曲振动(γ-CH)吸收形式取决于同相弯曲振动的相邻氢原子的数目

② 质谱谱图

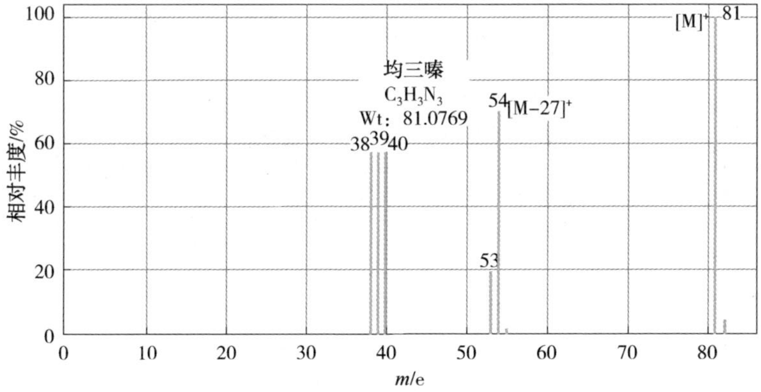

图 7-54 均三嗪质谱图

表 7-78 均三嗪质谱分析

测 定	作用区域	备 注
分子离子	[M]$^+$(m/z 81)很强	分子离子：强
碎片	[M-27]$^+$较强(m/z 53)	碎裂：特征是从碎片上丢失 HCN(Δm 27)
离子系列	m/z 39~41，53，54	芳香碳氢碎片 C_nH_n，$C_nH_{n\pm1}$和 $C_nH_{n\pm1}N$
灵敏度		灵敏度：主要是 $M^{+\cdot}$ 或苄基型开裂产物

③ 核磁谱图

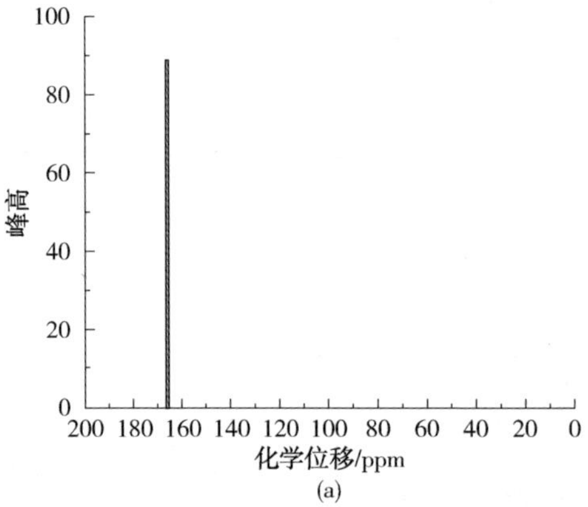

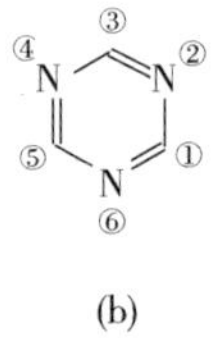

图 7-55 均三嗪核磁谱图

(a)^{13}C 核磁谱图；(b)分子结构式及其编号

表 7-79 均三嗪核磁分析

原子序号	^{13}C 核磁化学位移	原子序号	^{13}C 核磁化学位移
C1	166. 1	C5	166. 1
C3	166. 1		

概况

表 7-80 均三嗪结构及物化信息

中文名称	1,3,5-三嗪；均三嗪	SRN	60086337
化学式	$C_3H_3N_3$	熔点	86℃
英文名称	triazine	沸点	114℃
分子量	81. 0769	测试溶剂	$CDCl_3$
CAS	290-87-9	测试参比	TMS

续表

中文名称	1,3,5-三嗪；均三嗪	SRN	60086337
辛醇/水分配系数：LogP	0	重原子数	6
可旋转键数	0	环数	1
sp3 杂化的碳原子比例	0	拓扑面积	38.7
氢给体数	0	氢受体数	3

7.3.3 2-巯基苯并噻唑(噁唑、咪唑)波谱分析

杂环化合物是为数最多的一类有机化合物，在材料、生物、医药、农药、染料等学科领域有着极其广泛的应用和举足轻重的地位，与现代工业和人们的日常生活息息相关。具有致密化学结构的杂环化合物及其衍生物作为润滑油极压抗磨剂、防锈剂、抗氧防腐剂和金属致钝剂已得到广泛的应用。杂环化合物也是一类可用于环境友好型润滑油的添加剂，特别是含氮杂环化合物具有良好的抗磨极压性能，可极大地提高油品的承载能力。同时，它又具有抗腐蚀性能，并且此类化合物通常具有毒性较小、无灰等优点，是一类具有应用前景的多功能添加剂。近年来，由于操作条件及环境保护的要求日益苛刻，国内外学者在研究开发能够取代传统添加剂二烷基二硫代磷酸锌(ZDDP)的“无灰”“无磷”或“低磷”多功能润滑油添加剂方面已经做了大量的工作。研究同时发现，多数新型有效的多功能添加剂是极压抗磨活性元素和含氮杂环官能团结合在同一分子内的含氮杂环衍生物。这其中有一大类是含巯基的杂环化合物及其衍生物，具有优良的摩擦学性能。2,5-二巯基-1,3,4-噻二唑衍生物，就拥有与 ZDDP 相当或更加优良的极压、抗磨、抗氧化和防腐蚀性能。

2-巯基苯并噻唑、2-巯基苯并噁唑以及 2-巯基苯并咪唑的分子结构如下图所示。

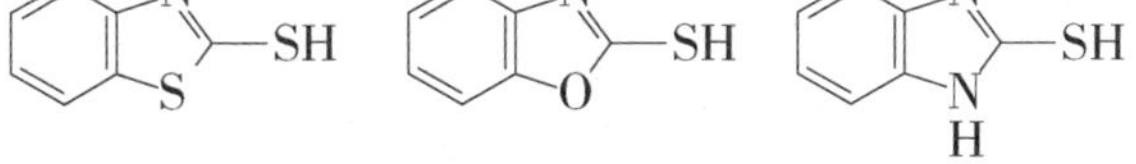

2-巯基苯并噻唑　　2-巯基苯并噁唑　　2-巯基苯并咪唑

显示抗磨性能顺序为 2-巯基苯并噁唑>2-巯基苯并噻唑>2-巯基苯并咪唑，而极压性能顺序为 2-巯基苯并噻唑>2-巯基苯并噁唑>2-巯基苯并咪唑。但它们由于油溶性较差，故而限制了在润滑油领域的应用。为了提高其油溶性，经合理的分子设计，在其分子结构中引入油溶性基团及其他活性元素，可以获得油溶性好并具有更加优良的摩擦学性能的衍生物。

(1) 2-巯基苯并噻唑

如图 7-56～图 7-58 和表 7-81～表 7-84 所示，为 2-巯基苯并噻唑物化数据和三谱图分析。

① 红外谱图

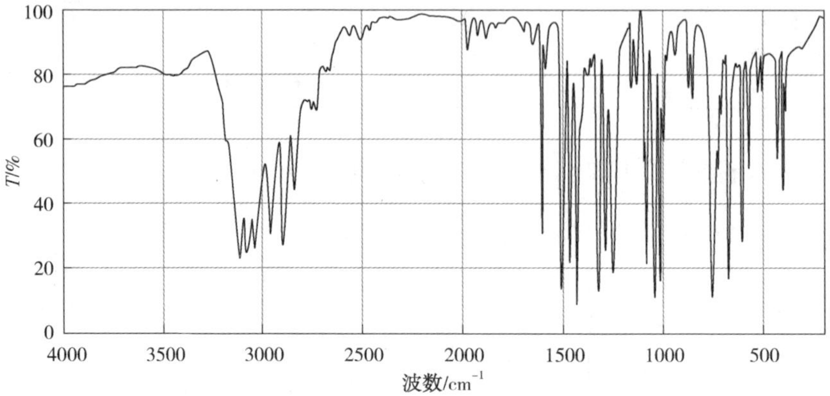

图 7-56　2-巯基苯并噻唑红外谱图

表 7-81　2-巯基苯并噻唑红外分析

官能团	作用区域	备　注
N—H st	在 $3400cm^{-1}$ 处显示 N—H 的伸缩振动特征峰	有一个弱谱带在 $3350 \sim 3310cm^{-1}$ 范围内，当形成氢键时这些谱带将会移向较长波长
苯 C—H st	$3076cm^{-1}$ 处显示苯 C—H 伸缩振动特征峰	芳环上的 C—H 伸缩振动谱带出现在 $3100 \sim 3000cm^{-1}$ 多重峰
C═C 伸缩振动	$1602cm^{-1}$ 为苯环 C═C 伸缩振动	$1625 \sim 1575cm^{-1}$，中等，常是二重峰，对称性的苯环衍生物较弱
C═C 伸缩振动	$1503cm^{-1}$ 为苯环 C═C 伸缩振动	$1525 \sim 1475cm^{-1}$，中等，常为二重峰
C═S 伸缩振动	$1250cm^{-1}$ 为 C═S 伸缩振动较弱二取代	含有硫羰基的化合物在 $1250 \sim 1020cm^{-1}$ 范围内有吸收
C—N st	C—N 伸缩振动，$1325cm^{-1}$	芳香族胺在 $1342 \sim 1266cm^{-1}$ 范围内出现强的 C—N 伸缩振动谱带
N—H 面内摇摆振动	$810cm^{-1}$ 是 N—H 的面内摇摆振动	这个谱带的位置受形成氢键程度的影响
苯环 C—H 面外变形振动	$753cm^{-1}$ 为 ═CH 的 C—H 面外变形振动	由于环上氢原子的同相面外弯曲振动会与相邻氢原子产生强偶合

② 质谱谱图

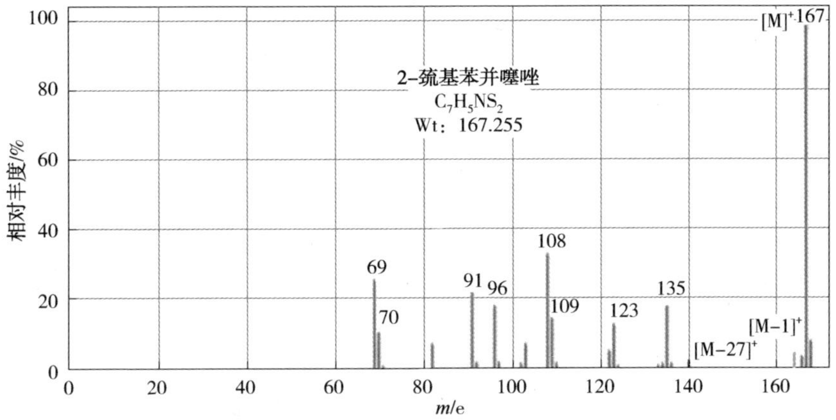

图 7-57　2-巯基苯并噻唑质谱图

表 7-82　2-巯基苯并噻唑质谱分析

测　定	作用区域	备　　注
分子离子	$[M]^+$(m/z 167)很强 $[M-1]^+$(m/z 166)较弱	分子离子：强
碎片	$[M-27]^+$较强(m/z 140)	碎裂：特征是从碎片上丢失 HCN(Δm 27)
灵敏度		灵敏度：主要在高质量区域

③ 核磁谱图

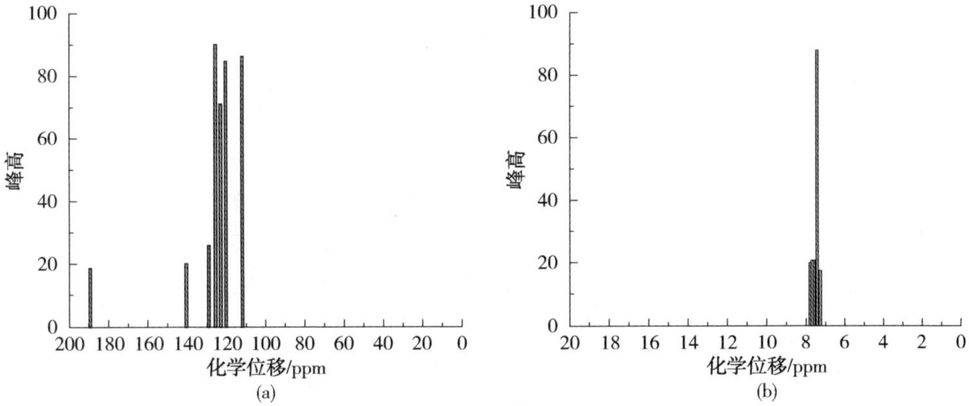

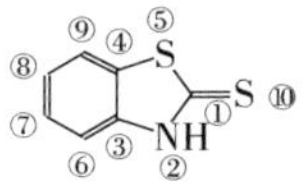

(c)

图 7-58　2-巯基苯并噻唑核磁谱图

(a) ^{13}C 核磁谱图；(b) ^{1}H 核磁谱图；(c) 分子结构式及其编号

表 7-83　2-巯基苯并噻唑核磁分析

原子序号	^{13}C 核磁化学位移	原子序号	^{1}H 核磁化学位移
C1	190	H6	7. 3
C3	141. 3	H7	7. 6
C4	129. 6	H8	7. 7
C6	112. 3	H9	7. 8
C7	126. 6	H10	7. 45
C8	121		
C9	123. 8		

概况

表 7-84　2-巯基苯并噻唑结构及物化信息

中文名称	2-巯基苯并噻唑	SRN	49833
化学式	$C_7H_5NS_2$	熔点	177～180℃
英文名称	2-Mercaptobenzothiazole	沸点	223℃
分子量	167. 255	测试溶剂	Polysol
CAS	149-30-4	测试参比	TMS
辛醇/水分配系数：LogP	2. 4	重原子数	10
可旋转键数	0	环数	2
sp3 杂化的碳原子比例	0	拓扑面积	69. 4
氢给体数	1	氢受体数	2

（2）2-巯基苯并噁唑

如图 7-59～图 7-61 和表 7-85～表 7-88 所示，为 2-巯基苯并噁唑物化数据和三谱图分析。

① 红外谱图

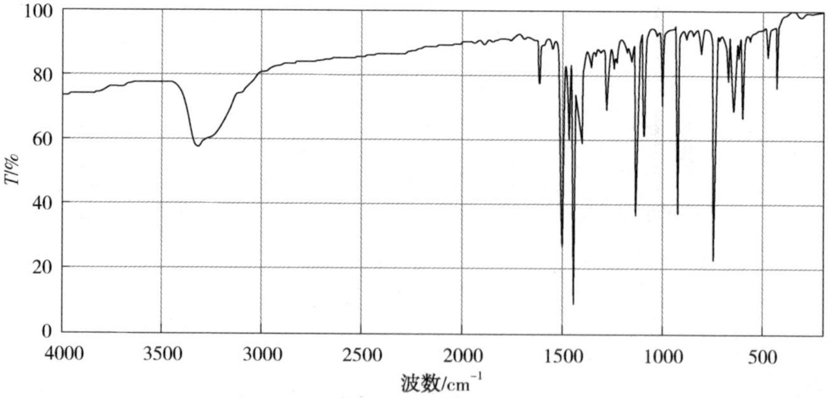

图 7-59　2-巯基苯并噁唑红外谱图

表 7-85　2-巯基苯并噁唑红外分析

官能团	作用区域	备注
N—H st	在 3310cm^{-1}处显示 N—H 的伸缩振动特征峰	有一个弱谱带在 3350～3310cm^{-1}范围内，当形成氢键时这些谱带将会移向较长波长
C═C 伸缩振动	1613cm^{-1}为苯环 C═C 伸缩振动	1625～1575cm^{-1}，中等，常是二重峰，对称性的苯环衍生物较弱
C═C 伸缩振动	1501cm^{-1}为苯环 C═C 伸缩振动	1525～1475cm^{-1}，中等，常为二重峰
C═S 伸缩振动	1128cm^{-1}为 C═S 伸缩振动较弱二取代	含有硫羰基的化合物在 1250～1020cm^{-1}范围内有吸收
C—O—C st as	1275cm^{-1}为 C—O—C 不对称伸缩振动特征峰	芳烷基醚的光谱在 1275～1200cm^{-1}处出现一个不对称 C—O—C 伸缩谱带
C—O—C st sy	1090cm^{-1}为 C—O—C 对称伸缩振动特征峰	芳烷基醚的光谱在靠近 1075～1020cm^{-1}处出现对称伸缩谱带
C—N st	C—N 伸缩振动，1275cm^{-1}	芳香族胺在 1342～1266cm^{-1}范围内出现强的 C—N 伸缩振动谱带
N—H 面内摇摆振动	925cm^{-1}是 N—H 的面内摇摆振动	这个谱带的位置受形成氢键程度的影响
苯环 C—H 面外变形振动	741cm^{-1} 为 ═CH 的 C—H 面外变形振动	由于环上氢原子的同相面外弯曲振动会与相邻氢原子产生强偶合

② 质谱谱图

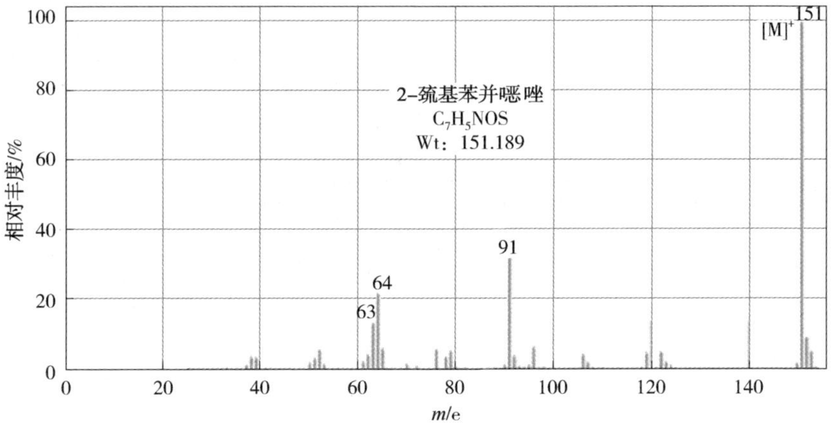

图 7-60　2-巯基苯并噁唑质谱图

表 7-86　2-巯基苯并噁唑质谱分析

测　定	作用区域	备　　注
分子离子	[M]$^+$(m/z 151)很强 [M-1]$^+$(m/z 150)较弱	分子离子：强
碎片	[M-27]$^+$较弱(m/z 124)	碎裂：特征是从碎片上丢失 HCN(Δm 27)
灵敏度		灵敏度：主要在高质量区域

③ 核磁谱图

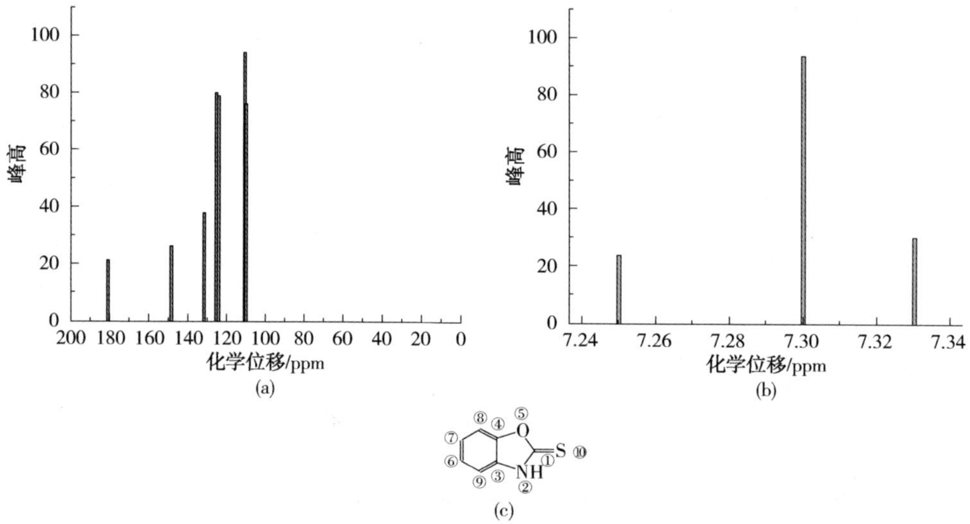

图 7-61　2-巯基苯并噁唑核磁谱图

(a)^{13}C 核磁谱图；(b)^{1}H 核磁谱图；(c)分子结构式及其编号

表 7-87　2-巯基苯并噁唑核磁分析

原子序号	^{13}C 核磁化学位移	原子序号	^{1}H 核磁化学位移
C1	180. 4	H6	7. 25
C3	148. 3	H7	7. 3
C4	131. 3	H8	7. 3
C6	123. 5	H9	7. 33
C7	124. 8		
C8	110. 3		
C9	109. 6		

概况

表 7-88 2-巯基苯并噁唑结构及物化信息

中文名称	2-巯基苯并噁唑	SRN	57748222
化学式	C_7H_5NOS	熔点	195℃
英文名称	2-sulfanyl-1，3-benzoxazole	沸点	247.3℃
分子量	151.189	测试溶剂	Polysol
CAS	2382-96-9	测试参比	TMS
辛醇/水分配系数：LogP	1.8	重原子数	10
可旋转键数	0	环数	2
sp3 杂化的碳原子比例	0	拓扑面积	53.4
氢给体数	1	氢受体数	2

(3) 2-巯基苯并咪唑

如图 7-62～图 7-64 和表 7-89～表 7-92 所示，为 2-巯基苯并咪唑物化数据和三谱图分析。

① 红外谱图

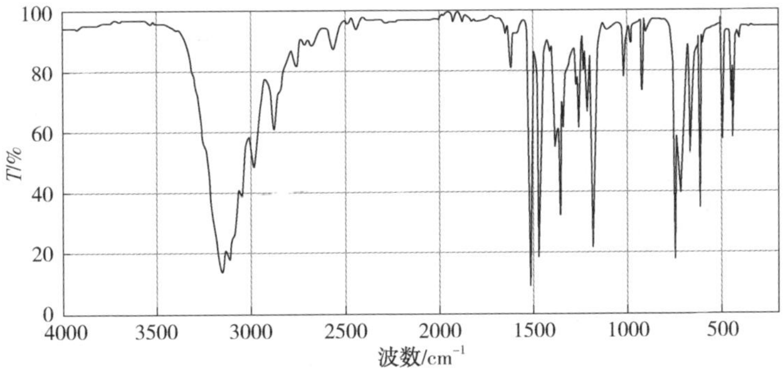

图 7-62 2-巯基苯并咪唑红外谱图

表 7-89 2-巯基苯并咪唑红外分析

官能团	作用区域	备注
N—H st	在 $3150cm^{-1}$ 处显示 N—H 的伸缩振动特征峰	有一个弱谱带在 $3350～3310cm^{-1}$ 范围内，当形成氢键时这些谱带将会移向较长波长
C═C 伸缩振动	$1618cm^{-1}$ 为苯环 C═C 伸缩振动	$1625～1575cm^{-1}$，中等，常是二重峰，对称性的苯环衍生物较弱
C═C 伸缩振动	$1513cm^{-1}$ 为苯环 C═C 伸缩振动	$1525～1475cm^{-1}$，中等，常为二重峰
C═S 伸缩振动	$1179cm^{-1}$ 为 C═S 伸缩振动较弱二取代	含有硫羰基的化合物在 $1250～1020cm^{-1}$ 范围内有吸收
C—N st	C—N 伸缩振动，$1256cm^{-1}$	芳香族胺在 $1342～1266cm^{-1}$ 范围内出现强的 C—N 伸缩振动谱带

续表

官能团	作用区域	备注
N—H 面内摇摆振动	713cm^{-1}是 N—H 的面内摇摆振动	这个谱带的位置受形成氢键程度的影响
苯环 C—H 面外变形振动	745cm^{-1}为═CH 的 C—H 面外变形振动	由于环上氢原子的同相面外弯曲振动会与相邻氢原子产生强偶合

② 质谱谱图

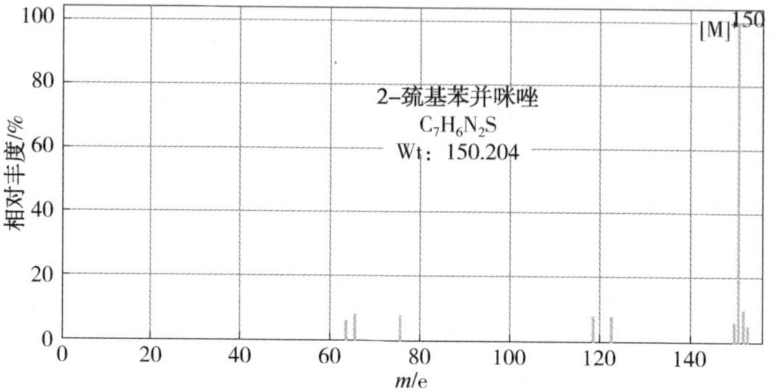

图 7-63　2-巯基苯并咪唑质谱图

表 7-90　2-巯基苯并咪唑质谱分析

测　定	作用区域	备　注
分子离子	$[M]^+$(m/z 150)很强 $[M-1]^+$(m/z 149)较弱	分子离子：强
灵敏度		灵敏度：主要在高质量区域

③ 核磁谱图

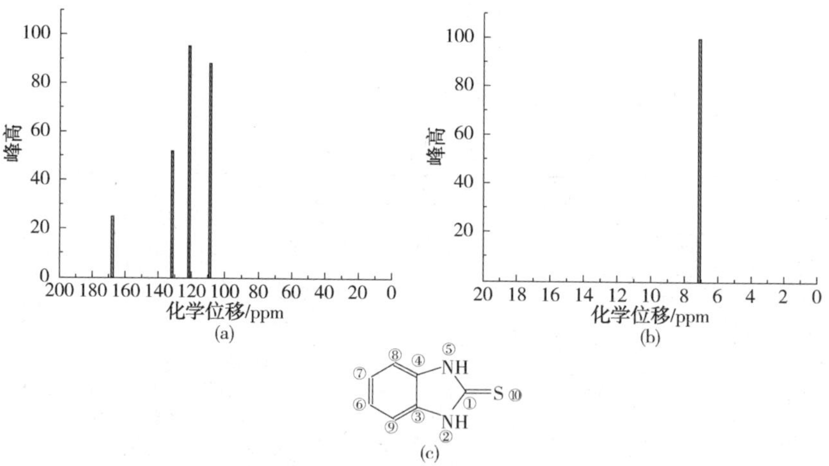

图 7-64　2-巯基苯并咪唑核磁谱图

(a)^{13}C 核磁谱图；(b)^{1}H 核磁谱图；(c)分子结构式及其编号

表 7-91　2-巯基苯并咪唑核磁分析

原子序号	^{13}C 核磁化学位移	原子序号	^{1}H 核磁化学位移
C1	168. 2	H6	7. 13
C3	132. 3	H7	7. 13
C4	132. 3	H8	7. 13
C6	122. 1	H9	7. 13
C7	122. 1		
C8	109. 4		
C9	109. 4		

概况

表 7-92　2-巯基苯并咪唑结构及物化信息

中文名称	2-巯基苯并咪唑；防老剂 MB	SRN	1427349
化学式	$C_7H_6N_2S$	熔点	301～305℃
英文名称	Benzimidazol-2-thiol	沸点	290. 412℃
分子量	150. 204	测试溶剂	Polysol
CAS	134469-07-1	测试参比	TMS
辛醇/水分配系数：LogP	1. 7	重原子数	10
可旋转键数	0	环数	2
sp3 杂化的碳原子比例	0	拓扑面积	56. 2
氢给体数	2	氢受体数	1

7. 3. 4　苯并三唑及其衍生物(无硫杂环化合物)波谱分析

为适应更高的环保要求，一些不含硫、磷等活性元素的杂环化合物也受到了广泛的关注。

(1) 苯三唑衍生物-1H-苯并三唑

如图 7-65～图 7-67 和表 7-93～表 7-96 所示，为苯三唑衍生物-1H-苯并三唑物化数据和三谱图分析。

① 红外谱图

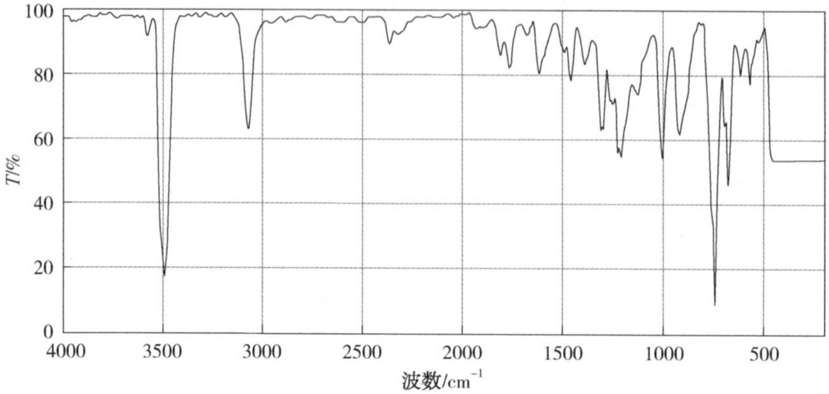

图 7-65　苯三唑衍生物-1H-苯并三唑红外谱图

表 7-93　苯三唑衍生物-1H-苯并三唑红外分析

官能团	作用区域	备　注
N—H st	在 3500cm^{-1}处显示 N—H 的伸缩振动特征峰	有一个弱谱带在 3350～3310cm^{-1}范围内，当形成氢键时这些谱带将会移向较长波长
苯 C—H st	3076cm^{-1}处显示苯 C—H 伸缩振动特征峰	芳环上的 C—H 伸缩振动谱带出现在 3100～3000cm^{-1}多重峰
N—H 弯曲振动	脂肪族仲胺在 1650～1580cm^{-1}处无 N—H 弯曲振动的特征峰	在脂肪族仲胺的光谱中，很少看到 N—H 弯曲振动的谱带
C═C 伸缩振动	1622cm^{-1}为苯环 C═C 伸缩振动	1625～1575cm^{-1}，中等，常是二重峰，对称性的苯环衍生物较弱
C═C 伸缩振动	1487cm^{-1}为苯环 C═C 伸缩振动	1525～1475cm^{-1}，中等，常为二重峰
C—N st	C—N 伸缩振动，1300cm^{-1}	芳香族胺在 1342～1266cm^{-1}范围内出现强的 C—N 伸缩振动谱带
N—H 面内摇摆振动	811cm^{-1}是 N—H 的面内摇摆振动	这个谱带的位置受形成氢键程度的影响
苯环 C—H 面外变形振动	743cm^{-1}为═CH 的 C—H 面外变形振动	由于环上氢原子的同相面外弯曲振动会与相邻氢原子产生强偶合

② 质谱谱图

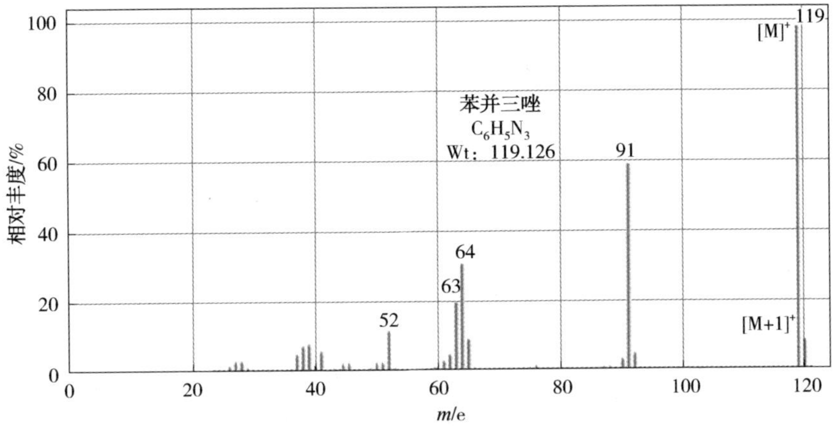

图 7-66　苯三唑衍生物-1H-苯并三唑质谱图

表 7-94　苯三唑衍生物-1H-苯并三唑质谱分析

测　定	作用区域	备　　注
分子离子	[M+1]$^+$(m/z 120)较弱 [M]$^+$(m/z 119)很强	分子离子：芳香一元胺的分子离子峰是很强的
灵敏度		灵敏度：主要在高质量区域

③ 核磁谱图

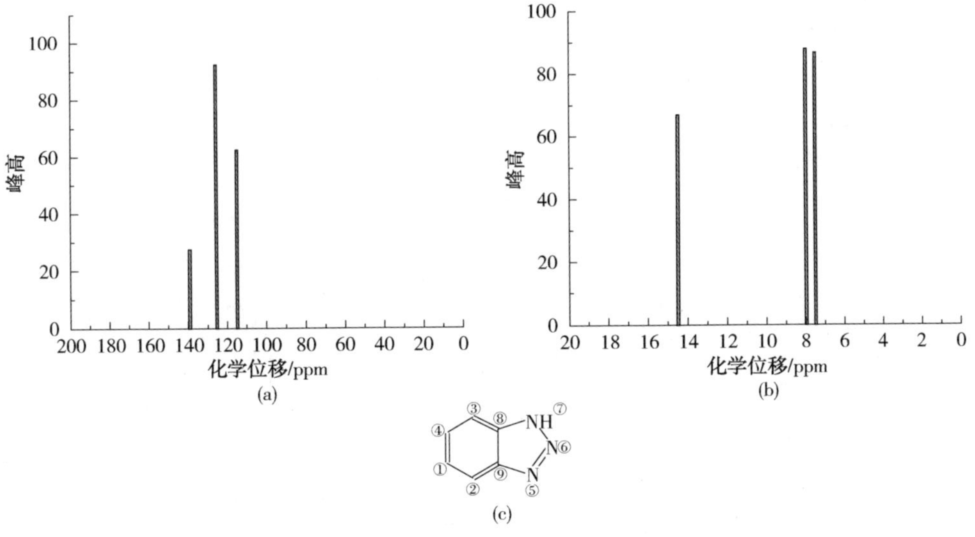

图 7-67　苯三唑衍生物-1H-苯并三唑核磁谱图

(a)^{13}C 核磁谱图；(b)^{1}H 核磁谱图；(c)分子结构式及其编号

表 7-95　苯三唑衍生物-1H-苯并三唑核磁分析

原子序号	^{13}C 核磁化学位移	原子序号	^{1}H 核磁化学位移
C1	125.9	H1	7.44
C2	115	H2	8.01
C3	115	H3	8.01
C4	125.9	H4	7.44
C8	139.1	H7	14.49
C9	139.1		

概况

表 7-96　苯三唑衍生物-1H-苯并三唑结构及物化信息

中文名称	T406 石油添加剂；苯三唑；防锈剂 T706	SRN	24140973
化学式	$C_6H_5N_3$	熔点	98~99℃
英文名称	benzotriazoel	沸点	350℃
分子量	119.126	测试溶剂	$CDCl_3$
CAS	95-14-7	测试参比	TMS
辛醇/水分配系数：LogP	1	重原子数	9
可旋转键数	0	环数	2
sp3 杂化的碳原子比例	0	拓扑面积	41.6
氢给体数	1	氢受体数	2

(2) 1-羟基苯并三唑

如图 7-68~图 7-70 和表 7-97~表 7-100 所示，为 1-羟基苯并三唑物化数据和三谱图分析。

① 红外谱图

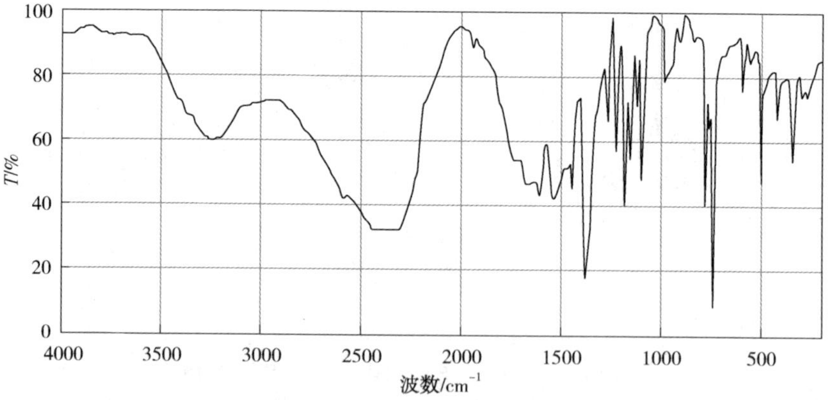

图 7-68　1-羟基苯并三唑红外谱图

表 7-97　1-羟基苯并三唑红外分析

官能团	作用区域	备　　注
O—H st	$3231cm^{-1}$ 处的谱带是 O—H 伸缩振动引起的吸收谱带	谱带在较低频率 $3550 \sim 3200cm^{-1}$ 处出现，而“游离”羟基谱带则随之变弱
N—H 弯曲振动	脂肪族仲胺在 $1650 \sim 1580cm^{-1}$ 处无 N—H 弯曲振动的特征峰	在脂肪族仲胺的光谱中，很少看到 N—H 弯曲振动的谱带
C═C 伸缩振动	$1609cm^{-1}$ 为苯环 C═C 伸缩振动	中等，常是二重峰，对称性的苯环衍生物较弱
C═C 伸缩振动	$1536cm^{-1}$ 为苯环 C═C 伸缩振动	中等，常为二重峰
N═N 伸缩振动	$1447cm^{-1}$ 为苯环 N═N 伸缩振动较弱二取代	对称反式构型的偶氮化合物，其 N═N 伸缩振动在红外光谱上是失活的，谱带相对较弱
C—N st	C—N 伸缩振动，$1266cm^{-1}$	芳香族胺在 $1342 \sim 1266cm^{-1}$ 范围内出现强的 C—N 伸缩振动谱带
N—H 面内摇摆振动	$780cm^{-1}$ 是 N—H 的面内摇摆振动	这个谱带的位置受形成氢键程度的影响
苯环 C—H 面外变形振动	$741cm^{-1}$ 为 ═CH 的 C—H 面外变形振动	由于环上氢原子的同相面外弯曲振动会与相邻氢原子产生强偶合

② 质谱谱图

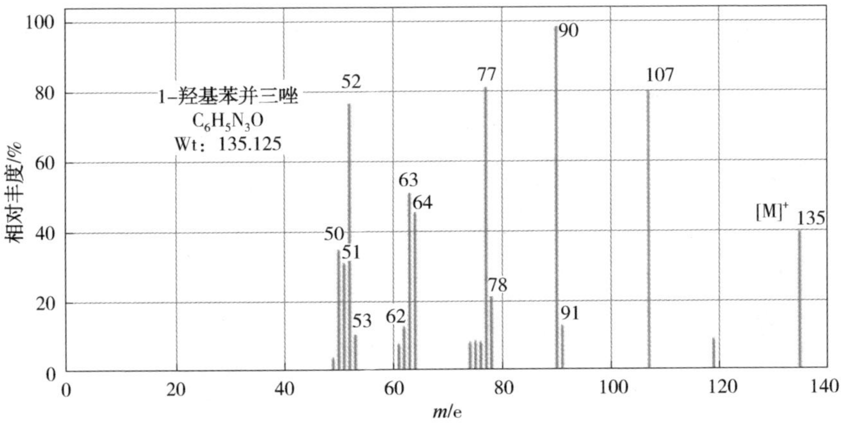

图 7-69　1-羟基苯并三唑质谱图

表 7-98　1-羟基苯并三唑质谱分析

测　定	作用区域	备　　注
分子离子	$[M]^+$(m/z 135)很强	分子离子：芳香一元胺的分子离子峰(奇数)是很强的
灵敏度		灵敏度：主要在高质量区域

③ 核磁谱图

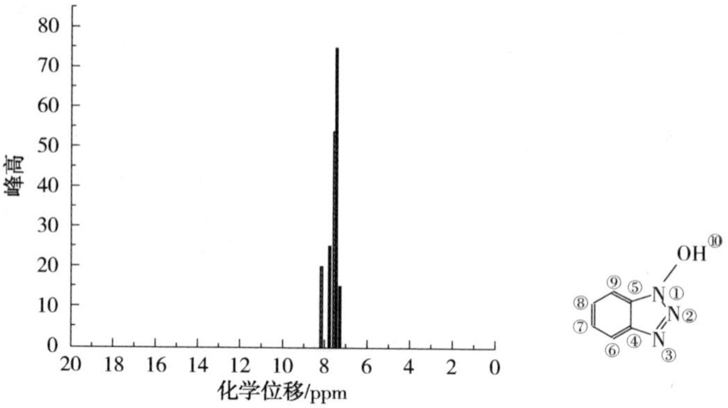

(a) (b)

图 7-70 1-羟基苯并三唑核磁谱图

(a) ^{1}H 核磁谱图；(b) 分子结构式及其编号

表 7-99 1-羟基苯并三唑核磁分析

原子序号	^{1}H 核磁化学位移	原子序号	^{1}H 核磁化学位移
H6	7.32	H9	7.79
H7	7.48	H10	8.15
H8	7.6		

概况

表 7-100 1-羟基苯并三唑结构及物化信息

中文名称	1-羟基苯并三唑	SRN	2175340
化学式	$C_6H_5N_3O$	熔点	155～158℃
英文名称	1-hydroxybenzotriazole hydrate	沸点	149～150℃
分子量	135.125	测试溶剂	DMSO-d6
CAS	2592-95-2	测试参比	TMS
辛醇/水分配系数：LogP	1.2	重原子数	10
可旋转键数	0	环数	2
sp3 杂化的碳原子比例	0	拓扑面积	50.9
氢给体数	1	氢受体数	3

(3) 5-甲基苯并三氮唑

如图 7-71～图 7-73 和表 7-101～表 7-104 所示，为 5-甲基苯并三氮唑物化数据和三谱图分析。

① 红外谱图

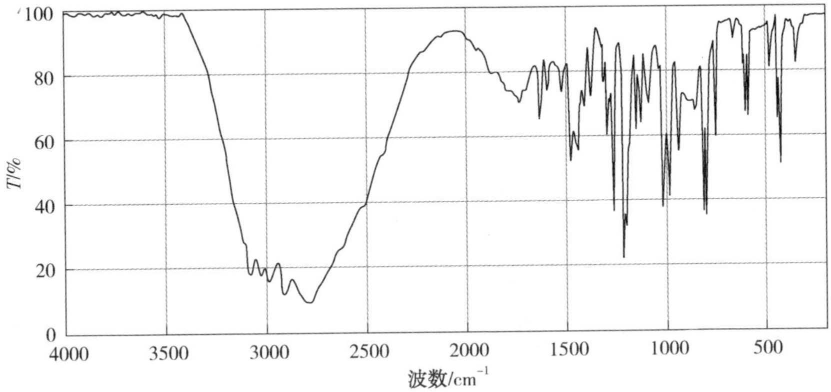

图 7-71　5-甲基苯并三氮唑红外谱图

表 7-101　5-甲基苯并三氮唑红外分析

官能团	作用区域	备　注
C—H(CH_3) st as	2912cm^{-1}处显示—CH_3 的不对称拉伸振动特征峰	
C—H(CH_3) st sy	2789cm^{-1}处显示—CH_3 的对称拉伸振动特征峰	
N—H 弯曲振动	脂肪族仲胺在 1650 ~ 1580cm^{-1} 处无 N—H 弯曲振动的特征峰	在脂肪族仲胺的光谱中，很少看到 N—H 弯曲振动的谱带
C═C 伸缩振动	1630cm^{-1}为苯环 C═C 伸缩振动	中等，常是二重峰，对称性的苯环衍生物较弱
C═C 伸缩振动	1477cm^{-1}为苯环 N═N 伸缩振动	中等，常为二重峰
N═N 伸缩振动	1437cm^{-1}为苯环 C═C 伸缩振动较弱二取代	对称反式构型的偶氮化合物，其 N═N 伸缩振动在红外光谱上是失活的，谱带相对较弱
C—N st	C—N 伸缩振动，1264cm^{-1}	芳香族胺在 1342~1266cm^{-1}范围内出现强的 C—N 伸缩振动谱带
N—H 面内摇摆振动	797cm^{-1}是 N—H 的面内摇摆振动	这个谱带的位置受形成氢键程度的影响
苯环 C—H 面外变形振动	752cm^{-1} 为 ═CH 的 C—H 面外变形振动	由于环上氢原子的同相面外弯曲振动会与相邻氢原子产生强偶合

② 质谱谱图

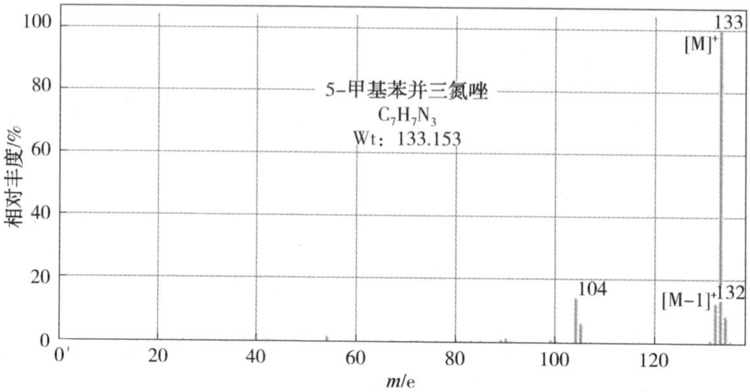

图 7-72　5-甲基苯并三氮唑质谱图

表 7-102　5-甲基苯并三氮唑质谱分析

测　定	作用区域	备　　注
分子离子	[M+1]$^+$(m/z 134)较强 [M]$^+$(m/z 133)很强 [M−1]$^+$(m/z 132)较强	分子离子：芳香一元胺的分子离子峰(奇数)是很强的
灵敏度		灵敏度：主要在高质量区域

③ 核磁谱图

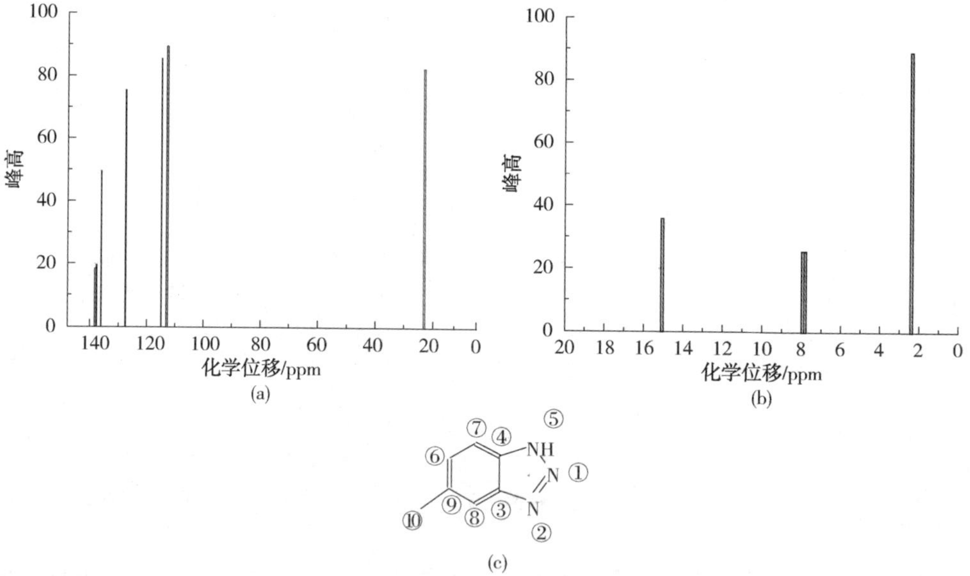

图 7-73　5-甲基苯并三氮唑核磁谱图

(a)^{13}C 核磁谱图；(b)^{1}H 核磁谱图；(c)分子结构式及其编号

表 7-103　5-甲基苯并三氮唑核磁分析

原子序号	^{13}C 核磁化学位移	原子序号	^{1}H 核磁化学位移
C3	138.8	H5	15.05
C4	138.4	H6	15.05
C6	128	H7	7.92
C7	113.1	H8	7.71
C8	115.2	H10	2.4
C9	136.7		
C10	21.6		

概况

表 7-104　5-甲基苯并三氮唑结构及物化信息

中文名称	5-甲基苯并三氮唑	SRN	45592
化学式	$C_7H_7N_3$	熔点	82~84℃
英文名称	5-Methylbenzotriazole	沸点	204℃
分子量	133.153	测试溶剂	$CDCl_3$
CAS	136-85-6	测试参比	TMS
辛醇/水分配系数：LogP	1.4	重原子数	10
可旋转键数	0	环数	2
sp3 杂化的碳原子比例	0.142	拓扑面积	41.6
氢给体数	1	氢受体数	2
用途	本品主要用作金属（如银、铜、铅、镍、锌等）的防锈剂和缓蚀剂，广泛用于防锈油（脂）类产品中，多用于铜及铜合金的气相缓蚀剂		

(4) 5-氯苯并三唑

如图 7-74~图 7-76 和表 7-105~表 7-108 所示，为 5-氯苯并三唑物化数据和三谱图分析。

① 红外谱图

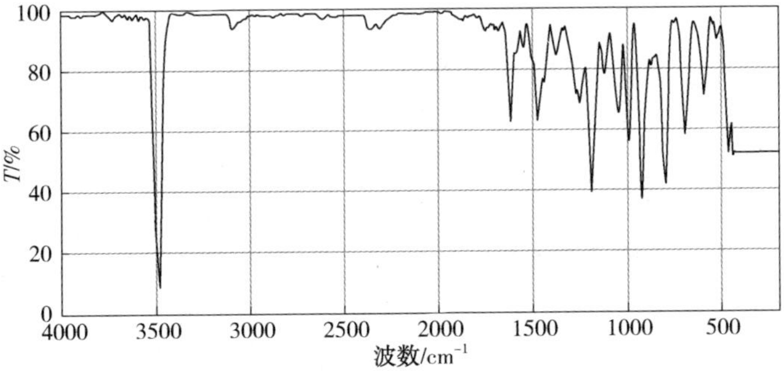

图 7-74　5-氯苯并三唑红外谱图

表 7-105　5-氯苯并三唑红外分析

官能团	作用区域	备　注
NH st	在 3485cm^{-1} 处 N—H 伸缩振动的特征峰	
C═C 伸缩振动	1620cm^{-1} 为苯环 C═C 伸缩振动	中等，常是二重峰，对称性的苯环衍生物较弱
C═C 伸缩振动	1474cm^{-1} 为苯环 C═C 伸缩振动	中等，常为二重峰
C—N st	C—N 伸缩振动，1259cm^{-1}	芳香族胺在 1342~1266cm^{-1} 范围内出现强的 C—N 伸缩振动谱带
苯环 C—H 面内弯曲振动	1196cm^{-1} 为苯环 C—H 面内弯曲振动特征峰	面内弯曲振动谱带则出现在 1300~1000cm^{-1} 范围内
C—Cl st	1053cm^{-1} 为 C—Cl 振动特征峰	1100~1020cm^{-1} 强，窄或中等宽氯代芳烃
N—H 面内摇摆振动	801cm^{-1} 是 N—H 的面内摇摆振动	这个谱带的位置受形成氢键程度的影响
苯环 C—H 面外变形振动	700cm^{-1} 为═CH(4H) 的 C—H 面外变形振动	由于环上氢原子的同相面外弯曲振动会与相邻氢原子产生强偶合

② 质谱谱图

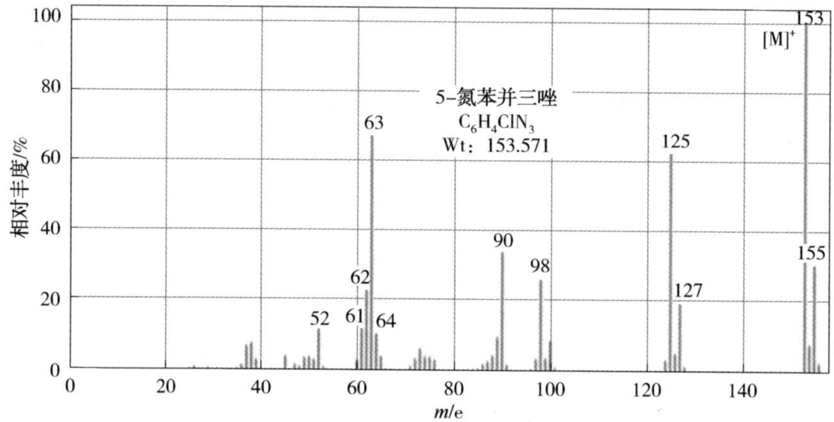

图 7-75　5-氯苯并三唑质谱图

表 7-106　5-氯苯并三唑质谱分析

测　定	作用区域	备　注
分子离子	[M+2]$^+$(m/z 155)较强 [M]$^+$(m/z 153)很强	分子离子：芳香一元胺的分子离子峰(奇数)是很强的。含有一个氯的化合物含有一个强度大约是分子离子峰强度 1/3 的 M+2 峰，因为存在^{37}Cl 同位素
灵敏度		灵敏度：主要在高质量区域

③ 核磁谱图

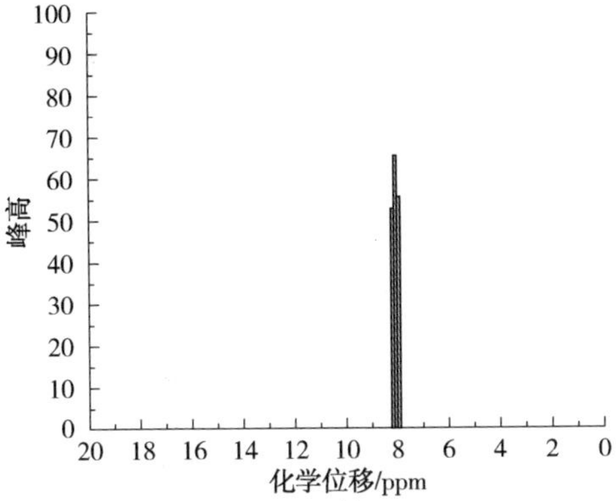

(a)

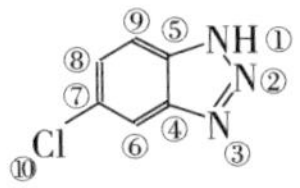

(b)

图 7-76 5-氯苯并三唑核磁谱图

(a)^{1}H 核磁谱图；(b)分子结构式及其编号

表 7-107 5-氯苯并三唑核磁分析

原子序号	^{1}H 核磁化学位移	原子序号	^{1}H 核磁化学位移
H6	8.26	H9	8.11
H8	7.98		

概况

表 7-108 5-氯苯并三唑结构及物化信息

中文名称	5-氯苯并三唑	SRN	60080496
化学式	$C_6H_4ClN_3$	熔点	157~159℃
英文名称	5-chlorobenzotriazole	沸点	252.42℃
分子量	153.571	测试溶剂	TFA
CAS	94-97-3	测试参比	TMS
辛醇/水分配系数：LogP	1.7	重原子数	10
可旋转键数	0	环数	2
sp3 杂化的碳原子比例	0	拓扑面积	41.6
氢给体数	1	氢受体数	2

(5) 苯甲基-1H-苯并三唑

如图 7-77~图 7-79 和表 7-109~表 7-112 所示，为苯甲基-1H-苯并三唑物化数据和三谱图分析。

① 红外谱图

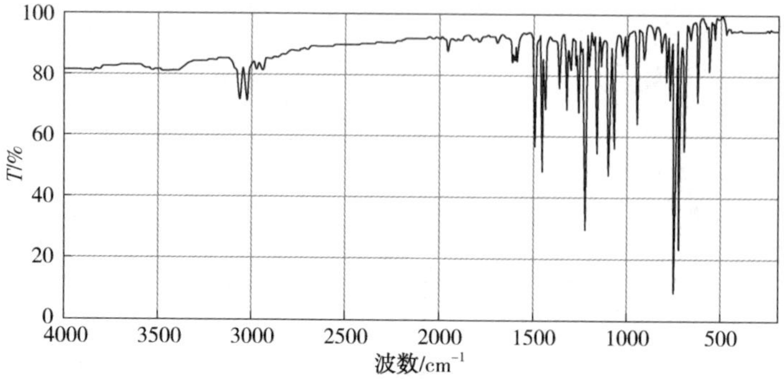

图 7-77　苯甲基-1H-苯并三唑红外谱图

表 7-109　苯甲基-1H-苯并三唑红外分析

官能团	作用区域	备　注
苯 C—H st	3076cm^{-1}处显示苯 C—H 伸缩振动特征峰	芳环上的 C—H 伸缩振动谱带出现在 3100~3000cm^{-1}多重峰
C═C 伸缩振动	1615cm^{-1}为苯环 C═C 伸缩振动	中等，常是二重峰，对称性的苯环衍生物较弱
C═C 伸缩振动	1496cm^{-1}为苯环 C═C 伸缩振动	中等，常为二重峰
N═N 伸缩振动	1441cm^{-1}为苯环 N═N 伸缩振动较弱二取代	对称反式构型的偶氮化合物，其 N═N 伸缩振动在红外光谱上是失活的，谱带相对较弱
C—N st	C—N 伸缩振动，1325cm^{-1}	芳香族胺在 1342~1266cm^{-1}范围内出现强的 C—N 伸缩振动谱带
N—H 面内摇摆振动	721cm^{-1}是 N—H 的面内摇摆振动	这个谱带的位置受形成氢键程度的影响
苯环 C—H 面外变形振动	749cm^{-1}为═CH 的 C—H 面外变形振动	由于环上氢原子的同相面外弯曲振动会与相邻氢原子产生强偶合

② 质谱谱图

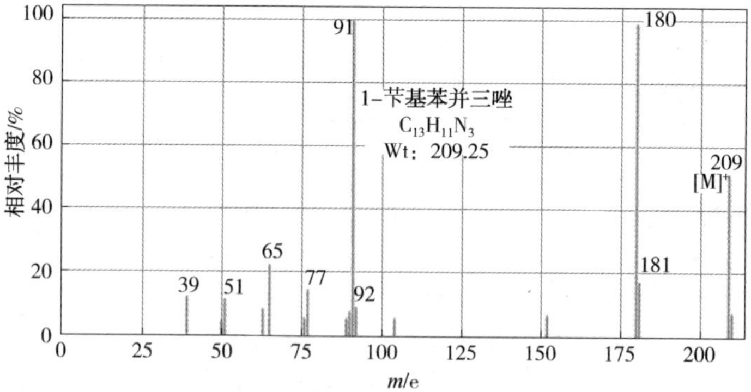

图 7-78　苯甲基-1H-苯并三唑质谱图

表 7-110　苯甲基-1H-苯并三唑质谱分析

测　定	作用区域	备　　注
分子离子	$[M]^+$(m/z 209)很强	分子离子：芳香一元胺的分子离子峰(奇数)是很强的
灵敏度		灵敏度：主要在高质量区域

③ 核磁谱图

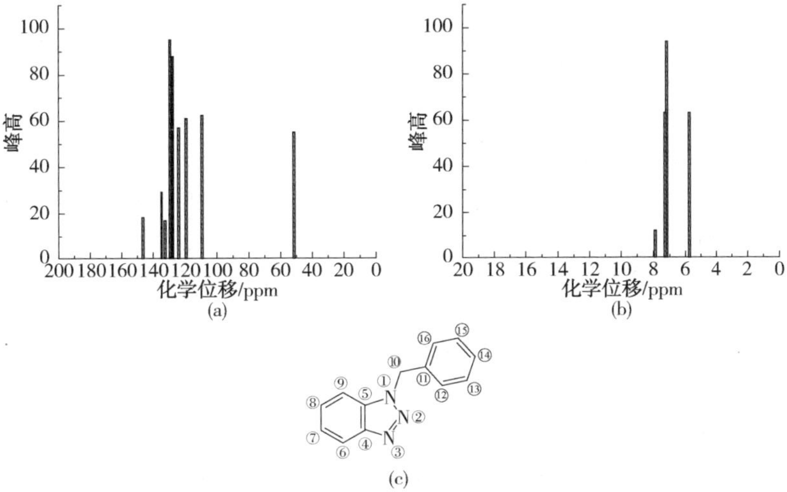

图 7-79　苯甲基-1H-苯并三唑核磁谱图

(a) ^{13}C 核磁谱图；(b) ^{1}H 核磁谱图；(c) 分子结构式及其编号

表 7-111　苯甲基-1H-苯并三唑核磁分析

原子序号	^{13}C 核磁化学位移	原子序号	^{13}C 核磁化学位移	原子序号	^{1}H 核磁化学位移	原子序号	^{1}H 核磁化学位移
C4	132. 8	C11	134. 8	H6	7. 98	H14	7. 3
C5	146. 2	C12	127. 4	H7	7. 2	H15	7. 3
C6	123. 8	C13	128. 9	H8	7. 2	H16	7. 3
C7	119. 8	C14	128. 3	H9	7. 2		
C8	127. 4	C15	128. 9	H10	5. 78		
C9	109. 7	C16	127. 4	H12	7. 3		
C10	52			H13	7. 3		

概况

表 7-112　苯甲基-1H-苯并三唑结构及物化信息

中文名称	苯甲基-1H-苯并三唑	SRN	60250192
化学式	$C_{13}H_{11}N_3$	熔点	116℃
英文名称	benzyl-1H-benzotriazole	沸点	400. 9℃
分子量	209. 25	测试溶剂	$CDCl_3$
CAS	4706-43-8	测试参比	TMS
辛醇/水分配系数：LogP	2. 9	重原子数	16
可旋转键数	2	环数	3
sp3 杂化的碳原子比例	0. 076	拓扑面积	30. 7
氢给体数	0	氢受体数	2

参 考 文 献

[1] Holmberg K, Erdemir A. Influence of tribology on global energy consumption, costs and emissions [J]. Friction, 2017, 5(3): 263-284.

[2] Jost P H. Tribology-origin and future[J]. Wear, 1990, 136(1): 1-17.

[3] Tormos B, Ramirez L, Johansson K, et al. Fuel consumption and friction benefits of low viscosity engine oils for heavy duty applications[J]. Tribology International, 2017, 110: 23-34.

[4] Qu J, Blau P, Dai S, et al. Ionic liquids as novel lubricants and additives for diesel engine applications[J]. Tribology Letters, 2009, 35(3): 181-189.

[5] Zhou Y, Qu J. Ionic liquids as lubricant additives: A review[J]. ACS Applied Materials & Interfaces, 2017, 9(4): 3209-3222.

[6] 姚立丹，杨海宁. 2021 年中国及全球润滑脂生产状况分析[J]. 石油商技，2022，40(5)：4-22.

[7] 姚立丹，杨海宁. 2021 年中国润滑脂生产情况调查报告[J]. 石油商技，2022，40(4)：4-8.

[8] Martin G, Rentsch L, Höck M, et al. Lithium market research-global supply, future demand and price development[J]. Energy Storage Materials, 2017, 6: 171-179.

[9] Wanger T C. The Lithium future-resources, recycling, and the environment[J]. Conservation Letters, 2011, 4(3): 202-206.

[10] Georgi-Maschler T, Friedrich B, Weyhe R, et al. Development of a recycling process for Li-ion batteries[J]. Journal of Power Sources, 2012, 207: 173-182.

[11] Meshram P, Pandey B D, Mankhand T R. Extraction of lithium from primary and secondary sources by pre-treatment, leaching and separation: a comprehensive review[J]. Hydrometallurgy, 2014, 150: 192-208.

[12] Amarante M M, de Sousa A, Leite M. Processing a spodumene ore to obtain lithium concentrates for addition to glass and ceramic bodies[J]. Minerals Engineering, 1999, 12(4): 433-436.

[13] Grosjean C, Miranda P H, Perrin M, et al. Assessment of world lithium resources and consequences of their geographic distribution on the expected development of the electric vehicle industry[J]. Renewable and Sustainable Energy Reviews, 2012, 16(3): 1735-1744.

[14] 朱廷彬. 润滑脂技术大全[M]. 北京：中国石化出版社，2005.

[15] 张澄清. 润滑脂生产[M]. 北京：中国石化出版社，2003.

[16] Erdemir A. Engineered tribological interfaces for improved boundary lubrication[J]. Tribology International, 2005, 38(3): 249-256.

[17] Erdemir A, Ramirez G, Eryilmaz O L, et al. Carbon-based tribofilms from lubricating oils [J]. Nature, 2016, 536(7614): 67-71.

[18] Gerard B. Application of thermal spraying in the automotive industry[J]. Surface and Coatings

Technology, 2006, 201(6): 2028-2031.

[19] Holmberg K, Laukkanen A, Turunen E, et al. Wear resistance optimisation of composite coatings by computational microstructural modelling and simulation[J]. Surface and Coatings Technology, 2014, 247: 1-13.

[20] Lampe T, Eisenberg S, Rodriguez Cabeo E. Plasma surface engineering in automotive industry-trends and future perspectives[J]. Surface and Coatings Technology, 2003, 174-175: 1-7.

[21] Tung S C, McMillan M L. Automotive tribology overview of current advances and challenges for the future[J]. Tribology International, 2004, 37(7): 517-536.

[22] Holmberg K, Andersson P, Erdemir A. Global energy consumption due to friction in passenger cars[J]. Tribology International, 2012, 47(1): 221-234.

[23] Raviv U, Giasson S, Kampf N, et al. Lubrication by charged polymers[J]. Nature, 2003, 425 (6954): 163-165.

[24] Gao R, Mei X, Yan D, et al. Nano-photosensitizer based on layered double hydroxide and isophthalic acid for singlet oxygenation and photodynamic therapy[J]. Nature Communications, 2018, 9(1): 2798.

[25] Mei X, Wang W, Yan L, et al. Hydrotalcite monolayer toward high performance synergistic dual-modal imaging and cancer therapy[J]. Biomaterials, 2018, 165: 14-24.

[26] Jiang S, Liu L, Yang X, et al. Nickel-aluminum hydrotalcite for improving flame retardancy and smoke suppression of intumescent flame Retardant polypropylene: preparation, synergy, and mechanism study[J]. Macromolecular Materials and Engineering, 2023, 308(5): 2200533.

[27] Yu J, Wang Q, OHare D, et al. Preparation of two dimensional layered double hydroxide nanosheets and their applications[J]. Chemical Society Reviews, 2017, 46(19): 5950-5974.

[28] Zhao D, Bai Z, Zhao F. Preparation of Mg/Al-LDHs intercalated with dodecanoic acid and investigation of its antiwear ability [J]. Materials Research Bulletin, 2012, 47 (12): 3670-3675.

[29] Wang X, Bai Z, Zhao D. Friction behavior of Mg-Al-CO_3 layered double hydroxide prepared by magnesite[J]. Applied Surface Science, 2013, 277: 134-138.

[30] Dao T L K, Tieu A K, Tran B H, et al. Influence of structural disorders on the tribological behavior of phosphate - Intercalated layered double hydroxide additives in polyalphaolefin [J]. Langmuir, 2022, 38(27): 8416-8427.

[31] Dao T L K, Tieu K A, Tran B H. Tribochemical synergy between phosphate - intercalated layered double hydroxide additives and super high oleic safflower oil on sliding contacts [J]. Physical Chemistry Chemical Physics, 2022, 24(33): 20282-20293.

[32] Wang H, Liu Y, Liu W, et al. Tribological behavior of NiAl-layered double hydroxide nanoplatelets as oil - based lubricant additives [J]. ACS Applied Materials & Interfaces, 2017, 9 (36): 30891-30899.

[33] Wang K, Liu Y, Wang H, et al. Achieving ultrafast superlubricity with layered double hydroxides [J]. Nano Research, 2023, 16(5): 6940-6950.

[34] Rudnick L R. 润滑剂添加剂化学及应用[M]. 北京：中国石化出版社，2016：1-22.
[35] 陆园，战力英，宫青海，等．抗氧剂的分类、作用机理及研究进展[J]. 塑料助剂，2016，116(2)：43-50.
[36] 欧阳平，邢晓晨，张贤明，等．抗氧剂的研究现状及发展趋势[J]. 应用化工，2015，44(2)：344-348.
[37] 蔡宏国．维生素 E 作为聚合物抗氧剂的研究与应用现状[J]. 中国塑料，2015，29(5)：14-18.
[38] 温永亮．新型抗氧剂的开发与应用进展[J]. 山东化工，2017，46(24)：79-82.
[39] 王丽娟，刘维民．润滑油抗氧剂的作用机理[J]. 润滑油，1998，13(1)：55-58.
[40] 曾金，姜旭峰．润滑油抗氧剂简介[J]. 合成润滑材料，2014，41(1)：12-13.
[41] 薛卫国，周旭光．胺类抗氧剂综述[J]. 合成润滑材料，2014，41(4)：36-40.
[42] 王迪迪．抗氧剂 1076 的合成工艺优化及其性能研究[D]. 天津：天津工业大学，2013.
[43] 岳珊珊，张浩，宋应金，等．复合抗氧剂对润滑油氧化的影响[J]. 化学与粘合，2019，41(6)：447-456.
[44] 姚俊兵，Aguilar G，Donnelly S G. 润滑油抗氧剂协同作用研究[J]. 润滑油，2009，24(4)：38-44.
[45] 李中映，于方波，刘明月．液体亚磷酸酯类抗氧剂研究进展[J]. 塑料助剂，2020，144(6)：1-6.
[46] Kovanda F，Jindova E，Lang K，et al. Preparation of layered double hydroxides intercalated with organic anions and their application in LDH/poly (butyl methacrylate) nanocomposites [J]. Applied Clay Science，2010，48(1-2)：260-270.
[47] Cavani F，Trifiro F，Vaccari A. Hydrotalcite-type anionic clays：Preparation，properties and applications[J]. Catalysis Today，1991，11(2)：173-301.
[48] Williams G R，Rees N H，Ohare D. Incorporation of phosphorus oxyacids into layered double hydroxides[J]. Solid State Sciences，2009，11(7)：1229-1238.
[49] Fan G，Li F，Evans D G，et al. Catalytic application of layered double hydroxides：Recent advances and perspectives[J]. Chemical Society Reviews，2014，43(20)：7040-7066.
[50] 徐凤银，宋宁，黄凌，等．2024 中国炼油与化工企业高峰论坛论文集[M]. 北京：中国石化出版社，2024.
[51] Silverstein R M，Webster F X，Kiemle D J. 有机化合物的波谱解析[M]. 上海：华东理工大学出版社，2007.